Henry Westphal, Malte Schulze, Mario Keller, Thomas Fecker
Medientechnisches Wissen 4
De Gruyter Studium

Weitere empfehlenswerte Titel

Henry Westphal, Malte Schulze, Mario Keller, Thomas Fecker

Medientechnisches Wissen

Band 4: Elektronik, Elektronikpraxis, Computerbau

Herausgegeben von Stefan Höltgen

DE GRUYTER
OLDENBOURG

Herausgeber
Dr. Dr. Stefan Höltgen
Humboldt-Universität zu Berlin
Inst. für Musikwissenschaft
und Medienwissenschaft
Georgenstr. 47
10117 Berlin
stefan.hoeltgen@hu-berlin.de

Disclaimer: Alle in diesem Buch dargestellten Programme und elektronischen Schaltungen sind geprüft. Verlag und Autoren können dennoch keine Gewähr auf die Funktionaliät geben und weisen darauf hin, dass die Implementierung auf eigene Verantwortung des Lesers geschieht.

ISBN 978-3-11-058179-9
e-ISBN (PDF) 978-3-11-058180-5
e-ISBN (EPUB) 978-3-11-058182-9

Library of Congress Control Number: 2019957965

Bibliografische Information der Deutschen Nationalbibliothek
Die Deutsche Nationalbibliothek verzeichnet diese Publikation in der Deutschen Nationalbibliografie; detaillierte bibliografische Daten sind im Internet über http://dnb.dnb.de abrufbar.

© 2023 Walter de Gruyter GmbH, Berlin/Boston
Redaktion: Virginia Hehlert
Satz: satz&sonders GmbH, Dülmen
Einbandabbildung: Martin Meier
Druck und Bindung: CPI books GmbH, Leck

www.degruyter.com

Inhalt

Teil II: Elektronik in der Praxis
(Malte Schulze)

Vorwort des Herausgebers

„Die Hardware, zumal von Computern, scheint in unseren Vorstellungen von Wirklich-keit nicht vorzukommen. [...] Jedes Wissen über die Hardware wäre unter Bedingungen vollendeter Benutzerfreundlichkeit schlichter Luxus und jeder Versuch, sie zu den-ken, nur Relikt eines obsoleten Maschinenzeitalters." (Kittler 1998:119) Dies schreibt Friedrich Kittler 1998 in seinem Aufsatz „Hardware – Das unbekannte Wesen". Kittler hatte als ‚lötender Literaturwissenschaftler' die Blackbox namens Computer ab Mitte der 1980er Jahre nicht nur symbolisch (durch Programmierung), sondern auch real (durch die Konstruktion eigener mikroelektronischer und komputierender Apparate) für die Geisteswissenschaft geöffnet. Gut ein viertel Jahrhundert später scheint sein medienwissenschaftlicher modus operandi, sich die Prozesse jener Maschinen, die unser Wissen maßgeblich mitbestimmen, detailliert vor Augen zu führen, wieder passé zu sein, „weil sich Einzelgeräte mittlerweile weitgehend in ‚Dienste' aufgelöst haben – und mit ihnen die originären Zweckbestimmungen, Ästhetiken oder Subjektivie-rungsformen verschwunden sind, die man Einzelmedien in den Achtzigern noch zu-schreiben wollte."

Sicher ist aber: Solche ‚Dienste' basieren immer noch auf Hardware, Software und technischen Protokollen. Die Computer sind nicht etwa verschwunden, sie sind in unseren Alltagsgegenständen ‚aufgegangen' und begegnen uns nun in nahezu jedem elektronischen Gerät – allerdings eben nicht mehr sichtbar und kaum noch bearbeitbar. Welchen Einfluss sie hier auf unseren Alltag nehmen, erfahren wir oft erst dann, wenn sie ausfallen oder fehlerhaft sind – also ihren ‚Dienst' quittieren. In diesem Zustand wechseln sie allerdings auch ihren ontologischen Status: Sie werden von Werkzeugen zu ‚Zeug', wie es Heidegger in seiner Berühmten Zeug-Analyse am Beispiel eines kaputten Hammers dargelegt hat. (Heidegger 1967:68-70) In diesem Moment offenbart sich uns das Werkzeug in seiner Gemachtheit, als technisches Konstrukt mit einer dedizierten Struktur und Funktion und wirft Fragen nach seiner Beschaffenheit und seinem Aufbau auf.

Leider liefern uns heutige Digitalcomputer nur noch selten die Gelegenheit, sol-che Fragen an sie zu stellen und selbst eine Antwort darauf zu finden: Nicht nur hindern uns oft juristische und ökonomische Hürden daran zu viel Wissen über ein System zu erlangen; auch ist ihre technische Beschaffenheit selten so ‚offen', dass sie durch Nicht-Fachleute erkennbar würde. Hoch-integrierte Schaltkreise verbergen ihre elektronische und digital-logische Funktionen unter Kunststoff in Nanometer-kleinen Silicium-Strukturen und Stecknadelkopf-große SMD-Bauteile lassen es kaum noch zu, dass man ihren Signalen mit ‚haushaltsüblichen' Messgeräten auf die Spur kommen kann. Die glorreiche Zeit der Elektronikbaukästen, die dazu aufgefordert haben, funk-tionierende Geräte selbst zu bauen und dabei ihre Funktionen kennen zu lernen und ihre Signale zu messen, ist vorüber. Zu Kittlers Zeit gab es ganze Synthesizer-Bausätze,

https://doi.org/10.1515/9783110581805-001

deren Konstruktion in Elektronik-Zeitschriften Schritt für Schritt angeleitet wurde.[1] Heute finden sich solche Bausätze lediglich noch in Elektronik-Fachgeschäften. Ihr Potenzial, im Re-enanctment des Aufbaus ganz anderes Wissen über sie zu erlangen als lediglich durch ihre Nutzung – oder gar bloß durch Lektüre ihrer Dokumentation –, haben solche Bausätze jedoch nicht verloren. Die Renaissance der kleinen Einplatinencomputer Arduino, Calliope, BBC Mirco:Bit, Raspberry Pi und andere scheint dies zu belegen – viele von ihnen werden in Hobby-Projekten oder im Schulunterricht eingesetzt.

Mit diesem vierten Band unserer Reihe „Medientechnisches Wissen", wollen wir an diese Zeit und ihre technische und epistemologische Praxis anschließen und den Computer wieder zu einem „bekannten Wesen" machen. Hierzu bedienen wir uns dem Verfahren des Retrocomputing: Wir konstruieren einen eigenen 8-Bit-Computer auf Basis einer Mikroprozessor-Architektur von Mitte der 1970er Jahre. Doch damit dies nicht ‚blind' als reiner Nachbau-Kurs vonstatten geht, stellen wir eine gründliche Einführung in die Theorie und Praxis der Elektronik voran.

Im ersten Kapitel dieses Bandes stellt der Diplom-Elektroniker Henry Westphal die notwendigen Kenntnisse derjenigen Elektronik vor, die Medientechnik bestimmt hat und immer noch bestimmt. Nach einer Einführung in die Grundlagen (dem Wissen über Bauteile, grundlegende Schaltungen und Technologien) verfährt der Autor ausgehend vom Transistor zweigleisig. Zunächst beschreibt er anhand eines selbst innerhalb eines Studienprojektes entworfenen und realisierten volltransistorisierten Digital-Tischrechners die Digitaltechnik. Dasjenige, was die Technische Informatik an die Elektronik delegiert, wird hier detailliert und mit zahlreichen Schaltungsabbildungen und Fotos erklärt: die Funktion von Halbleitern, die Darstellung, Speicherung und Übertragung von Zahlen, die Struktur arithmetischer und logischer Schaltungsteile, die Konstruktion und Verwaltung von Speicherschaltungen, die elektronische Realisierung programmiererischer Funktionen (z. B. Sprünge) und schließlich die Erweiterung des Systems durch Peripheriekomponenten. Im nächsten Unterkapitel widmet sich der Autor dem Transistor als Verstärker und führt darin ebenso detailreich in analoge Schaltungstechnik ein. Anschließend widmet er sich dem ‚Brückenthema', der Wandlung zwischen analogen und digitalen Signalen. Das letzte Unterkapitel der Elektronik-Einführung widmet sich der Funktechnik – also der drahtlosen Informationsübertragung. Dem Autor gelingt es dabei die mathematischen Anteile des Fachs Elektronik dabei weitgehend in den Hintergrund treten zu lassen; dies gelingt vor allem, weil er im Text die dargestellten Beschreibungen ‚narrativiert', so dass man Schaltbild und Text parallel ‚lesen' kann.

Im vergleichsweise kurzen Brückenkapitel „Elektronikpraxis für Medienwissenschaftler" stellt Malte Schulze die Elektronik als Handwerk vor. Zunächst führt er in die

---

1 Vieles von Friedrich Kittlers Wissen über Elektronik stammt von seiner Konstruktion des modularen Synthesizers der Zeitschrift „Elektor". (Vgl. Döring/Sonntag 2018:68,75)

Werkzeuge und Arbeitsmittel des elektronischen Arbeitens ein – mit dem hier vor allem das Löten gemeint ist. Die zuvor schon kennengelernten elektronischen Komponenten begegnen den Lesern hier noch einmal als konkrete Bauteile mit spezifischen Verarbeitungseigenschaften und -anforderungen. Danach wird das Löten als ‚Handwerk‘ im Wortsinne eingeübt. Mit Hilfe von Groß- und Detailaufnahmen konkreter Lötarbeiten (vorgeführt von unserer Redakteurin Virginia Hehlert) zeigt der Autor, wie bestimmte Konstruktionsprobleme ‚gestisch‘ anzugehen sind. Mit vier Elektronik-Projekten, die nicht nur Lötarbeit erfordern, gibt er Anleitung für ebenso viele Konstruktionsprinzipien elektronischer Schaltungen: eine freie Schaltung (in der ein LED-Blinkmännchen gelötet wird), eine Schaltung auf Lochrasterplatine (wobei ein akustischer Sensor für elektromagnetische Felder hergestellt wird), einer Schaltung auf Breadboard (durch die ein kleiner Synthesizer konstruiert wird), der Konstruktion einer Schaltung mit einem populären Elektronikbausatz (mit dem Braun Lectron wird ein RS-Flipflop-Speicher aufgebaut) und schließlich dem Zusammenbau des MOUSE-Computers auf einer dedizierten Platine (wobei die Bauteile Schritt für Schritt aufgelötet werden). Während dieser Projektbeschreibungen stellt der Autor die Anforderungen an Können, Werkzeuge, Umgang mit Gefahrgut und umweltschonender Ressourcennutzung vor, so dass der Leser die Projekte auch als ideelle Vorlage für eigene Lötprojekte verwenden kann. Die Materiallisten für die vorgestellten Projekte finden sich im Anhang des Kapitels.

Die Konstruktion des MOUSE-Computers stellen Mario Keller und Thomas Fecker im dritten Kapitel dieses Bandes vor. Nachdem MOUSE bereits im zweiten Band als Emulator (auf Arduino-Basis) die ‚Grundlage‘ für das Programmieren in 6502-Assembler gebildet hatte, soll der Computer nun auch real vorgestellt werden. Hierzu gehen die Autoren zweigleisig vor: Zunächst wird die Konstruktion des Computers aus einzelnen Funktionseinheiten vorgeführt, wobei jeder Schritt bereits eine (mess)technische Erkundung des Systems erlaubt. So zeigt sich der modulare Aufbau von MOUSE auch als analytische Praxis, bei der die spezifischen Bauteile und Funktionseinheiten in ihren Funktionalitäten kennengelernt werden, bevor sie nach und nach miteinander zu einem Gesamtsystem kombiniert werden. Die Konstruktion dieses Systems findet idealerweise auf der MOUSE-Platine statt (wie im zweiten Kapitel vorgeführt), kann aber auch testweise auf einem Breadboard erfolgen. Ein solcher Aufbau verlangt andere Bauteile und Vorgehensweisen, die hier ebenfalls Schritt für Schritt beschrieben werden. Insbesondere dieser Aufbau ermöglicht eine umfangreiche messtechnische Darstellung der Systemfunktionen, erleichtert das Fehlermachen aber auch die Fehlersuche (hier sei noch einmal an die obige Heidegger-Referenz erinnert) und ermöglicht unkomplizierte Erweiterungen des Systems durch Peripherien.

Die Tatsache, dass auch unsere heutigen elektronischen Digitalcomputern immer noch auf derselben Architektur basieren, wie seit den 1940er Jahren, machen den MOUSE-Computer zu einem idealen Forschungsobjekt für Medienwissenschaftler, die etwas über die Basistechnologien und Grundlagen erfahren möchten und dieses Wissen hernach auf modernere Systeme erweitern können. Dies gilt auch für den Computer als epistemisches Objekt: Das Retrocomputing-Projekt MOUSE führt diesen spezifischen

‚Anachronismus' des Computing vor Augen, zeigt, wie Zeichensysteme (symbolisch, ikonisch, real) technisch ineinander überführt werden. Im Elektronikkapitel werden hierfür die Funktionen moderner Technik zunächst ‚entzaubert', indem sie in Text und Diagramm beschrieben werden, um sie danach als Schaltungen zu realisieren. Wer sich mit Hilfe unseres Lehrbuches ein Grundwissen über Elektronik, Lötpraxis und Computerbau erworben hat, der wird die Dienste, die Computer im Allgemeinen (und vielleicht der MOUSE-Computer im Besonderen) für ihn leisten, kaum noch als unbekannter Prozess erscheinen.

Der Herausgeber dankt an dieser Stelle abermals dem Institut für Musikwissenschaft und Medienwissenschaft (und expressis verbis dem Lehrstuhl für Medientheorien, Prof. Dr. Wolfgang Ernst) für die vielfältige Unterstützung und die Infrastruktur des Signallabors, die ‚im Hintergrund' maßgeblich für die Entstehung dieses Buches notwendig waren. Überdies richtet er seinen Dank an die Autoren Henry Westphal (und die Mitarbeiter seiner „Mixed-Signals-Baugruppen"-Seminare an der TU Berlin, in deren Rahmen der „SPACE-AGE"-Computer, der in seinem Kapitel vorgestellt wird, entstanden ist), Malte Schulze, der sein Jahrzehnte erprobtes Wissen über Elektronikpraxis von einer privaten Lötfibel in ein Lehrbuchkapitel transformiert hat, und Virginia Hehlert, die bei den Projektdarstellungen seines Kapitels ‚Modell' gestanden hat. Außerdem dankt er Mario Keller, der sein Hobbyprojekt MOUSE bereitwillig für die Darstellung in einem Lehrbuchkapitel über Computerbau geöffnet und sich die Mühe der didaktischen Aufbereitung seines Wissens gemacht hat, und Thomas Fecker, der MOUSE nicht nur auf dem Breadboard nachgebaut hat, sondern nahezu alle Schaltungsbilder dieses Bandes gezeichnet hat und als Elektroniker mit umfänglicher Praxiserfahrung zu allen Sachfragen Antworten wusste. Virginia Hehlert sei außerdem dafür bedankt, dass sie die Redaktion dieses Bandes übernommen hat und dem Team vom DeGruyter-Verlag dafür, dass sie auch diesen Band als Buch realisiert haben.

Berlin im Sommer 2022
Dr. Dr. Stefan Höltgen

Literaturverzeichnis

Kittler, Friedrich (1998): Hardware, das unbekannte Wesen. In: Sybille Krämer (Hg.): Medien Computer Realität. Frankfurt am Main: Suhrkamp, S. 119–132.

Pias, Claus (2015): Friedrich Kittler und der »Mißbrauch von Heeresgerät«. Zur Situation eines Denkbildes 1964 – 1984 – 2014. In: Merkur. Deutsche Zeitschrift für europäisches Denken. 65. Jg. April 2015, S. 31–44.

Heidegger, Martin (1967): Sein und Zeit. 11. Auflage. Tübingen: Niemeyer.

Döring, Sebastian/Sonntag, Jan-Peter E. R. (2018): U-A-I-SCHHHHH. Über Materialitäten des Wissens und Friedrich Kittlers selbstgebauten Analogsynthesizer. In: Kathrin Busch, Christina Dörfling, Kathrin Peters, Ildikó Szántó (Hgg.): Wessen Wissen? Materialität und Situiertheit in den Künsten. Paderborn: Wilhelm Fink, S. 61–80.

Teil I: **Elektronik für Medienwissenschaftler**
(Henry Westphal)

1 Einführung

Die Vielfalt der heute für die Medientechnik relevanten Elektronik lässt eine vollständige Darstellung dieses Gebietes im dafür im Rahmen dieser Buchreihe zur Verfügung
stehenden Platz nicht zu. Der Verfasser hat die Erfahrung gemacht, dass es zum Verständnis der Elektronik am hilfreichsten ist, sich zu Beginn auf einige immer wiederkehrende Grundstrukturen und Denkweisen zu beschränken und diese dafür voll und
ganz zu durchdringen und ihre inneren Wirkmechanismen anhand von konkreten
Beispielschaltungen auf der Transistorebene tatsächlich zu verstehen. Wenn dieses
Verständnis einmal erreicht ist, dann ist es relativ einfach, diese Erkenntnisse auf
andere Technologien und Anwendungen oder auf komplexere Strukturen zu übertragen. Man erkennt dann rasch, dass sich die zunächst unüberschaubar erscheinende
Vielfalt elektronischer Bauteile, Schaltungen und Anwendungen auf die sich immer
wiederholende Anwendung einiger weniger Grundprinzipien zurückführen lässt.

Das Verständnis dieser Grundprinzipien ist auch ein guter Weg, mit dem immer
rascher voranschreitenden technischen Fortschritt mitzuhalten. Die meisten der auch
heute noch bestimmenden Grundprinzipien wurden bereits in der Mitte des 20. Jahrhunderts angewandt. Sie sind bei Betrachtung ihrer ursprünglichen Realisierung in
der zu dieser Zeit üblichen Technologie der diskreten Transistortechnik (oder auch Röhrentechnik) besonders gut zu verstehen. Dies ist auch darin begründet, dass angesichts
der damaligen, im Vergleich zu heute weit höheren, Kosten pro Transistorfunktion
ein Zwang zur Beschränkung der Funktionsvielfalt elektronischer Systeme auf das
Wesentliche bestand.

Ein besonders wichtiges Anliegen ist es, in diesem Buchteil keine „Black Boxes"
zu präsentieren, sondern alle beschriebenen Funktionsgruppen zumindest an einer
Stelle bis auf die Transistorebene nachvollziehbar rückzuführen. Eine besondere Herausforderung beim Einstieg in das Verständnis der Elektronik ist die Tatsache, dass
die Funktion sowohl analoger als auch digitaler elektronische Schaltungen durch das
Vorliegen vieler, oft miteinander verschachtelter, Rückkopplungschleifen (vgl. Band
1, Kap. III.4.4) bestimmt wird. Dabei wird gezielt und anschaulich auf die Wirkung
dieser Rückkopplungsschleifen eingegangen, um damit das Verständnis der auf ihnen
basierenden Schaltungen zu erleichtern.

Auf die Beschreibung der betrachteten Vorgänge mit Gleichungen wird, bis auf
wenige Ausnahmen, bewusst verzichtet. Eine Gleichung ist eine Beschreibung und
keine Erklärung eines Vorgangs. Die Quantifizierung eines Vorgangs durch eine Berechnung ergibt erst dann einen Sinn, wenn der Vorgang bereits inhaltlich verstanden
ist. Selbstverständlich sind für das erfolgreiche Entwickeln elektronischer Schaltungen
Berechnungen zwingend notwendig. Im Rahmen dieses Buches beschränken wir uns
jedoch auf das Verständnis als solches. Mit diesem Verständnis ist dann jedoch ein
rasches Erarbeiten des für Berechnungen notwendigen Vorgehens mit der weiterführenden Fachliteratur möglich.

https://doi.org/10.1515/9783110581805-002

Dieser Buchabschnitt ist in die folgenden Kapitel gegliedert:
- Wiederholung elementarer Grundlagen
- Vom Transistor zum Computer
- Präzise Verstärkung analoger Signale
- Wandlung zwischen analogen und digitalen Signalen
- Drahtlose Übertragung von Informationen

Nicht zuletzt ist es dem Verfasser ein besonderes Anliegen, die ästhetische Schönheit, Effektivität und Eleganz der beschriebenen Strukturen und Abläufe zu vermitteln. Nicht ohne Grund haben sich die in diesem Buchabschnitt beschriebenen Strukturen und Abläufe über ein halbes Jahrhundert im harten Wettbewerb am globalen Markt durchgesetzt und behauptet. Daher kann man sie durchaus auch als ein aus sich selbst heraus interessantes kulturelles Gut begreifen.[1]

---

[1] Die Grafiken zu diesem Teilband hat Thomas Fecker angefertigt, wofür der Autor ihm an dieser Stelle dankt!

2 Wiederholung elementarer Grundlagen

2.1 Einführung

Dieser Buchteil ist so aufgebaut, dass die meisten Grundlagen in einem anwendungs-
bezogenen Sinne an der Stelle im Text eingeführt werden, an der sie zum ersten Mal
für die Erklärung einer übergeordneten Struktur benötigt werden. Dennoch lässt es
sich nicht vermeiden, einige elementare Grundlagen gesammelt voranzustellen.

2.2 Spannung, Strom, Widerstand

Die elektrische Spannung bezeichnet die Differenz zwischen zwei elektrischen Potentialen (vgl. Band 3, Kap. II.9). Je größer die Potentialdifferenz über einer bestimmten
Strecke ist, desto höher ist die Kraft, die in diesem Bereich auf bewegliche Ladungsträger wie Elektronen ausgeübt werden. Elektronen sind negativ geladen und werden
daher von positiven Potentialen angezogen.

Der elektrische Strom bezeichnet die Zahl der Ladungsträger, die sich in Folge
dieser Kraftwirkung pro Zeiteinheit bewegen. Ein besonders einfacher Stromkreis ist
die Verbindung einer Spannungsquelle mit einem Widerstand, wie es in Abbildung 2.1
gezeigt ist.

Als Spannungsquelle kann man sich beispielsweise eine Batterie vorstellen. Der
durch den Widerstand fließende Strom ist bei gegebener Spannung um so höher, je
geringer der Widerstand ist und bei gegebenem Widerstand um so höher, je höher die
Spannung ist. Als Formel wird dies wie folgt ausgedrückt:

$$\frac{\text{Spannung (V)}}{\text{Widerstand }(\Omega)} = \text{Strom (A)}$$

Eine Spannung von 1 V über einem Widerstand von 1 Ohm führt zu einem Strom von 1
A. Hierbei wird eine der Spannungsquelle entnommene Leistung von $1\,V \times 1\,A = 1\,W$
im Widerstand in Wärme umgesetzt.

Diese Energieumsetzung lässt sich mit mechanisch erzeugter Reibungswärme
vergleichen. Die Beweglichkeit der Elektronen ist im Material eines Widerstandes

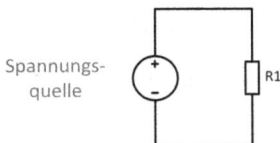

Abb. 2.1: Zusammenschaltung einer Spannungsquelle mit einem Widerstand

https://doi.org/10.1515/9783110581805-003

(meist dünne Schichten spezieller Metall-Legierungen) geringer als in guten Leitern wie etwa Kupfer. Dies kann man sich bildlich so vorstellen, dass die vom Feld in Bewegung gesetzten Elektronen häufiger an anderen Teilchen „anstoßen", womit dann Reibungswärme entsteht.

2.3 Das Bezugspotential

In nahezu jedem elektronischen System gibt es ein Bezugspotential, Masse oder Ground (GND) genannt, auf das sich alle Versorgungsspannungen und Signalspannungen beziehen. In vielen Fällen ist dieses Bezugspotential mit dem Erdpotential verbunden. Um eine übersichtliche Darstellung von Schaltplänen zu ermöglichen werden Verbindungen zur Masse nicht durchgehend gezeichnet, sondern mit einem Massesymbol, wie es in Abbildung 2.2 gezeigt ist, dargestellt.

Auf heute üblichen elektronischen Baugruppen ist die Masseverbindung meist als durchgehende Kupferfläche im Inneren der Leiterplatte, auf der die Bauteile montiert sind und sich die elektrischen Verbindungen zwischen den Bauteilen befinden, ausgeführt.

2.4 Kapazität und Kondensator

Zwischen sich gegenüberstehenden Leitern, die sich auf unterschiedlichen Potentialen befinden, baut sich ein elektrisches Feld auf. In diesem Feld wird Energie gespeichert. Man drückt diesen Sachverhalt damit aus, dass man von einer „Kapazität" zwischen diesen Leitern spricht.

Kapazitäten sind in elektronischen Schaltungen stets vorhanden, teils beabsichtigt in Form von Kondensatoren, teils unbeabsichtigt, aber unvermeidbar, zwischen Leiterbahnen, Anschlüssen und Kabeln oder zwischen den inneren Elektroden von Halbleitern oder Elektronenröhren.

Die Kapazität zwischen zwei Leitern ist um so größer, je größer deren einander zugewandte Fläche ist und je geringer der Abstand zwischen ihnen ist. Der Kondensator stellt als Bauelement eine definierte Kapazität zur Verfügung. In einem Kondensator stehen sich leitende Metallbeschichtungen, Folien oder Platten getrennt durch eine dünne Isolierung aus Kunststoff, Keramik, Oxidschichten, Luft oder Vakuum gegenüber. Abbildung 2.3 zeigt die Verbindung eines Kondensators mit einer Gleichspannungsquelle.

Abb. 2.2: Das Schaltsymbol für Masseverbindungen

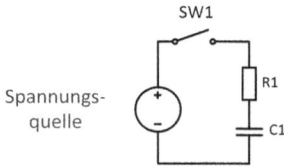

Abb. 2.3: Kondensator an einer Gleichspannungsquelle

Der Widerstand R1 muss nicht als explizites Bauelement vorhanden sein, er ist bereits durch den unvermeidlichen Widerstand der Zuleitungen zum Kondensator oder den ebenfalls unvermeidlichen inneren Widerstand der Spannungsquelle in jedem Fall vorhanden.

Wir schließen den Schalter SW1. Mit dem Schließen des Schalters beginnt die Spannung über dem Kondensator anzusteigen. Die Elektronen in den sich gegenüberstehenden Platten des Kondensators sind frei beweglich. Die Elektronen in der mit dem Pluspol der Spannungsquelle verbundenen Platte werden von diesem angezogen und weichen damit ein winzig kleines Stück von der der gegenüberliegenden Platte zugewandten Oberfläche zurück. Die Elektronen der negativ geladenen Platte werden vom Minuspol der Spannungsquelle abgestoßen und rücken damit ein winzig kleines Stück in Richtung der der gegenüberliegenden Platte zugewandten Oberfläche nach außen. Dabei werden sie gleichzeitig von der positiv geladenen Platte angezogen. Umgekehrt werden gleichzeitig die Elektronen in der positiv geladenen Platte durch den Elektronenüberschuss auf der Oberfläche der negativ geladenen Platte abgestoßen. Es baut sich ein elektrisches Feld zwischen den Platten auf, das eine Kraftwirkung auf die Elektronen an der Oberfläche der Platten ausübt.

Diese Bewegung der Elektronen entspricht einem kurzzeitigen Strom aus der Spannungsquelle über R1 durch den Kondensator. Damit fällt zunächst an R1 eine Spannung ab, womit nicht die volle Spannung der Spannungsquelle für den Aufbau des Feldes zwischen den Platten zur Verfügung steht. Es stellt sich damit zu jedem Zeitpunkt des Aufladevorgangs ein dynamischer Gleichgewichtszustand ein. Die Aufladung des Kondensators verlangsamt sich dabei immer weiter, da die Spannungsdifferenz über R1 und damit der Strom durch R1 mit zunehmender Aufladung immer weiter zurückgehen. Nach vollständiger Aufladung des Kondensators wird der Quelle kein Strom mehr entnommen.

Nach erfolgter Aufladung des Kondensators öffnen wir jetzt SW1. Das zuvor aufgebaute Feld zwischen den Kondensatorplatten bleibt dabei erhalten, die Spannung über dem Kondensator bleibt unverändert. Dies erklärt sich dadurch, dass bei geöffnetem Schalter kein Strompfad zum Ausgleich des Ladungsunterschiedes zwischen den Kondensatorplatten existiert. Wenn man dem geladenen Kondensator jetzt einen Widerstand parallel schaltet, dann entlädt sich der Kondensator über diesen Widerstand.

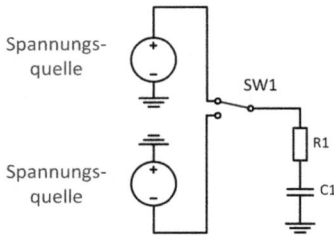

Abb. 2.4: Kondensator an einer Wechselspannungsquelle

Die zuvor aus der Spannungsquelle entnommene, zwischenzeitlich im Feld zwischen den Platten gespeicherte Energie wird dann am Widerstand in Wärme umgesetzt.

Wir verbinden nun den Kondensator über einem Umschalter abwechselnd mit zwei Spannungsquellen entgegengesetzter Polarität. Dies ist in Abbildung 2.4 dargestellt.

Der noch ungeladene Kondensator wird zunächst mit dem Pluspol der „oberen" Spannungsquelle verbunden. Damit wird der Kondensator auf die von dieser Quelle abgegebene Spannung aufgeladen, wie es bereits in der vorherigen Betrachtung beschrieben wurde.

Der positiv aufgeladene Kondensator wird durch Umschalten von SW1 mit dem Minuspol der „unteren" Spannungsquelle verbunden. Damit wird der Kondensator zunächst entladen, womit die von ihm gespeicherte Energie in R1 in Wärme umgesetzt wird. In direkter Fortsetzung dieses Vorgangs wird der Kondensator dann auf die negative Ausgangsspannung der „unteren" Quelle aufgeladen. Hierbei wird Energie aus der „unteren" Quelle entnommen und teilweise in R1 in Wärme umgewandelt und teilweise im Feld des Kondensators gespeichert.

Wenn man diese Abfolge zyklisch fortsetzt, ergibt sich ein dauerhafter Stromfluss durch R1 und C1. Der resultierende Wechselstrom durch C1 und R1 ist dabei um so höher, je schneller die Umschaltung erfolgt. Eine schnellere Umschaltung ist gleichbedeutend mit einer höheren Frequenz der über R1 und C1 anliegenden Wechselspannung.

Bei gegebener Spannung und Frequenz nimmt der Wechselstrom dann zu, wenn man C1 erhöht und/oder R1 verringert. Dieser durch den Kondensator fließende Strom wird mit „Verschiebungsstrom" oder „kapazitiver Blindstrom" bezeichnet. Am Kondensator selbst, für den wir hier ein ideales Isoliermaterial und vernachlässigbare innnere Übergangswiderstände annehmen, entsteht durch diesen Stromfluss keine Verlustleistung.

Es soll noch begründet werden, warum der Kondensator nicht zunächst ohne den Serienwiderstand R1 eingeführt wurde: Wäre R1 nicht vorhanden, dann würde der Kondensator mit einem unendlich hohen Strom in unendlich kurzer Zeit geladen (wenn wir das dabei entstehende Magnetfeld und seine Auswirkungen vernachlässigen), was offenkundig unmöglich und unsinnig ist.

Kapazität

Die Einheit der Kapazität ist das Farad (F).[2] Wenn man einen Kondensator mit einer Kapazität von 1 F für eine Sekunde mit einem konstanten Strom von 1 A auflädt, dann erhöht sich die Spannung an ihm um 1 V.

2.5 Der Tiefpass und der Hochpass

Wir betrachten noch einmal die Zusammenschaltung eines Kondensators mit einem Widerstand, ersetzen aber dabei die in der vorherigen Betrachtung eingeführten umgeschalteten Gleichspannungsquellen durch eine sinusförmige Wechselspannungsquelle. Diese Zusammenschaltung, die mit „Tiefpass" bezeichnet wird, ist in Abbildung 2.5 dargestellt.

Würde die Quelle eine Gleichspannung abgeben, dann würde sich nach einiger Zeit die volle Ausgangsspannung der Quelle über C1 aufbauen.

Wir stellen uns nun vor, die Frequenz der Quelle sei zunächst noch sehr gering, im Sinne einer sich langsam verändernden und dabei auch die Polarität wechselnden Gleichspannung, so dass „genügend Zeit" dafür vorhanden ist, dass C1 über R1 bis auf eine zu vernachlässigende Differenz auf den Wert der Eingangsspannung umgeladen werden kann. Dann erscheint die Quellenspannung praktisch unverändert am Ausgang. Die Amplitude ist unmerklich gegenüber der Quellenspannung reduziert und die Phasenverzögerung, also die zeitliche Verschiebung der Sinuskurve der Ausgangsspannung gegenüber der der Eingangsspannung ist ebenfalls noch unmerklich klein.

Wir erhöhen jetzt die Frequenz. Damit reicht die Zeit einer Sinushalbwelle nicht mehr aus, C1 über R1 vollständig umzuladen. Noch während C1 erst teilweise auf die Höhe der Quellenspannung aufgeladen ist, wechselt diese erneut die Polarität, womit C1 erneut entladen wird. Die Spannung über C1 kann der Quellenspannung nicht mehr vollständig folgen. Die Amplitude des Ausgangssignals geht also mit steigender Frequenz zurück. Im Grenzfall einer sehr hohen Frequenz ist die in der dann sehr

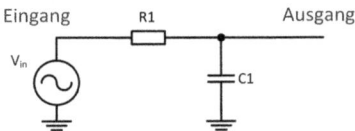

Abb. 2.5: Tiefpass an sinusförmiger Wechselspannungsquelle

---

2 Benannt nach dem britischen Experimentalphysiker Michael Faraday.

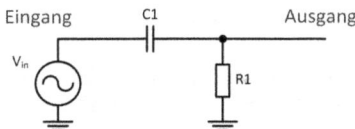

Abb. 2.6: Hochpass an sinusförmiger Wechselspannungsquelle

kurzen Zeitdauer einer Halbwelle noch mögliche Spannungsvariation so gering, dass sich überhaupt keine noch erkennbare Amplitude des Ausgangssignals mehr ergibt.

Mit der steigenden Frequenz nimmt auch die (relativ zur Periodendauer gesehene) Verzögerung des Ausgangssignals gegenüber dem Eingangssignal immer weiter zu. Wir stellen uns zur Erklärung dieses Sachverhaltes vor, die Quellenspannung sei gerade positiv und gehe auf den Scheitelpunkt zu. Dann wird die Spannung über C1 positiver, hat aber die Spannung des Scheitelpunktes noch nicht erreicht. Nach dem Erreichen des Scheitelpunktes sinkt die Quellenspannung wieder ab. Sie ist dann aber immer noch positiver als die Spannung über C1. Das bedeutet, dass die Aufladung von C1 fortgesetzt wird, womit die Spannung über C1 weiter positiver wird, während die Quellenspannung bereits wieder abfällt. Hierbei wird die Differenz zwischen Quellenspannung und der Spannung über C1 immer geringer, so dass sich der Anstieg der Spannung über C1 immer weiter verlangsamt. Unmittelbar nach dem Zeitpunkt, an dem die ansteigende Spannung über C1 gleich der absinkenden Quellenspannung ist, wird C1 wieder entladen. Damit nimmt dann die Spannung über C1 wieder ab. Je höher die Frequenz ist, desto weiter nähert sich der Punkt, ab dem die Spannung über C1 wieder abnimmt, dem nachfolgenden Nulldurchgang der Eingangsspannung. Man erkennt, dass die Reduktion der Amplitude des Ausgangssignals mit steigender Frequenz untrennbar mit dem Anstieg der relativ zur Periodendauer gesehenen Verzögerung, dem Phasenwinkel, verbunden ist.

Wenn man dagegen die Spannung zwischen den Anschlüssen von R1 betrachtet, dann nimmt diese mit steigender Frequenz zu. Durch Vertauschen von R1 und C1 lässt sich damit ein zum Tiefpass reziprokes[3] Filter, der Hochpass aufbauen, das Gleichspannung sperrt und Wechselspannung um so besser durchlässt, je höher deren Frequenz ist. In der Abbildung 2.6 ist ein Hochpass gezeigt.

---

3 In der Elektrotechnik und Signalverarbeitung wir der Begriff „Filter" als Neutrum (das Filter) verwendet.

2.6 Induktivität und Spule

Induktivität (1)

Die Induktivität als Eigenschaft einer Leiteranordnung und die Spule als Bauelement sind reziprok zur Kapazität und zum Kondensator.

!

Um jeden stromdurchflossenen Leiter herum entsteht ein Magnetfeld. Ebenso wie zum Aufbau des elektrischen Feldes im Kondensator der speisenden (Gleichspannungs-) Quelle zunächst Energie entzogen wird, so wird auch beim Aufbau des Magnetfeldes der speisenden Quelle zunächst Energie entzogen, die dann im Magnetfeld gespeichert ist. Und ebenso wie das elektrische Feld im Kondensator nicht sprunghaft geändert werden kann, so lässt sich auch das magnetische Feld um einen stromdurchflossenen Leiter nicht sprunghaft ändern.

Induktivitäten sind in elektronischen Schaltungen stets unvermeidbar vorhanden, da jeder stromdurchflossene Leiter ein Magnetfeld um sich herum ausbildet. In den in diesem Buchteil betrachteten Computer, Verstärker und Wandlerschaltungen treten diese Induktivitäten, aufgrund der nur geringen Signalströme, meistens nicht sichtbar in Erscheinung oder lassen sich durch allgemein angewendete Konstruktionsweisen soweit reduzieren, dass sie in der Praxis unmerklich werden. Eine hierfür besonders wichtige und verbreitete Konstruktionsweise ist die flächige Ausführung von Masse- und Versorgungsverbindungen, meist in den Innenlagen der Leiterplatten.

Spulen stellen Induktivität in definierter Form konzentriert zur Verfügung. In ihnen wird das bei Stromfluss entstehende Magnetfeld durch das Aufwickeln des Leiters (durch die damit entstehende magnetische Kopplung der Windungen) und auch teilweise durch das Einfügen eines Kerns aus ferromagnetischem Material verstärkt. In Abbildung 2.7 schalten wir eine Spule mit einer Gleichspannungsquelle zusammen.

Zur Vermeidung von „Unendlichkeiten" benötigen wir dabei die Widerstände R1 und R2. R1 ist dabei sehr gering, in Größenordnung des unvermeidbaren Kupferwiderstandes der Spule und des in der Realität stets vorhandenen Innenwiderstandes der

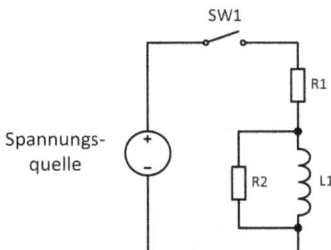

Abb. 2.7: Spule an einer Gleichspannungsquelle

Spannungsquelle, während der für dieses Beispiel hinzugefügte Widerstand R2 um viele Größenordnungen höher als der Kupferwiderstand der Spule ist.

Wir schließen SW1. Dann ist der Strom durch R1 und L1 zunächst Null, der Strom durch R2 kann im Rahmen dieser Betrachtung vernachlässigt werden. Damit liegt die volle Quellenspannung über der Spule an und es beginnt sich ein Stromfluss durch die Spule aufzubauen. Damit baut sich auch ein Magnetfeld um die Leiter der Spule herum auf. Dieses sich ändernde Magnetfeld wirkt dabei auf diese Leiter zurück, indem es in diese eine der Quellenspannung entgegengesetzte Spannung induziert, die wiederum den Stromanstieg bremst. Es stellt sich ein dynamischer Gleichgewichtszustand ein, bei dem der Strom durch die Spule langsam zunimmt. Mit dem Strom durch die Spule steigt aber auch der Spannungsabfall über R1, womit über der Spule weniger Spannung für den weiteren Strom- und Magnetfeldaufbau zur Verfügung steht. Damit verlangsamt sich der Stromanstieg immer weiter, bis schließlich die Spannung über der Spule Null ist (wenn wir den Kupferwiderstand vernachlässigen) und die gesamte Quellenspannung über R1 abfällt. Der Strom ist dann durch das Verhältnis der Quellenspannung zu R1 bestimmt. Wäre R1 (und der Kupferwiderstand) nicht vorhanden, würde die Quellenspannung dauerhaft über der Spule anliegen, womit sich der Stromanstieg bis ins Unendliche fortsetzen würde.

Nun öffnen wir den Schalter. Das in der Spule wirksame Magnetfeld und damit der mit ihm verbundene Strom können sich nicht sprunghaft ändern. Damit fließt der Strom durch L1, jedoch nun über R2, im ersten Moment unverändert weiter, wobei er dabei in dem Maße abnimmt, wie die im Magnetfeld gespeicherte Energie in R2 in Wärme umgesetzt wird. Die Spannung über der Spule (und damit über R2) stellt sich hierbei so ein, dass im Moment des Öffnens des Schalters der Strom durch die Spule unverändert weiterfließt. Bei einem sehr hohen Wert von R2 bildet sich damit eine Spannung aus, die weit über der von der ursprünglich speisenden Spannungsquelle abgegebenen Spannung liegen kann. Würde man R2 weglassen, dann ergäbe sich (bei Vernachlässigung der in jeder Spule vorhandenen Kapazität zwischen den Windungen) eine unendlich hohe Spannung. In einem realen Aufbau ergibt sich ohne das Vorhandensein von R2 eine so hohe Spannung über den sich öffnenden Kontakten des Schalters, dass ein Lichtbogen entstünde, in dem dann die im Magnetfeld der Spule gespeicherte Energie in Wärme umgewandelt würde.

Hochspannung
Bei eigenen Experimenten besteht an dieser Stelle Lebensgefahr. Wenn man größere Spulen auch schon mit kleinen Spannungen im einstelligen Volt-Bereich unter Strom setzt, können beim Trennen von der Quelle lebensgefährliche Spannungen von mehreren kV entstehen, in deren Folge ein tödlicher Stromstoss durch den Körper des Experimentierenden auftreten kann.

Wenn man eine Spule an Wechselspannung betreibt, dann geht der Strom durch die Spule mit steigender Frequenz zurück, da sich die Polarität der Spannung dann bereits wieder ändert, bevor der Aufbau des Stroms durch die Spule abgeschlossen ist. In der Realität kehrt sich das Verhalten der Spule bei noch weiter ansteigender Frequenz dann jedoch wieder um, da zwischen den sich gegenüberliegenden Oberflächen der Windungen der Spule stets eine Kapazität besteht.

In einer zweiten Spule, die in die das Feld einer mit Wechselspannung gespeisten ersten Spule gebracht wird, bewirkt dieses magnetische Wechselfeld die Induktion einer Spannung, deren Kurvengestalt der der über der ersten Spule anliegenden Spannung entspricht. Eine derartige Anordnung wird mit „Übertrager" oder „Transformator" bezeichnet.

Induktivität (2)

Die Einheit der Induktivität ist das Henry[4], abgekürzt H. Wenn man an eine Spule mit der Induktivität 1 H eine Spannung von 1 V anlegt, dann ist der Strom nach einer Sekunde auf 1 A angestiegen.

---

4 Benannt nach dem US-amerikanischen Physiker Joseph Henry.

3 Vom Transistor zum Computer

3.1 Einführung

In der heutigen Medientechnik ist der digitale Computer das meistgenutzte Gerät. Wir begegnen ihm in Form des mobilen Smartphones, als Desktop-PC oder als hinter den Kulissen arbeitende Netz-Infrastruktur. Auch äußerlich nicht als Computer erkennbare Geräte werden von „embedded"-Microcomputern gesteuert. Daher ist ein Verständnis der Wirkungsweise eines Computers von zentraler Bedeutung.

In den meisten Veröffentlichungen (vgl. Band 1, Kap. I.6) wird die Funktion des Computers auf der Basis abstrakter Funktionsblöcke beschrieben. Wir gehen an dieser Stelle bewusst einen anderen Weg. Wir beschränken uns auf einen einfachen 4-Bit-Computer und stellen diesen dafür so ausführlich dar, dass er vollständig auf die Transistorebene zurückführbar ist.

Der 4-Bit-Computer „SPACE AGE 1" (Abbildung 3.1), auf den sich dieses Kapitel bezieht, wurde tatsächlich gebaut. Er besteht aus ca. 3400 Transistoren und ca. 27000 Dioden. Es wurden keine integrierten Schaltkreise verwendet.[5]

Der Aufbau des SPACE AGE 1 mit Bipolartransistoren wurde aufgrund der besonders guten Anschaulichkeit gewählt. Er entspricht dem technischen Stand der frühen 1960er-Jahre. Seit den späten 1960er-Jahren werden Computer mit integrierten Schaltkreisen aufgebaut, die heute viele Millionen Transistoren enthalten können. Im SPACE AGE 1 wurde jedoch bewusst keine historische Rechnerstruktur nachgebildet sondern es wurde eine heutiger Vorgehensweise entsprechende Struktur um der Anschaulichkeit willen in diskreter Transistortechnik realisiert. An anderer Stelle in diesem Kapitel und in dieser Buchreihe wird auf die heute aktuelle Technologie eingegangen.

Bipolare Transistoren haben zudem den Vorteil, dass sie auch für Privatpersonen einfach und preisgünstig beschaffbar sind und mit einfachem Lötwerkzeug, ohne die Notwendigkeiten von Leiterplatten, direkt zu frei verdrahteten Schaltungen verbunden werden können. Damit besteht für die Leser dieses Buchs die Möglichkeit, die in diesem Kapitel dargestellten Schaltungen mit geringem Aufwand selbst aufzubauen und mit ihnen zu experimentieren.

---

5 Er entstand in den Jahren 2010 und 2011 im Rahmen einer Lehrveranstaltung an der TU-Berlin. Heute ist der SPACE AGE 1, mit einem fest installierten Programm, dass ihm die Funktion eines Taschenrechners gibt, im Heinz-Nixdorf-Museumsforum in Paderborn als Ausstellungsstück in Betrieb.

https://doi.org/10.1515/9783110581805-004

Abb. 3.1: 4-Bit-Computer SPACE AGE 1

3.2 Flächendeckender Erfolg der Computertechnik durch Trennung der Abstraktionsebenen

Der durchgreifende Erfolg der Computertechnik ist durch die mit ihr mögliche Trennung von verschiedenen Abstraktionsebenen begründet. Aufbauend auf dieser Trennung ist es möglich, auch komplexe Systeme effektiv zu realisieren, deren Gesamtheit von einem einzelnen Menschen nicht mehr gedanklich erfasst werden kann.

In Bezug auf den SPACE AGE 1 sind die folgenden Abstraktionsebenen vorhanden:
1. Gatter und Flipflops (zusammengesetzt aus Bauelementen)
2. Funktionseinheiten (zusammengesetzt aus Gattern und Flipflops)
3. Hardware-System (zusammengesetzt aus Funktionseinheiten)
4. Software (auf der Hardware ablaufend)

Bei heutigen komplexen Systemen ist die Anzahl der Abstraktionsebenen deutlich höher. Insbesondere ist die Software wiederum aus vielfältige Abstraktionsebenen aufgebaut. Die beim SPACE AGE 1 vorhandenen Abstraktionsebenen werden nun genauer betrachtet:

In der Ebene „Gatter und Flipflops" werden die Grundbausteine, ein universell anpassbares kombinatorisches Logikgatter und ein universelles Flipflop-Speicherelement ausgehend von den elementaren Bauteilen (Transistoren, Dioden, Widerstände) aufgebaut. Diese Elemente werden universell oder leicht anpassbar ausgeführt. Ihre Ein- und

Ausgänge und ihr abstraktes Verhalten werden dokumentiert. Nachdem ihre Funktion verifiziert wurde, können sie beliebig oft dupliziert werden. Um sie erfolgreich einzusetzen, ist es nicht mehr notwendig ihr „Innenleben" zu verstehen oder zu kennen, es reicht vollständig aus, die abstrakte Funktion dieser Grundbausteine zu verstehen.

In der Ebene „Funktionseinheiten" werden aus den elementaren Gattern und Flip-flops komplexere Funktionsgruppen wie Addierer, Decoder oder Register zusammengesetzt. Diese Elemente werden ebenfalls universell ausgelegt und abstrakt dokumentiert. Damit ist es nicht mehr notwendig, ihre innere Funktion zu verstehen, um sie erfolgreich einzusetzen.

In der Ebene „Hardware-System" wird aus den zur Verfügung stehenden Funktionseinheiten die vollständige Hardware des Computersystems zusammengesetzt. Diese Hardware wird, durch die Beschreibung der von ihr ausführbaren Maschinenbefehle, wiederum abstrakt dokumentiert. Damit ist es möglich, auf dieser Hardware ablaufende Programme zu erstellen, ohne sich mit der inneren Funktion der Hardware beschäftigen zu müssen.

Bemerkenswert ist in diesem Zusammenhang, dass eine Hardware, auf der unüberschaubar komplexe Programme ablaufen können, mit sehr einfachen, gezielten Testprogrammen in kürzester Zeit vollständig auf Fehlerfreiheit überprüft werden kann.

Dieses System ist sehr empfindlich gegen eine „Verletzung" der Ebenenstruktur. Es ist auch mit erheblichem Zeitaufwand nahezu unmöglich, aus dem gestörten Ablauf eines komplexen Anwendungsprogramms auf einen Ausfall eines bestimmten Transistors zu schließen. Ein Fehler muss daher unbedingt auf der Ebene erkannt werden, auf der er verursacht wird. Daraus folgt eine sehr hohe Anforderung an die Zuverlässigkeit und die Testabdeckung auf jeder einzelnen Ebene. Das heute allgemein in der Industrie übliche strukturierte Qualitätsmanagement (z.B. ISO9001) ist aus dieser Notwendigkeit heraus in den 1950er-Jahren, maßgeblich bei IBM, gleichzeitig mit der Herstellung der ersten Großrechner entstanden.

3.3 Die Diode und der Transistor als Bauelement

Im digitalen Computer werden Transistoren und Dioden als elektronische Schalter verwendet. An dieser Stelle wiederholen wir die Wirkungsweise der Diode und des Transistors. Wir beschränken uns dabei auf eine Beschreibung der für die Anwendung im digitalen Computer relevanten Eigenschaften, ohne dabei tiefer auf die physikalischen Hintergründe der inneren Funktion einzugehen (vgl. Band 3, Kap. II.9.3.3 und Band 3, Kap. III.5).

Wir beginnen mit der Diode. In Abbildung 3.2 ist der Aufbau einer Diode schematisch dargestellt. Die Diode besteht aus einem Siliziumplättchen, in dessen Kristallgitter in verschiedenen Bereichen gezielt Atome anderer Stoffe eingebracht wurden.

Das Ausgangsmaterial für die Herstellung von Dioden und Transistoren ist hochreines, kristallines Silizium. Die Siliziumatome ordnen sich hierbei in einem Kristallgitter

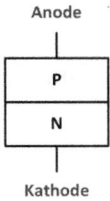

Abb. 3.2: Prinzipieller Aufbau einer Diode

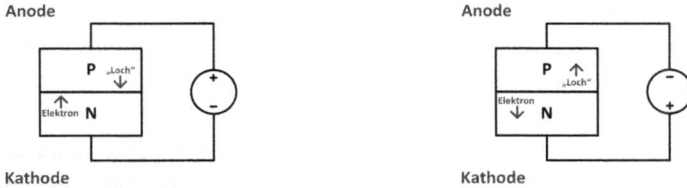

Abb. 3.3: Diode: Betrieb in Durchlassrichtung (li) - Betrieb in Sperrrichtung (re)

an. Ein Siliziumatom besteht aus dem (positiv geladenen) Atomkern und vier sogenann-ten Valenzelektronen, die sich im Umfeld des Atoms befinden. Die das Kristallgitter zusammenhaltende Bindung zwischen den einzelnen Siliziumatomen erfolgt mittels deren Valenzelektronen. Damit sind alle Elektronen fest im Kristallgitter eingebunden. Daher ist kein Ladungstransport möglich. Hochreines Silizium ist ein Isolator.

Wenn man, etwa durch Diffusion, Atome eines Stoffes mit fünf Valenzelektronen (z.B. Antimon) in ein Silizium-Kristallgitter einbringt, dann hat das fünfte Valenz-elektron des Fremdatoms keinen „Bindungspartner". Damit ist ein frei bewegliches Elektron im Kristallgitter vorhanden, womit ein Ladungstransport durch das Kristall-gitter möglich wird. Ein Bereich eines Siliziumkristalls, in dem in der beschriebenen Weise freie Elektronen vorhanden sind, wird als „N-dotiert" bezeichnet.

Es besteht auch die Möglichkeit, Atome eines Stoffes mit nur drei Valenzelektronen (z.B. Gallium) in das Silizium-Kristallgitter einzubringen. Damit entsteht ein „Elektro-nenloch", an dem ein Elektron im Kristallgitter „fehlt". Dieses „Elektronenloch" kann durch den Kristall wandern, womit dann ebenfalls ein Ladungstransport möglich ist.

Links in Abbildung 3.3 wird die Diode mit einer Spannungsquelle verbunden. Der Pluspol der Spannungsquelle liegt an der P-dotierten Zone des Halbleiterkristalls. Wir betrachten nun die Verhältnisse, die sich an der Grenzschicht zwischen dem N- und dem P-dotierten Bereich ausbilden. Die negativ geladenen beweglichen Elektronen werden vom Minuspol der Spannungsquelle abgestoßen und vom Pluspol der Spannungsquelle angezogen. Damit gehen sie aus dem N-dotierten Bereich in die Grenzschicht hinein. Die „Löcher" entsprechen einer positiven Ladung und werden daher vom Pluspol der Spannungsquelle abgestoßen und vom Minuspol der Spannungsquelle angezogen.

Damit gehen auch sie in die Grenzschicht hinein. Damit ist die Grenzschicht mit frei beweglichen Ladungsträgern „geflutet". Es fließt ein Strom durch die Diode.

Um das zur Überwindung der Grenzschicht notwendige elektrische Feld aufrecht zu erhalten ist eine Spannung von näherungsweise 0,6 V über der Diode erforderlich. Diese Spannung stellt sich in einer praktischen Schaltung stets über der Diode ein und muss bei Auslegung der Schaltung berücksichtigt werden. Legt man eine Spannung über der Diode an, die geringer als diese sogenannte Flussspannung ist, dann fließt nur ein sehr geringer Strom durch die Diode.

Rechts in Abbildung 3.3 ist die an der Diode anliegende Spannung entgegengesetzt gepolt. Es liegt nun der Pluspol an der N-dotierten Zone des Halbleiterkristalls. Damit werden die (negativ geladenen) beweglichen Elektronen durch die Anziehungskraft des Pluspols der Spannungsquelle aus der Grenzschicht zwischen dem N- und dem P-dotierten Bereich herausgezogen. Ebenso werden die (positiv geladenen) „Löcher" vom Minuspol der Spannungsquelle angezogen und verlassen damit ebenfalls die Grenzschicht. Im Bereich der Grenzschicht sind daher keine freien Ladungsträger mehr vorhanden. Damit fließt kein Strom durch die Diode, die Diode sperrt.

Das Bewegen der Ladungsträger aus der Sperrschicht heraus hat jedoch tatsächlich einen kurzzeitigen Stromfluss nach Anlegen der Spannung in Sperrrichtung zur Folge. Die sich gegenüberstehenden Grenzflächen zur Sperrschicht haben die Wirkung eines Kondensators, womit bei Änderungen der Sperrspannung stets kurzzeitig Strom fließt. Diese Eigenschaft der Diode ist für ihren praktischen Einsatz im Computer von Bedeutung. Die kapazitiv verursachten Ströme durch die Diode können, wenn sie nicht im Entwurfsstadium beachtet werden, zu ungewollten Schaltvorgängen im Computer führen.

Ebenfalls von praktischer Bedeutung ist das dynamische Verhalten der Diode beim Übergang vom leitenden in den sperrenden Zustand. Dieser Fall tritt stets auf, wenn die Spannung über der Diode von der Durchlass- zur Sperrrichtung umgepolt wird. Beim Betrieb der Diode in Durchlassrichtung ist der Grenzbereich zwischen den N- und P-dotierten Bereichen mit Ladungsträgern „geflutet". Beim Umpolen der Spannung sind diese Ladungsträger zunächst noch in diesem Grenzbereich vorhanden und werden erst durch die Wirkung der umgepolten Spannung aus diesem Bereich herausgezogen. Damit fließt zunächst auch in Sperrrichtung ein Strom durch die Diode, der erst abklingt, nachdem die Ladungsträger aus der Grenzschicht ausgeräumt sind. Hierdurch wird die maximale Schaltgeschwindigkeit der mit der Diode aufgebauten Schaltung begrenzt. Abbildung 3.4 zeigt links das Prinzip des praktischen Aufbaus und rechts das Schaltzeichen der Diode.

Das als Ausgangsmaterial verwendete hochreine Silizium wird zunächst (häufig durch Diffusion) N-dotiert. In einem weiteren Fertigungsschritt wird dann der Anodenbereich noch einmal P-dotiert. Die Stärke der P-Dotierung ist höher als die der zuvor ausgeführten N-Dotierung, so dass sich in der Summe ein Mangel an Valenzelektronen ergibt. Zwischen dem N- und dem P-dotierten Bereich bildet sich die für das elektrische Verhalten der Diode maßgebliche Grenzschicht aus.

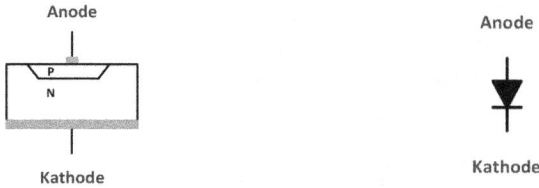

Abb. 3.4: Prinzip des praktischen Aufbaus einer Diode (li) - Schaltzeichen der Diode (re)

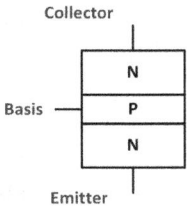

Abb. 3.5: Prinzipieller Aufbau eines Bipolartransistors

Die Diode ist ein elektronischer Schalter, dessen Schaltzustand von der Polarität der angelegten Spannung abhängig ist. Der im Folgenden betrachtete Transistor ist dagegen ein verstärkendes Element, das einen separaten Steuereingang besitzt. Wir gehen zunächst ausschließlich auf den sogenannten NPN-Bipolartransistor ein.

Der Halbleiterkristall des NPN-Bipolartransistors besteht aus zwei N-dotierten Bereichen, die durch einen P-dotierten Bereich voneinander getrennt sind. Dies ist in Abbildung 3.5 schematisch dargestellt. Der Steuerstrom des Transistors fließt zwischen Basis und Emitter. Der verstärkte Ausgangsstrom fließt zwischen Collector und Emitter. Dieser Transistor wird nun, wie links in Abbildung 3.6 dargestellt, an Emitter und Collector mit einer Spannungsquelle verbunden. Die Basis bleibt zunächst unbeschaltet.

Die Verhältnisse an der Grenzschicht zwischen Collector und Basis entsprechen den bereits beschriebenen Verhältnissen an einer in Sperrrichtung betriebenen Diode.

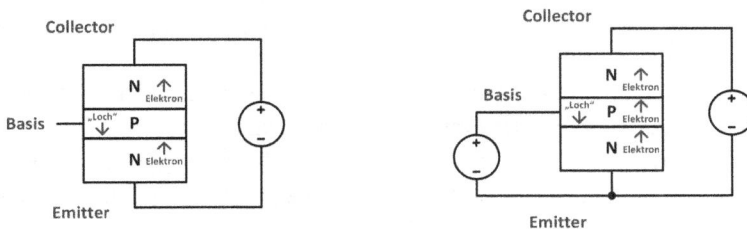

Abb. 3.6: Bipolartransistor noch ohne Steuerstrom (li) - Bipolartransistor mit Steuerstrom (re)

Die beweglichen Ladungsträger werden aus dem Bereich der Grenzschicht zwischen Collector und Basis herausgezogen, womit dann kein Stromfluss zwischen Collector und Emitter möglich ist. Der Transistor sperrt. (Auch an dieser Stelle fließt bei genauerer Betrachtung ein kurzzeitiger, durch die Verschiebung der Ladungsträger bedingter Strom.)

Wenn, wie rechts in Abbildung 3.6 gezeigt, ein Steuerstrom zwischen Basis und Emitter eingespeist wird, dann entsprechen die Verhältnisse an der Grenzschicht zwischen Basis und Emitter einer in Durchlassrichtung betriebenen Diode. Die Grenzschicht zwischen Basis und Emitter wird mit beweglichen Ladungsträgern „geflutet".

Die P-dotierte Basiszone ist sehr dünn ausgeführt. Damit dringen die sich in der Grenzschicht zwischen Basis und Emitter befindlichen, beweglichen Ladungsträger auch in die Grenzschicht zwischen Basis und Collector ein. Damit ist auch diese Grenzschicht mit beweglichen Ladungsträgern „geflutet", womit ein Stromfluss zwischen Collector und Emitter möglich wird.

Der zwischen Collector und Emitter fließende Strom ist um ein Vielfaches größer als der Basisstrom und näherungsweise proportional zu diesem. Das Verhältnis zwischen Basis- und Collectorstrom wird als Stromverstärkung bezeichnet. In der Praxis liegt die Stromverstärkung häufig in der Größenordnung 50 bis 250. Der Transistor ist somit ein „analoges" Bauelement, das unendlich viele, beliebig fein gestufte Zwischenstufen zwischen „vollständig gesperrt" und „vollständig leitend" annehmen kann. Die an dieser Stelle betrachtete Anwendung als Schalter ist nur ein Spezialfall der vielfältigen Anwendungsmöglichkeiten von Transistoren.

Die Basis-Emitter-Strecke entspricht einer Diode. Der zur Verstärkung führende Basisstrom kann erst dann in signifikantem Umfang fließen, wenn die Flussspannung dieser Diode von ca. 0,6 V erreicht ist. Bei Basis-Emitter-Spannungen unterhalb von ca. 0,4 V bleibt der Transistor praktisch komplett gesperrt.

Für die Anwendung des Transistors im Computer ist dessen dynamisches Verhalten von besonderer Bedeutung. Das Durchschalten der Collector-Emitter-Strecke nach Anlegen des Basisstroms geschieht nahezu unverzüglich, ein typischer Bipolartransistor benötigt dazu etwa 80 ns. Das Sperren des Transistors nach Wegnehmen des Basisstroms bedingt das Ausräumen der Ladungsträger aus der P-dotierten Basiszone und den dazugehörigen Grenzschichten. Dieser Vorgang benötigt bei einem typischen Bipolartransistor in einer einfachen Gatterschaltung etwa 1200 ns. Das Ausräumverhalten bestimmt damit die maximal erreichbare Taktfrequenz und in der Folge die Rechengeschwindigkeit des Computers.

Ergänzend sei noch bemerkt, dass die Grenzfläche zwischen Collector und Basis die Wirkung eines Kondensators hat, womit eine Rückwirkung vom Ausgangskreis auf den Eingangskreis des Transistors vorhanden ist, die die Schaltgeschwindigkeit ebenfalls reduziert. Abbildung 3.7 zeigt links das Prinzip des praktischen Aufbaus eines Bipolartransistors.

Der grundsätzliche Vorgang der Herstellung eines Bipolartransistors entspricht dem bereits beschriebenen Verfahren der Herstellung einer Diode. Zur Erzeugung der

Abb. 3.7: Prinzip des praktischen Aufbaus eines Bipolartransistors (li) - Schaltzeichen des NPN-Bipolartransistors (re)

N-dotierten Emitterzone wird jedoch noch ein dritter Diffusionsschritt mit noch höherer Fremdatom-Konzentration durchgeführt. Rechts in Abbildung 3.7 ist das Schaltzeichen des NPN-Bipolartransistors dargestellt.

Transistoren werden häufig auch in der Dotierungsreihenfolge P-N-P aufgebaut. Diese sogenannten PNP-Transistoren verhalten sich elektrisch spiegelbildlich zu den zuvor beschriebenen NPN-Transistoren. Die Polaritäten aller Spannungen und Ströme sind dabei vertauscht.

In heutigen Computern werden anstelle von Bipolartransistoren Feldeffekttransistoren verwendet. Feldeffekttransistoren (FET) benötigen keinen (statischen) Steuerstrom sondern werden (im statischen Fall) leistungslos mit einer Steuerspannung geschaltet. Durch die Kombination von P- und N-Kanal-Feldeffekttransistoren (CMOS-Technik) kann die statische Verlustleistung eines Computers auf vernachlässigbare Werte reduziert werden. Erst dadurch wurde die hohe Integrationsdichte heutiger Computer möglich.

3.4 Die Darstellung von Zahlen im Computer

In jeder Anwendung eines Computers hat das Ausführen von Berechnungen eine entscheidende Bedeutung. Daher betrachten wir zum Einstieg zunächst die Darstellung von Zahlen im Computer. Wir beschränken uns hierbei auf die Darstellung von BCD-Zahlen (vgl. Band 1, Kap. I.5.6), wie sie im SPACE AGE 1 angewendet wird. Diese Darstellung ist besonders anschaulich. In heutigen Computern werden jedoch andere, universellere Formen der Zahlendarstellung verwendet, die aber auch auf den nachfolgend beschriebenen Prinzipien aufbauen und an anderer Stelle in dieser Buchreihe beschrieben sind.

Ein als Schalter betriebener Transistor kann zwei Zustände darstellen. Ein leitender Transistor repräsentiert die 0. Ein sperrender Transistor repräsentiert die Eins. Diese Zuweisung folgt daraus, dass sich über einem sperrenden Transistor eine Spannung aufbaut, während über einem leitenden Transistor nur eine vernachlässigbar kleine Spannung ansteht. Wie in der linken Tabelle in Abbildung 3.8 gezeigt wird, kann eine Dezimalstelle mit vier Transistoren dargestellt werden. Mehrstellige Zahlen können,

8	4	2	1	Dezimal
0	0	0	0	0
0	0	0	1	1
0	0	1	0	2
0	0	1	1	3
0	1	0	0	4
0	1	0	1	5
0	1	1	0	6
0	1	1	1	7
1	0	0	0	8
1	0	0	1	9

1. Stelle	2. Stelle	3.Stelle	Dezimal
0001	0010	0011	123

Abb. 3.8: Darstellung einer Dezimalstelle mit vier Transistoren (li) - Darstellung einer dreistelligen Dezimalzahl mit zwölf Transistoren (re)

Mantisse				Exponent		Dezimalzahl	
1. Stelle	2. Stelle	3.Stelle	Dezimal	1./2.Stelle	Dezimal	Exponential	Standard
0001	0010	0011	123	1 1110	-2	1,23 * 0,01	0,0123
0001	0010	0011	123	1 1111	-1	1,23 * 0,1	0,123
0001	0010	0011	123	0 0000	0	1,23 * 1	1,23
0001	0010	0011	123	0 0001	1	1,23 * 10	12,3
0001	0010	0011	123	0 0010	2	1,23 * 100	123
0001	0010	0011	123	0 0011	3	1,23 * 1000	1230

Abb. 3.9: Erweiterung des darstellbaren Zahlenbereichs durch Exponentialdarstellung (zur Komplement-Darstellung negativer Zahlen, vgl. Band 1, Kap.I.5.4 sowie Band 3, Kap. I.2.3.7)

wie in der rechten Tabelle in Abbildung 3.8 dargestellt, durch das Aneinanderreihen mehrerer Vierergruppen dargestellt werden.

Um auch Kommazahlen darstellen zu können und um den darstellbaren Zahlenbereich (bei gegebener Anzahl an zur Darstellung verwendeten Transistoren) zu erweitern, wird die Exponentialdarstellung vorgesehen. Dazu wird die Zahl in einen stets im einstelligen Bereich gehaltenen Multiplikator (Mantisse) und eine Zehnerpotenz zerlegt. Hierzu zwei Beispiele: 12300 wird als $1,23 \times 10^4$ dargestellt, 0,0123 wird als $1,23 \times 10^{-2}$ dargestellt (vgl. Band 1, Kap. I.5.5 und Band 3, Kap. I.2.3.7.2). Die Tabelle in Abbildung 3.9 zeigt das Vorgehen bei der Exponentialdarstellung anhand einiger weiterer Beispiele.

3.5 Das Speichern von Zahlen im Computer

Zum Speichern von Zahlen wird im SPACE AGE 1 ein aus klassischen Flipflops zusammengesetzter Registerblock verwendet. Das Flipflop ist die wichtigste Grundschaltung der Digitaltechnik, so dass es in diesem Abschnitt eingehend hergeleitet und beschrieben wird. In heutigen Computern werden auch andere Verfahren zur Speicherung eingesetzt, die weniger Ressourcen benötigen. Auf diese Verfahren wurde bereits an anderer Stelle in dieser Buchreihe (vgl. Band 1, Kap. II.5) eingegangen. Ein Flipflop besteht aus zwei hintereinander geschalteten Verstärkerstufen. Der Ausgang der zwei-

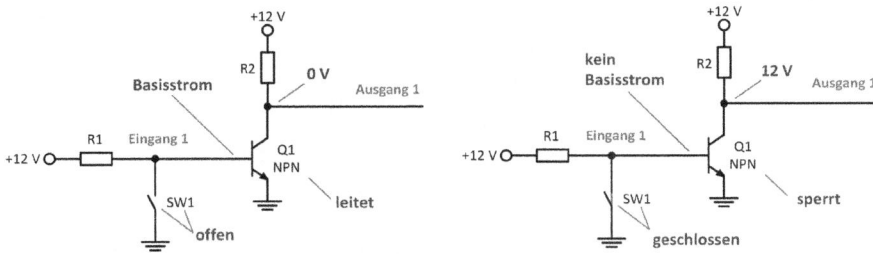

Abb. 3.10: Eine einzelne Verstärkerstufe mit leitendem Transistor (li) - und mit sperrendem Transistor (re)

ten Verstärkerstufe ist mit dem Eingang der ersten Verstärkerstufe verbunden. Wir beginnen mit der Betrachtung einer einzelnen Verstärkerstufe, die links in Abbildung 3.10 gezeigt ist.

Der Transistor Q1 erhält über den Widerstand R1 einen Basisstrom. (Schalter SW1 ist offen) Damit leitet der Transistor, womit der Ausgang der Schaltung praktisch nach Masse kurzgeschlossen wird. Die verbleibende Ausgangsspannung beträgt in der Praxis bei üblicher Dimensionierung der Schaltung ca. 0,2 V. Nun wird der Schalter SW1 geschlossen. Damit wird der durch R1 fließende Strom nach Masse kurzgeschlossen. Es fließt kein Basisstrom in Q1. Q1 sperrt, womit die volle Versorgungsspannung von +12 V über R2 am Ausgang anliegt. Abbildung 3.10 zeigt rechts diesen Zustand.

Es wird ausdrücklich betont, dass die Verstärkerstufe als solche analog arbeitet, sich also in Abhängigkeit vom in Q1 hineinfließenden Basisstrom alle Zwischenwerte zwischen 0,2 V und 12 V an ihrem Ausgang einstellen können. Das beschriebene Verhalten als schaltende Stufe tritt nur deswegen auf, weil die Stufe durch die Ansteuerung mit einem Schalter keine Zwischenwerte des Basisstroms durchlaufen kann. Würde man den Schalter SW1 durch einen veränderlichen Widerstand ersetzen, dann ließen sich die zuvor erwähnten Zwischenwerte am Ausgang einstellen. Wie nachfolgend noch im Detail beschrieben wird, ist das „analoge" Verhalten der einzelnen Verstärkerstufe eine Voraussetzung für das „digitale" Verhalten der zum Flipflop zusammengeschalteten Verstärkerstufen!

Weiterhin ist festzuhalten, dass die beschriebene Verstärkerstufe invertierend arbeitet. Die vollständige Abwesenheit einer Eingangsspannung führt zu der höchstmöglichsten Ausgangsspannung der Schaltung während die maximale Eingangsspannung zur kleinstmöglichsten Ausgangsspannung führt. Im nächsten Schritt werden zwei derartige Verstärkerstufen hintereinandergeschaltet. Dies ist in Abbildung 3.11 gezeigt.

Q1 erhält Basisstrom, da der Schalter SW1 geöffnet ist. Damit leitet Q1 und schließt „den linken Anschluss" von R3 nach Masse kurz. Damit erhält Q2 keinen Basisstrom und sperrt. Damit liegt der Ausgang der zweiten Stufe über R4 an der Versorgungsspannung +12 V. Beim Schließen von SW1 ergeben sich, wie in der nachfolgenden Abbildung 3.12 gezeigt, die folgenden Verhältnisse:

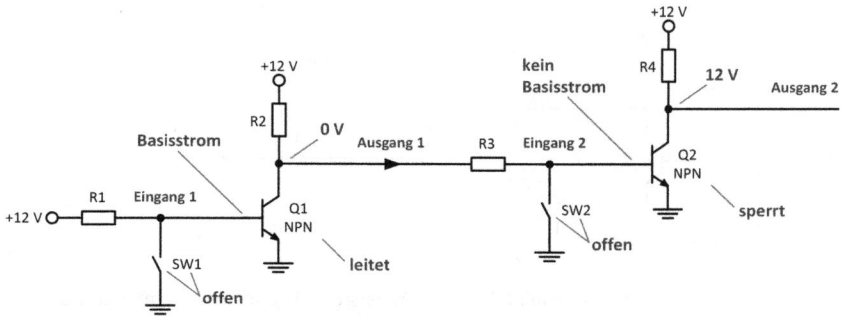

Abb. 3.11: Hintereinandergeschaltete Verstärkerstufen mit Basisstrom in der ersten Stufe

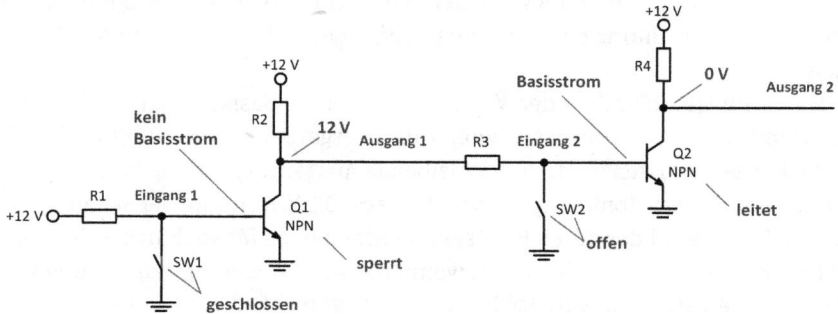

Abb. 3.12: Hintereinandergeschaltete Verstärkerstufen ohne Basisstrom in der ersten Stufe

Durch das Schließen von SW1 erhält Q1 keinen Basisstrom und sperrt. Damit erhält aber Q2 über R2 und R3 Basisstrom und leitet. Der Ausgang wird nach Masse kurzgeschlossen, womit praktisch 0 V am Ausgang anstehen. Diese Zusammenschaltung beider Verstärkerstufen arbeitet nichtinvertierend. Die Ausgangsspannung ist dann am höchsten, wenn auch die Eingangsspannung am höchsten ist.

Im folgenden Schritt wird der Ausgang der Schaltung mit ihrem Eingang verbunden. Dies ist in Abbildung 3.13 gezeigt.

Es soll nun versucht werden, die Verhältnisse in der Schaltung zu bestimmen. SW1 und SW2 sind geöffnet. Da es keinen „Fixpunkt" gibt, mit dem die Analyse begonnen werden kann (der Eingang wird ja vom Ausgang gespeist) wird notgedrungen erst einmal eine willkürliche Annahme getroffen, um diese dann im Zuge der weiteren Analyse zu bestätigen oder zu widerlegen.

Es wird willkürlich angenommen, Q1 sperre. Damit erhält Q2 Basisstrom, womit der Ausgang 2 praktisch auf Massepotenzial liegt. Damit erhält Q1 keinen Basisstrom, was das eingangs angenommene Sperren von Q1 bestätigt. Zur „Gegenkontrolle" wird ebenso willkürlich angenommen, dass Q1 leitet. Damit erhält Q2 keinen Basisstrom, womit Q2 sperrt. Damit erhält Q1 über R4 und R1 Basisstrom, womit das zuvor angenom-

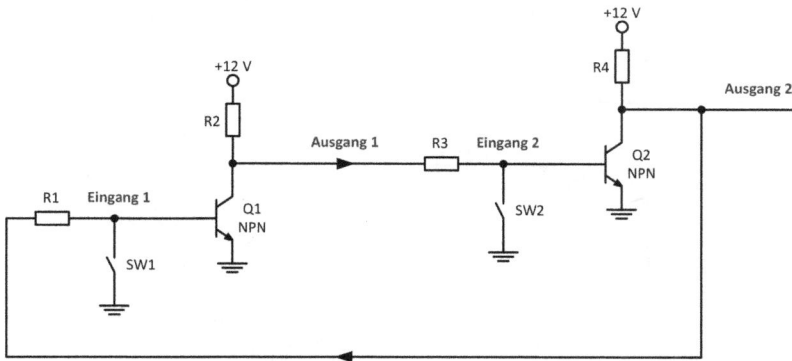

Abb. 3.13: Hintereinandergeschaltete Verstärkerstufen mit Verbindung des Eingangs mit dem Ausgang

mene Leiten von Q1 bestätigt wird. An diesem Zeitpunkt der Analyse wird erkennbar, dass die Schaltung zwei stabile Zustände besitzt.

Die erste und die zweite Verstärkerstufe sind identisch aufgebaut. Alle Bauelemente haben für die folgende Betrachtung exakt die gleichen Eigenschaften (was in der Praxis selbstverständlich nicht möglich ist). Mit Kenntnis dieser Tatsache treffen wir jetzt die Annahme, dass sowohl Q1 als auch Q2 sich in einem identischen Zustand befinden, in dem beide Transistoren nicht vollständig sperren, aber auch nicht vollständig leiten. Q2 erhält dabei gerade so viel Basisstrom, dass Q1 so weit aufgesteuert wird, dass Q2 den zum Aufrechterhalten des beschriebenen Zustands notwendigen Basisstrom erhält.

Tatsächlich ist dieser Zustand (theoretisch) möglich. Dieser Zustand ist jedoch instabil und wird daher zwingend verlassen. Bereits das thermische Rauschen der Schaltung reicht dazu aus, das Verlassen des instabilen Zustandes zu erzwingen.

Dieses Verlassen des zuvor beschriebenen instabilen Zustandes wird nun genauer betrachtet: Wir nehmen an, dass im Moment des ersten Betrachtens Q1 und Q2 exakt identische Basis- und Collectorströme haben und sich damit in einem Gleichgewichtszustand befinden. Nun nehme der Collectorstrom von Q2 durch Rauschen um einen winzigen Betrag zu. Damit sinkt das Potenzial an Ausgang 2 leicht ab. Damit geht auch der Basisstrom von Q1 um einen minimalen Betrag zurück. Damit geht der Collectorstrom durch Q1 zurück. In der Folge steigt das Potenzial am Collector von Q1 an. Damit erhöht sich der Basisstrom von Q2, womit sich der Collectorstrom von Q2 weiter erhöht. Einmal begonnen, lässt sich diese Dynamik nicht mehr stoppen. Die Zunahme des Collectorstroms von Q2 beschleunigt sich in der beschriebenen Weise immer weiter, bis der stabile Zustand erreicht ist, bei dem Q2 vollständig leitet und Q1 vollständig sperrt.

Wäre durch Rauschen zum Zeitpunkt des Beginns der Betrachtung zufällig der Collectorstrom von Q1 und nicht von Q2 angestiegen, dann hätte sich die Zunahme des Collectorstroms von Q1 solange immer weiter beschleunigt, bis der stabile Zustand erreicht ist, bei dem Q1 vollständig leitet und Q2 vollständig sperrt. Diese Schaltung hat

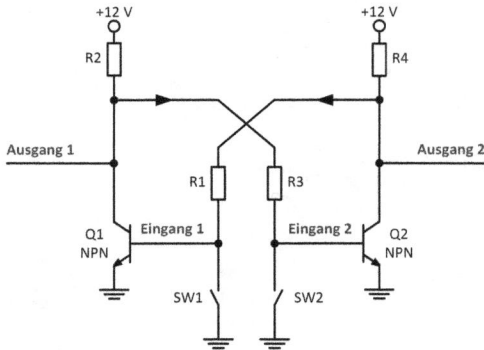

Abb. 3.14: Hintereinandergeschaltete Verstärkerstufen mit Verbindung des Eingangs mit dem Ausgang in anderer zeichnerischer Darstellung

also die Eigenschaft, in jedem Fall einen der beiden möglichen stabilen Zustände anzunehmen. Welcher der beiden Zustände nach dem Zuschalten der Versorgungsspannung eingenommen wird, ist dabei zufällig.

! **Flipflop**

Wir halten fest: Aus der Zusammenschaltung von zwei analogen Verstärkerstufen entsteht eine digitale Schaltung, die nur zwei stabile Zustände annehmen kann. Diese Schaltung wird allgemein als „Flipflop" bezeichnet. Die hier angewandte Rückführung des Ausgangs auf den Eingang eines nichtinvertierenden Verstärkers wird allgemein als „Gleichspannungs-Mitkopplung" bezeichnet.

Die zuvor schon erwähnte Symmetrie der Schaltung lässt sich sehr einprägsam verdeutlichen, wenn die Schaltung (ohne sie inhaltlich zu ändern) zeichnerisch anders dargestellt wird. Dies ist in Abbildung 3.14 gezeigt.

Das Flipflop kann zum Speichern von Zuständen genutzt werden und ist damit der Kernbestandteil jeglicher sequentiellen digitalen Logik. In der Folge betrachten wir einen Speichervorgang im Detail: Wir nehmen an, nach dem Zuschalten der Versorgungsspannung würde zufallsbedingt Q1 leiten und Q2 sperren. Die Schalter SW1 und SW2 sind beide geöffnet. Nun wird der Schalter SW1 geschlossen. Damit wird der zuvor in Q1 hineinfließende Basisstrom nach Masse kurzgeschlossen und das Sperren von Q1 erzwungen. Dadurch fließt dann über R2 und R3 ein Basisstrom in Q2 und „der obere Anschluss" von R1 wird praktisch nach Masse kurzgeschlossen. SW1 wird jetzt wieder geöffnet. Da aber „der obere Anschluss" von R1 bereits durch Q2 kurzgeschlossen ist, führt dies zu keinem erneuten Basisstrom in Q1. Der durch das kurzzeitige Schließen von SW1 erzwungene Zustand des Flipflops bleibt also erhalten. Mit anderen Worten: Die Information, dass SW1 kurzzeitig geschlossen war, ist im Flipflop gespeichert.

Aufgrund der Symmetrie der Schaltung ist es offensichtlich, dass das kurzzeitige Schließen von SW2 dazu führt, dass das Flipflop den entgegengesetzten Zustand ein-

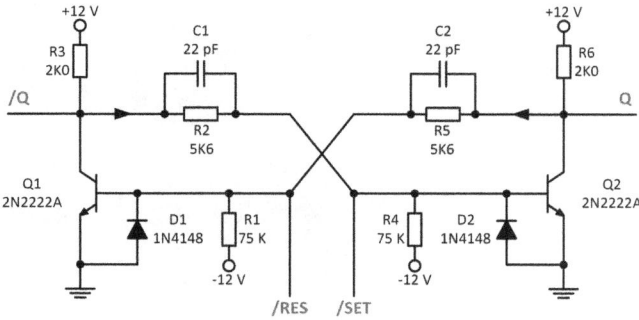

Abb. 3.15: Tatsächliche schaltungstechnische Realisierung eines Flipflops im SPACE AGE 1

nimmt, bei dem Q2 sperrt und Q1 leitet. In einem realen Computer sind SW1 und SW2 keine mechanischen Schalter sondern weitere Transistoren, die von anderen Teilschaltungen des Computers gesteuert werden. Mit vier Flipflops kann eine Dezimalstelle einer BCD-codierten Zahl gespeichert werden.

Die Eigenschaft des beschriebenen Transistor-Flipflops (oder seines funktional äquivalenten Vorläufers mit Elektronenröhren) zwei diskrete Zustände anzunehmen, legt es nahe, Digitaltechnik grundsätzlich mit zwei möglichen Zuständen (0 und 1) zu assoziieren. Die Zweiwertigkeit ist aber nur eine mögliche Ausführungsform der Digitaltechnik. „Digital" heißt wörtlich genommen „mit den Fingern abzählbar" und bedeutet lediglich, dass es nur diskrete, voneinander abgegrenzte Zustände gibt, auf die ein Zeichensystem abgebildet wird (vgl. Band 1, Kap. II.4.2.3f.). Tatsächlich wurden in der Vergangenheit „erweiterte Flipflops" mit zehn stabilen Zuständen in Röhrentechnik hergestellt. Das bekannteste Beispiel für diese Technologie ist die Zählröhre E1T, die zwischen 1949 und ca. 1970 von Philips hergestellt wurde. Die zehn stabilen Zustände wurden durch verschiedene Winkelstellungen eines abgelenkten Elektronenstrahls codiert. Auch bei der E1T wurde eine Gleichspannungs-Mitkopplung verwendet, um das „Einrasten" in die stabilen Zustände zu erreichen. Abbildung 3.15 zeigt die tatsächliche schaltungstechnische Realisierung der Flipflops im SPACE AGE 1. Diese Schaltung basiert auf der Schaltung der Flipflops im Rechner Z26 der ZUSE KG aus dem Jahr 1966.

An Stelle der bisher vorhandenen Schalter SW1 und SW2 befinden sich die Eingangssignale /SET und /RES, die an weitere Transistoren angeschlossen werden, die die Funktion dieser Schalter übernehmen. Die Schaltung wurde an einigen Stellen gegenüber der Grundschaltung ergänzt, um die Schaltgeschwindigkeit zu erhöhen. Die Kondensatoren C1 und C2 bewirken, dass Spannungsänderungen an den Collectoren zu einer schnelleren Änderung der Basisströme der gegenüberliegenden Transistoren führen, womit das Durchlaufen des instabilen Zustands beim Umschalten beschleunigt wird. Über R1 und R4 wird die Basis von Q1 und Q2 an eine weitere negative Versorgungsspannung gelegt. Damit wird das Ausräumen der beweglichen Ladungsträger aus der Basiszone und damit der Übergang zum tatsächlichen Sperren nach dem

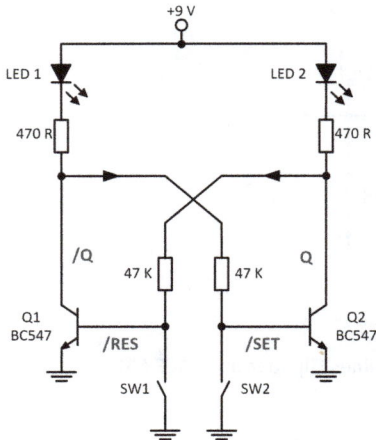

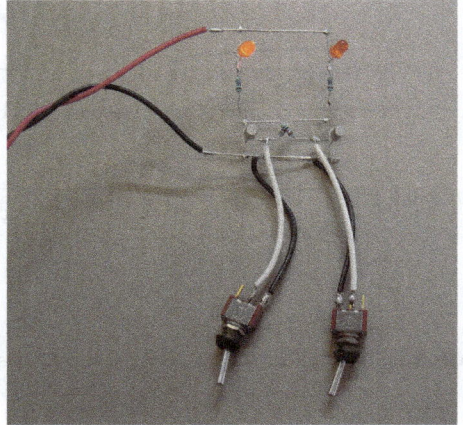

Abb. 3.16: Zum einfachen Selbstbau geeignete Flipflop-Schaltung (li) - und ihre Implementierung (re)

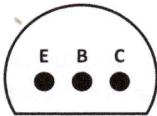

Abb. 3.17: Anschlussbelegung des BC547 von unten auf die Anschlussdrähte blickend gesehen

Wegfall des Basisstroms erheblich beschleunigt. D1 und D2 vermeiden eine zu hohe Sperrbeanspruchung der Basis-Emitter-Strecken von Q1 und Q2.

Die Ausgänge des Flipflops sind in der üblichen Bezeichnungsweise „Q" und „/Q" gekennzeichnet. An diesen Ausgängen liegen stets zueinander negierte Signale an. Wenn das Signal /SET nach Masse „gezogen" wird, dann wird das Flipflop gesetzt. Am Ausgang Q liegt dann die Versorgungsspannung (H-Pegel) an, während am Ausgang /Q praktisch das Massepotenzial anliegt.

⚡ Flipflop im Selbstbau

Zum eigenständigen Experimentieren kann die Schaltung, wie in Abbildung 3.16 gezeigt, in vereinfachter Form mit leicht erhältlichen Bauteilen aufgebaut werden.

Zur Stromversorgung reicht eine 9-V-Batterie aus. Die Bauteile können direkt mit ihren Anschlussdrähten miteinander verlötet werden. Alternativ kann eine Pressspanplatte mit eingedrückten blanken Messing-Reißnägeln als Lötstützpunkte verwendet werden. Abbildung 3.17 zeigt die Anschlussbelegung des verwendeten Transistors BC547 von unten auf die Anschlussdrähte blickend gesehen.

Die LEDs werden so angeschlossen, dass der längere Anschlussdraht (Anode) mit dem Pluspol der 9-V-Versorgung verbunden ist.

3.6 Das Addieren von Zahlen im Computer

Wie im weiteren Verlauf dieses Kapitels noch gezeigt wird, lassen sich alle Rechenarten auf das Addieren zurückführen. Daher beginnen wir an dieser Stelle mit der Betrachtung des Addierens im Computer. Zunächst addieren wir zwei einstellige Binärzahlen.[6] Die hierbei möglichen Ergebnisse sind in der Tabelle in Abb. 3.18 dargestellt. Da das Ergebnis 2_{10} nicht mehr in einer Stelle dargestellt werden kann, wird als weiterer Ausgang der Schaltung ein Übertrag vorgesehen.

Summand 1	Summand 2	Ergebnis		Dezimal
		Übertrag	Summe	
0	0	0	0	0 + 0 = 0
0	1	0	1	0 + 1 = 1
1	0	0	1	1 + 0 = 1
1	1	1	0	1 + 1 = 2

Abb. 3.18: Addition von zwei einstelligen Binärzahlen

Diese logische Verknüpfung wird nun mit einer praxisgerechten Transistorschaltung realisiert. Wir beginnen dazu mit der einfacher zu realisierenden Verknüpfung für den Übertrag. Abbildung 3.19 zeigt die diese Verknüpfung ausführende Schaltung.

Die Schaltung wird (um sie möglichst einfach aufbauen zu können) mit den negierten Summanden angesteuert. Dies stellt in der Praxis keinen Mehraufwand dar, da aufgrund der stets vorhandenen komplementären Ausgänge der die Summanden bereitstellenden Flipflops ohnehin immer das negierte Signal bereits vorhanden ist.

Wir betrachten jetzt das Verhalten der Schaltung für alle vier möglichen Kombinationen der beiden Summanden: Um diese (und folgende) Betrachtungen zu vereinfa-

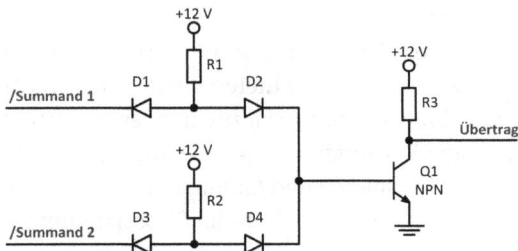

Abb. 3.19: Gatterschaltung zur Bildung des Übertrags

---

6 Zur Unterscheidung werden Binärzahlen hier mit dem Index 2 (z.B. 101_2) geschrieben. Dieser stellt die Zahlenbasis dar (vgl. Band 3, Kap. I.2.3.7). Wo nötig, werden zur besseren Unterscheidung Dezimalzahlen mit der 10 im Index (z.B. 14_{10}) und Hexadezimalzahlen mit der 16 im Index (z.B. EB_{16}) dargestellt.

chen, wird die folgende Festlegung getroffen: Die „0" wird durch den, näherungsweise dem Massepotenzial entsprechenden, Low-Pegel, abgekürzt mit „L" dargestellt. Dies entspricht dem leitenden Transistor. Die 1 wird durch den sperrenden Transistor dargestellt, der eine als High-Pegel, abgekürzt mit „H" bezeichnete positive Spannung des von ihm gesteuerten Signals gegenüber Masse zur Folge hat. Ein „in der Luft hängender" Eingang entspricht bei der hier beschriebenen Schaltungstechnik einem H-Pegel.

Wir beginnen mit der Kombination Summand 1 = 0 (L-Pegel) und Summand 2 = 0 (L-Pegel). In diesem Fall sind die invertierten Signale /Summand 1 und /Summand 2 auf H-Pegel. Damit sperren die Dioden D1 und D3. Über R1 und D2 (und auch R2 und D4) fließt ein Basisstrom in Q1. Damit leitet Q1, womit sich am Ausgang der Schaltung ein L-Pegel (0) einstellt. Das Verhalten der Schaltung entspricht also der obigen Wahrheitswerttabelle.

An der Basis von Q1 stellt sich die Flussspannung der Basis-Emitter-Strecke von ca. 0,6 V ein. (Die in Durchlassrichtung betriebene Basis-Emitter-Strecke entspricht einer in Durchlassrichtung betriebenen Diode) An der Anode von D2 (dem „unteren Anschluss" von R1) stellt sich die Summe der Basis-Emitter-Spannung von Q1 und der Flussspannung von D2 (ebenfalls ca. 0,6) ein, was einer Spannung von näherungsweise 1,2 V gegen Masse entspricht.

Wir setzen die Betrachtung mit der Kombination Summand 1 = 1 (H) und Summand 2 = 0 (L) fort. In diesem Fall ist das invertierte Signal /Summand 1 auf L, während das invertierte Signal /Summand 2 auf H ist. Damit leitet D1. An der Anode von D1 stellt sich die Flussspannung von D1 von 0,6 V zuzüglich der Restspannung am Signal /Summand 1 von ca. 0,2 V ein, das entspricht +0,8 V gegen Masse. Da sich das Signal /Summand 2 auf H befindet, sperrt D3. Damit fließt ein Strom über R2 und D4 in die Basis-Emitter-Strecke von Q1. Q1 leitet, womit sich am Ausgang der Schaltung ein L-Pegel (0) einstellt. Auch dieses Verhalten entspricht der Wahrheitswerttabelle. D2 sperrt, da die Spannungsdifferenz über D2 (+0,8 V an der Anode und +0,6 V an der Kathode) mit 0,2 V deutlich unter der Flussspannung von 0,6 V liegt.

Nun wird die Kombination Summand 1 = 0 (L) und Summand 2 = 1 (H) betrachtet. Auch hier leitet Q1. Das Verhalten ist zu dem zuvor betrachteten Zustand identisch, lediglich die Rolle der beiden (baugleichen) Eingangszweige ist zueinander vertauscht.

Abschließend betrachten wir die Kombination Summand 1 = 1 (H) und Summand 2 = 1 (H). Damit sind beide invertierten Signale /Summand 1 und /Summand 2 auf L. Damit leiten D1 und D3. An den Anoden von D2 und D4 steht, die Summe der Flussspannungen von D1 bzw. D3 von 0,6 V mit der Restspannung des L-Pegels an den Eingängen von 0,2 V entsprechend 0,8 V an. Damit liegt über der Reihenschaltung von D2 bzw. D4 mit der Basis-Emitter-Strecke von Q1 eine Spannung von 0,8 V an. Die Summe der Flussspannungen beider Strecken ist aber 1,2 V. Damit ist kein Stromfluss in die Basis von Q1 möglich, womit Q1 sperrt und am Ausgang der Schaltung, entsprechend der Wahrheitswerttabelle, ein H-Pegel anliegt.

Wir betrachten nun die Verknüpfung für die Summe. Die diese Verknüpfung ausführende Schaltung ist in Abbildung 3.20 dargestellt. Auch in dieser Schaltung werden

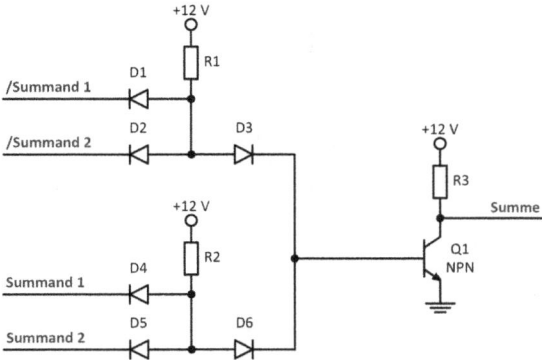

Abb. 3.20: Gatterschaltung zur Bildung der Summe

die (ohnehin vorhandenen) negierten Summandensignale verwendet, um den Aufbau der Schaltung zu vereinfachen.

Wir beginnen die Betrachtung mit der Kombination Summand 1 = 0 (L) und Summand 2 = 0 (L). Damit sind die negierten Signale /Summand 1 und /Summand 2 beide auf 1 (H). D1 und D2 sperren und über R1 und D3 fließt ein Basisstrom in Q1, womit Q1 leitet und sich am Ausgang der Schaltung ein L-Pegel (0) einstellt. Das Verhalten der Schaltung entspricht somit der obigen Wahrheitswerttabelle. Gleichzeitig leiten D4 und D5, sodass sich, wie bereits am Beispiel der Schaltung für den Übertrag hergeleitet, an der Anode von D6 eine Spannung von ca. 0,8 V einstellt. An der Kathode von D6 liegt, wie ebenfalls bereits hergeleitet, eine Spannung von +0,6 V an. Da die resultierende Spannungsdifferenz über D6 kleiner als die Flussspannung ist, sperrt D6.

Es ist durch einfaches Hinsehen zu erkennen, dass sich bei der Kombination Summand 1 =1 (H) und Summand 2 = 1 (H) ebenfalls ein L-Pegel (0) am Ausgang einstellt. Hierbei vertauschen lediglich beide Zweige ihre Funktion: Da dann die Signale Summand 1 und Summand 2 gleichzeitig auf 1 (H) sind, sperren D4 und D5, womit dann über R2 und D6 ein Basisstrom in Q1 fließt. Auch hier stellen wir Übereinstimmung mit der Wahrheitswerttabelle fest.

Wir gehen jetzt zur Kombination Summand 1 = 1 (H) und Summand 2 = 0 (L) über. Damit ist das invertierte Signal /Summand 1 auf 0 (L) und das invertierte Signal /Summand 2 auf 1 (H). D1 und D5 leiten. An den Anoden von D3 und D6 stellt sich, wie bereits hergeleitet, eine Spannung von +0,8 V ein. Die Summe der Flussspannungen der Basis-Emitter-Strecke von Q1 und der Flussspannungen von D3 bzw. D6 beträgt jedoch 1,2 V. Daher kann kein Basisstrom in Q1 fließen, womit Q1 sperrt und sich am Ausgang der Schaltung ein H-Pegel (1) einstellt. Auch dieses Verhalten entspricht der Wahrheitswerttabelle.

Abschließend betrachten wir noch die Kombination Summand 1 = 0 (L) und Summand 2 = 1 (H). Nun ist das invertierte Signal /Summand 1 auf 1 (H) und das invertierte Signal /Summand 2 auf 0 (L). Damit vertauschen die beiden identischen Eingangs-

Übertrag Ein	Summand 1	Summand 2	Egebnis		Dezimal
			Übertrag	Summe	
0	0	0	0	0	0 + 0 + 0 = 0
0	0	1	0	1	0 + 0 + 1 = 1
0	1	0	0	1	0 + 1 + 0 = 1
0	1	1	1	0	0 + 1 + 1 = 2
1	0	0	0	1	1 + 0 + 0 = 1
1	0	1	1	0	1 + 0 + 1 = 2
1	1	0	1	0	1 + 1 + 0 = 2
1	1	1	1	1	1 + 1 + 1 = 3

Abb. 3.21: Wahrheitswerttabelle für den Addierer mit Übertrags-Eingang

zweige der Gatterschaltung ihre Rollen. Es leiten jetzt D2 und D4, womit ebenfalls kein Basisstrom in Q1 fließt und sich ein H-Pegel (1) am Ausgang der Schaltung einstellt, wie es der Wahrheitswerttabelle entspricht.

Es soll noch auf die Notwendigkeit der Dioden D1 und D2 (sowie auch D4 und D5) eingegangen werden. Die Schaltung würde für sich alleine auch dann funktionieren, wenn man die Eingangssignale /Summand 1 und /Summand 2 (oder Summand 1 und Summand 2) unter Weglassen der Dioden direkt miteinander verbinden würde. Dann würde das kombinierte Signal stets den L-Pegel annehmen, wenn eines der beiden es bildenden Signale auf L schalten würde. Die ursprünglichen Signale stünden dann für keine anderen Zwecke mehr zur Verfügung. Die Dioden entkoppeln dagegen die Eingangssignale voneinander. So ist es möglich, mit einem Signal mehrere Gattereingänge parallel anzusteuern.

Für die Addition einer Dezimalstelle werden nun vier der soeben beschriebenen Addierer zusammengeschaltet. Dazu wird die Schaltung des Addierers um den Eingang für den von der vorangegangenen Stelle kommenden Übertrag erweitert. Die Wahrheitswerttabelle für diesen erweiterten Addierer ist in der Tabelle in Abbildung 3.21 dargestellt.

Anhand des vorangehend besprochenen Aufbaus der Gatterschaltungen kann nun rasch ein systematisches Umsetzen der Wahrheitswerttabelle in eine konkrete Transistorschaltung durchgeführt werden. Wir beginnen dazu wieder mit dem Übertrag.

Immer dann, wenn der Übertrag den Wert 0 (L-Pegel) annehmen soll, fließt ein Basisstrom in den zum Gatter gehörenden Transistor. Wir suchen uns alle Eingangsbedingungen, die zu einem L-Pegel am Ausgang gehören aus der Tabelle heraus und können damit formulieren, dass ein Basisstrom unter den nachfolgenden Bedingungen fließen soll.

Basisstrom soll fließen, wenn:

(Übertrag Ein = L UND Summand 1 = L UND Summand 2 = L)
ODER
(Übertrag Ein = L UND Summand 1 = L UND Summand 2 = H)
ODER
(Übertrag Ein = L UND Summand 1 = H UND Summand 2 = L)
ODER
(Übertrag Ein = H UND Summand 1 = L UND Summand 2 = L)

Nun formulieren wir die Bedingung unter Verwendung der nach wie vor zur Verfügung stehenden invertierten Signale so um, dass in allen UND-Verknüpfungen nur der H-Pegel als Bedingung für den Zustand der Eingänge vorkommt, womit der geplanten Realisierung als Diodengatter entsprochen wird.

Basisstrom soll fließen, wenn:

(/Übertrag Ein = H UND /Summand 1 = H UND /Summand 2 = H)
ODER
(/Übertrag Ein = H UND /Summand 1 = H UND Summand 2 = H)
ODER
(/Übertrag Ein = H UND Summand 1 = H UND /Summand 2 = H)
ODER
(Übertrag Ein = H UND /Summand 1 = H UND /Summand 2 = H)

Wir erkennen, dass wir es mit einer ODER-Verknüpfung von vier UND-Verknüpfungen zu tun haben. Wir zeichnen zunächst die Struktur dieses Gatters, wie es in Abbildung 3.22 gezeigt wird.

Wir erkennen, dass dann in Q1 ein Basisstrom fließt, wenn eine oder mehrere der eingangsseitigen UND-Verknüpfungsbedingungen erfüllt sind. Um die Schaltung fertigzustellen, werden die bereits ausgewählten Signale an die Eingänge gelegt. Dies ist in Abbildung 3.23 gezeigt.

Man erkennt, dass die Belegung der Eingänge direkt der Wahrheitswerttabelle entspricht und auch direkt aus ihr abgelesen werden kann. Für die Bildung der Summe ergibt sich aus dieser Vorgehensweise heraus dann die in Abbildung 3.24 dargestellte Gatterschaltung.

Mit der zuvor gezeigten Methodik lassen sich Gatterschaltungen nahezu beliebiger Komplexität direkt aus die ihre Funktion definierenden Wahrheitswerttabellen ableiten. Alle Gatter im SPACE AGE 1 sind nach dieser Methodik entworfen worden. Es lassen sich ohne Weiteres Gatter mit über 100 Dioden realisieren. Mit zunehmender Anzahl an Dioden geht jedoch die Schaltgeschwindigkeit zurück, da sich die Sperrkapazitäten der einzelnen Dioden addieren.

Um die Zusammenschaltung von vier Addierern zur Addition einer Dezimalstelle noch übersichtlich darstellen zu können, werden wir für den aus den beiden Gattern zur Bildung von Summe und Übertrag bestehenden Addierer zunächst ein abstraktes Schaltsymbol definieren. Dieses Symbol ist in Abbildung 3.25 dargestellt. Um die Über-

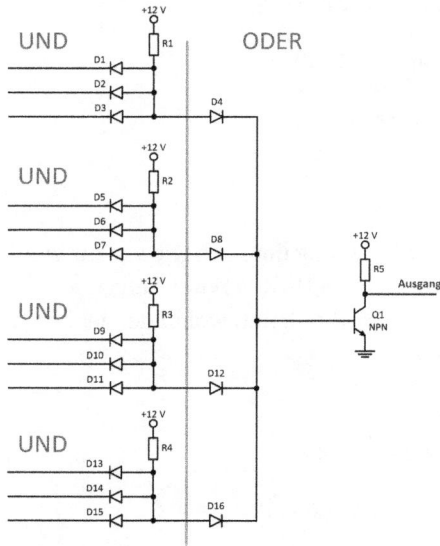

Abb. 3.22: Struktur eines (universellen) UND/ODER-Gatters

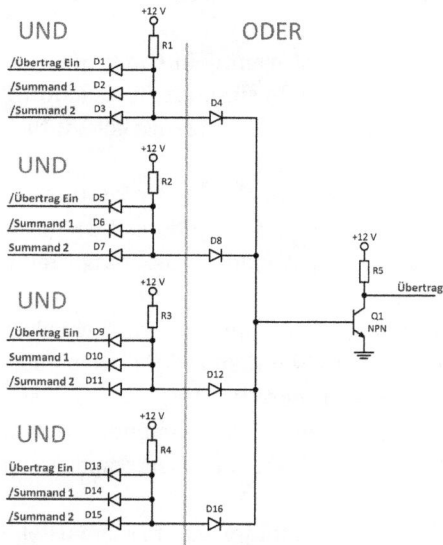

Abb. 3.23: UND/ODER-Gatter mit belegten Eingängen zur Bildung des Übertrags

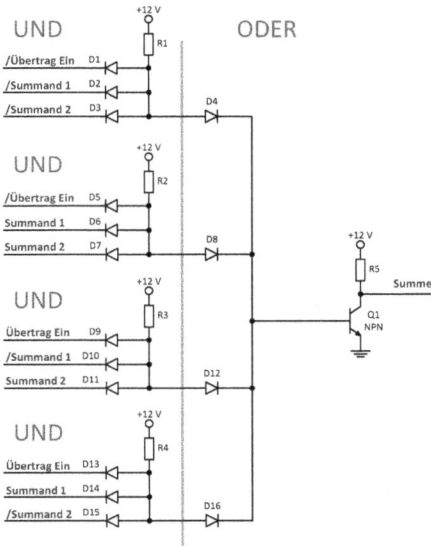

Abb. 3.24: UND/ODER-Gatter zur Bildung der Summe

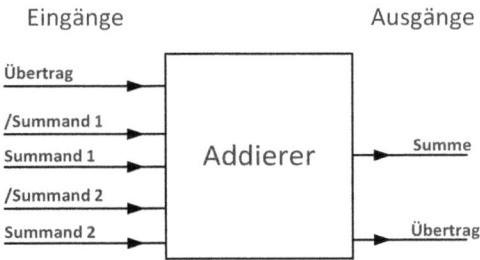

Abb. 3.25: Abstraktes Schaltsymbol für den Addierer

sichtlichkeit zu erhöhen, ist das Übertragssignal nicht als komplementäres Signalpaar, sondern symbolisch als ein einziges Signal dargestellt.

Die Verwendung des abstrakten Schaltsymbols hat den weiteren Vorteil, dass man sich beim Zusammensetzen der Gatterschaltungen zu komplexeren Anordnungen auf die Denkebene der Zusammenschaltung konzentrieren kann, ohne von den Details der inneren Realisierung der Gatter abgelenkt zu sein.

Abbildung 3.26 zeigt die Zusammenschaltung von vier Addierern. Der Übertrags-Ausgang einer Stelle wird mit dem Übertrags-Eingang der nächsthöheren Stelle verbunden. Der Übertrags-Eingang der niedrigsten Stelle ist auf einen festen L-Pegel (0) gelegt.

Die in Abbildung 3.26 gezeigte Zusammenschaltung von Addierern ist jedoch bezüglich des Zeitverhaltens und damit der möglichen Rechengeschwindigkeit ungünstig:

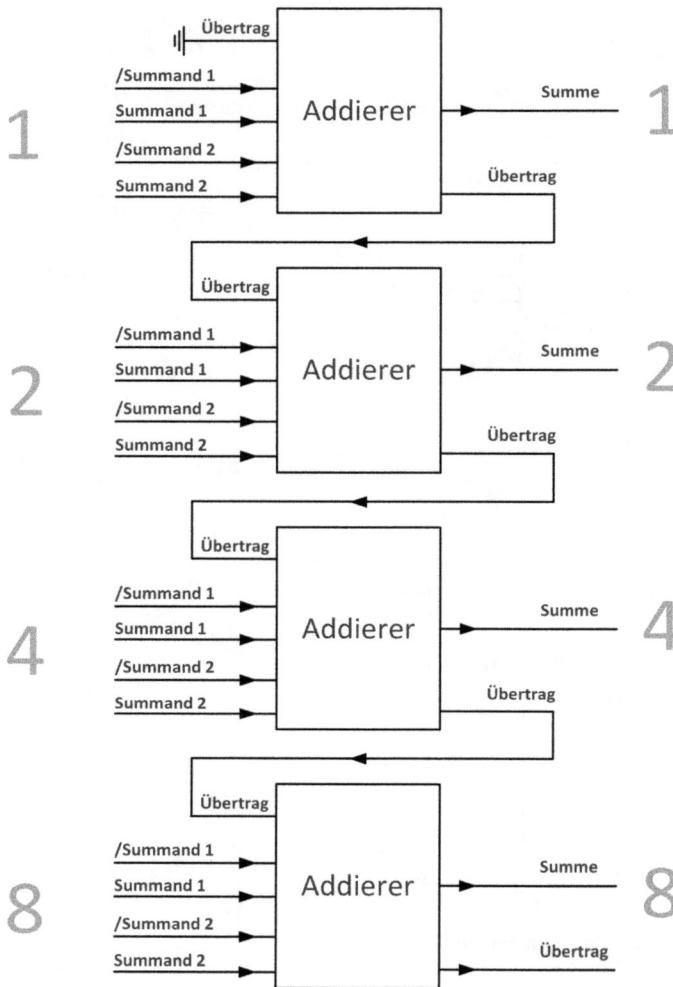

Abb. 3.26: Zusammenschaltung von vier Addierern

Erst wenn das Übertragssignal der untersten Stelle am Ausgang des es erzeugenden Addierers ansteht, steht es als Eingangssignal des Addierers der nächsthöheren Stelle zur Verfügung, der dann seinerseits wiederum seine Schaltzeit benötigt, um das Übertragssignal für die nächsthöhere Stelle zu generieren. Die Durchlaufzeit durch den gesamten Addierer ist damit die Summe der Durchlaufzeiten der einzelnen Addierer. Bei einer in Computern üblichen Wortbreite von 32 Bit würde dann die Addition einer 32-Bit-Zahl das 32-fache der Durchlaufzeit eines einzelnen Addierers benötigen.

Daher wird für praktisch ausgeführte Schaltungen der Übertrag für die jeweiligen Stellen direkt (und damit zeitlich parallel zur Addition) aus den relevanten Eingangssignalen gebildet. Hierbei entstehen allerdings mit zunehmender Stellenzahl sehr umfangreiche Verknüpfungen. Diese Struktur ist in Abbildung 3.27 dargestellt.

Die Information, ob bei der Addition der dritten Stellen der Summanden (Wertigkeit 4) ein Übertrag entsteht, ist bereits vollständig in den ersten beiden Stellen der Summanden enthalten, so dass das Übertragssignal für die dritte Stelle völlig unabhängig von den Addierern für die erste und die zweite Stelle zeitlich parallel zur Addition gebildet wird. Ebenso wird mit dem Übertragssignal für die Addition der vierten Stelle (Wertigkeit 8) verfahren. Die zur Bildung des Übertrags benötigte Information ist in den Stellen 1 bis 3 der beiden Summanden vollständig enthalten. Die Durchlaufzeit für die Summenausgänge der zweiten bis zur vierten Stelle beträgt zwei Gatterlaufzeiten, da für diese Stellen die Übertragsbildung und die Addierer hintereinander liegen.

Da der Gesamt-Übertrag des 4-Bit-Addierers nicht vor den Summensignalen zur Verfügung stehen muss, kann er mit einem vergleichsweise einfachen Gatter aus den Summanden der vierten Stelle und dem schon vorhandenen Übertragssignal aus den ersten drei Stellen erzeugt werden. Damit können die recht umfangreichen Verknüpfungen zur direkten Erzeugung eingespart werden und das Übertragssignal liegt dennoch gleichzeitig mit den Summensignalen an.

Mit diesem Verfahren kann man Addierer mit hohen Stellenanzahlen bauen, wobei die Durchlaufzeit zwei Gatterlaufzeiten nicht überschreitet. Der Preis, den man dafür aufbringt, ist die hohe Komplexität der Gatter zur Bildung der Übertragssignale. In der Tabelle in Abbildung 3.28 ist beispielhaft die Erzeugung des Übertragssignals für die dritte Stelle gezeigt. Die Tabelle lässt sich in der zuvor schon beschriebenen Weise direkt in ein UND/ODER-Gatter umsetzen.

Für den praktischen Einsatz wird die zuvor beschriebene Addiererschaltung noch um einen nach außen geführten Übertragseingang zur niederwertigsten Stelle hin erweitert. Die Addition mehrstelliger BCD-Zahlen wird durch das nacheinander erfolgende Addieren der einzelnen Stellen mit einer Breite von jeweils 4 Bit durchgeführt. Dazu wird der Übertrag aus der Addition einer Stelle in einem Flipflop zwischengespeichert und dann zur Addition der Folgestelle aus dem Flipflop heraus an den Übertragseingang des Addierers angelegt.

Bei der zuvor beschriebenen Addiererschaltung erfolgt die Addition im hexadezimalen Zahlenraum. Mit vier Stellen können die Zahlen 0 bis 15 dargestellt werden. Bei der Addition von beispielsweise 7+7 ergibt sich das Ergebnis binär 1110_2, hexadezimal E_{16}, dezimal 14_{10}, ohne dass ein Übertrag entsteht. Für die an dieser Stelle um der Anschaulichkeit willen beschriebene Verarbeitung vom BCD-Zahlen wird jedoch das Ergebnis 4 plus Übertrag (zur nächsten Zehnerstelle) benötigt. Die benötigte Umcodierung wird in der Tabelle in Abb. 3.29 dargestellt.

Diese Umcodierung kann auf einfache Weise mit Hilfe der Tabelle in Abb. 3.29 mit fünf UND/ODER-Gattern erfolgen. Hierzu wird für jede der vier Stellen der auszugebende Zahl und für den Übertrag ein UND/ODER-Gatter vorgesehen. Um diese Gatter zu entwerfen, wird für jedes der fünf Ausgangssignale eine separate Wahrheitswerttabelle erstellt, bei der dann die dezimale Codierung der obigen Tabelle in die einzelnen

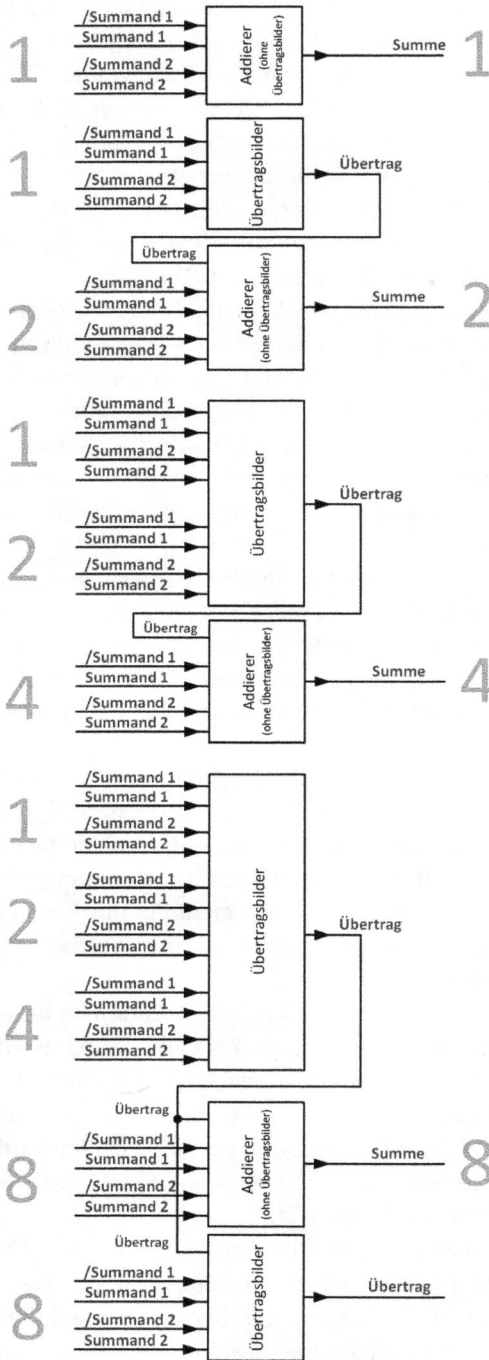

Abb. 3.27: Schnellerer Addierer mit paralleler Bildung der Überträge

Summand 1		Summand 2		Dezimal	Übertrag für 3. Stelle
Stelle 2	Stelle 1	Stelle 2	Stelle 1		
0	0	0	0	0 + 0 = 0	0
0	0	0	1	0 + 1 = 1	0
0	0	1	0	0 + 2 = 2	0
0	0	1	1	0 + 3 = 3	0
0	1	0	0	1 + 0 = 1	0
0	1	0	1	1 + 1 = 2	0
0	1	1	0	1 + 2 = 3	0
0	1	1	1	1 + 3 = 4	1
1	0	0	0	2 + 0 = 2	0
1	0	0	1	2 + 1 = 3	0
1	0	1	0	2 + 2 = 4	1
1	0	1	1	2 + 3 = 5	1
1	1	0	0	3 + 0 = 3	0
1	1	0	1	3 + 1 = 4	1
1	1	1	0	3 + 2 = 5	1
1	1	1	1	3 + 3 = 6	1

Abb. 3.28: Erzeugung des Übertrag-Signals für die dritte Stelle aus der ersten und der zweiten Stelle

Roh-Ergebnis des Addierers	Gewünschte Ausgabe Übertrag	Gewünschte Ausgabe Summe
0	0	0
1	0	1
2	0	2
3	0	3
4	0	4
5	0	5
6	0	6
7	0	7
8	0	8
9	0	9
A (10)	1	0
B (11)	1	1
C (12)	1	2
D (13)	1	3
E (14)	1	4
F (15)	1	5
0 + Übertrag	1	6
1 + Übertrag	1	7
2 + Übertrag	1	8
3 + Übertrag	1	9

Abb. 3.29: Umcodierung zur Darstellung von BCD-Zahlen am Ausgang des Addierers

Binärsignale aufgelöst wird. Aus diesen Tabellen kann dann direkt, gemäß der bereits beschriebenen Methodik, die Belegung der Eingänge des UND/ODER-Gatters und damit dessen Schaltplan erstellt werden. (Aus Platzgründen verzichten wir auf die Darstellung dieser recht umfangreichen Schaltung.)

Das hier beschriebene Vorgehen wird bei der heute üblichen Realisierung von Logikgattern mittels programmierbarer Logikbausteine (FPGA, Field Programmable Gate Array, vgl. Band 1, Kap. II.5.2.5) in sinngemäßer Form automatisiert vom die abstrakte Schaltungsbeschreibung verarbeitenden Compiler durchgeführt. Die grundsätzliche Form des UND/ODER-Gatters ist auf dem Chip strukturiert, die Belegung der Eingänge erfolgt über elektronische Schalter, deren Zustand wiederum durch Flipflops bestimmt wird. Diese Flipflops werden nach dem Einschalten der Versorgungsspannung aus einem sich dann selbst aus einem Speichermedium hochladenden, ursprünglich vom

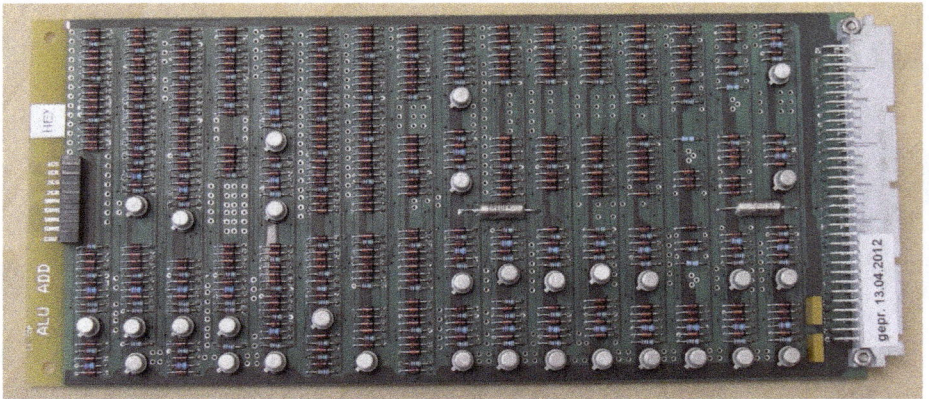

Abb. 3.30: Der 4-Bit-Addierer mit paralleler Übertragserzeugung aus dem SPACE AGE 1

Compiler generierten, Programmierfile entsprechend der zu realisierenden Schaltung gesetzt.

Abbildung 3.30 zeigt den 4-Bit-Addierer im SPACE AGE 1, der in der zuvor beschriebenen Gattertechnik aufgebaut ist. Man erkennt deutlich die Transistoren im silbernen Metallgehäuse und die Dioden im rötlichen Glasgehäuse. Die meisten Dioden werden nicht für den Addierer selbst, sondern für die parallele Erzeugung der Übertragssignale benötigt.

Wir betrachten nun die Addition von zwei mehrstelligen BCD-Zahlen in Exponentialdarstellung. Die einzelnen Stellen der Mantisse (mit einer Breite von jeweils 4 Bit) werden nacheinander addiert. Hierbei wird mit der niedrigwertigsten Stelle begonnen. Der dabei möglicherweise entstehende Übertrag wird in einem Flipflop zwischengespeichert und steht dann für die Addition der nächsthöheren Stelle zur Verfügung.

Vor der Ausführung der Addition werden die Exponenten der Summanden aneinander angeglichen und die Mantissen entsprechend verschoben. Hierbei wird der Summand, der den kleineren Exponenten aufweist auf den größeren Exponenten „skaliert", indem die Mantisse nach rechts, also zu den Nachkommastellen hin, verschoben wird. Bei der Addition von sehr kleinen zu sehr großen Zahlen entsteht hierbei ein Genauigkeitsverlust. Dieses Vorgehen ist in der Tabelle in Abb. 3.31 dargestellt.

In heutigen Computern arbeitet man selbstverständlich mit einer weit höheren Stellenzahl der Mantisse, so dass der entstehende Fehler meist so klein ist, dass er nicht mehr erkennbar oder ohne praktische Bedeutung ist. Trotzdem ist der beschriebene Fehler bei jeder Addition von Gleitkommazahlen auch auf heutigen Computern prinzipbedingt vorhanden.

Die der beschriebenen Addition zugrundeliegenden Abläufe wie das Holen der Summanden aus dem Speicher, das Verschieben der Mantissen und das stellenweise Addieren mit der Weitergabe des Übertrags und das Ablegen des Ergebnisses im

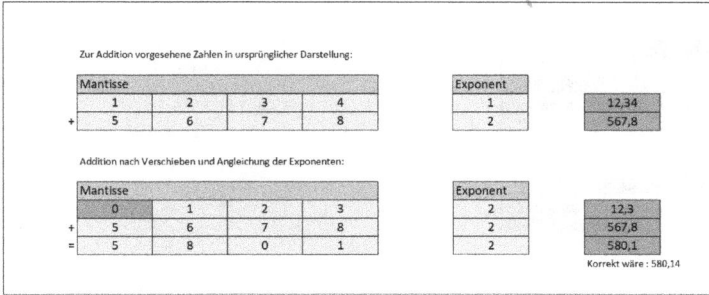

Abb. 3.31: Addition von zwei BCD-Zahlen in Exponentialdarstellung

Speicher werden auf einer höheren Ebene durch das auf dem Computer ablaufende Programm und auf einer tieferen Ebene durch das Steuerwerk des Computers gesteuert. Dies wird im weiteren Verlauf dieses Kapitels noch ausführlich beschrieben.

3.7 Das Subtrahieren von Zahlen im Computer

Das Subtrahieren von Zahlen im Computer wird auf die Addition negativer Zahlen zurückgeführt. Dazu wird die bisher beschriebene Zahlendarstellung, die nur positive Zahlen darstellen konnte, auf die Darstellung negativer Zahlen erweitert. Hierzu wird für BCD-Zahlen die sogenannte Neunerkomplementdarstellung angewendet. Zur Darstellung des Vorzeichens ist eine weitere Stelle notwendig. Die Tabelle in Abb. 3.32 zeigt die Neunerkomplementdarstellung einer BCD-Stelle. Die Tabelle in Abb. 3.33 zeigt beispielhaft die Ausführung von Subtraktionen durch Addition des Neunerkomplements.

Beim Entstehen eines Übertrags wird eine „Eins" zur untersten Stelle des Ergebnisses addiert und anschließend der Übertrag gelöscht. Man erkennt, dass die zweite Stelle des Neunerkomplements stets den Abstand der ursprünglichen Zahl von der 9 wiedergibt. Abbildung 3.34 soll zu einem Verständnis der Wirkungsweise des Neuner-

Abb. 3.32: Darstellung negativer Zahlen mit dem Neunerkomplement

2 − 3 = -1

BCD			Dezimal
Übertrag	1. Stelle	2. Stelle	
0	0	2	2
+ 0	9	6	-3
= 0	9	8	-1

-3 -(-4) = 1

BCD			Dezimal
Übertrag	1. Stelle	2. Stelle	
0	9	6	-3
+ 0	0	4	+4
= 1	0	0	

Nach Übertrag Addition einer 1 zur untersten Stelle und Löschen des Übertrags:

0	0	1	+1

Abb. 3.33: Beispielhafte Ausführung von Subtraktionen

komplements beitragen. Auf der waagrechten Achse der Diagramme ist der Zahlenstrahl von −15 bis +15 aufgetragen. Auf der senkrechten Achse ist der Wert der letzten Stelle der die Zahl darstellende BCD-Zahl mit und ohne Neunerkomplementdarstellung aufgetragen. Man erkennt, dass ohne Neunerkomplementdarstellung eine „Spiegelung" des Wertes der letzen Stelle an der 0 auftritt, während sich bei Verwendung des Neunerkomplements ein kontinuierlich fortlaufender Verlauf zeigt. Bei Verwendung des Neunerkomplements ergibt sich für einen bestimmten Abstand zwischen zwei Zahlen auf dem Zahlenstrahl immer die gleiche Distanz zwischen den Zahlenwerten der letzten Stelle, auch dann, wenn zwischen diesen Zahlen die 0 liegt. Ohne Neunerkomplementdarstellung ist dies nicht der Fall.

Die Umcodierung ins Neunerkomplement geschieht in der bekannten Weise mit einem UND/ODER-Gatter für jedes einzelne Binärsignal. Die Belegung der Gattereingänge wird, wie bereits gezeigt, aus den Wahrheitswerttabellen für die einzelnen Binärsignale direkt abgelesen.

Abbildung 3.35 zeigt eine vereinfachte Darstellung der im SPACE AGE 1 verwendeten Komplementiererschaltung. Die einzelnen Bits der eingehenden Hex-Zahl und der ausgehenden BCD-Zahl sind dabei mit A, B, C, D für die Wertigkeiten 1, 2, 4, 8 bezeichnet. Das Ausgangssignal ist, aus Gründen der Bauteilersparnis in der Gesamtschaltung, negiert. Der sonstige Ablauf einer Subtraktion entspricht exakt dem Ablauf einer Addition und verwendet selbstverständlich den bereits im vorherigen Abschnitt beschriebenen Addierer.

Auch bei der Subtraktion von Gleitkommazahlen tritt prinzipbedingt die schon bei der Addition beschriebene Genauigkeitsabweichung auf. Insbesondere bei der Subtraktion sehr großer, aber nahe beieinander liegender Zahlen kann es zu in der Praxis störenden Fehlern kommen, da die in Bezug auf die Ausgangszahlen vernachlässigbare Genauigkeitsabweichung für das deutlich kleinere Ergebnis von Bedeutung ist. Für hexadezimale Zahlen gibt es eine Entsprechung zum Neunerkomplement, das Zweierkomplement. Hierauf wird an anderer Stelle in dieser Buchreihe eingegangen (vgl. Band 1, Kap. I.5.4 sowie Band 3, Kap. I.2.3.7.1).

Ohne Neunerkomplement

Mit Neunerkomplement

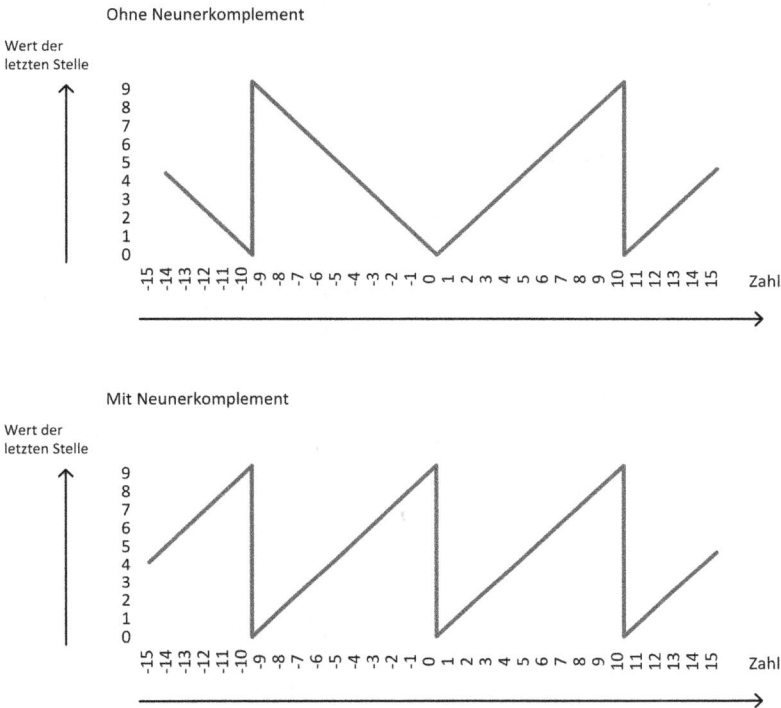

Abb. 3.34: Zum Verständnis des Neunerkomplements

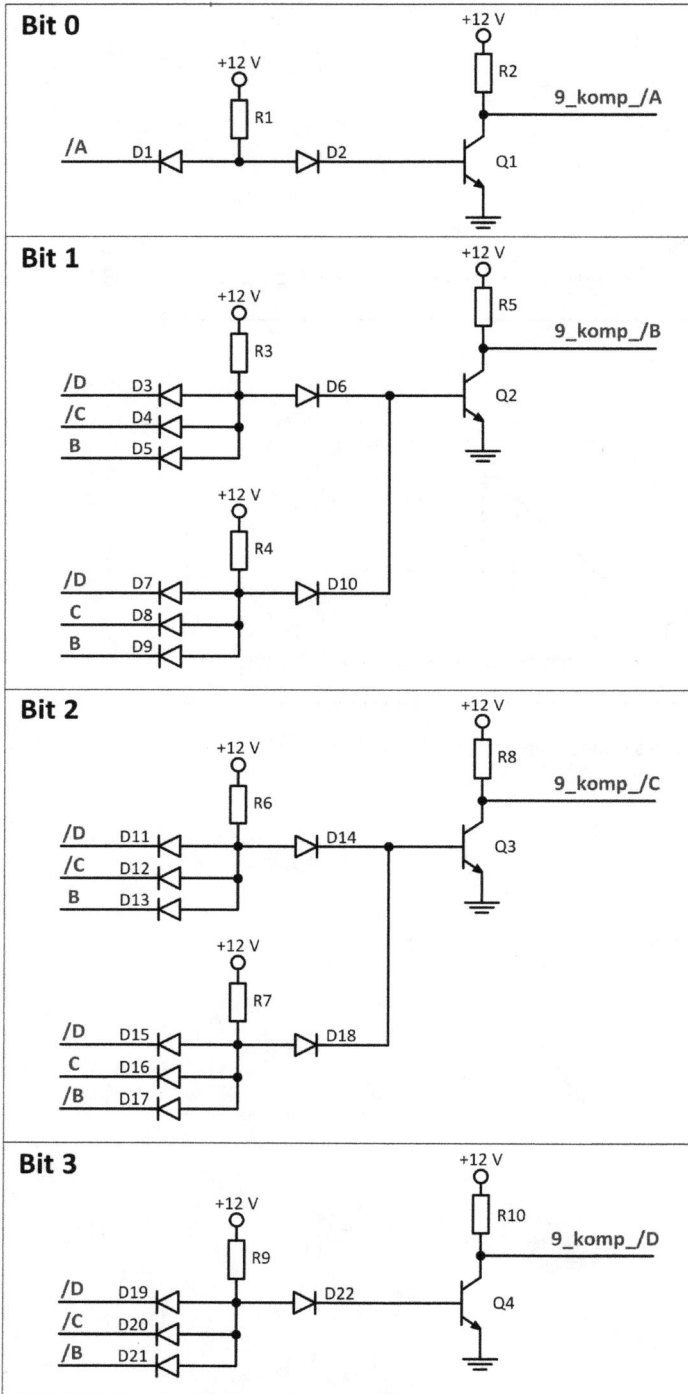

Abb. 3.35: Vereinfachte Darstellung der im SPACE AGE 1 verwendeten Komplementierschaltung

3.8 Das Multiplizieren von Zahlen im Computer

Das Multiplizieren wird im Computer (in den meisten Fällen) durch wiederholtes Addieren ausgeführt. Die Multiplikation wird hierbei in drei Teilschritte zerlegt:
1. Die Multiplikation der Mantissen
2. Die Addition der Exponenten
3. Die Bildung des Vorzeichens

Die Bildung des Vorzeichens erfolgt hierbei nach einem einfachen Entscheidungsbaum: Sind die Vorzeichen beider Multiplikanden identisch, dann ist das Ergebnis positiv. Sind die Vorzeichen dagegen unterschiedlich hat das Ergebnis ein negatives Vorzeichen.

Die Tabelle in Abbildung 3.36 zeigt die grundsätzliche Ausführung einer Multiplikation am Beispiel von 12 × 34 = 408. Die Multiplikation der Mantissen erfolgt durch wiederholtes Addieren. Dies ist in der Tabelle in Abbildung 3.37 ebenfalls anhand des Beispiels 12 × 34 = 408 gezeigt.

Die Steuerung der Multiplikation basiert auf einem Zähler, dem Schleifenzähler. Das Funktionsprinzip des Zählers wird an späterer Stelle in diesem Kapitel noch ausführlich erläutert.

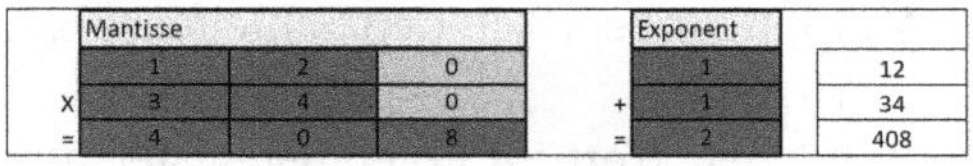

Mantisse			Exponent		
	1	2	0	1	12
x	3	4	0	+ 1	34
=	4	0	8	= 2	408

Abb. 3.36: Grundsätzliche Ausführung einer Multiplikation

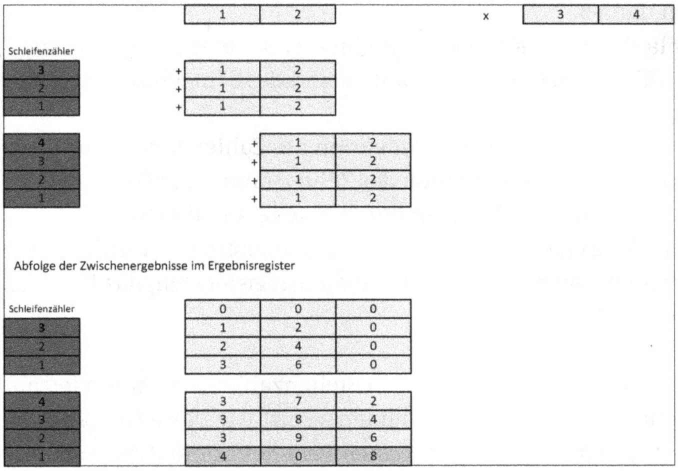

Abb. 3.37: Beispiel einer Multiplikation 12 × 34 = 408

Wir verfolgen nun den Ablauf der Multiplikation 12×34 Schritt für Schritt. Dazu vernachlässigen wir zur Vereinfachung die Exponentialdarstellung:

- Vorbereitend wird das dreistellige Ergebnisregister auf 0 gesetzt.
- Die Zehnerstelle des zweiten Multiplikanden (3) wird in den Schleifenzähler geladen.
- Der erste Multiplikand wird zum vorhandenen Wert im Ergebnisregister „linksbündig" ,also mit den Faktor 10 multipliziert, hinzuaddiert. (Es wird ja mit der Zehnerstelle des zweiten Multiplikanden multipliziert.) Der im Ergebnisregister vorhandene Wert ist 0, so dass dann 120 im Ergebnisregister steht. Nach diesem Vorgang wird der Wert des Schleifenzählers um 1 reduziert, so dass der Zählerstand dann 2 beträgt.
- Die Addition von 120 in das Ergebnisregister wird wiederholt. Es steht dann 240 im Ergebnisregister. Der Wert des Schleifenzählers wird erneut um 1 reduziert, so dass der Zählerstand nun 1 beträgt.
- Die Addition von 120 in das Ergebnisregister wird ein drittes Mal wiederholt. Es steht dann 360 im Ergebnisregister. Der Wert des Schleifenzählers wird erneut um 1 reduziert, so dass dieser jetzt 0 beträgt.
- Der Zählerstand 0 ist das Abbruchkriterium für die zuvor durchlaufene Additionsschleife.
- Nun wird die Einerstelle des zweiten Multiplikanden, 4 in den Schleifenzähler geladen.
- Der erste Multiplikand wird zum vorhandenen Wert im Ergebnisregister nun „rechtsbündig", also mit dem Faktor 1 multipliziert addiert. Damit ergibt sich der Wert 360+12=372 im Ergebnisregister. Der Wert des Schleifenzählers wird um 1 reduziert. Er beträgt dann 3.
- Im nächsten Durchlauf der Schleife wird dann im Ergebnisregister die Addition 372+12=384 durchgeführt. Erneut wird der Zählerstand des Schleifenzählers um 1 reduziert, er beträgt dann 2.
- Es folgen die Additionen 384+12=396, die Reduktion des Zählerstandes auf 1 und die Addition 396+12=408 und die Reduktion des Zählerstandes auf 0.
- Dies ist das Abbruchkriterium für die zuvor durchlaufene Additionsschleife.
- Die übergeordnete Schleife erkennt, dass die letzte Stelle verarbeitet wurde, womit die Multiplikationsroutine verlassen wird. Im Ergebnisregister steht das Ergebnis 408 zur weiteren Verwendung bereit.

Man erkennt, dass die Multiplikation bei größeren Stellenzahlen aus einer Vielzahl von Additionen und Schiebeoperationen zusammengesetzt ist. Diese Operationen werden vom Anwendungsprogramm und vom Steuerwerk des Computers gesteuert. Diese Vorgänge werden im weiteren Verlauf dieses Kapitels noch eingehend betrachtet. Wir kehren jetzt wieder zur Exponentialdarstellung zurück. „408" entspricht dann der Mantisse der Exponentialzahl $4,08 \times 10^2$

3.9 Das Dividieren von Zahlen im Computer

Ebenso wie die Multiplikation mittels wiederholter Addition ausgeführt werden kann, kann die Division durch wiederholtes Subtrahieren (also dem Addieren komplementierter Zahlen) realisiert werden.

Die Division wird, ebenso wie die Multiplikation, in drei Teilschritte zerlegt:
1. Die Division der Mantissen
2. Die Subtraktion der Exponenten
3. Die Bildung des Vorzeichens

Die Bildung des Vorzeichens erfolgt, ebenso wie bei der Multiplikation, durch einen Entscheidungsbaum: Bei gleichen Vorzeichen der zu dividierenden Zahlen ist das Vorzeichen des Ergebnisses positiv, bei ungleichen Vorzeichen ist es negativ. Die Tabelle in Abb. 3.38 zeigt die grundsätzliche Ausführung einer Division. Der schrittweise Ablauf der Division 24/16=1,5 ist in der Tabelle in Abb. 3.39 dargestellt.

Mantisse				Exponent		
2	4	0		1	24
/ 1	6	0	-	1	16
= 1	5	0	=	0	1,5

Abb. 3.38: Grundsätzliche Ausführung einer Division

Wir verfolgen diesen Ablauf nun Schritt für Schritt. Auch hier verlassen wir zur Vereinfachung vorübergehend die Exponentialdarstellung:
- Vorbereitend werden das Ergebnisregister und der Schleifenzähler auf 0 gesetzt.
- Der Divisor 16 wird vom Dividenden 24 subtrahiert.
- Das Ergebnis dieser Subtraktion (der „Rest") ist 8.
- Es wird geprüft, ob dieses Ergebnis positiv ist, was der Fall ist.
- Damit wird der Zählerstand des Schleifenzählers um Eins erhöht, womit der Zählerstand dann 1 beträgt.
- Von dem verbleibenden „Rest" 8 wird erneut der Divisor 16 subtrahiert.
- Das Ergebnis dieser Subtraktion ist -8.
- Das Vorzeichen des Ergebnisses wird geprüft. Es ist negativ. Das ist die Abbruchbedingung für die soeben durchlaufene Subtraktionsschleife. Damit wird der Zählerstand des Schleifenzählers nicht erhöht, er verbleibt bei 1. Die soeben erfolgte Subtraktion wird rückgängig gemacht. Damit hat der „Rest" wieder den Wert 8.
- Der Zählerstand 1 des Schleifenzählers wird zum Ergebnisregister „linksbündig" hinzuaddiert, welches damit den Wert 100 annimmt. Anschließend wird der Schleifenzähler auf 0 zurückgesetzt.

| 2 | 4 | | / | 1 | 6 |

Schleifenzähler

| 0 |

	2	4
-	1	6
1	=	0	8

	0	8
-	1	6
2	=	0	8

Schleifenzähler

| 0 |

	8	0
-	1	6
1	=	6	4

	6	4
-	1	6
2	=	4	8

	4	8
-	1	6
3	=	3	2

	3	2
-	1	6
4	=	1	6

	1	6
-	1	6
5	=	0	0

Abfolge der Zwischenergebnisse im Ergebnisregister

0	0	0
1	0	0
1	5	0
1	5	0

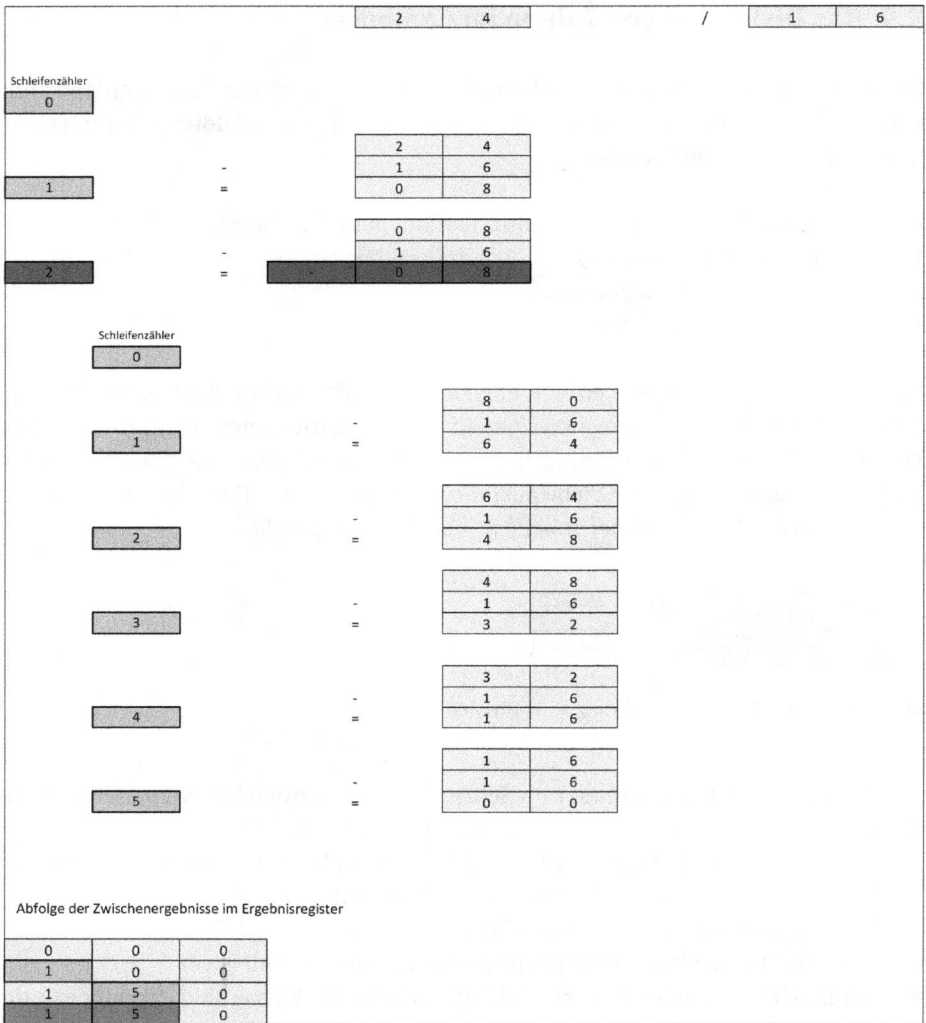

Abb. 3.39: Schrittweiser Ablauf der Division 24/16=1,5

- Der „Rest" wird, durch Verschieben um eine Stelle nach links, mit 10 multipliziert, womit er den Wert 80 annimmt.
- Von dem mit 10 multiplizierten „Rest" 80 wird nun erneut der Divisor 16 subtrahiert. Das Ergebnis der Subtraktion ist 64. Dieses Ergebnis ist positiv, also wird der Wert des Schleifenzählers um Eins erhöht, auf 1 und eine erneute Subtraktion eingeleitet.
- Diese Subtraktion führt zu dem Ergebnis 64-16=48.
- Der Scheifenzähler wird um 1 erhöht und nimmt den Wert 2 an.

- Es folgt die Subtraktionen 48-16=32 und die Erhöhung des Schleifenzählers auf 3 sowie 32-16=16 und die Erhöhung des Schleifenzählers auf 4.
- Im dann folgenden Schleifendurchlauf ergibt sich die Subtraktion 16-16=0 und die Erhöhung des Zählerstandes auf 5.

Mit dem Erkennen, dass der „Rest" 0 ist, wird die Schleife abgebrochen. Der Stand des Schleifenzählers, 5, wird, um eine Stelle nach rechts verschoben, zum bereits im Ergebnisregister befindlichen Wert hinzuaddiert. Damit ergibt sich im Ergebnisregister der Wert 100+50=150. Dies repräsentiert die Mantisse des Ergebnisses 24/16=1,5, womit wir wieder zur Exponentialdarstellung zurückkommen.

Man erkennt, dass beim Dividieren von Zahlen mit größerer Stellenanzahl in der Mantisse eine erhebliche Anzahl an aufeinanderfolgenden Additionen und Subtraktionen ausgeführt werden, bis die Division „aufgeht" oder alle Stellen abgearbeitet sind. In diesem Kontext summieren sich auch die scheinbar unbedeutenden Durchlaufzeiten der Addierer und anderer Schaltungsteile des Computers von einigen Nanosekunden zu wahrnehmbaren und störenden Wartezeiten. Damit wird verständlich, warum in den vergangenen Jahrzehnten sehr viel Aufwand in die immer weitere Verkürzung der Durchlaufzeiten und die damit mögliche Erhöhung der Taktfrequenzen investiert wurde.

Es soll der Sonderfall betrachtet werden, dass der Divisor 0 ist. In diesem Fall wird die Subtraktion des Divisors ausgeführt, ohne dass sich der Wert des „Rests" dabei verringert. Der Wert des Schleifenzählers wird dabei jedes Mal um 1 erhöht, bis er überläuft. Der Computer „verfängt" sich also in einer Endlosschleife, aus der er nur mit einem manuellen „Reset" wieder befreit werden kann. Daher wird der Fall „Divisor ist 0" vor Beginn der Division mit einer speziellen Abfrage abgefangen.

3.10 Das Gatter als universell einsetzbares Element

Das Durchführen einer Division mit den dazugehörigen Abfragen setzt ein recht komplexes Steuerwerk voraus, das im weiteren Verlauf dieses Kapitels noch detailliert beschrieben wird. Um diese Beschreibung zu ermöglichen, ist zunächst eine genauere Betrachtung der dabei verwendeten Hardware-Funktionseinheiten notwendig.

Wir knüpfen an dieser Stelle an die bereits erfolgte Beschreibung des UND/ODER-Gatters an und betrachten dabei einige spezielle Ausführungsformen, die sehr häufig verwendet werden. Diese Ausführungsformen besitzen eigene Schaltzeichen und können damit einprägsam und platzsparend dargestellt werden. Wenn man die zuvor beschriebene Struktur des UND/ODER-Gatters auf einen einzigen Eingang reduziert, dann erhält man den sogenannten Inverter, der in Abbildung 3.40 dargestellt ist.

Bei einem H-Pegel am Eingang sperrt D1, womit dann über R1 und D2 ein Basisstrom in Q1 fließt, womit Q1 leitet und sich am Ausgang des Inverters ein L-Pegel einstellt. Bei einem L-Pegel am Eingang sperrt dagegen Q1, womit sich dann ein H-Pegel am

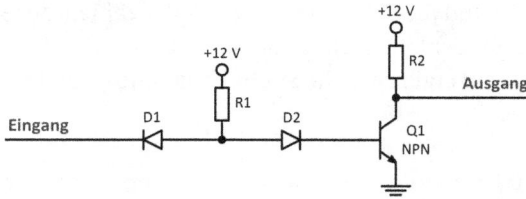

Abb. 3.40: Inverter als Sonderfall des universellen UND/ODER-Gatters

Abb. 3.41: Inverter: Schaltzeichen (li) und Wahrheitswerttabelle (re)

Ausgang einstellt. Abbildung 3.41 zeigt links das Schaltzeichen des Inverters und rechts dessen Wahrheitswerttabelle.

Ein weiteres, häufig anzutreffendes Gatter ist das NAND-Gatter. Seine Funktion entspricht einer UND-Verknüpfung, der ein Inverter nachgeschaltet ist. Abbildung 3.42 zeigt die Realisierung eines NAND-Gatters mit zwei Eingängen in der bereits bekannten Struktur des universellen UND/ODER-Gatters.

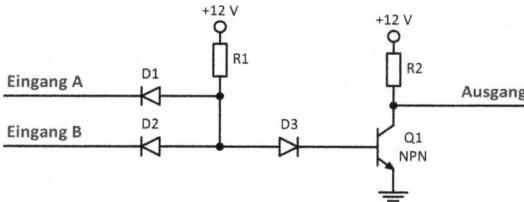

Abb. 3.42: NAND-Gatter als Sonderfall des universellen UND/ODER-Gatters

Nur dann, wenn an beiden Eingängen ein H-Pegel anliegt sperren D1 und D2 gleichzeitig. In diesem Fall fließt über R1 und D3 ein Basisstrom in Q1, womit Q1 leitet und sich am Ausgang des Gatters ein L-Pegel einstellt. Wenn an einen der beiden Eingänge (oder an beide Eingänge gleichzeitig) ein L-Pegel angelegt wird, dann leitet D1 bzw. D2, womit der über R1 fließende Strom durch D1 oder D2 abgeleitet wird. Damit fließt kein Basisstrom in Q1, womit Q1 sperrt und sich ein H-Pegel am Ausgang des Gatters einstellt. Abbildung 3.43 zeigt links das Schaltzeichen und rechts die Wahrheitswerttabelle des NAND-Gatters.

Selbstverständlich lässt sich die Anzahl der Eingänge des NAND-Gatters durch Hinzunahme weiterer Dioden in der UND-Verknüpfungsebene beliebig erweitern.

Eingang A	Eingang B	Ausgang
0	0	1
0	1	1
1	0	1
1	1	0

Abb. 3.43: NAND-Gatter: Schaltzeichen (li) und Wahrheitswerttabelle (re)

Eingang A	Eingang B	Ausgang
0	0	0
0	1	0
1	0	0
1	1	1

Abb. 3.44: AND-Gatter: Schaltzeichen (li) und Wahrheitswerttabelle (re)

Durch die Hintereinanderschaltung eines NAND-Gatters mit einem Inverter entsteht das AND-Gatter. Abbildung 3.44 zeigt das Schaltzeichen (links) und die Wahrheitswerttabelle (rechts) des AND-Gatters. Da im AND-Gatter zwei Transistorstufen hintereinandergeschaltet arbeiten, ist die Durchlaufzeit durch das AND-Gatter höher als durch das ihm zugrundeliegende NAND-Gatter. Ein weiteres häufig vorkommendes Gatter ist das NOR-Gatter. Die Funktion des NOR-Gatters entspricht einer ODER-Verknüpfung, der ein Inverter nachgeschaltet ist. Abbildung 3.45 zeigt die Schaltung eines NOR-Gatters.

Wenn einer der beiden Eingänge auf H-Pegel ist, dann sperren D1 oder D3, womit dann über R1 und D2 oder R2 und D4 ein Basisstrom in Q1 fließt, womit dann Q1 leitet und der Ausgang des Gatters auf L-Pegel geschaltet wird. Selbstverständlich ergibt sich der L-Pegel am Ausgang auch dann, wenn sich beide Eingänge gleichzeitig auf H-Pegel befinden. Nur dann, wenn sich beide Eingänge gleichzeitig auf L-Pegel befinden fließt kein Basisstrom in Q1, weil dann sowohl der durch R1 fließende Strom über D1 als auch der über R2 fließende Strom über D3 zum Eingang hin abgeleitet wird. Abbildung 3.46 zeigt links die beiden für das NOR-Gatter gebräuchlichen Schaltzeichen und rechts dessen Wahrheitswerttabelle.

Selbstverständlich lässt sich die Anzahl der Eingänge des NOR-Gatters durch Hinzunahme weiterer Diodenpaare beliebig erweitern. Mit der Hintereinanderschaltung

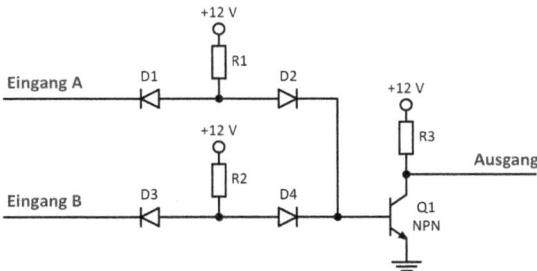

Abb. 3.45: NOR-Gatter als Sonderfall des universellen UND/ODER-Gatters

Eingang A	Eingang B	Ausgang
0	0	1
0	1	0
1	0	0
1	1	0

Abb. 3.46: NOR-Gatter: Schaltzeichen (li) und Wahrheitswerttabelle (re)

Eingang A	Eingang B	Ausgang
0	0	0
0	1	1
1	0	1
1	1	1

Abb. 3.47: OR-Gatter: Schaltzeichen (li) und Wahrheitswerttabelle (re)

eines NOR-Gatters und eines Inverters erhält man das OR-Gatter. Abbildung 3.47 zeigt links die beiden für das OR-Gatter gebräuchlichen Schaltzeichen und rechts die zugehörige Wahrheitswerttabelle.

Abbildung 3.48 zeigt die tatsächliche Ausführung eines NAND-Gatters im SPACE AGE 1. Für eigene Experimente mit dieser Schaltung kann der mittlerweile schwer beschaffbare Transistor 2N2222A durch den gut erhältlichen BC547 ersetzt werden.

Das Hinzufügen von R2 und D4 führt zu einer ganz erheblichen Beschleunigung der Schaltgeschwindigkeit des Gatters beim Übergang des Ausgangs vom L auf den H-Pegel gegenüber der bisher dargestellten Grundschaltung.

Stellen wir uns vor, dass R2 und D4 noch nicht in der Schaltung vorhanden wären und dass zunächst beide Eingänge des Gatters auf H-Pegel liegen. Dann fließt über R1 und D3 ein Basisstrom in Q1. Nun werde einer der Eingänge auf L-Pegel gelegt. Dann sperrt D3. Die in der Basiszone von Q1 gespeicherte Ladung kann, da die Basis aufgrund des Sperrens von D3 „in der Luft hängt", nur langsam abgebaut werden, womit es mehrere Mikrosekunden dauert, bis Q1 nach dem Wegfall des Basisstroms vollständig sperrt.

Wenn R2 vorhanden ist, werden diese Ladungsträger über R2 rasch zur -12-V-Versorgung hin abgeleitet, womit etwa 1 µs nach dem Wegfall des Basisstroms das vollständige Sperren von Q1 eintritt. D4 begrenzt die an der Basis auftretende Spannung

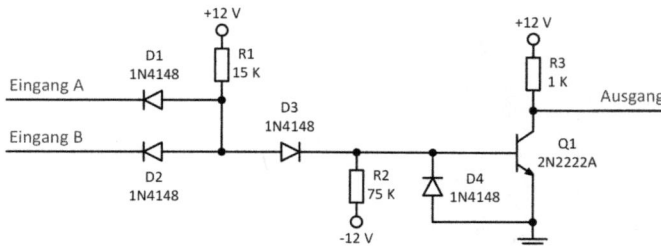

Abb. 3.48: Tatsächliche Schaltung eines NAND-Gatters aus dem SPACE AGE 1

auf -0,6 V, womit die Basis-Emitter-Strecke von Q1 gegen zu hohe Sperrbeanspruchung geschützt wird.

Für eigene Experimente zur grundsätzlichen Funktion können R2 und D4 und damit die negative Versorgungsspannung auch weggelassen werden. Weiterhin besteht auch keine Notwendigkeit, die Schaltung mit 12 V zu betreiben. Es reicht bereits aus die Schaltung mit einer 9-V-Blockbatterie zu versorgen.

Die zuvor beschriebenen, sehr häufig eingesetzten Standard-Gatterfunktionen sind seit Mitte der 1960er-Jahre bis heute als integrierte Standard-Logikbausteine, etwa aus der 74er-Serie (vgl. Band 1, Kap. I.6.1.2) erhältlich. In heutigen Computern ist jedoch der größte Teil der verwendeten Gatter als innerer Bestandteil hochintegrierter Bausteine ausgeführt.

3.11 Vom Flipflop zum universell einsetzbaren Register

Zum Verständnis der im weiteren Verlauf dieses Kapitels betrachteten Steuerung der Abläufe innerhalb des Computers ist noch die Erweiterung der bereits beschriebenen Flipflop-Grundschaltung zu einem universell einsetzbaren Registerelement notwendig.

Bei der an früherer Stelle in diesem Kapitel vorgestellten Flipflop-Grundschaltung waren noch zwei mechanische Schalter zur Eingabe des zu speichernden Zustands notwendig. Für die Anwendung im Computer benötigen wir dagegen ein Element, das mit dem Eintreffen eines Taktsignals den an seinem Dateneingang anliegenden Pegel speichert.

Zunächst werden die bisher vorhandenen SET- und RESET-Eingänge mit der bereits von der Beschreibung der Gatter her bekannten, auf Dioden basierenden Eingangsstruktur versehen. Damit lassen sich dann die bei den folgenden Schritten benötigten Verknüpfungen einfach durch das Hinzufügen weiterer Dioden realisieren. Dieser erste Schritt ist in Abbildung 3.49 gezeigt.

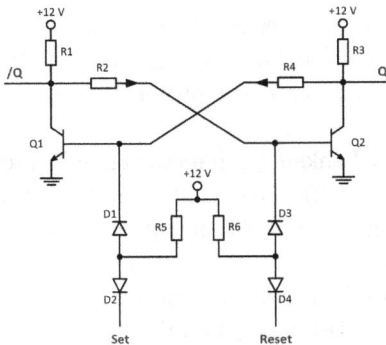

Abb. 3.49: Flipflop mit der aus der Beschreibung der Gatter bekannten Struktur der Eingänge

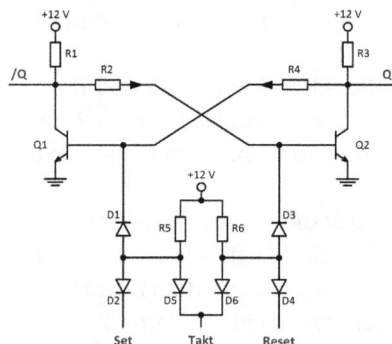

Abb. 3.50: Flipflop mit hinzugefügtem Takteingang

In der Abbildung 3.49 wurden die bereits besprochenen Bauelemente, die der Steigerung der Schaltgeschwindigkeit des Flipflops dienen, wieder herausgenommen, um die Übersichtlichkeit der Darstellung zu erhöhen.

Der Reset-Eingang liege auf L-Pegel. Ein H-Pegel am SET-Eingang führt dazu, dass über R5 und D1 ein Basisstrom in Q1 fließt, womit Q1 leitet und Q2 in der Folge sperrt. Dieser Zustand des Flipflops bleibt auch dann erhalten, wenn der SET-Eingang wieder auf L-Pegel gelegt wird. In entsprechender Weise kann, wenn der SET-Eingang auf L liegt, mit dem RESET-Eingang der entgegengesetzte Zustand des Flipflops bewirkt werden, der nach Rückkehr des RESET-Eingangs zum L-Pegel ebenfalls gehalten wird.

Ein gleichzeitiger H-Pegel auf dem SET- und auf dem RESET-Eingang führt zum gleichzeitigen Leitendwerden von Q1 und Q2, womit beide Ausgänge des Flipflops auf L geschaltet sind. Der Zustand, den das Flipflop dann bei gleichzeitiger Wegnahme des H-Pegels an beiden Eingängen einnimmt, ist zufällig. Das gleichzeitige Ansteuern der SET-und RESET-Eingänge stellt daher einen Fehlerfall dar und muss vermieden werden. Im nächstfolgenden Schritt werden die SET- und RESET-Eingänge mit dem Taktsignal verknüpft. Damit sind diese Eingänge nur noch dann wirksam, wenn der Takteingang auf H-Pegel ist. Dies ist in Abbildung 3.50 dargestellt. Man erkennt, dass bei einem L-Pegel am Takteingang der mögliche Basisstrom für Q1 und Q2 stets über D5 und D6 abgeleitet wird, so dass in den Pausen zwischen den Taktimpulsen der Zustand des Flipflops stets gehalten wird.

Mit dem Hinzufügen des Taktsignals ist die Möglichkeit geschaffen, den SET- und den RESET-Eingang zum sogenannten Daten-Eingang (D) zusammenzufassen. Hierzu wird der RESET-Eingang über einen Inverter von dem am SET-Eingang anliegenden Signal gesteuert. Dies ist in Abbildung 3.51 gezeigt.

Diese Schaltung erfüllt die eingangs geforderte Funktion als Register: Wenn der Takteingang auf H-Pegel ist, wird der Zustand des D-Eingangs an den Ausgang Q übernommen. Dieser Zustand wird zwischen den Taktimpulsen gehalten.

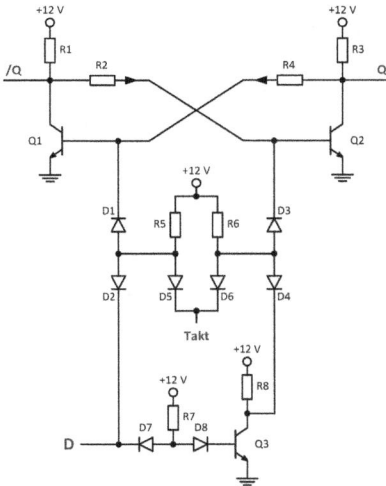

Abb. 3.51: Flipflop mit zusammengefassten Dateneingang

In der praktischen Anwendung eines derartigen Registers will man im Allgemeinen den Zustand des D-Eingangs nicht mit jedem Takt, sondern nur bei bestimmten Ereignissen, etwa dem Vorhandensein eines Ergebnisses, übernehmen. Dazu wird noch der ENABLE-Eingang vorgesehen, der mittels einer UND-Verknüpfung den Takt nur dann wirksam werden lässt, wenn am ENABLE-Eingang ein H-Pegel anliegt.

Weiterhin ist es vorteilhaft, mit einem einzigen Signal, dem globalen RESET-Signal, alle Register eines Computers unabhängig vom Taktsignal, in einen definierten Anfangszustand zurücksetzen zu können. In jedem Computer geschieht dies automatisch nach dem Zuschalten der Versorgungsspannung. Nach dem Zuschalten der Versorgungsspannung würden sich ohne dieses Reset-Signal alle Flipflops in einem zufällig eingenommenen Zustand befinden. Das globale Reset-Signal wird über eine ODER-Verknüpfung an die Basis von Q2 angebunden. Diese beiden Ergänzungen sind in Abbildung 3.52 gezeigt.

Abbildung 3.53 zeigt eine Registerkarte aus dem SPACE AGE 1, auf der sich acht zu universellen Register erweiterte Flipflops entsprechend Abbildung 3.52 befinden. Im weiteren Verlauf dieses Kapitels werden wir mit Hilfe dieser Registerblöcke aus Abbildung 3.52 umfangreichere Funktionsgruppen aufbauen. Um eine übersichtliche Darstellung zu ermöglichen, werden wir ein abstraktes Schaltsymbol für das Register verwenden, welches in Abbildung 3.54 dargestellt ist.

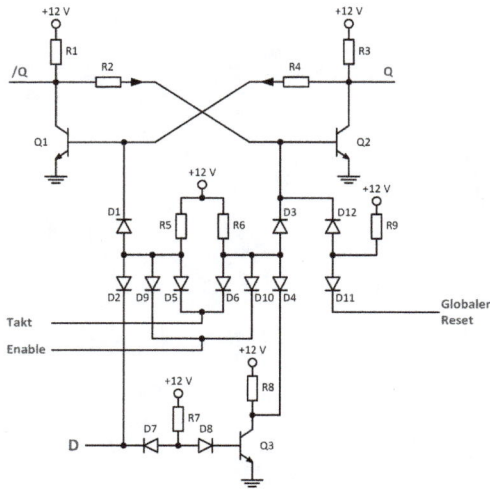

Abb. 3.52: Zum praktisch einsetzbaren Register ergänztes Flipflop

Abb. 3.53: Registerkarte aus dem SPACE AGE 1

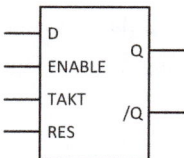

Abb. 3.54: Schaltsymbol für das zuvor hergeleitete Register

3.12 Der Zähler

Der Programmablauf als Ganzes und das Abarbeiten von Schleifen im Computer werden wesentlich von Zählern gesteuert. Um ein Programm abzuarbeiten, das einen rein linearen Ablauf ohne jede mögliche Verzweigung hätte, würde ein Zähler bereits als Steuerwerk für den Computer ausreichen.

Daher leiten wir jetzt die Funktionsweise eines Zählers detailliert her. Im weiteren Verlauf dieses Kapitels werden wir dann den in diesem Abschnitt „aufgebauten" Zähler Stück für Stück erweitern, um ein vollwertiges Steuerwerk zu erhalten, mit dem auch sich verzweigende, komplexe Programme abgearbeitet werden können.

Wir gehen bei diesem Vorhaben nicht mehr auf die Transistor-Ebene zurück, sondern verwenden die in den vorigen Abschnitten auf Transistorebene hergeleiteten Funktionsblöcke in Form ihrer abstrakten Schaltsymbole. Damit ist die Rückverfolgbarkeit von der komplexen Funktion auf die Transistorebene nach wie vor gegeben.

Abbildung 3.55 zeigt den Aufbau des Zählers. Der dargestellte Zähler hat eine Breite[7] von 4 Bit, er zählt also von 0 bis 15. Der Zähler besteht aus vier der im vorigen Abschnitt beschriebenen Register und dem ebenfalls bereits im Verlauf dieses Kapitels beschriebenen 4-Bit-Addierer.

Um der Übersichtlichkeit willen wurden in dieser Abbildung die komplementären Ausgangssignale der Register und ihre Rückführung an den Addierer weggelassen. In der realen Schaltung sind diese selbstverständlich vorhanden.

Für die Betrachtung der in der Abbildung 3.55 dargestellten Schaltung wird zunächst die Annahme gemacht, die Zeitdauer des H-Pegels der Taktimpulse sei deutlich geringer als die Signallaufzeit durch Register und Addierer. In einem nachfolgenden Schritt werden wir dann zeigen, wie sich diese (praxisfremde) Einschränkung durch eine Erweiterung der Schaltung umgehen lässt.

Gleichzeitig mit dem Zuschalten der Versorgungsspannung wird auch das globale Reset-Signal für eine bestimmte Zeitdauer auf H geschaltet. Damit werden alle vier Register rückgesetzt und der Zähler nimmt den Zählerstand 0 an. Der 4-Bit-Addierer addiert stets den konstanten Wert seines zweiten Summanden 1 zum aktuellen Zählerstand dazu. Damit liegt am Ausgang des Addierers der Wert 0+1=1 an. Der Ausgang des Addierers ist mit den D-Eingängen der Register verbunden, so dass auch an den D-Eingängen der Register der Wert 1 anliegt. Nun folge ein Taktimpuls. Mit diesem wird der Wert 1 in den Zähler übernommen. Der an den Ausgängen anliegende Zählerstand ist nun 1, womit sich dann am Ausgang des Addierers der Wert 1+1=2 einstellt. Mit dem dann folgenden Takt wird dieser Wert 2 in den Zähler übernommen. Man erkennt, dass der Zähler mit jedem Takt um Eins hoch zählt. Mit dem Erreichen des Zählerstandes 15

---

7 Breite meint, wie viele binäre Datensignale parallel (nebeneinander) aus dem Zähler ausgegeben werden können. Bei Computern wird in diesem Zusammenhang wird auch von Busbreiten gesprochen (vgl. Band 2, Kap. II.2.2.1).

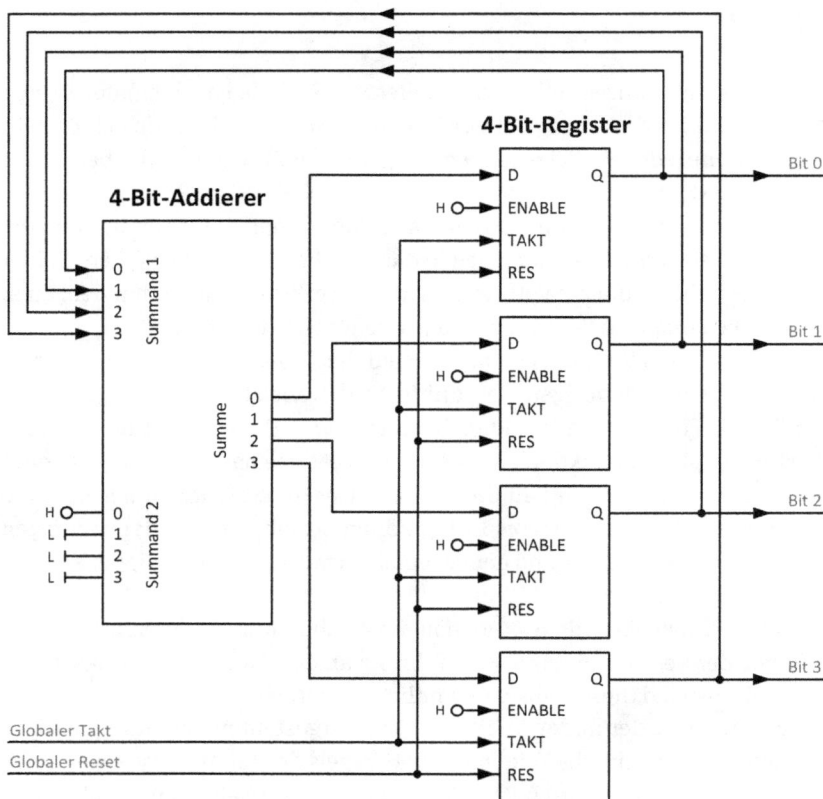

Abb. 3.55: Aufbau des Zählers

gibt der Addierer erneut den Wert 0 aus (16 ohne Übertrag), womit der beschriebene Vorgang von Neuem beginnt. Man erkennt, dass der Zähler ein rückgekoppeltes System mit 16 möglichen Zuständen ist.

Selbstverständlich kann anstelle des 4-Bit-Addierers jede andere kombinatorische Verknüpfung vorgesehen werden, womit eine Vielzahl von verschiedenen Zählfolgen möglich ist. Es muss lediglich eine eindeutige Zuweisung vom aktuell anliegenden zum nächstfolgenden Wert vorhanden sein.

Würde man den Eingang 0 des zweiten Summanden nicht auf H, sondern auf L legen, dann würde 0 addiert und der zum Zeitpunkt des Übergangs auf den L-Pegel anliegende Zählerstand wäre „eingefroren".

Nun betrachten wir die zeitlichen Verhältnisse in diesem rückgekoppelten System genauer. Nach dem Eintreffen eines Taktimpulses erfolgt die Änderung des Zählerstandes nicht unmittelbar, sondern erst nach einer gewissen Durchlaufzeit. Diese Durchlaufzeit ist nicht notwendigerweise für alle Register exakt identisch. Damit nimmt der Zählerstand kurzzeitig unrichtige Werte an, wie es im folgenden Beispiel gezeigt wird:

Der Zählerstand 0111_2, entsprechend 7, geht auf den Zählerstand 8, entsprechend 1000_2 über. Nehmen wir an, das Register der höchstwertigste Stelle habe eine kürzere Durchlaufzeit als die Register für die anderen Stellen. Dann steht kurzzeitig der Zählerstand 1111_2, entsprechend 15 an den Ausgängen des Zählers an. Wenn das Register für die höchstwertigste Stelle dagegen langsamer als die anderen Register ist, dann würde kurzzeitig der Wert 0000_2, entsprechend 0, an den Ausgängen des Zählers anstehen. Tatsächlich können, je nach den vorhandenen zeitlichen Verhältnissen, beim Wechsel zwischen 7 und 8 kurzzeitig alle vom Zähler darstellbaren Werte zwischen 0 und 15 an den Ausgängen des Zählers anliegen.

Weiterhin hat auch der Addierer eine Durchlaufzeit, die wiederum für alle einzelnen Bits nicht exakt identisch sein wird. Eine kurze Zeit nach dem Taktimpuls liegt noch der bereits vor dem Taktimpuls anliegende Wert an. Danach stellt sich für eine weitere kurze Zeit ein nicht vorhersagbarer Wert ein, bis dann auch das Bit mit der längsten Durchlaufzeit stabil seinen zum neuen Wert gehörenden Pegel eingenommen hat.

Aus diesen Betrachtungen ergeben sich zwei für den Aufbau von Computern und anderen digitalen Systemen wesentliche Schlussfolgerungen:
- Der Abstand zwischen zwei Taktimpulsen muss mindestens so groß sein, dass sich die Signale an den Eingängen der Register stabilisiert haben.
- Alle Verarbeitungsschaltungen müssen mit dem Takt synchronisiert sein.

Die zweite Forderung soll noch an einem Beispiel illustriert werden: Würde man an die Zählerausgänge eine Vergleicherschaltung anschließen, um z.B. mit dem Erreichen des Zählerstandes 15 eine Schleifenverarbeitung abzubrechen, dann würde diese Schaltung ohne weitere Maßnahmen unter Umständen bereits beim Übergang von 7 auf 8 ansprechen. Die Schleife würde vorzeitig verlassen, das Rechenergebnis wäre unrichtig. Um diesem Problem zu begegnen, wird der Ausgang der Erkennungsschaltung nicht direkt ausgewertet, sondern seinerseits an den Eingang eines am gleichen Takt liegenden Registers gelegt. Erst der Ausgang dieses Registers wird dann tatsächlich ausgewertet. Selbstverständlich darf die Zeitdauer zwischen zwei Taktimpulsen dabei nicht kleiner als die Signallaufzeit der Vergleicherschaltung sein.

„Ab und zu rechnet mein Computer falsch."

Besonders unangenehm an Fehlern der soeben beschriebenen Art ist, dass diese meist nur sporadisch auftreten, da die Signallaufzeiten in starkem Maße von der Temperatur abhängig sind und das Fehlerbild von den (in der Praxis sehr geringen) Unterschieden zwischen den Signallaufzeiten der einzelnen Bits abhängig ist. In der Praxis ist es nur mit sehr großem Aufwand möglich, von der Aussage eines Anwenders „ab und zu rechnet mein Computer falsch" einen derartigen Fehler in einer größeren Schaltung zu lokalisieren. Daher wird beim Entwurf derartiger Schaltungen die Signallaufzeit für alle relevanten Pfade unter Beachtung des möglichen Temperaturbereichs der Anwendung sorgfältig berechnet und die auf Basis dieser Berechnungen gefundene maximale Taktfrequenz dann mit einer guten Reserve nach unten festgelegt.

Nun soll das Verhalten der Zählerschaltung betrachtet werden, wenn die Dauer der Taktimpulse nicht mehr gegenüber der Signallaufzeit durch Register und Addierer vernachlässigt werden kann, wie das in einer realen Schaltung stets der Fall ist.

In diesem Fall wirkt eine Änderung des Zählerstandes noch während des anstehenden Taktimpulses auf den Eingang des Registers zurück. Der Zähler zählt damit selbsttätig mit einer durch die Summe der Durchlaufzeit durch Register und Addierer bestimmten Geschwindigkeit hoch. Da die Durchlaufzeit für die einzelnen Bits nicht identisch ist, sind auch andere, zufällige Zählmuster möglich. Der zufällig zum Zeitpunkt der Wegnahme des Taktsignals vorhandene Zählerstand bleibt dann an den Ausgängen des Zählers stehen.

Es besteht also die Notwendigkeit, einen direkten „Durchgriff" von den Eingängen der Register zu ihrem Ausgang zu unterbinden. Dies wird mit der Hintereinanderschaltung von zwei Registern zu einem sogenannten „Master-Slave-Flipflop" erreicht. Bei der hier als Beispiel dienenden Transistor-Schaltungstechnik des SPACE AGE 1 werden diese beiden Register mit zwei zeitlich aufeinanderfolgenden Taktimpulsen getaktet. Hierbei werden die an den Eingängen anliegenden Daten zunächst in die erste Registerstufe übernommen. Der dazu verwendete Taktimpuls wird anschließend weggenommen. Mit dem dann nach kurzer Zeit folgenden zeitversetzten Taktimpuls werden die Daten aus dem ersten Register in das zweite Register übernommen.

Die beiden zeitversetzten Taktsignale müssen dabei nur so weit auseinander liegen, dass die Durchlaufzeit durch das erste Register nicht unterschritten wird. Der Aufbau des Zählers mit Master-Slave-Flipflops ist in Abbildung 3.56 dargestellt.

Abbildung 3.57 zeigt die zeitliche Abfolge der beiden Taktsignale. Die Funktionsweise der kaskadierten Register mit zeitversetzem Takt ist gut mit der Funktionsweise einer Schifffahrtsschleuse zu vergleichen. Bei einer derartigen Schleuse werden beide Tore niemals gleichzeitig geöffnet, da in diesem Fall das Wasser aus dem oberen Niveau ungehindert abfließen würde.

In den heute üblichen sogenannten flankengetriggerten D-Register-Strukturen wird die gewünschte „Durchgriffssicherheit" auch mit einem einzigen Taktsignal erreicht. Innerhalb dieser Struktur sind Rückkopplungsschleifen vorhanden, durch die sich der Takteingang sofort nach erfolgter Datenübernnahme selbst blockiert. Damit erfolgt die Übernahme vom D-Eingang in das Register ausschließlich innerhalb eines Zeitraums von wenigen ns um die Taktflanke herum. Dieses Zeitfenster ist kleiner als die Laufzeit durch das Register, womit sich dann auch bei direkter Rückführung von den Ausgängen zu den Eingängen stabile Systeme aufbauen lassen.

Um das 4-Bit-Master-Slave-Register auch als Bestandteil komplexerer Strukturen übersichtlich und platzsparend darstellen zu können, wird es bei den folgenden Betrachtungen durch das in der Abbildung 3.58 dargestellte abstrakte Schaltsymbol dargestellt.

Die beiden Taktleitungen des Registers sind, um der Übersichtlichkeit willen, zusammengefasst dargestellt, da sie eine stets gemeinsame Funktion haben. Unter

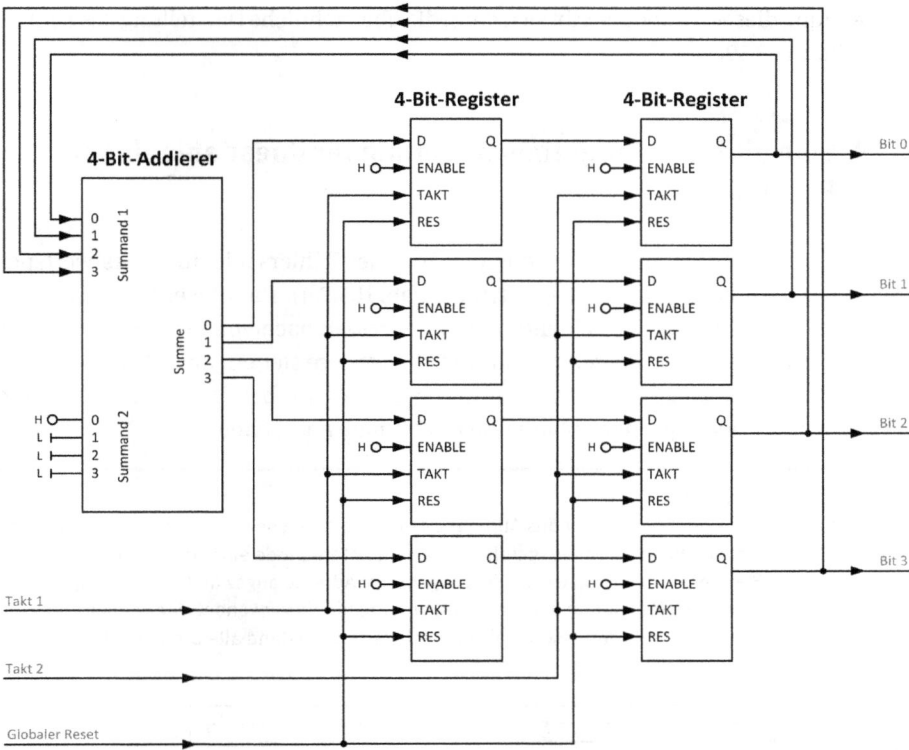

Abb. 3.56: Von der Taktimpulslänge unabhängiger Aufbau des Zählers mit kaskadierten Registern

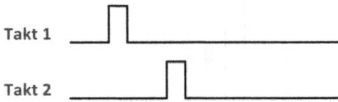

Abb. 3.57: Zeitliche Abfolge der beiden zeitversetzten Taktsignale

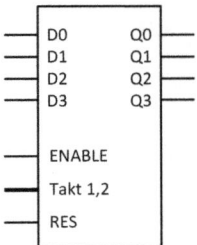

Abb. 3.58: Abstraktes Schaltsymbol des Master-Slave-Registers

Verwendung dieses Symbols ergibt sich dann die übersichtliche Darstellung des Zählers in Abbildung 3.59.

3.13 Eine einfache Programmsteuerung für linear ablaufende Programme

In diesem Abschnitt verbinden wir die Ausgänge des Zählers mit einem Festwertspeicher (ROM, Read Only Memory, vgl. Band 1, Kap. II.5.2.4). Damit werden die Inhalte des Festwertspeichers in der Reihenfolge ihrer Adressen nacheinander an den Ausgängen des Festwertspeichers bereitgestellt. Diese Ausgänge steuern dann beispielsweise Addierer oder Register. Mit dieser Anordnung können wir bereits lineare, also ohne Verzweigungen oder Sprünge ablaufende Programme abarbeiten.

⚡ Dioden-ROM, EPROM, Flash

Wir beginnen mit der Betrachtung des Aufbaus des Festwertspeichers. Der Festwertspeicher des SPACE AGE 1 ist als Dioden-ROM ausgeführt. Eine eingelötete Diode entspricht einer 1, sie verursacht einen H-Pegel am Ausgang, wenn die dazugehörige Adresse angewählt ist. Derartige diskret aufgebaute Dioden-ROMs wurden bis in die 1970er-Jahre hinein verwendet. Sie wurden zunächst durch integrierte Dioden-ROMs ersetzt, die im Auslieferungszustand alle Dioden enthielten. Mit

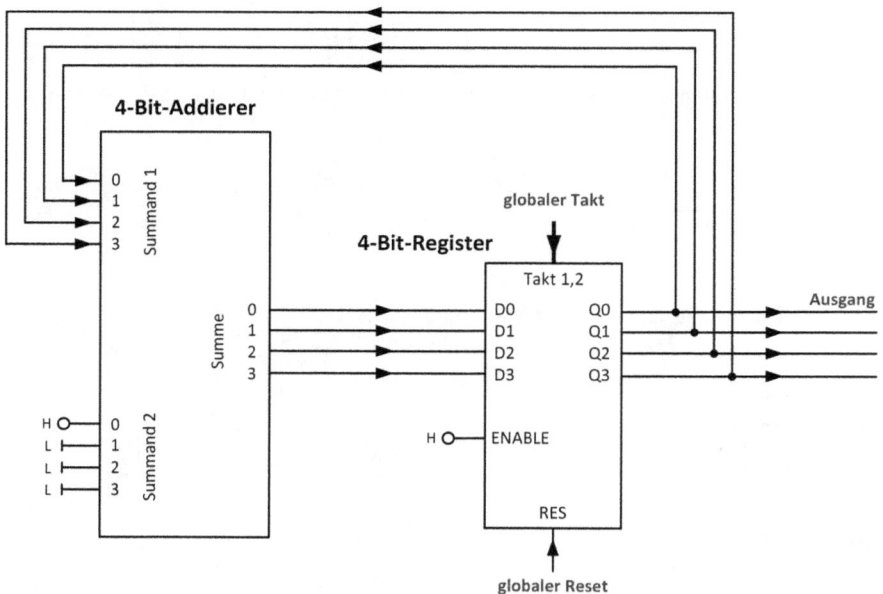

Abb. 3.59: Übersichtliche Darstellung des Zählers mit einem weiter abstrahierten Schaltsymbol für das Register

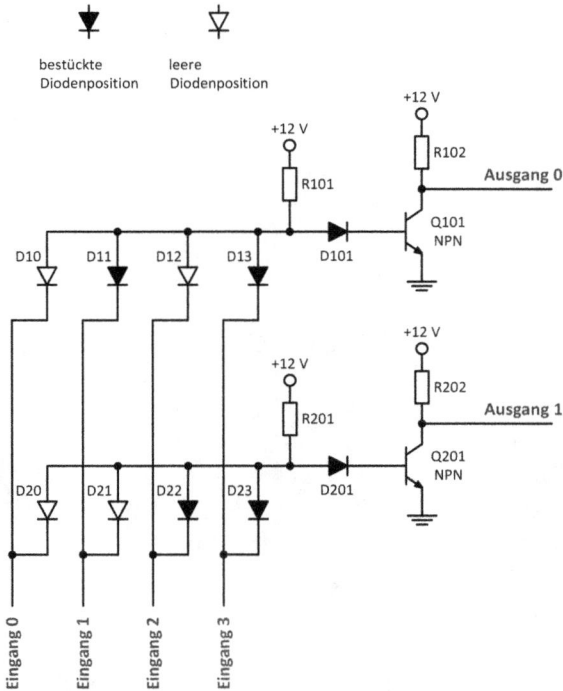

Abb. 3.60: Dioden-ROM mit vier Adressen und zwei Ausgängen

einem geeigneten Programmiergerät wurden dann die nicht benötigten Dioden mit einem kurzen, aber hohen Stromimpuls durchgebrannt, so dass dann eine offene Verbindung entstand. Die nächste Generation der Festwertspeicher arbeitete mit auf dem Chip integrierten Kondensatoren, deren Ladungszustand zur Steuerung eines die bisherige Rolle der Diode einnehmenden elektronischen Schalters verwendet wird. Die Isolation innerhalb des Halbleiterchips ist so hoch, dass die Ladung in den Kondensatoren über viele Jahrzehnte erhalten bleibt. Diese Speicher, sogenannte EPROMs (Erasable Programable ROM, vgl. Band 1, Kap. II.5.2.4) konnten mit UV-Licht wieder gelöscht werden. Das UV-Licht erzeugt freie Ladungsträger, die dann zur Entladung der Kondensatoren führen. Die heute üblichen Flash-Speicher sind eine Weiterentwicklung der EPROMs, bei denen das Löschen durch einen elektrischen Impuls anstelle des UV-Lichts geschieht.

Abbildung 3.60 zeigt den Schaltplan eines Dioden-ROMs, wie es im SPACE AGE 1 eingesetzt wird. Die Speichergröße wurde bei dieser Darstellung auf 4 × 2 reduziert.

Es ist auf den ersten Blick zu erkennen, dass das Dioden-ROM ein Spezialfall des bereits in diesem Kapitel eingeführten UND/ODER-Gatters ist: Die Ausgangssignale werden durch eine NAND-Verknüpfung aller dazugehörigen Speicherplätze gebildet. Die für die Adressierung verwendeten Eingänge 0 bis 3 werden so angesteuert, dass zu

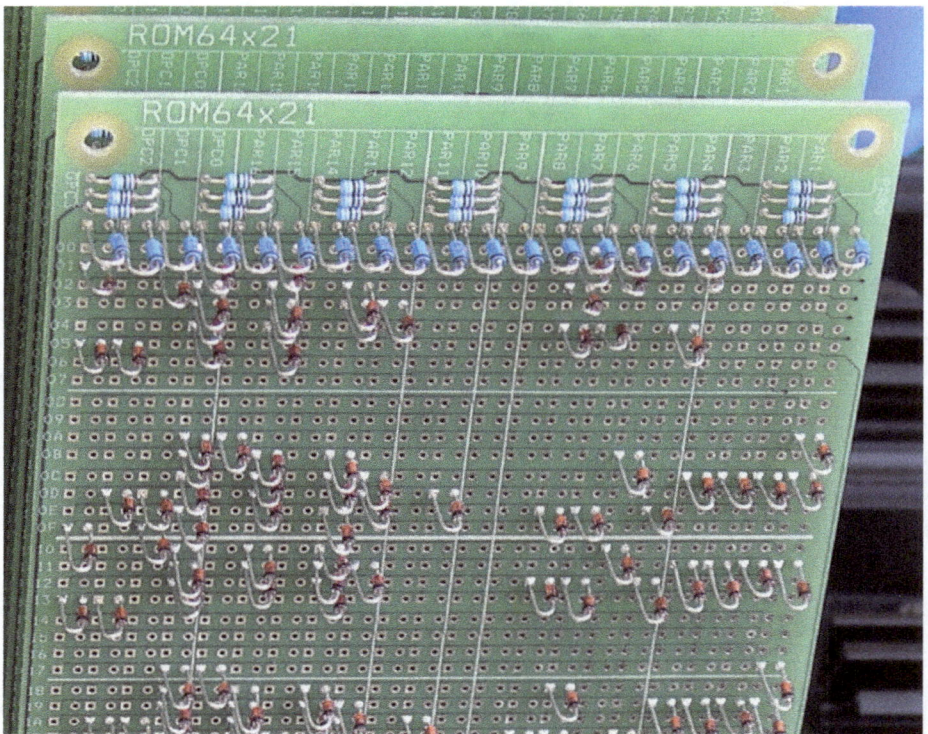

Abb. 3.61: Dioden-ROMs im SPACE AGE 1 mit 64 Adressen und 21 Ausgängen

jedem Zeitpunkt nur ein einziger Eingang auf L ist, während alle anderen Eingänge auf H sind.

Beginnen wir mit dem Fall, dass Eingang 0 auf L ist, während alle anderen Eingänge auf H sind. In den Positionen für D10 und D20 sind keine Dioden vorhanden. Damit fließt ein Basisstrom über R101 und D101 in Q101 sowie über R201 und D201 in Q201. Damit steht an beiden Ausgängen ein L-Pegel an, das ROM gibt also $00_2 = 0_{10}$ aus.

Nun wird Eingang 1 auf L gesetzt, während alle anderen Eingänge auf H sind. Damit wird Q101 der Basisstrom über die vorhandene Diode D11 entzogen. Q101 sperrt, womit ein H-Pegel am Ausgang 0 ausgegeben wird. Q201 leitet, da die Diodenposition D21 leer ist. Das ROM gibt also $01_2 = 1_{10}$ aus. Entsprechend wird bei einem L-Pegel (ausschließlich) an Eingang 2 eine $10_2 = 2_{10}$ ausgegeben. Bei einem L-Pegel an Eingang 3 sperren sowohl Q101 als auch Q201, womit dann $11_2 = 3_{10}$ ausgegeben wird. Abbildung 3.61 zeigt die praktische Ausführung der Dioden-ROMs im SPACE AGE 1.

Auf der Abbildung 3.61 erkennt man in der Waagrechten die Bezeichnung der Ausgänge und in der senkrechten die Bezeichnung der Adressen.

Wir möchten jetzt den zuvor betrachteten 4-Bit-Zähler zum Auslesen des Dioden-ROMs verwenden. Dieser Zähler stellt die Adressen jedoch in binärer Form zur Ver-

Eingänge				Ausgänge															
3	2	1	0	15	14	13	12	11	10	9	8	7	6	5	4	3	2	1	0
0	0	0	0	1	1	1	1	1	1	1	1	1	1	1	1	1	1	1	0
0	0	0	1	1	1	1	1	1	1	1	1	1	1	1	1	1	1	0	1
0	0	1	0	1	1	1	1	1	1	1	1	1	1	1	1	1	0	1	1
0	0	1	1	1	1	1	1	1	1	1	1	1	1	1	1	0	1	1	1
0	1	0	0	1	1	1	1	1	1	1	1	1	1	1	0	1	1	1	1
0	1	0	1	1	1	1	1	1	1	1	1	1	1	0	1	1	1	1	1
0	1	1	0	1	1	1	1	1	1	1	1	1	0	1	1	1	1	1	1
0	1	1	1	1	1	1	1	1	1	1	1	0	1	1	1	1	1	1	1
1	0	0	0	1	1	1	1	1	1	1	0	1	1	1	1	1	1	1	1
1	0	0	1	1	1	1	1	1	1	0	1	1	1	1	1	1	1	1	1
1	0	1	0	1	1	1	1	1	0	1	1	1	1	1	1	1	1	1	1
1	0	1	1	1	1	1	1	0	1	1	1	1	1	1	1	1	1	1	1
1	1	0	0	1	1	1	0	1	1	1	1	1	1	1	1	1	1	1	1
1	1	0	1	1	1	0	1	1	1	1	1	1	1	1	1	1	1	1	1
1	1	1	0	1	0	1	1	1	1	1	1	1	1	1	1	1	1	1	1
1	1	1	1	0	1	1	1	1	1	1	1	1	1	1	1	1	1	1	1

Abb. 3.62: Wahrheitswerttabelle des Decoders

fügung. Mit dem damit verfügbaren Zahlenbereich 0 bis 15 kann zwischen 16 ROM-Adressen ausgewählt werden. Hierzu müssen jedoch 16 ROM-Eingänge derart angesteuert werden, dass in Abhängigkeit vom aktuellen Zählerstand immer nur eine einzige, diesem zugeordnete, Eingangsleitung auf L gelegt wird, während alle anderen Leitungen auf H verbleiben. Es wird dazu eine kombinatorische Logik, ein sogenannter Decoder, benötigt, die der Wahrheitswerttabelle aus Tabelle 3.62 entspricht.

Beim Betrachten der Wahrheitswerttabelle fällt ins Auge, dass die Gesamtaufgabe des Decoders in 16 voneinander unabhängige Teilschaltungen zerlegt werden kann, die jeweils das Vorhandensein einer bestimmten Eingangskombination, entsprechend einer bestimmten Binärzahl, erkennen und im Fall des Erkennens den Ausgang auf L schalten.

Dies kann in einfacher Form mit der bekannten universellen Gatterstruktur realisiert werden, da der Zähler (auch wenn dies in der hier verwendeten abstrakten Darstellung nicht mehr gezeigt wird) stets auch die komplementären Ausgangssignale zur Verfügung stellt. Abbildung 3.63 zeigt beispielhaft die Decoderzweige für die Dezimalzahlen 3 und 4.

Beim Anliegen der Dezimalzahl 3 sind alle Eingangssignale des oberen Zweigs auf H. Damit erhält Q1 Basisstrom womit sich ein L-Pegel am Ausgang /3 einstellt. Beim unteren Zweig leiten dagegen D6, D7 und D8, womit Q2 sperrt und sich ein H-Pegel am Ausgang /4 einstellt.

Beim Anliegen der Dezimalzahl 4 sind alle Eingänge des unteren Zweiges auf H, womit Q2 durchschaltet, während im oberen Zweig die Eingänge Bit 0, Bit 1 und /Bit 2 auf L sind, womit Q1 der Basisstrom entzogen wird und sich ein H-Pegel am Ausgang /3 einstellt.

Der Decoder wird zwischen Zähler und ROM geschaltet. Damit ergibt sich die vollständige Programmsteuerung, die in Abbildung 3.64 gezeigt wird. Um die Übersichtlichkeit zu bewahren wurden die in der Realität vorhandenen komplementären Signalleitungen nicht dargestellt. Diese Steuerung gibt ununterbrochen das vorgegebe-

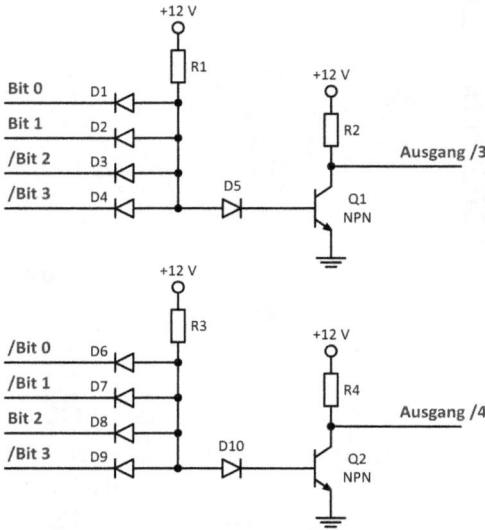

Abb. 3.63: Ausschnitt aus der Schaltung des Decoders

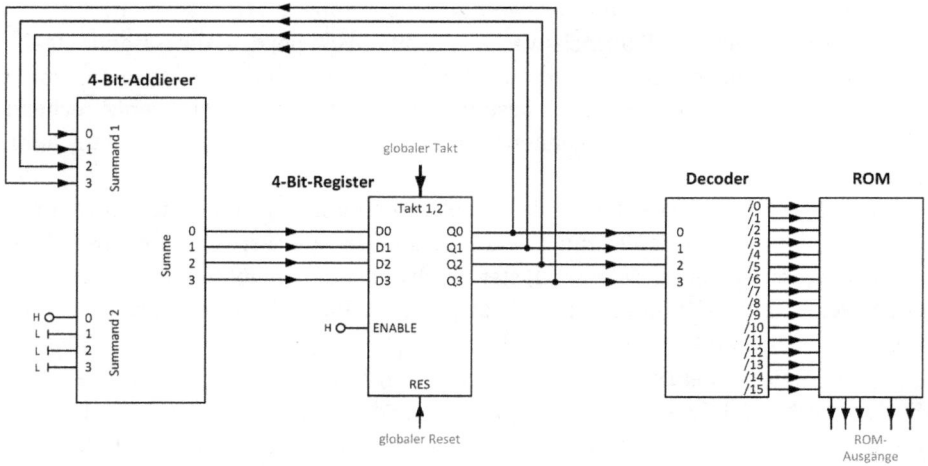

Abb. 3.64: Programmsteuerung für linear ablaufende Programme

ne Muster an den ROM-Ausgängen aus. Man könnte sie beispielsweise zur Steuerung eines Lauflichts einsetzen.

Bei größeren ROMs würden ohne weitere Maßnahmen eine sehr große Anzahl an Decoder-Ausgängen nötig werden, die alle Grenzen der praktischen Realisierbarkeit sprengen würden. Um dieses Problem zu lösen teilt man das ROM in mehrere Segmente auf. Jedes dieser Segmente erhält einen zusätzlichen Eingang, den Freiga-

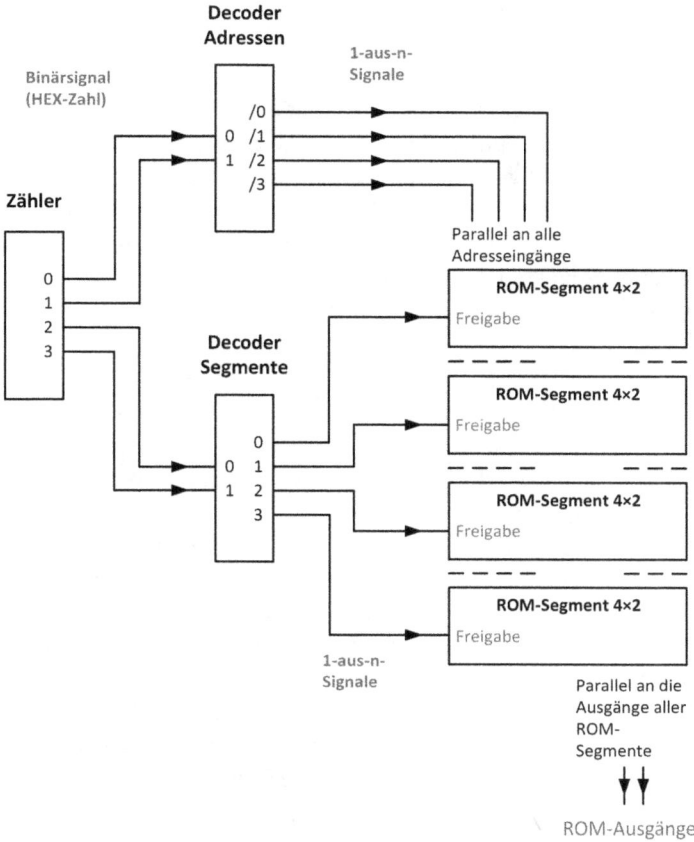

Abb. 3.65: Adressierung mehrerer Segmente eines Dioden-ROMs

beeingang, mit dem man es komplett deaktivieren kann. Das ROM des SPACE AGE 1 mit 1024 Adressen wurde in 32 Segmente zu je 32 Adressen aufgeteilt. Die Segmente und die Adressen werden mit zwei getrennten Decodern decodiert. Damit sind statt 1024 Decoder-Ausgängen nur 32+32=64 Decoder-Ausgänge notwendig, um das ROM zu adressieren.

Abbildung 3.65 zeigt die Adressierung einer Zusammenschaltung aus vier Dioden-ROM-Segmenten der Größe 4 × 2 nach diesem Verfahren. Die Segmente werden mit den höherwertigen Bits der vom Zähler kommenden Adresse ausgewählt. Die aus den niederwertigen Bits decodierten Adressen werden parallel an alle Adresseingänge der einzelnen ROM-Segmente gelegt. Die Ausgänge der ROM-Segmente sind ebenfalls parallelgeschaltet, dies ist möglich, da die Ausgangstransistoren der nicht freigegebenen Segmente sperren.

In dem in Abbildung 3.60 gezeigten Schaltplan eines 4 × 2-Dioden-ROMs wird der Abschalteingang durch Duplizieren des Eingangs 3 mit den dazugehörigen Dioden realisiert. Bei einem L-Pegel am Freigabeeingang sperren dann beide Transistoren. Die Ausgänge der einzelnen ROM-Segmente können damit einfach parallel geschaltet werden. Zum Ansteuern der Freigabeeingänge ist ein Decoder notwendig, bei dem die Ausgänge beim Erkennen der „richtigen" Eingangskombination nicht auf L, sondern auf H geschaltet werden. Dies wird durch das Nachschalten von Invertern zu den Ausgängen des zuvor betrachteten Decoders mit L-aktiven Ausgängen realisiert. In integrierten Speicher-Bausteinen sind die Decoder stets mit auf dem Chip integriert, um die Zahl der äußeren Anschlüsse möglichst gering zu halten.

3.14 Die Realisierung bedingter Sprünge

Ein stets gleicher Programmablauf reicht jedoch für eine sinnvolle Anwendung des Computers nicht aus. Der Computer kann damit weder auf seine Umwelt, also beispielsweise einen Tastendruck seines Benutzers, noch auf interne Ereignisse, etwa ein negatives Vorzeichen bei einem Rechenergebnis, reagieren. Um eine Reaktion auf derartige Ereignisse zu ermöglichen, muss die Möglichkeit bestehen, dass sich der Programmablauf in Abhängigkeit vom Eintreten eines Ereignisses verzweigt. Hierzu soll der Programmablauf beim Eintreten des Ereignisses nicht mit der nächstfolgenden ROM-Adresse, sondern mit einer anderen, vom Programm vorgegebenen ROM-Adresse fortgesetzt werden. Wenn das Ereignis nicht eingetreten ist, dann soll der Programmablauf wie gewohnt mit der nächstfolgenden ROM-Adresse fortgesetzt werden.

Multiplexer

Um diese Anforderung zu realisieren wird eine weitere kombinatorische Logik, der Multiplexer (vgl. Band 1, Kap. I.6.4), benötigt. Ein Multiplexer entspricht einem elektronischen Wahlschalter. Je nach Stellung des Auswahlsignals wird ein anderer Eingang auf den Ausgang durchgeschaltet. Die einfachste Ausführung eines Multiplexers erlaubt es, für einen Ausgang zwischen zwei Quellen zu wählen. Ein derartiger Multiplexer ist in Abbildung 3.66, auf der Gatterebene, dargestellt. Die in diesem Multiplexer verwendeten Gatter werden auf der Transistorebene mit der bereits bekannten Struktur des universellen UND/ODER-Gatters realisiert.

Gehen wir zunächst davon aus, dass das Auswahlsignal auf H-Pegel sei. Dann ist am Ausgang des Inverters G1 ein L-Pegel. Damit ist der Ausgang des AND-Gatters G3 unabhängig vom Eingangssignal „Quelle 2" auf L. Damit wird der Pegel am Ausgang nur durch das Ausgangssignal des AND-Gatters G2 bestimmt, da die mit G4 ausgeführte OR-Verknüpfung, wenn einer der beiden Eingänge auf L ist, den Pegel des anderen Eingangs am Ausgang wiedergibt. Der „untere" Eingang von G2 liegt auf H-Pegel, daher gibt das Ausgangssignal von G2 das Signal „Quelle 1" wieder. Damit gibt auch das Ausgangssignal von G4 den Pegel des Signals „Quelle 1" wieder. Wenn der Pegel des

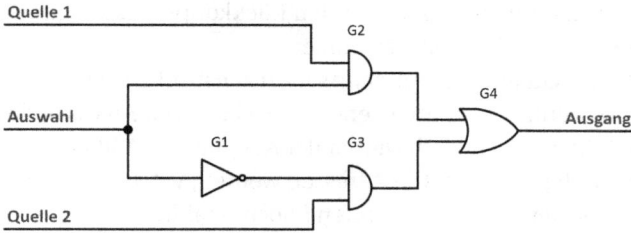

Abb. 3.66: Schaltung eines 2-zu-1-Multiplexers

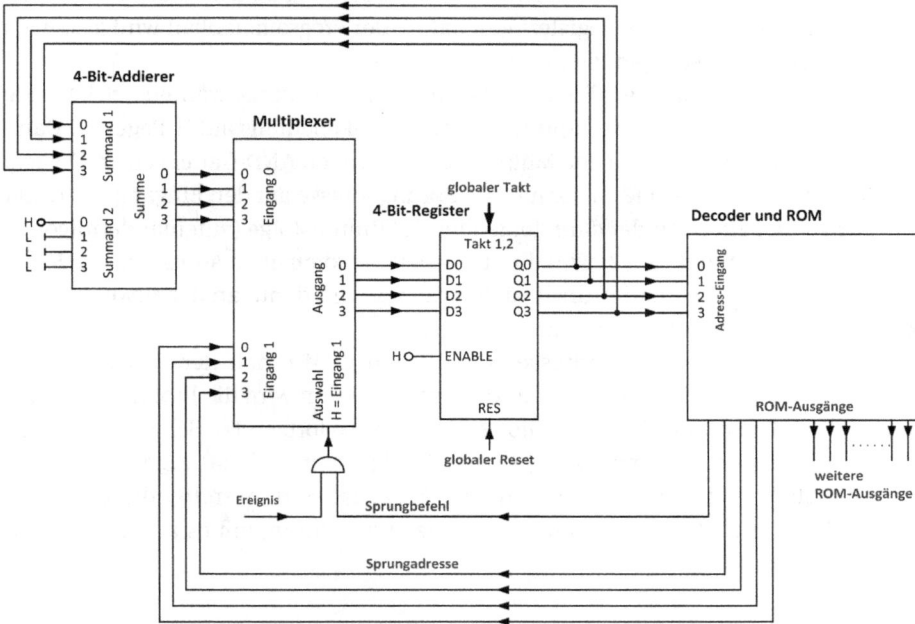

Abb. 3.67: Steuerwerk mit der Möglichkeit, bedingte Sprünge auszuführen

Auswahlsignals auf L geht, dann tauschen die beiden Zweige der Schaltung ihre Rollen und der Ausgang gibt den Pegel des Eingangs „Quelle 2" wieder.

Wenn man vier dieser Multiplexer mit einem gemeinsamen Auswahlsignal betreibt, dann kann zwischen zwei Quellen für eine 4-Bit-Zahl gewählt werden. Zu einem späteren Zeitpunkt werden wir den Multiplexer dahingehend erweitern, dass die Anzahl der zur Auswahl stehenden Quellen beliebig erhöht werden kann.

Abbildung 3.67 zeigt das zur Ausführung von bedingten Sprüngen geeignete Steuerwerk. Der Multiplexer ist darin als abstraktes Schaltsymbol dargestellt. Wir erkennen, dass ein Teil der ROM-Ausgänge an das Steuerwerk zurückgeführt ist. Neben der bereits diskutierten, das Hochzählen der Adressen bewirkenden Rückkopplungsschleife ist nun eine weitere Rückkopplungsschleife hinzugekommen.

Der mit „Sprungbefehl" bezeichnete ROM-Ausgang sei zunächst auf L-Pegel. Damit werden die am Eingang 0 des Multiplexers anliegenden Pegel auf den Ausgang des Multiplexers durchgeschaltet. Es wird also nach wie vor der Ausgang des Addierers auf den Eingang des Registers durchgeschaltet. Die Adressen werden, wie bei der zuvor beschriebenen Ausführung des Steuerwerks, fortlaufend hochgezählt.

Nun nehmen wir an, der mit „Sprungbefehl" bezeichnete ROM-Ausgang gehe auf H-Pegel. Der Pegel am Eingang „Ereignis" sei L. Damit ergibt sich ein L-Pegel am Ausgang des den Multiplexer ansteuernden AND-Gatters. Der Ausgang des Addierers ist nach wie vor auf den Eingang des Registers geschaltet. Der Programmablauf wird also nach wie vor mit der nächstfolgenden Adresse fortgesetzt.

Wir nehmen jetzt an, der „Ereignis"-Eingang sei auf H-Pegel, während gleichzeitig das aus dem ROM-kommende „Sprungbefehl"-Signal ebenfalls auf H-Pegel ist. Dann nimmt auch der Ausgang des den Multiplexer steuernden AND-Gatters einen H-Pegel an. Damit ist die aus dem ROM kommende Sprungadresse auf den Eingang des Registers durchgeschaltet. Mit der dann folgenden Taktimpulsfolge (aufeinanderfolgende Impulse auf Takt 1 und Takt 2) wird die aus dem ROM kommende Adresse in das Register übernommen. Die Ausführung des Programms wird damit an der zuvor aus dem ROM heraus vorgegebenen Adresse fortgesetzt.

Wenn im an der Sprungadresse befindlichen ROM-Inhalt dem ROM-Ausgang „Sprungadresse" wieder ein L-Pegel zugewiesen ist, dann wird die Programmausführung mit der der Sprungadresse nachfolgenden Adresse fortgesetzt. Selbstverständlich arbeitet die obige Schaltung nur dann zuverlässig, wenn sich das Signal „Ereignis" ausschließlich synchron zum Takt ändert. Daher ist es notwendig, dieses Signal, wie in Abbildung 3.68 gezeigt, über ein Register zu führen, um es auf den Takt zu synchronisieren.

3.14.1 Die Auswahl zwischen verschiedenen sprungbedingenden Ereignissen

In der Praxis ist es notwendig, für einen bedingten Sprung zwischen verschiedenen möglichen Ereignissen auszuwählen, etwa zwischen dem Druck einer Taste, der Grenzwertüberschreitung eines Sensorsignals oder dem Auftreten eines negativen Vorzeichens bei einem Zwischenergebnis.

Dazu wird dem Ereigniseingang ein weiterer Multiplexer vorgeschaltet, mit dem zwischen den verschiedenen Ereignisquellen ausgewählt werden kann. Die Auswahlsignale für diesen Multiplexer werden durch ROM-Ausgänge vorgegeben. In Abbildung 3.69 wird hierfür vorbereitend gezeigt, wie man die Anzahl der Quelleneingänge eines Multiplexers über zwei hinaus vergrößern kann.

Die Quellenadresse wird mit einem Decoder mit H-aktiven Ausgängen decodiert. H-aktiv bedeutet an dieser Stelle, dass für jede Eingangskombination alleine der dazu-

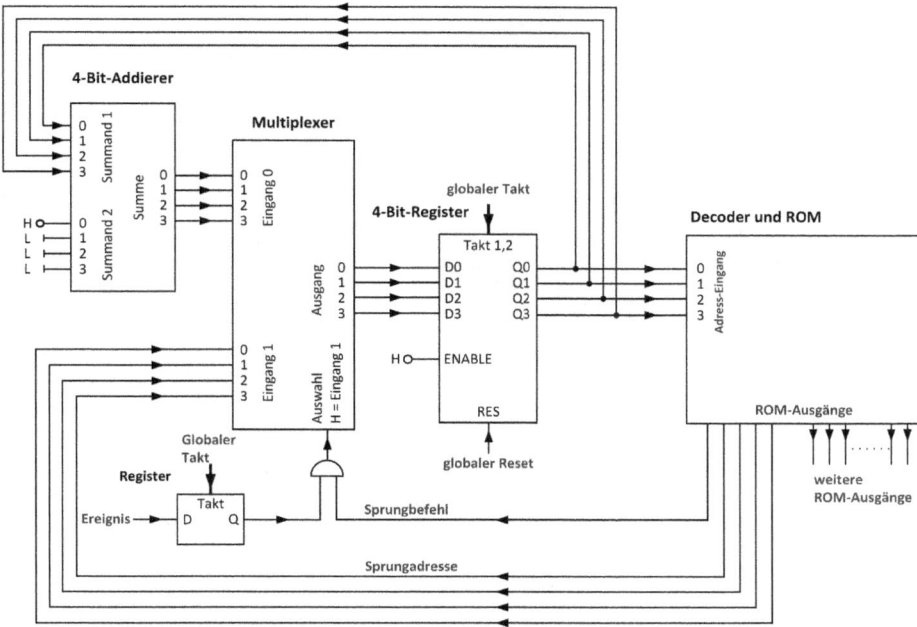

Abb. 3.68: Synchronisation des Ereignis-Signals mit einem Register

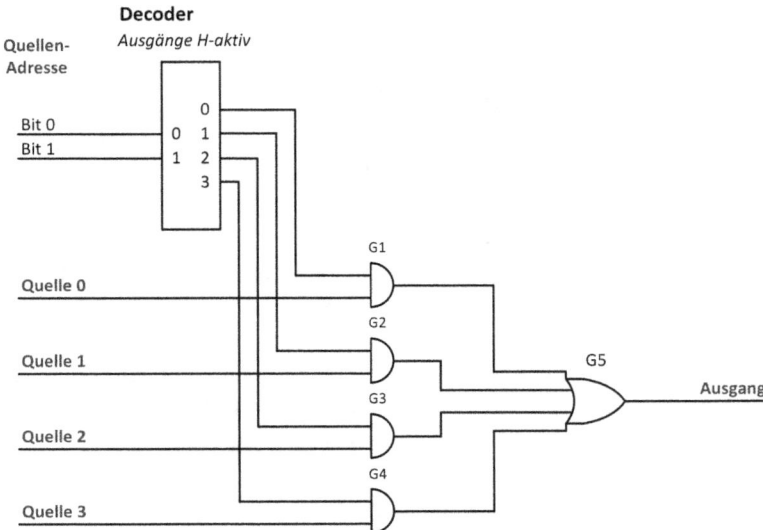

Abb. 3.69: Multiplexer mit vier Eingängen

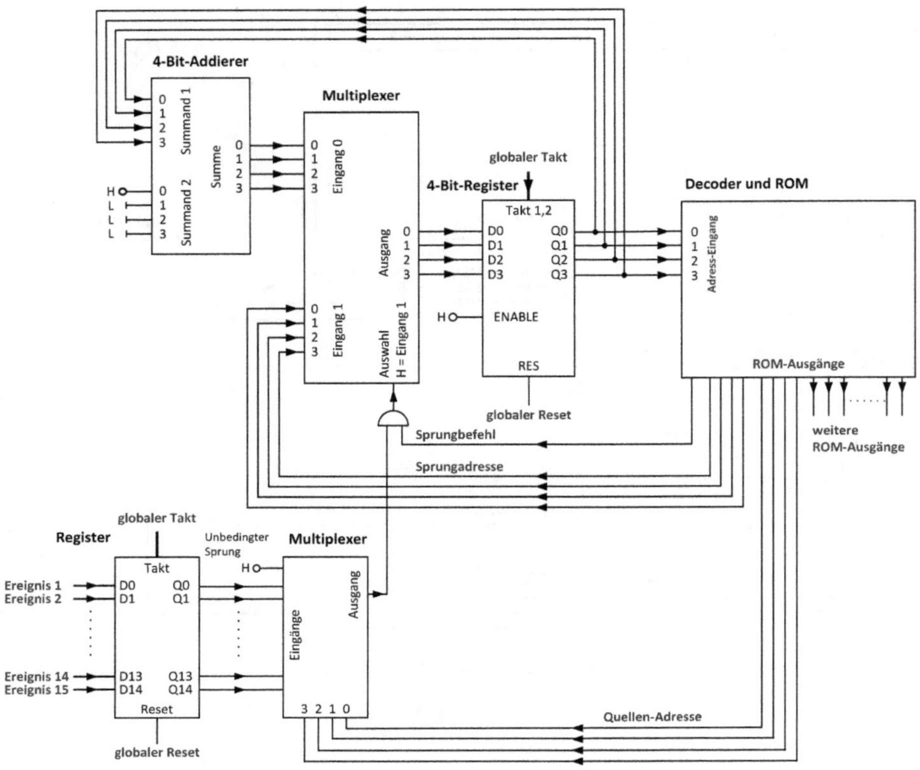

Abb. 3.70: Steuerwerk mit Quellenwahl für die Sprungbedingung

gehörige Ausgang auf H ist, während alle anderen Ausgänge auf L sind. Wir nehmen an, als Quellenadresse werde 0 angelegt. Dann ist der „obere" Eingang des AND-Gatters G1 auf H, während die „oberen" Eingänge der AND-Gatter G2, G3 und G4 auf L sind. Damit wird der am Eingang „Quelle 0" anliegende Pegel am Ausgang wiedergegeben. Mit Anlegen der Quellenadresse 1 wird dann in entsprechender Weise der Pegel am Eingang „Quelle 1" vom Ausgang wiedergegeben. Sinngemäß werden mit dem Anlegen der Quellenadressen 2 und 3 die Pegel der Eingänge 2 und 3 am Ausgang wiedergegeben. Abbildung 3.70 zeigt die Einbindung der Quellenwahl in das Steuerwerk.

Der Multiplexer zur Auswahl der Quelle für die Sprungbedingung wird durch die an den ROM-Ausgängen anstehende Quellenadresse gesteuert. Bei der Verwendung eines internen Ereignisses als Sprungbedingung, etwa dem Vorzeichen eines Zwischenergebnisses, das selbst durch den vorhergehenden Programmablauf beeinflusst wurde, wird eine weitere, übergeordnete Rückkopplungsschleife wirksam.

Der „oberste" Eingang des Multiplexers ist fest an H gelegt. Wenn dieser Eingang ausgewählt ist, wird der Sprungbefehl, als „unbedingter Sprung" in jedem Fall ausgeführt. Damit kann beispielsweise in Unterprogramme gesprungen werden.

Das die Ereignissignale synchronisierende Register muss sich vor den Multiplexereingängen befinden. Würde man es hinter den Ausgang des Multiplexers setzen, dann wäre die Auswahl des Ereignisses um einen Taktzyklus gegenüber dem Sprungbefehl verzögert.

3.14.2 Die Speicherung der Rücksprungadresse

Ein Unterprogramm wird üblicherweise mehrmals aus verschiedenen Stellen des Hauptprogramms heraus aufgerufen. Nach dem Abarbeiten des Unterprogramms muss auf die Folgeadresse des zum Unterprogramm verzweigenden Sprungbefehls zurückgesprungen werden. Dazu wird die Rücksprungadresse in einem zusätzlichen Register gesichert. Abbildung 3.71 zeigt das um die Möglichkeit zum Sichern der Rücksprungadresse erweiterte Steuerwerk.

Beim zum den Sprung in das Unterprogramm auslösenden Sprungbefehl wird auch der ROM-Ausgang „Adresse sichern" auf H gesetzt. Damit wird an den ENABLE-Eingang des neu hinzugekommenen Registers an Eingang 2 des Adress-Multiplexers ein H-Pegel angelegt. Damit übernimmt das Register mit dem dann folgenden Taktzyklus die bereits am Ausgang des Addierers anstehende Folgeadresse.

Der letzte Befehl des Unterprogramms ist der Rücksprungbefehl. In diesem wird nicht das Signal „Sprung" sondern das Signal „Rücksprung" auf H gesetzt. Damit wird der Eingang 2 des Multiplexers, gleichbedeutend mit dem Ausgang des neu hinzugekommenen Registers, auf das Adressregister durchgeschaltet und dann mit dem folgenden Taktzyklus übernommen. Die Ausführung des Hauptprogramms wird dann mit der beim Sprung in das Unterprogramm gesicherten Rücksprung-Folgeadresse fortgesetzt.

Mit dieser einfachen Struktur ist kein weiterer Unterprogrammaufruf aus dem Unterprogramm selbst heraus möglich, da hierbei die ursprüngliche Rücksprungadresse überschrieben würde. Für die Erfordernisse des SPACE AGE 1 reicht eine Sprungebene aus. In allen üblichen Computern sind dagegen praktisch beliebig viele Sprungebenen möglich. Deren Anzahl ist nur durch die Größe des Arbeitsspeichers begrenzt, da die Rücksprungadressen im Arbeitsspeicher abgelegt werden. Die Beschreibung derartiger Strukturen geht über den Umfang dieses Kapitels hinaus.

3.15 Die Verbindung von Steuerwerk, Addierern und Registern

Wir kennen nun die Funktion der wichtigsten Teilbausteine eines Computers, das Steuerwerk, den Addierer und die Register. Nun setzen wir diese Teilbausteine zu einem funktionierenden Computer zusammen. Wir beschränken uns hierbei auf eine vereinfachende Darstellung. Auch bei einem sehr einfachen Computer wie dem SPACE

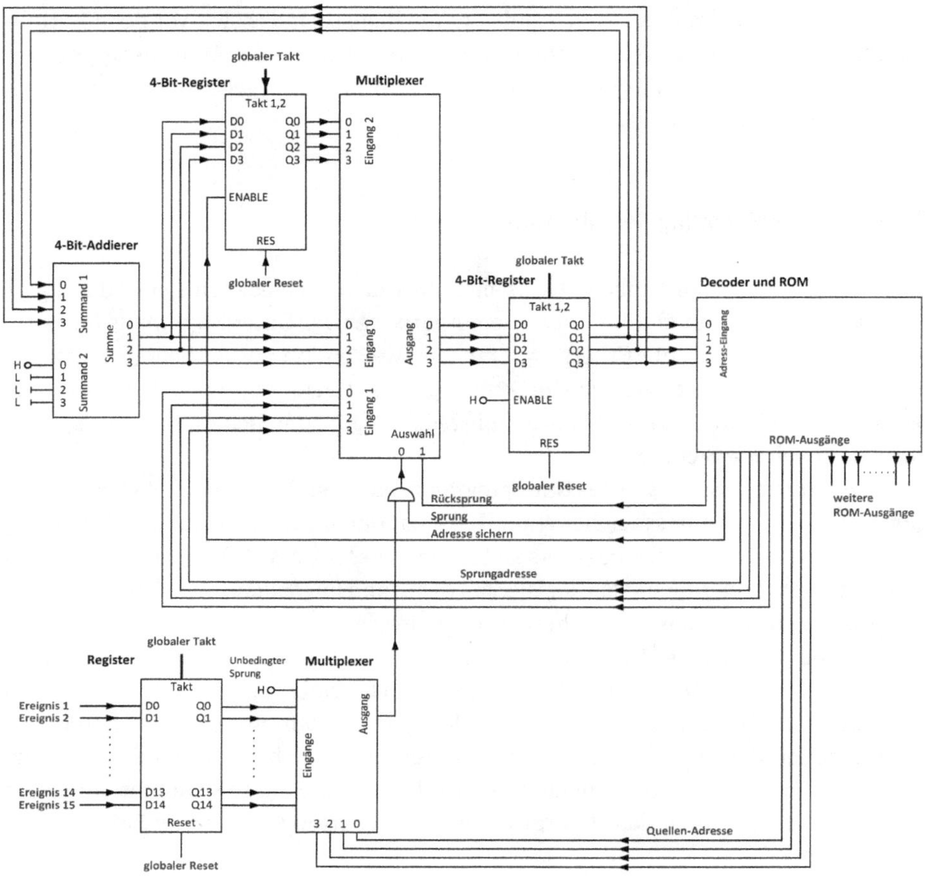

Abb. 3.71: Steuerwerk mit Register zur Sicherung der Rücksprungadresse

AGE 1 würde eine vollständige Darstellung den möglichen Umfang dieses Kapitels weit übersteigen.

Im ersten Schritt beschäftigen wir uns noch nicht damit, wie Informationen in den Computer hineinkommen und wie seine Ergebnisse zur Außenwelt hin mitgeteilt werden. Wir akzeptieren in diesem Schritt noch die Annahme, dass die Eingaben „von selbst" in einigen bestimmten Registern stehen und dass es ausreicht, die Ergebnisse in anderen Registern abzulegen. Weiterhin ist für diese Betrachtung das Steuerwerk mitsamt dem ROM als ein einziges, abstraktes Schaltsymbol dargestellt. Wir bleiben auch bei der Vereinfachung, dass der Computer nur ein einziges, unveränderlich in seinem ROM gespeichertes, Programm ausführen kann.

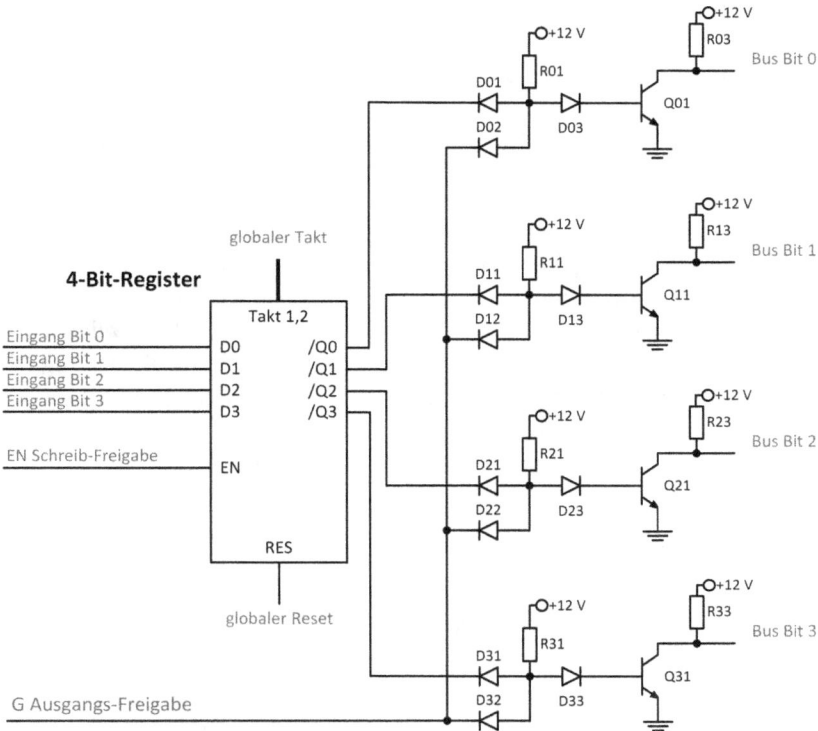

Abb. 3.72: Innerer Aufbau eines „busfähigen" Registers

Um das Zusammenspiel der Komponenten in ihrer Zusammenschaltung zu erleichtern, müssen wir an einigen der bereits hergeleiteten Komponenten noch Ergänzungen vornehmen. Wir beginnen dazu mit den Registern. Prinzipiell könnte man die Auswahl zwischen verschiedenen Registern, beispielsweise als Quelle für die Operandeneingänge des Addierers, über einen Multiplexer vornehmen. Hierbei würde man aber bei einer Erhöhung der Zahl der Register rasch an praktische Grenzen stoßen, da ein sehr umfangreicher Multiplexer mit einer unübersehbaren Vielzahl an Eingangsleitungen notwendig wäre. Weit effektiver ist es, die Funktion des Multiplexens zu dezentralisieren und ein sogenanntes Bussystem aufzubauen. Dazu werden alle zu einer jeweiligen Bitposition gehörenden Ein- und Ausgänge der Register miteinander verbunden. Die Register erhalten ein weiteres, diesmal auf den Ausgang bezogenes, Freigabesignal. Wenn dieses Freigabesignal inaktiv ist, dann sperrt der Ausgangstransistor des Registers unabhängig vom Inhalt des Registers. Der innere Aufbau eines derartigen „busfähigen" Registers ist in Abbildung 3.72 gezeigt.

Wenn das ausgangsseitige Freigabesignal G (G steht für „Gate") auf L-Pegel ist, dann wird den den Bus ansteuernden Transistoren Q01 bis Q31 in jedem Fall der

Abb. 3.73: Schaltsymbole für das busfähige Register (li) - und das busfähige 4-Bit-Register (re)

Basisstrom entzogen. Sie sperren also unabhängig vom Inhalt der Registerzellen. Wenn ein H-Pegel am Freigabeeingang G anliegt, dann leiten die Ausgangstransistoren dann, wenn eine 0 im Register gespeichert ist. (Dann ist das komplementäre Ausgangssignal /Q auf H, womit der dazugehörige Transistor Basisstrom erhält) Die Arbeitswiderstände R03 bis R33 sind für den gesamten Bus nur einmal vorhanden. Zur Erzeugung der Freigabesignale, von denen jeweils immer nur eines aktiv sein darf, wird ein Decoder, der sogenannte Adressdecoder, vorgesehen.

Die Vereinfachung des konstruktiven Aufbaus eines Rechners durch die Verwendung von Bussen ist erheblich. Für einen Bus mit der Breite von 4 Bit, müssen unabhängig von der Zahl der angeschlossenen Register nur vier Leitungen durch den Aufbau des Computers geführt werden. Es kommen lediglich noch die Freigabeleitungen hinzu. In der Praxis hält man die Länge dieser Leitungen kurz, indem man mehrere, in direkter Nachbarschaft der Register befindliche Decoder mit einem übergeordneten Decoder verschaltet. Ein ganz besonderer Vorteil vom Bussystemen ist deren problemlose nachträgliche Erweiterbarkeit durch das einfache Anfügen weiterer Elemente. Für das busfähige Register wird das links in Abbildung 3.73 gezeigte abstrakte Schaltsymbol eingeführt, um die folgenden Darstellungen auf Systemebene übersichtlicher zu gestalten. Um die Übersichtlichkeit weiter zu erhöhen, werden die zwei im Fall von Registern mit direkter Rückkopplung benötigten, zeitlich aufeinanderfolgenden Taktsignale „Takt 1" und „Takt 2" bei diesen Schaltsymbolen und allen folgenden Betrachtungen zu einem einzigen Signal „Takt" zusammengefasst.

Um die Übersichtlichkeit noch weiter zu erhöhen, fassen wir vier 1-Bit-Register zu einem Schaltsymbol für ein 4-Bit-Register zusammen, in dem sich eine BCD-Dezimalstelle speichern lässt. Die vier Dateneingänge und die vier Datenausgänge werden dabei jeweils zeichnerisch zusammengefasst. Die Steuereingänge aller vier Register sind jeweils miteinander verbunden und erscheinen daher nur einmal im Schaltsymbol. Dieses Schaltsymbol ist in der Abbildung 3.73 rechts dargestellt.

Im Folgenden wird der Addierer an den Betrieb in einem Bussystem angepasst. Hierzu werden dem Addierer Operandenregister vorgeschaltet, um ein stabiles Anliegen der Operanden und damit des Ergebnisses auch dann sicherzustellen, wenn der Bus zum Übertragen des Ergebnisses an andere Stelle genutzt wird. Weiterhin werden den Summensignalen des Addierers abschaltbare Busausgänge hinzugefügt, wie das bereits beim Register gesehen ist. Das Übertragssignal (Carry) wird dagegen direkt herausgeführt, da es zum Steuern bedingter Sprünge verwendet wird. Abbildung 3.74 zeigt den Addierer mit diesen Erweiterungen. Um die Übersichtlichkeit der folgenden

Darstellungen zu erhöhen, wird diesem erweiterten Addierer ein eigenes Schaltsymbol zugewiesen, das in Abbildung 3.75 dargestellt ist.

Weiterhin wird die Möglichkeit benötigt, Register mit aus dem Programmcode heraus festgelegten Konstanten zu laden. Dazu wird zwischen die dazu vorgesehenen ROM-Ausgänge und den Bus eine abschaltbare Bus-Ausgangsschaltung eingefügt, wie sie bereits beschrieben wurde. Abbildung 3.76 zeigt das Schaltbild des zunächst betrachteten „Minimal-Computers".

Alle in diesem Schaltplan abstrakt dargestellten Module (mit Ausnahme des Takt-generators und des Reset-Generators, die aus Platzgründen nicht besprochen werden konnten) lassen sich mit den Herleitungen in diesem Kapitel vollständig auf die Transistorebene zurückverfolgen. Im oberen Bereich des Schaltplans befinden sich das Steuerwerk und das ROM. Diese Funktionsgruppen wurden, gemeinsam mit dem Takt-generator und dem Reset-Generator zu einem Block zusammengefasst. Die in das Steuerwerk zurückgeführten ROM-Ausgänge wurden explizit gezeichnet. Im rechten mittleren Bereich des Schaltbildes befinden sich die Adressdecoder. Diese generieren aus den binär codierten Adressen die Anwahlsignale für die einzelnen Register und

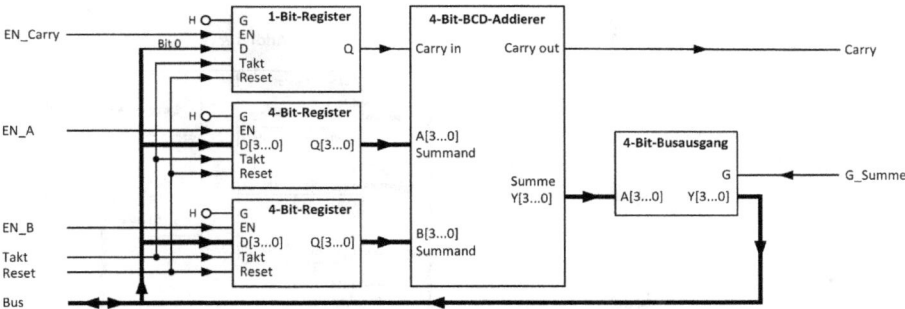

Abb. 3.74: Erweiterung des Addierers zum Betrieb in einem Bussystem

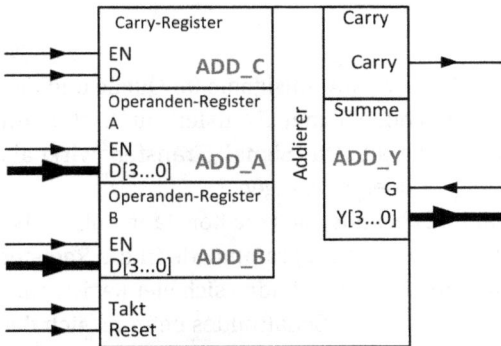

Abb. 3.75: Schaltsymbol für den Addierer zum Betrieb in einem Bussystem

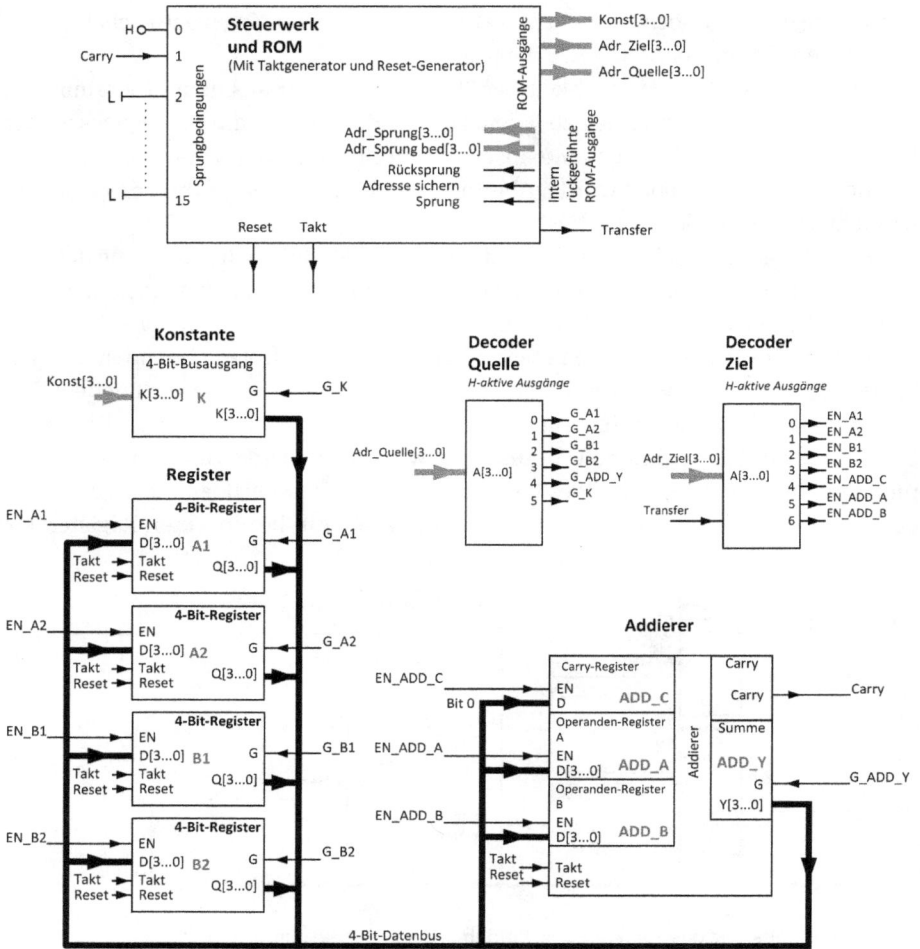

Abb. 3.76: Schaltplan des Minimal-Computers

Busausgänge. Dabei ist immer nur jeweils eines der Anwahlsignale für Quelle und Ziel aktiv. Wenn das ebenfalls aus dem ROM kommende Signal „Transfer" auf L ist, dann sind alle Ausgänge des Decoders inaktiv, also auf L. Das Signal „Transfer" wirkt als zusätzliche UND-Verknüpfung hinter allen Decoder-Ausgängen.

Im linken mittleren Bereich des Schaltbilds befindet sich die Konstantenübergabe, mit der Konstanten aus dem im ROM gespeicherten Programmcode in die Register geschrieben werden können. Im linken unteren Bereich befinden sich vier Register mit einer Breite von 4 Bit. Im rechten unteren Bereich des Schaltbildes befindet sich der Addierer. Um die nachfolgenden Betrachtungen übersichtlich zu halten, wird jedem Register eine Kurzbezeichnung zugeordnet:

K	Konstante
A1, A2, B1, B2	Universelle Register
ADD_C	Carry-Eingang des Addierers
ADD_A	Operanden-Eingang A des Addierers
ADD_B	Operanden-Eingang B des Addierers
ADD_Y	Summen-Ausgang des Addierers

Bedingt durch die Beschaltung der Decoderausgänge besteht die folgende Korrespondenz zwischen den Registern und den zu ihrem Ansprechen auszugebenden Adressen:

In lesender Richtung:		In schreibender Richtung:	
0	A1	0	A1
1	A2	1	A2
2	B1	2	B1
3	B2	3	B2
4	ADD_Y	4	ADD_C
5	K	5	ADD_A
		6	ADD_B

Für die Wahl der Quelle für die Sprungbedingung besteht die folgende Korrespondenz:

0	unbedingter Sprung
1	Sprung, wenn Carry=1 (H)
2 . . . 15	noch unbelegt

Nach dem Einschalten wird ein Reset ausgelöst. Damit beginnt die Programmausführung an der Adresse 0 des ROMs.

Wir betrachten nun als erstes Beispiel die Addition der in A1 und A2 stehenden Werte, wobei das Ergebnis in B1 (niederwertige Stelle) und in B2 (höherwertige Stelle) abgelegt werden soll. Diese Addition soll für dieses Beispiel zyklisch in einer Endlosschleife ausgeführt werden. Sie läuft nach den folgenden Schritten ab:

(0) Schreiben der Konstante 0 in das Register ADD_C
(1) Übertragen des Inhalts von Register A1 in das Register ADD_A
(2) Übertragen des Inhalts des Registers A2 in das Register ADD_B
(3) Übertragen des Inhalts des Registers ADD_Y in das Register B1
(4) Schreiben der Konstante 1 in das Register B2
(5) Wenn Carry=1 springe zu (7)
(6) Schreiben der Konstante 0 in das Register B2
(7) Springen zu (0)

Wir beginnen die Zählung der Schritte mit 0, um von Anfang an eine Korrespondenz mit den ROM-Adressen zu haben. Nun betrachten wir die Vorgänge während der einzelnen Schritte im Detail:

Schritt (0)
- Auf die ROM-Ausgänge Konst[3 . . . 0] wird 0 ausgegeben.
- Auf die ROM-Ausgänge Adr_Quelle[3 . . . 0] wird 5 ausgegeben, um K zu adressieren.
- Auf die ROM-Ausgänge Adr_Ziel[3 . . . 0] wird 4 ausgegeben, um ADD_C zu adressieren.
- Der Ausgang ‚Transfer' wird auf 1 gesetzt.

Damit liegen die Ausgänge des Registers K, das seinerseits aus dem ROM mit dem Wert 0 gespeist wird, auf dem Datenbus. Gleichzeitig ist das EN-Signal des Registers ADD_C auf H gesetzt. Mit dem dann folgenden Taktimpulszyklus wird der an Bit 0 des Datenbusses anliegende L-Pegel vom Register ADD_C übernommen, das damit auf 0 gesetzt ist.

Schritt (1)
- Auf die ROM-Ausgänge Adr_Quelle[3 . . . 0] wird 0 ausgegeben, um A1 zu adressieren.
- Auf die ROM-Ausgänge Adr_Ziel[3 . . . 0] wird 5 ausgegeben, um ADD_A zu adressieren.
- Der Ausgang „Transfer" wird auf 1 gesetzt.

Damit liegen die Ausgänge des Registers A1 auf dem Datenbus. Gleichzeitig ist das EN-Signal des Registers ADD_A auf H gesetzt. Mit dem dann folgenden Taktimpulszyklus wird der auf dem Datenbus anliegende Inhalt des Registers A1 vom Register ADD_A übernommen.

Schritt (2)
- Auf die ROM-Ausgänge Adr_Quelle[3 . . . 0] wird 1 ausgegeben, um A2 zu adressieren.
- Auf die ROM-Ausgänge Adr_Ziel[3..0] wird 6 ausgegeben, um ADD_B zu adressieren.
- Der Ausgang „Transfer" wird auf 1 gesetzt.

Damit liegen die Ausgänge des Registers A2 auf dem Datenbus. Gleichzeitig ist das EN-Signal des Registers ADD_B auf H gesetzt. Mit dem dann folgenden Taktimpulszyklus wird der auf dem Datenbus anliegende Inhalt des Registers A2 vom Register ADD_B übernommen. Nach der Durchlaufzeit des Addierers steht das Ergebnis der Addition in ADD_Y bereit.

Schritt (3)
– Auf die ROM-Ausgänge Adr_Quelle[3 .. .0] wird 4 ausgegeben, um ADD_Y zu adressieren.
– Auf die ROM-Ausgänge Adr_Ziel[3 . . . 0] wird 2 ausgegeben, um B1 zu adressieren.
– Der Ausgang „Transfer" wird auf 1 gesetzt.

Damit liegen die Ausgänge von ADD_Y auf dem Datenbus. Gleichzeitig ist das EN-Signal des Registers B1 auf H gesetzt. Mit dem dann folgenden Taktimpulszyklus wird der auf dem Datenbus anliegende Inhalt von ADD_Y vom Register B1 übernommen.

Schritt (4)
– Auf die ROM-Ausgänge Konst[3 . . . 0] wird 1 ausgegeben.
– Auf die ROM-Ausgänge Adr_Quelle[3 . . . 0] wird 5 ausgegeben, um K zu adressieren.
– Auf die ROM-Ausgänge Adr_Ziel[3 . . . 0] wird 3 ausgegeben, um B2 zu adressieren.
– Der Ausgang „Transfer" wird auf 1 gesetzt.

Damit liegen die Ausgänge des Registers K, das seinerseits aus dem ROM mit dem Wert 1 gespeist wird, auf dem Datenbus. Gleichzeitig ist das EN-Signal des Registers B2 auf H gesetzt. Mit dem dann folgenden Taktimpulszyklus wird der am Datenbus anliegende Wert 1 vom Register B2 übernommen.

Schritt (5)
– Auf die ROM-Ausgänge Adr. Sprungbed.[3 . . . 0] wird 1 ausgegeben, um die Sprungbedingung „Carry gesetzt" zu wählen.
– Auf die ROM-Ausgänge Adr. Sprung[3 . . . 0] wird 7 als Sprungadresse ausgegeben.
– Auf den Ausgang „Sprung" wird eine 1 ausgegeben.
– Der Ausgang „Transfer" wird auf 0 gesetzt.

Wenn das Signal „Carry" einen H-Pegel (1) aufweist, dann hat sich in der vorherigen Addition ein Übertrag ergeben. In diesem Fall wird zur Adresse 7 gesprungen. Damit steht im Register B2 der Wert 1. Wenn das Signal „Carry" einen L-Pegel (0) aufweist wird nicht gesprungen, sondern die Ausführung des Programms an der Adresse 6 fortgesetzt.

Schritt (6)
Schritt 6 wird nur ausgeführt, wenn zuvor aufgrund eines nicht gesetzten Carry-Bits nicht gesprungen wurde.
– Auf die ROM-Ausgänge Konst[3 . . . 0] wird 0 ausgegeben.
– Auf die ROM-Ausgänge Adr_Quelle[3 . . . 0] wird 5 ausgegeben, um K zu adressieren.
– Auf die ROM-Ausgänge Adr_Ziel[3 . . . 0] wird 3 ausgegeben, um B2 zu adressieren.
– Der Ausgang „Transfer" wird auf 1 gesetzt.

ROM-Adressen	Funktion				Adresse Sprung-bedingung				Adresse Sprungziel				Adresse Quelle				Adresse Ziel				Konstante			
	Transfer	Sprung	Adressen sichern	Rücksprung	3	2	1	0	3	2	1	0	3	2	1	0	3	2	1	0	3	2	1	0
0	1	0	0	0	0	0	0	0	0	0	0	0	0	1	0	1	0	1	0	0	0	0	0	0
1	1	0	0	0	0	0	0	0	0	0	0	0	0	0	0	0	0	1	0	1	0	0	0	0
2	1	0	0	0	0	0	0	0	0	0	0	0	0	0	0	1	0	1	1	0	0	0	0	0
3	1	0	0	0	0	0	0	0	0	0	0	0	0	1	0	0	0	0	1	0	0	0	0	0
4	1	0	0	0	0	0	0	0	0	0	0	0	0	1	0	1	0	0	1	1	0	0	0	1
5	0	1	0	0	0	0	0	1	0	1	1	1	0	0	0	0	0	0	0	0	0	0	0	0
6	1	0	0	0	0	0	0	0	0	0	0	0	0	1	0	1	0	0	1	1	0	0	0	0
7	0	1	0	0	0	0	0	0	0	0	0	0	0	0	0	0	0	0	0	0	0	0	0	0

Abb. 3.77: Der binäre Programmcode des Additionsprogramms

Damit wird das Register B2 mit dem folgenden Taktimpulszyklus auf den Wert 0 gesetzt.

Schritt (7)
- Auf die ROM-Ausgänge Adr. Sprungbed.[3 . . . 0] wird 0 ausgegeben, um einen unbedingten Sprung zu wählen.
- Auf die ROM-Ausgänge Adr. Sprung[3 . . . 0] wird 0 als Sprungadresse ausgegeben.
- Auf den Ausgang „Sprung" wird eine 1 ausgegeben.
- Der Ausgang „Transfer" wird auf 0 gesetzt.

Damit wird die Ausführung des Programms ab der Adresse 0 von neuem begonnen.[8]

Aus der vorangegangenen textlichen Beschreibung kann nun direkt die Codierung des ROM-Inhalts abgelesen werden, die dem zuvor beschriebenen Programm entspricht. Diese Codierung, der binäre Programmcode, ist in der Tabelle in Abbildung 3.77 wiedergegeben. Eine 1 in der Tabelle entspricht einer an der entsprechenden Position eingelöteten Diode. Die vorliegende Tabelle ist also gleichzeitig der Bestückungsplan für das Dioden-ROM.

Die Programmerstellung und -Dokumentation auf der Ebene des Binärcodes ist wenig anschaulich und deshalb sehr aufwendig und fehlerträchtig. Daher beschreibt man das Programm symbolisch in sogenannten Mnemonics und nimmt sich einen bereits existierenden Computer zur Hilfe und lässt diesen mit einem Hilfsprogramm, dem Assemblierer, die Umsetzung des symbolischen Codes in den Binärcode ausführen (vgl. Band 2, Kap. II.2.1.1). Hierzu definieren wir in der Folge eine symbolische Darstellung der funktionalen Möglichkeiten, die uns der vorliegende „Minimalcomputer" bereitstellt.

---

8 An dieser Stelle wurde, um das Programm einfach zu halten, vorausgesetzt, dass die Operanden in den Registern A1 und A2 sich im Wertebereich 0-9 befinden. Damit ist der mögliche Wertebereich des Ergebnisses, bei auf 0 gesetztem Register ADD_C auf 0-18 begrenzt.

Zunächst teilen wir die vorhandenen ROM-Ausgänge in zwei grundsätzliche Gruppen auf:

- Die Festlegung der Funktion, hier „Transfer", „Sprung", „Sprung und dabei Rücksprungadresse sichern" „Rücksprung"
- Die Festlegung der Parameter, mit der die jeweilige Funktion ausgeführt werden soll, hier „Adresse Sprungbedingungen", „Adresse Sprungziel", „Adresse Quelle", „Adresse Ziel" und „Konstante"

Eine ROM-Zeile, entsprechend einem Maschinenbefehl, ist mit dieser Aufteilung stets in die Funktion und die dazugehörigen Parameter gegliedert:

Funktion (Parameter 1, ..., Parameter 5)

Mit der konkreten Reihenfolge der Parameter des Beispiels ergibt sich dann: Funktion (Adresse Sprungbedingung, Adresse Sprungziel, Adresse Quelle, Adresse Ziel, Konstante)

Um zu einer übersichtlichen Darstellung zu kommen, weisen wir den einzelnen Funktionen eingängige Abkürzungen zu:

Transfer:	MOV	(von „move")
Sprung:	JP	(von „jump")
Sprung mit Sichern der Rücksprungadresse:	JPS	(von „jump" und „save")
Rücksprung:	RTN	(von „return")

Adresse Sprungbedingungen:		Adresse Quelle:		Adresse Ziel:	
0	UNC (von „unconditional")	0	A1	0	A1
1	CARRY	1	A2	1	A2
		2	B1	2	B1
		3	B2	3	B2
		4	ADD_Y	4	ADD_C
		5	K	5	ADD_A
				6	ADD_B

Das Assemblerprogramm tauscht die soeben eingeführten Abkürzungen schematisch gegen die dazugehörigen Binärcodes aus. Unser Additionsprogramm lässt sich dann wie folgt schreiben:

```
1   0 MOV  (0, 0, K, ADD_C, 0)
2   1 MOV  (0, 0, A1, ADD_A, 0)
3   2 MOV  (0, 0, A2, ADD_B, 0)
4   3 MOV  (0, 0, ADD_Y, B1, 0)
5   4 MOV  (0, 0, K, B2, 1)
```

```
6   5 JP   (CARRY, 7, 0, 0, 0)
7   6 MOV  (0, 0, K, B2, 0)
8   7 JP   (UNC, 0, 0, 0, 0)
```

Die Funktion des Programms kann nun direkt aus dem Programmcode heraus erkannt werden.

Durch einfache Änderung der obigen Zuweisungen für die Adressen könnte der identische Programmcode auch auf einer anderen Hardware ablaufen, bei der die Adressen anders vergeben sind.

Die Übersichtlichkeit lässt sich weiter steigern, indem der dargestellte Umfang der Parameterfelder auf die tatsächlich für den jeweiligen Befehl relevanten Felder eingeschränkt werden. Man gibt hierzu dem Assemblierer die zusätzliche Funktionalität, dass er die für einen bestimmten Befehl nicht relevanten Parameterfelder automatisch mit Nullen füllt. Dies gilt beispielsweise für die Sprungadresse bei einem MOV-Befehl oder für den Wert der Konstante, der nur dann eine Relevanz hat, wenn die Konstante in der Quelladresse steht. Mit dieser Zusatzfunktionalität des Assemblierers ergibt sich dann die folgende Darstellung unseres Additionsprogramms:

```
1   0 MOV  (K, ADD_C, 0)
2   1 MOV  (A1, ADD_A)
3   2 MOV  (A2, ADD_B)
4   3 MOV  (ADD_Y, B1)
5   4 MOV  (K, B2, 1)
6   5 JP   (CARRY, 7)
7   6 MOV  (K, B2, 0)
8   7 JP   (UNC, 0)
```

Um die Übersichtlichkeit der Darstellung noch weiter zu erhöhen, geben wir dem Assembler die weitere Zusatzfunktion, dass er den an dieser Stelle neu hinzukommenden Befehlscode SET (Zielregister, Konstante) durch den bekannten Befehlscode MOV (K, Zielregister, Konstante) ersetzt. Damit ergibt sich dann die folgende Darstellung unseres Additionsprogramms:

```
1   0 SET  (ADD_C, 0)
2   1 MOV  (A1, ADD_A)
3   2 MOV  (A2, ADD_B)
4   3 MOV  (ADD_Y, B1)
5   4 SET  (B2, 1)
6   5 JP   (CARRY, 7)
7   6 SET  (B2, 0)
8   7 JP   (UNC, 0)
```

Man kann diese Abstraktion noch weiter treiben und dem Hilfsprogramm die Funktion geben, eine Befehlszeile durch mehrere Befehlszeilen zu ersetzen. Die Befehlsfolge

```
MOV (A1, ADD_A)
MOV (A2, ADD_B)
MOV (ADD_Y, B1)
```

lässt sich durch ADD (A1, A2, B1) ausdrücken, um eine Addition mit einem einzigen Befehl noch anschaulicher darzustellen. Beim Erkennen von ADD (A1, A2, B1) setzt das Hilfsprogramm, das dann die elementare Funktion eines Compilers ausführt, dann stattdessen

```
MOV (A1, ADD_A)
MOV (A2, ADD_B)
MOV (ADD_Y, B1)
```

in die Programmdatei ein. Damit ergibt sich dann zunächst die folgende Darstellung unseres Additionsprogramms:

```
1   0 SET  (ADD_C, 0)
2   1 ADD  (A1, A2, B1)
3   2 SET  (B2, 1)
4   3 JP   (CARRY, 7)
5   4 SET  (B2, 0)
6   5 JP   (UNC, 0)
```

Dieses Programm ist aber in der dargestellten Weise nicht mehr lauffähig, da die hier absolut angegebenen Sprungadressen nicht mehr richtig sind, weil nun ein Befehl im Programmcode mehreren tatsächlichen ROM-Adressen entspricht.

Daher werden die absoluten Adressangaben durch symbolische Abkürzungen (sog. „Labels", vgl. Band 2, Kap. II.2.2.1) ersetzt. Auf die Angabe der tatsächlichen ROM-Adresse wird verzichtet. Es ergibt sich dann die folgende Darstellung:

```
1   START  SET (ADD_C, 1)
2          ADD (A1,A2, B1)
3          SET (B2, 1)
4          JP  (CARRY, END)
5          SET (B2, 0)
6   END    JP  (UNC, START)
```

Die tatsächlichen Sprungadressen werden vom Assemblierer berechnet und dann in den Programmcode eingefügt.

Man erkennt, dass man, wenn man diesen Weg der Abstraktion weiter beschreitet, zu den heute üblichen Hochsprachen kommt. Diese Themenbereiche sind im Programmieren-Kapitel in Band 2 dieser Buchreihe ausführlich beschrieben. Es sei noch einmal betont, dass der hier beschriebene „Minimalcomputer" eine extreme Vereinfachung darstellt und die Hardwarestrukturen heutiger Computer erheblich komplexer sind. Dennoch entspricht deren grundsätzliche Funktion dem in diesem Kapitel beschriebenen.

3.16 Das Einbinden weiterer Hardwarekomponenten in den „Minimalcomputer"

Es wurde bereits der Komplementierer eingeführt, um auch Subtraktionen zu ermöglichen.

Die Busstruktur des zuvor beschriebenen „Minimalcomputers" erlaubt eine sehr einfache Einbindung des Komplementierers, die sinngemäß der Einbindung des Addierers entspricht. Die Einbindung des Komplementierers ist in Abbildung 3.78 dargestellt.

Der Komplementierer erhält, wie schon zuvor der Addierer ein Eingangsregister und einen Busausgang. Die Schreib- und Lesesignale EN-Komplement und G_Komplement werden an noch freie Ausgänge der Schreib- und Lesedecoder gelegt. Die dazugehörigen Adressen werden im Assemblierer hinterlegt (im folgenden Beispiel CMP_A für das Eingangsregister und CMP_Y für den Ausgang), Damit kann der Komplementierer entsprechend dem folgenden Beispielprogramm verwendet werden:

```
MOV (Quelle, CMP_A)
MOV (CMP_Y, Ziel)
```

Es liegt nahe, auch hier eine Abstraktion zu definieren, etwa:

```
CMP (Quelle, Ziel)
```

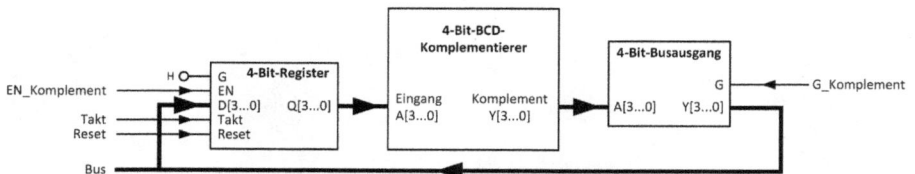

Abb. 3.78: Einbindung des Komplementierers in das Bussystem

A	B	A > B
0	0	0
0	1	0
1	0	1
1	1	0

A	B	A < B
0	0	0
0	1	1
1	0	0
1	1	0

A	B	A = B
0	0	1
0	1	0
1	0	0
1	1	1

Abb. 3.79: Wahrheitswerttabelle für das Vergleichen einer Binärstelle

Man erkennt, dass das beschriebene Prinzip universell ist und für jede Art von Hardwarekomponente verwendet werden kann.

In der aktuellen „Ausbaustufe" des beschriebenen Computers fehlt noch eine sehr wichtige Komponente, der Vergleicher. Der Vergleicher macht es möglich, bedingte Sprünge davon abhängig zu machen, ob zwei Zahlen gleich sind oder ob eine Zahl größer oder kleiner als eine andere Zahl ist. Derartige Sprungentscheidungen sind hier vor allem zur Ablaufsteuerung einer Division notwendig.

Das Vergleichen erfolgt mit einer kombinatorischen Logik, die wie bereits beim Addierer und Komplementierer beschreiben mit der Struktur des universellen UND/ODER-Gatters realisiert wird. Die Tabelle in Abb. 3.79 zeigt die Wahrheitswerte für das Vergleichen einer Binärstelle.

In der folgenden Betrachtung bezeichnen „a" und „b" die einzelnen Bitleitungen, während „A" und „B" die jeweils aus 4 Bitleitungen zusammengesetzten Stellen bezeichnen. Für den Vergleich von 4-Bit-Zahlen werden die Ausgänge der Vergleicher der einzelnen Stellen mit einer weiteren kombinatorischen Logik miteinander verknüpft. Diese Logik arbeitet wie folgt:
- Für die Erkennung der Gleichheit (A=B) in Bezug auf das gesamte 4-Bit-Wort werden die Ausgänge der vier Vergleicherschaltungen für die einzelnen Bits 3 . . . 0 miteinander verundet.
- Für die Erkennung der Bedingung A<B in Bezug auf das gesamte 4-Bit-Wort wird die folgende Logik vorgesehen:
  Die Bedingung A<B ist dann erfüllt, wenn:
  - für die höchstwertige Stelle Bit 3 die Bedingung a < b erfüllt ist
    ODER
  - für die benachbarte Stelle Bit 2 die Bedingung a<b erfüllt ist UND für die Stelle Bit 3 die Bedingung a = b erfüllt ist
    ODER

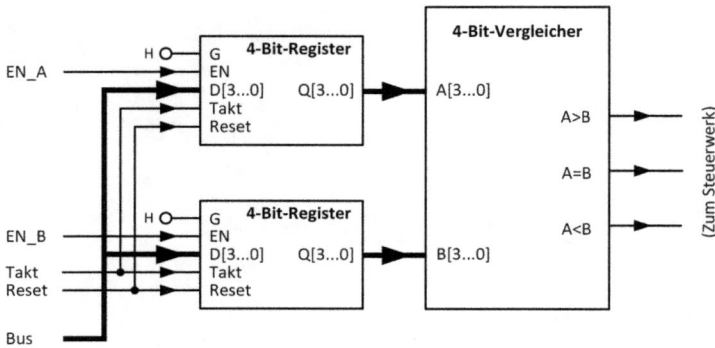

Abb. 3.80: Einbindung des Vergleichers in das Bussystem

- für die benachbarte Stelle Bit 1 die Bedingung a<b erfüllt ist UND für die Stelle Bit 2 die Bedingung a = b erfüllt ist UND für die Stelle Bit 3 die Bedingung a = b erfüllt ist
  ODER
- für die benachbarte Stelle Bit 0 die Bedingung a<b erfüllt ist UND für die Stelle 1 die Bedingung a = b erfüllt ist UND für die Stelle 2 die Bedingung a = b erfüllt ist UND für die Stelle 3 die Bedingung a = b erfüllt ist

- Die Verknüpfung für die Bedingung A>B erfolgt sinngemäß.

Diese Verknüpfungen werden mit den bereits beschriebenen Standard-Gattern realisiert.

Die Einbindung des Vergleichers in das Bussystem des Computers entspricht weitgehend der bekannten Einbindung des Addierers: Es sind zwei Eingangsregister für die zu vergleichenden Zahlen vorhanden. Ein an den Bus führender Ausgang ist jedoch nicht vorhanden. Die drei Ausgangssignale A>B, A=B und A<B werden stattdessen an den Multiplexer zur Auswahl der Sprungbedingungen im Steuerwerk geführt. Dies ist in Abbildung 3.80 dargestellt.

Die Adressen der Eingangsregister am Bus und der Ausgangssignale am Steuerwerk werden im Assemblierer hinterlegt. (Im folgenden Beispiel sind die Eingangsregister mit COMP_A und COMP_B bezeichnet)

Damit kann ein bedingter Sprung, der ausgeführt werden soll, wenn ein Zwischenergebnis (z.B. Rest der Division) 0 ist, im Programmcode wie folgt formuliert werden:

```
SET (COMP_A, 0)
MOV (Quelle, COMP_B)
JP (A=B, Zieladresse)
```

Es liegt nahe, auch hier eine Abstraktion zu definieren, etwa:

```
JP (Quelle=0, Zieladresse)
```

3.17 Die Verbindung des Computers mit der Außenwelt

Die Nutzung des Computers ergibt nur dann einen Sinn, wenn man in der Lage ist, Eingaben vorzunehmen und Ergebnisse sichtbar angezeigt werden. In diesem Abschnitt werden wir unseren Computer mit der Außenwelt verbinden. Wir beschränken uns dabei aus Platzgründen auf die Eingabe von Ziffern und Operanden über eine Tastatur und die Ausgabe von Ziffern mit einer Siebensegmentanzeige.

3.17.1 Die Tastatur

Die einfachste Möglichkeit, eine Tastatur anzubinden ist es, den Zustand der einzelnen Tasten als Sprungbedingung abzufragen. Dies ist in Abbildung 3.81 am Beispiel von zwei Tasten dargestellt.

Die einzelnen Taster werden über bedingte Sprünge abgefragt. Ist die Taste gedrückt, wird eine bestimmte Aktion ausgeführt. Beispielsweise wird nach dem Erkennen, dass die Taste 2 gedrückt wurde, eine 2 in das Operandenregister geschrieben oder nach dem Erkennen, dass die Taste + gedrückt wurde eine Additionsroutine gestartet.

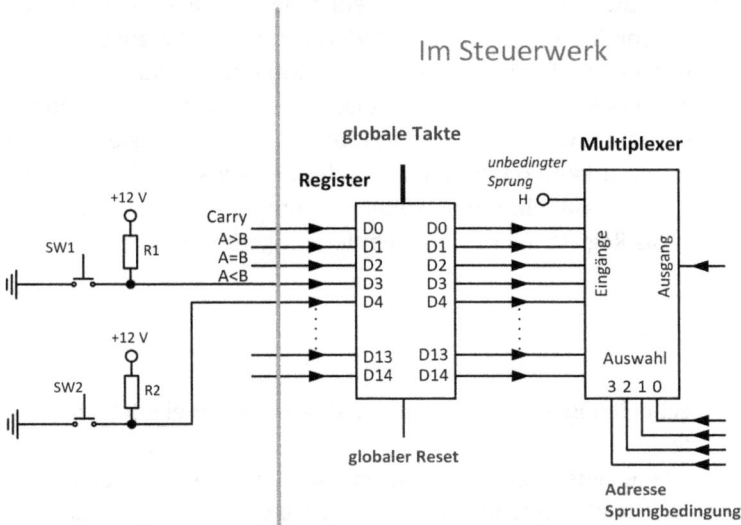

Abb. 3.81: Anbindung einer einfachen Tastatur

Abb. 3.82: Prinzip der 7-Segment-Anzeige

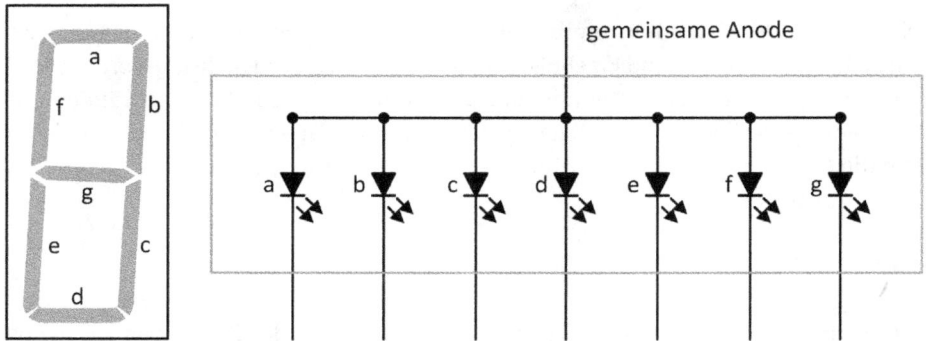

Abb. 3.83: Schaltbild der 7-Segmentanzeige

In der Praxis muss bei der Abfrage von Tasten beachtet werden, dass bei der Herstellung des mechanischen Kontakts zwischen den Kontaktelementen des Tasters diese sich aufgrund von Federkräften nach der ersten Berührung wieder, auch mehrmals, voneinander lösen. Dieser Vorgang, der als „Kontaktprellen" bezeichnet wird führt dazu, dass bei einem Tastendruck mehrere Impulse entstehen. Um diese Impulse von einem gewollten mehrfache hintereinander folgenden Druck auf die gleiche Taste sicher zu unterscheiden ist in der Praxis ein gewisser Aufwand notwendig.

Selbstverständlich ist ein Register zur Synchronisation der von den Tasten ausgehenden Signale mit dem Takt notwendig. Der Zeitpunkt, zu dem eine Taste gedrückt wird, ist rein willkürlich und kann damit auch zu jeder Zeit zwischen den Taktimpulsen eines Taktimpulszyklusses eintreten, womit die Sprungoperation dann ohne Synchronisation durch das Register nicht mehr definiert ausgeführt würde.

3.17.2 Die Anzeige

Die vom Computer errechneten Ergebnisse werden in unserem Beispiel mit Siebensegmentanzeigen angezeigt.

Diese Anzeigen bestehen aus sieben Leuchtsegmenten, die jeweils aus einer LED bestehen. Abbildung 3.82 zeigt den schematischen Aufbau einer Siebensegmentanzeige und die Darstellung der Ziffern 0 bis 9. Abbildung 3.83 zeigt die Benennung der Segmente und das elektrische Schaltbild der Anzeige.

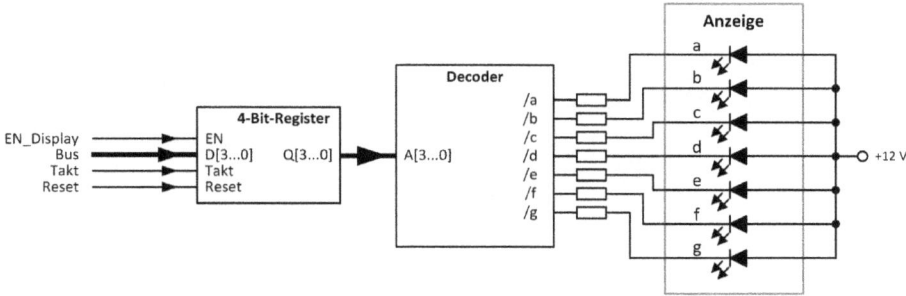

Abb. 3.84: Einbindung der Anzeige in das Bussystem

Dezimal	/a	/b	/c	/d	/e	/f	/g
0	0	0	0	0	0	0	1
1	1	0	0	1	1	1	1
2	0	0	1	0	0	1	0
3	0	0	0	0	1	1	0
4	1	0	0	1	1	0	0
5	0	1	0	0	1	0	0
6	0	1	0	0	0	0	0
7	0	0	0	1	1	1	1
8	0	0	0	0	0	0	0
9	0	0	0	0	1	0	0

Abb. 3.85: Wahrheitswerttabelle des Decoders

Zur Ansteuerung der Anzeige wird ein weiteres Register vorgesehen, bei dem jedoch der Busausgang wegelassen wurde, so dass die Ausgänge des Registers dauerhaft zur Verfügung stehen. Für die Umsetzung der binär codierten BCD-Stelle in das von der Anzeige benötigte Ansteuermuster wird ein Decoder zwischen das Register und die Anzeige geschaltet. Die low-aktiven Ausgänge des Decoders steuern dann, über Strombegrenzungswiderstände, die einzelnen LEDs der Anzeige an. Diese Struktur ist in Abbildung 3.84 dargestellt. Die Wahrheitswerttabelle des Decoders kann direkt aus den zuvor abgebildeten Zifferndarstellungen abgelesen werden und ist in der Tabelle in Abb. 3.85 dargestellt.

Dieser Decoder kann in der bekannten Weise mit sieben universellen UND/ODER-Gattern für jeden der Ausgänge /a bis /g realisiert werden. Hierbei werden in der bekannten Weise die komplementären Registerausgänge mit verwendet, auch wenn diese in der vorherigen Abbildung aus Gründen der Übersichtlichkeit nicht eingezeichnet wurden.

3.18 Die Reduzierung der Leistungsaufnahme des Computers durch die CMOS-Technik

Der bisher aus Gründen der leichteren Verständlichkeit gewählte Aufbau der Computer-Hardware mit bipolaren Transistoren führt zu einem erheblichen Strombedarf, der

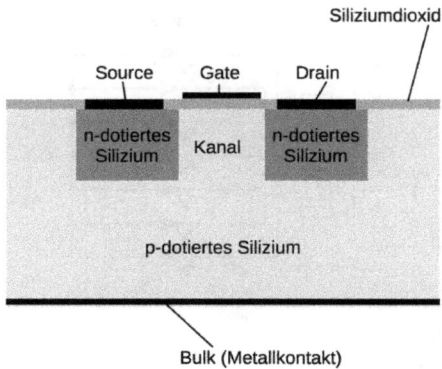

Abb. 3.86: Aufbau eines Feldeffekt-Transistors (vgl. Band 1.I.6.1.2)

tragbare Computer völlig unmöglich machen würde. Bei der bisher betrachteten Grundstruktur der Gatter und Register fließt immer dann, wenn ein Transistor leitend gesteuert wird, um einen L-Pegel darzustellen, ein dauerhafter Gleichstrom aus der Stromversorgung durch diesen Transistor zur Masse. Weiterhin benötigt der bipolare Transistor einen dauerhaften Basisstrom, um den leitenden Schaltzustand beizubehalten.

Beim Feldeffekttransistor ist dagegen die reine Feldwirkung des Steueranschlusses schon ausreichend, um das Leiten des Transistors durch den sogenannten Kanal zu bewirken. Das bedeutet, das nach dem kurzen Ladestromimpuls um die Kapazität zwischen dem Gate und dem Kanal des Transistors aufzuladen kein weiterer Steuerstrom mehr fließt und der Kanal des Transistors trotzdem leitfähig bleibt.

Aus Platzgründen[9] gehen wir nicht weiter auf die inneren Mechanismen im Feldeffekttransistor (FET) ein, sondern beschränken uns auf seine Anwendung als digitaler Schalter. Die Steuerelektrode wird beim FET mit Gate bezeichnet, sie entspricht in ihrer Funktion der Basis beim bipolaren Transistor. Dem Emitter des bipolaren Transistors entspricht die Source des FETs, dem Collector des bipolaren Transistors entspricht der Drain des FETs, wie in Abbildung 3.86 dargestellt.

Wir betrachten zunächst den N-Kanal-FET. Bei der an dieser Stelle dargestellten selbstsperrenden Ausführung sperrt der zwischen Drain und Source liegende Kanal, wenn die Spannung zwischen Gate und Source 0 ist. Wenn man eine positive Spannung zwischen Gate und Source anschließt, dann wird der Kanal leitend. Dann ist ein Stromfluss zwischen Drain und Source möglich. Beim P-Kanal-FET sind die Verhältnisse spiegelbildlich, es wird dann ein Stromfluss zwischen Drain und Source möglich, wenn eine negative Spannung zwischen Gate und Source angelegt wird.

---

9 Vgl. hierzu die Ausführungen im Physik-Teilband (Band 3, Kap. II.9.3.3) und im Chemie-Teilband (Band 3, Kap. III.5).

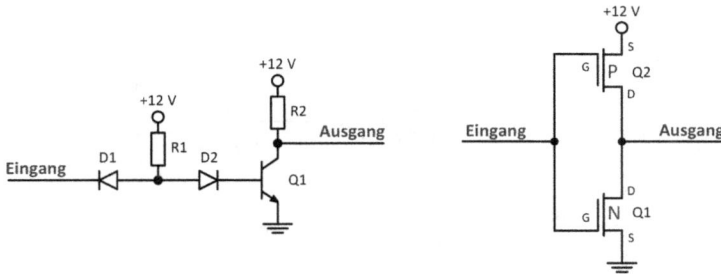

Abb. 3.87: Vergleich eines Inverters mit bipolarem Transistor (links) mit einem CMOS-Inverter (rechts)

In Abbildung 3.87 ist der bekannte Inverter mit einem Bipolartransistor einem funktionsgleichen CMOS-Inverter gegenübergestellt. Die Abkürzung CMOS steht für „Complementary Metal Oxyde Semiconductor". Die Schichtenfolge Metall der Gate-Elektrode, isolierendes Siliziumdioxid und Halbleitermaterial des Kanals war für den Aufbau der ersten FET-Generation in integrierten Schaltkreisen kennzeichnend.

Beim bekannten Inverter mit einem bipolaren Transistor fließt bei einem L-Pegel am Eingang dauerhaft Strom über R1 und D1. Bei einem H-Pegel am Eingang fließt dauerhaft Strom durch R1 und D2 und in weit größerem Maße durch R2 und Q1.

Der auf der rechten Seite der Abbildung dargestellte CMOS-Inverter arbeitet dagegen wie folgt: Bei einem H-Pegel am Eingang wird das Gate von Q1 positiv gegen die Source von Q1. Damit leitet Q1. Wir nehmen an, der tatsächliche Spannungswert des H-Pegels betrage ebenso wie die Versorgungsspannung +12 V. Damit ergibt sich bei Q2 keine Spannungsdifferenz zwischen Gate und Source, womit Q2 sperrt. Es stellt sich am Ausgang des Inverters ein L-Pegel ein. Ebenso führt ein L-Pegel am Eingang des Inverters zum Sperren von Q1 und zum Leiten von Q2 (das Gate ist negativer als die Source), womit sich dann am Ausgang ein H-Pegel einstellt.

Im Moment des Umschaltens wird kurzzeitig aus dem Eingang heraus Strom aufgenommen, um die Kapazitäten zwischen Gate und Kanal von Q1 und Q2 umzuladen. Ist dies geschehen, dann nimmt die Schaltung weder aus dem Eingang noch aus der Versorgung Strom auf. Die Leistungsaufnahme des Inverters ist im statischen Fall praktisch 0 und sie nimmt linear mit der Frequenz zu, mit der der Eingang des Inverters seinen Logikpegel wechselt, da bei jedem Wechsel des Pegels erneut die Kapazitäten umgeladen werden.

Bei jedem Zustandswechsel des Eingangspegels wird kurzzeitig der Bereich um die halbe Versorgungsspannung herum durchlaufen. In diesem Bereich sind Q1 und Q2 gleichzeitig nicht vollständig sperrend, so dass ein Querstrom von der Versorgungsspannung über Q1 und Q2 nach Masse fließt, womit in Q1 und Q2 dann kurzzeitig eine Verlustleistung entsteht. Die mittlere Verlustleistung nimmt auch hier mit der Frequenz (und ebenfalls mit abnehmender Flankensteilheit des Eingangssignals) zu. Aus diesen

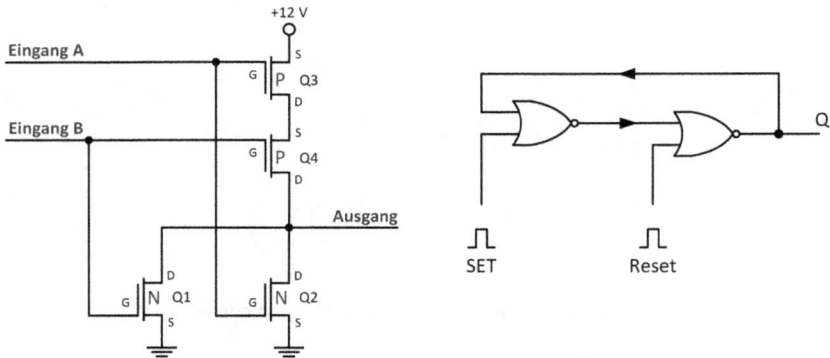

Abb. 3.88: NOR-Gatter in CMOS-Technik (li) - Flipflop aus NOR-Gattern in CMOS-Technik (re)

beiden soeben beschriebenen Mechanismen resultiert die mit steigender Taktfrequenz zunehmende Leistungsaufnahme und Erwärmung heutiger Prozessoren.

Mit der Hinzunahme weiterer FETs kann der CMOS-Inverter zu komplexeren UND- und ODER-Gattern erweitert werden. Dies ist links in Abbildung 3.88 am Beispiel eines NOR-Gatters gezeigt. Die Funktion dieses Gatters wird in der Folge beschrieben:

- Wir gehen zunächst davon aus, dass beide Eingänge auf L-Pegel sind. Dann sperren Q1 und Q2, während Q3 und Q4 leiten. Damit stellt sich am Ausgang des Gatters ein H-Pegel ein.
- Nun gehe Eingang A auf H-Pegel. Damit sperrt Q3, während Q2 leitet. Am Ausgang stellt sich ein L-Pegel ein. Q4 ist zwar leitend, das hat aber aufgrund der Serienschaltung mit Q3 keine Auswirkung.
- Wenn Eingang B auf H-Pegel gesetzt wird, während sich Eingang A wieder auf L-Pegel befindet, dann sperrt Q4 und leitet Q1, womit sich ebenfalls ein L-Pegel am Ausgang einstellt.
- Wenn sich beide Eingänge auf H-Pegel befinden, dann sperren Q3 und Q4 während Q1 und Q2 leitend sind, womit sich erneut ein L-Pegel am Ausgang einstellt.

Durch die Zusammenschaltung von zwei CMOS-NOR-Gattern kann eine Mitkopplungsschleife und damit ein Flipflop aufgebaut werden, wie dies rechts in Abbildung 3.88 gezeigt ist. Dieses Flipflop nimmt nur dann kurzzeitig Energie auf, wenn es seinen Zustand wechselt.

4 Die präzise Verstärkung analoger Signale

4.1 Einführung

Zu Beginn dieses Buchabschnitts wurde gezeigt, wie Transistoren dazu verwendet werden können, digitale Schaltungen aufzubauen. In diesem Abschnitt wird gezeigt, wie man Transistoren auf eine völlig andere Art anwendet, um mit ihnen analoge Signale präzise zu verstärken. Nahezu die gesamte analoge Schaltungstechnik basiert auf dem Aufbau von Rückkopplungsschleifen unter Verwendung zuvor verstärkter Signale. Hierzu wird sehr häufig ein universelles verstärkendes Element, der Operationsverstärker, verwendet. In diesem Abschnitt leiten wir den Aufbau eines Operationsverstärkers aus einzelnen Transistoren Schritt für Schritt her. Der Name Operationsverstärker beruht auf der ersten Anwendung dieser, zunächst mit Elektronenröhren aufgebauten, Elemente zur Ausführung von Rechenoperationen in Analogcomputern in den 1950er-Jahren. Heute sind Operationsverstärker in den vielfältigsten Ausführungen als integrierte Bausteine weit verbreitet. Die meisten hochwertigen Audio-Endstufen basieren auf mit diskreten Transistoren aufgebauten Operationsverstärkerschaltungen. Die an dieser Stelle benötigten Ströme und Spannungen lassen sich auch heute noch nur mit diskreten Transistoren beherrschen.

4.2 Der Transistor als analog verstärkendes Element

An dieser Stelle wird noch einmal die Funktion des Transistors als analog verstärkendes Element betrachtet. Wir tun das zunächst am Beispiel des bereits im vorigen Abschnitt vielfach verwendeten NPN-Transistors. Um diese Betrachtung durchzuführen, wird der Transistor in der in Abbildung 4.1 dargestellten Verstärkerschaltung betrieben.

Wir nehmen zunächst an, im Moment der Betrachtung liege die Ausgangsspannung der Signalquelle V_{in} etwas über der Basis-Emitter-Schwellspannung von Q1. Damit

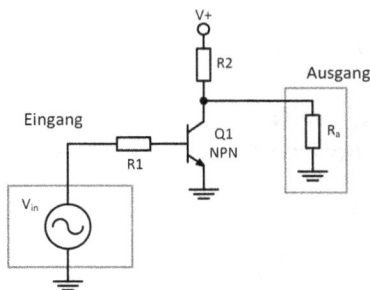

Abb. 4.1: Einfache Verstärkerschaltung mit einem NPN-Transistor

https://doi.org/10.1515/9783110581805-005

fließt aus V_{in} über R1 ein Basisstrom in Q1. Der Collectorstrom von Q1 entspricht dem um den Stromverstärkungsfaktor multiplizierten Basisstrom. Der Stromverstärkungsfaktor eines Transistors liegt üblicherweise im Bereich zwischen 50 und 100. Der Collectorstrom ist weitgehend unabhängig von der zwischen Collector und Emitter anliegenden Spannung. Es handelt sich also (in der Realität näherungsweise) um einen durch den Transistor in den Collectorstromkreis eingeprägten Strom.

Nun erhöhe sich die Eingangsspannung V_{in} um einen sehr geringen Betrag von einigen mV. Damit nimmt der Basisstrom überproportional stark zu. Die Basis-Emitter-Strecke entspricht, sobald die Schwellspannung erreicht wurde, einer in Vorwärtsrichtung betriebenen Diodenstrecke, bei der die Flussspannung über der Diode nur noch sehr gering ansteigt, wenn der durch die Diode fließende Strom erhöht wird. Mit der soeben beschriebenen Zunahme des Basisstroms nimmt auch der Collectorstrom nahezu proportional zu. Damit erhöht sich der Spannungsabfall über R2, womit die Spannung zwischen Collector und Emitter von Q1 und damit auch die Spannung über dem Lastwiderstand R_a zurückgeht. Dem zuvor beschriebenen Anstieg des Basisstroms mit der Eingangsspannung V_{in} wird jedoch durch R1 entgegengewirkt. Je höher der Wert von R1 ist, desto größer ist der Anstieg von V_{in}, der für eine bestimmte Zunahme des Basisstroms benötigt wird.

Man erkennt, dass im beschriebenen Arbeitspunkt bei hinreichend kleinen Werten von R1 und geeigneten Werten von R2 und R_a bei Erhöhung der Eingangsspannung V_{in} um einen bestimmten Betrag die Ausgangsspannung um einen weit höheren Betrag absinkt. In der Praxis hat eine derartige Stufe oftmals eine Spannungsverstärkung in der Größenordung zwischen -10 und -200.

Sobald die Eingangsspannung V_{in} jedoch unter die Basis-Emitter-Schwellspannung von Q1 sinkt oder gar negativ wird, sperrt Q1 jedoch vollständig. Das Ausgangssignal des Verstärkers liegt dabei dann auf einer durch das Teilerverhältnis von R2 und R_a bestimmten Gleichspannung.

Es ist offensichtlich, dass diese Verstärkerstufe den vorgesehenen Zweck der präzisen Verstärkung von Signalspannungen nicht erfüllt und daher noch weiterentwickelt werden muss.

4.3 Eine einfache Verstärkerstufe für Wechselsignale

Das Verhalten der soeben besprochenen Schaltung legt die Schlussfolgerung nahe, dass die Schaltung damit zum Verstärken beider Halbwellen eines Wechselspannungs-Eingangssignals gebracht werden kann, wenn man ihren Arbeitspunkt so legt, dass beim Nullpunkt des Eingangssignals ungefähr die Hälfte des im beabsichtigten Betriebsbereichs der Stufe möglichen Collectorstroms fließt. In der Anfangszeit der Transistortechnik wurde dazu die Basis an einen Spannungsteiler gelegt, wie dies in Abbildung 4.2 dargestellt ist.

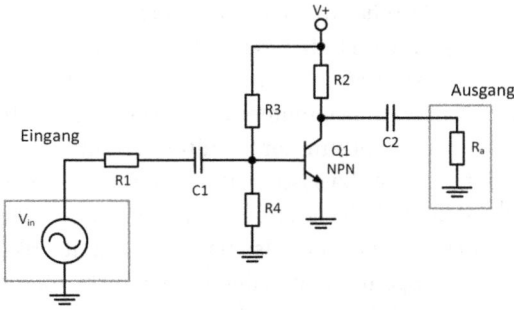

Abb. 4.2: Einstellen des Arbeitspunktes mit einem Basis-Spannungsteiler (nicht temperaturstabil)

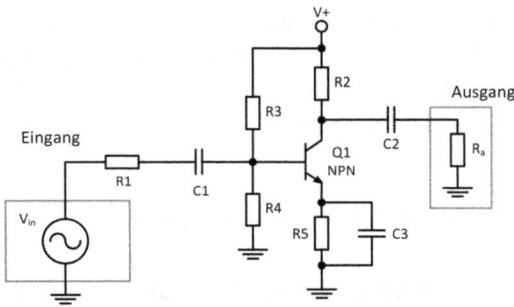

Abb. 4.3: Einstellen des Arbeitspunktes mit einem Basis-Spannungsteiler mit Temperaturstabilisierung durch Gegenkopplung

Um eine Belastung des Spannungsteilers durch die am Eingang angeschlossene Signalquelle zu vermeiden wird der Kondensator C1 in den Signalweg eingefügt. Mit C2 erreicht man, dass das Ausgangssignal des Verstärkers nicht mehr von einer Gleichspannung überlagert ist, sondern eine reine Wechselspannung darstellt. Nachteilig an dieser Schaltung ist, dass sie keine Gleichspannungssignale verstärken kann. Zudem lassen sich die benötigten Kondensatoren nicht in eine integrierte Schaltung integrieren.

Der mit dieser Schaltung eingestellte Arbeitspunkt ist sehr stark von der Temperatur abhängig. Die Basis-Emitter-Schwellspannung sinkt um etwa -2 mV/°C mit steigender Temperatur ab. Eine Temperaturerhöhung um 1 °C hat also die selbe Wirkung wie ein Anstieg der Basis-Emitter-Spannung um 2 mV. Der Basis- und damit der Collectorstrom nehmen also mit steigender Temperatur zu. Damit ist die Schaltung in der obenstehenden Form in der Praxis unbrauchbar.

Bei der in Abbildung 4.3 gezeigten Schaltung wird mittels einer Gegenkopplungsschleife der Arbeitspunkt gegen Temperaturschwankungen stabilisiert. Diese Schaltung ist in älteren Transistorgeräten sehr häufig zu finden.

Wir stellen uns für die erste Betrachtung der Schaltung vor, C3 sei noch nicht in ihr vorhanden. Es sei auch noch kein Eingangssignal vorhanden. Wir stellen uns weiter vor, dass sich die Schaltung stationär auf einer bestimmten Temperatur befindet, womit sich ein bestimmter Basisstrom in Q1 und damit ein bestimmter Collectorstrom durch Q1 einstellt. Nun erhöhe sich die Umgebungstemperatur der Schaltung. Damit sinkt die Basis-Emitter-Schwellspannung, womit dann der Basisstrom und damit verbunden der Collectorstrom zunimmt. Mit dem steigenden Collectorstrom nimmt aber auch der Spannungsabfall an R5 zu. Das Potential des Emitters wird also positiver. Damit sinkt aber die zwischen Basis und Emitter wirksame Spannung und der temperaturbedingte Rückgang der Basis-Emitter-Schwellspannung wird weitgehend kompensiert, so dass der Collectorstrom bei steigender Temperatur nur noch sehr wenig ansteigt.

Diese stabilisierende Wirkung von R5 würde aber auch den durch das Eingangs-signal verursachten Collectorstromänderungen entgegenwirken. Damit würde die gewünschte verstärkende Wirkung der Stufe eingeschränkt. Daher wird R5 mit C3 überbrückt, wobei C3 so groß bemessen ist, dass C3 für die tiefste zu verstärkende Signalfrequenz noch praktisch einen Kurzschluss darstellt.

4.4 Die Konstantstromquelle und der Differenzverstärker

Die Funktion der zuvor besprochene Schaltung beruht auf der Frequenzabhängigkeit des Scheinwiderstandes der verwendeten Kondensatoren. Mit den in der Stufe vorhan-denen drei Hochpässen ergibt sich ein recht komplexes Phasenverhalten der Stufe am unteren Rand ihres Frequenzbereichs. Es werden großvolumige Kondensatoren benö-tigt, die nicht auf einem Siliziumchip integrierbar sind. Die beschriebene Schaltung funktioniert zwar in einem eingeschränkten Arbeitsbereich recht gut, bringt uns aber dem eigentlichen Ziel eines universellen und integrierbaren Verstärkers nicht näher.

Daher beschreiten wir jetzt an dieser Stelle einen vollständig neuen Weg: Anstelle mit großem Aufwand zu versuchen, den Arbeitspunkt eines einzelnen Transistors ab-solut zu stabilisieren, schalten wir zwei identische Transistoren derart gegeneinander, dass sich deren Basis-Emitter-Schwellspannungen gegenseitig aufheben, so dass der absolute Arbeitspunkt der Transistoren für die Funktion der Schaltung gar keine Rolle mehr spielt.

Um dies erfolgreich tun zu können, benötigen wir zunächst eine weitere Schal-tung, die sogenannte Konstantstromquelle. Diese Schaltung hat die Aufgabe, in ihren Lastkreis stets den exakt gleichen Strom einzuprägen, so weit wie irgend möglich unabhängig von der Spannung über ihren Ausgängen und der Temperatur, auf der sich die Schaltung befindet.

Hierfür greifen wir auf die im vorigen Schritt betrachtete Verstärkerschaltung mit Arbeitspunktstabilisierung zurück, reduzieren diese auf ihre reine Stabilsierungsfunk-tion und optimieren sie dann, wie in Abbildung 4.4 gezeigt.

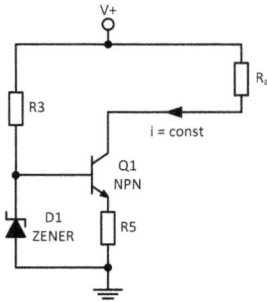

Abb. 4.4: Aufbau einer Konstantstromquelle

An der Zenerdiode D1 fällt eine vom Strom durch die Diode nahezu unabhängige Spannung von beispielsweise 10 V ab. Diese Spannung ist auch weitgehend temperaturstabil. Die über der Zenerdiode abfallende Spannung steht, abzüglich der Basis-Emitter-Schwellspannung von Q1, über R5 an. Man erkennt, dass dann, wenn die Spannung über der Zenerdiode groß gegenüber der Basis-Emitter-Schwellspannung ist, die Spannung über R5 fast ausschließlich von der über der Zenerdiode abfallenden Spannung bestimmt wird und der Rückgang der Basis-Emitter-Spannung mit der Temperatur nur noch einen kleinen Einfluss auf die über R5 abfallende Spannung hat. Eine konstante Spannung über einem (konstanten) Widerstand bedeutet, dass durch diesen Widerstand auch ein konstanter Strom fließt. Damit ist der aus dem Emitter von Q1 herausfließende Strom praktisch konstant. Unter Vernachlässigung des Basisstroms entspricht der Collectorstrom dem Emitterstrom und ist damit ebenfalls (im Rahmen dieser Betrachtung) konstant und damit vom Wert von R_a unabhängig. Selbstverständlich darf der Wert von R_a nur so groß sein, dass bei der zur Verfügung stehenden Spannung der von der Quelle eingeprägte Strom auch tatsächlich fließen kann. Denn die Stromquelle gibt ja selbst keine Energie ab, sondern begrenzt einen ohne ihre Wirkung möglichen höheren Strom auf den von ihr eingeprägten Wert.

Wir stellen uns vor, dass sich die Quelle in einem eingeschwungenen Zustand befinde und dann der Wert von R_a durch äußere Einflüsse schlagartig verringert würde. Damit nimmt der Strom durch R5 zunächst zu und das Potential des Emitters von Q1 wird positiver, womit die wirksame Basis-Emitter-Spannung von Q1 zurückgeht, denn die Spannung über D1 bleibt ja unverändert. Auf diese Weise wird dem Anstieg des Stroms entgegengewirkt, womit der Ausgangsstrom der Quelle praktisch konstant bleibt. Wenn dagegen der Lastwiderstand R_a schlagartig vergrößert wird, dann geht der Ausgangsstrom der Quelle im ersten Moment etwas zurück. Damit sinkt das Potential des Emitters von Q1 ab. In der Folge erhöht sich die wirksame Basis-Emitter-Spannung von Q1, so dass die Aufsteuerung von Q1 zunimmt und dem ursprünglichen Absinken des Collectorstroms entgegenwirkt.

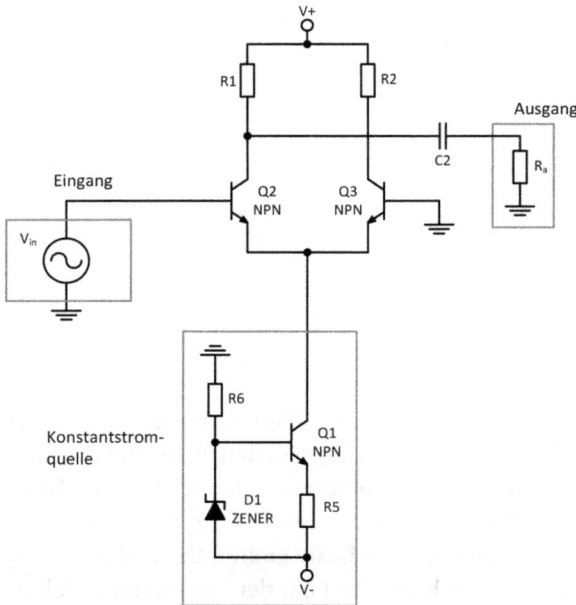

Abb. 4.5: Verstärkerschaltung mit Temperaturkompensation des Arbeitspunktes durch einen zweiten Transistor

Im nächstfolgenden Schritt bauen wir mit Hilfe der soeben beschriebenen Stromquelle eine Verstärkerschaltung auf, wie sie in Abbildung 4.5 dargestellt ist. Wir gehen für die Betrachtung der Schaltung davon aus, dass sowohl R1 und R2 als auch Q2 und Q3 identisch sind. Dies ist insbesondere dann der Fall, wenn Q2 und Q3 als Doppeltransistor gemeinsam auf einem Chip gefertigt werden oder wenn diese Bestandteil einer integrierten Schaltung sind.

Das Eingangssignal sei zunächst gleich dem Massepotential. Damit liegen die Basisanschlüsse von Q2 und Q3 beide auf Massepotential. Es herrscht somit Symmetrie zwischen den mit Q2 und R1 und dem mit Q3 und R2 aufgebauten Zweigen der Schaltung. Dadurch teilt sich der in die mit Q1 aufgebaute Stromquelle hineinfließende (und durch sie eingeprägte) Konstantstrom hälftig auf beide Zweige der Schaltung auf. Da das Potential der Basisanschlüsse von Q2 und Q3 auf 0 festgelegt ist, stellt sich an den miteinander verbundenen Emittern von Q2 und Q3 ein um die Basis-Emitter-Schwellspannung von Q2 und Q3 unter dem Massepotential liegendes Potential von ungefähr -0,6 V ein.

Der Spannungsabfall an R1 (und auch an R2) entspricht der Hälfte des Ausgangsstroms von Q1 multipliziert mit dem Widerstandswert von R1 bzw. R2. Damit steht auch das Ruhepotential des Collectors von Q2 (und Q3) fest. Das verstärkte Ausgangssignal wird über den Kondensator C2 ausgekoppelt. In einem nachfolgenden Schritt werden wir jedoch C2 aus der Schaltung herausbekommen, so dass dann auch die Verstärkung von Gleichgrößen möglich sein wird.

Stellen wir uns nun vor, dass die Temperatur ansteigt. Dann geht die Basis-Emitter-Schwellspannung von Q2 und Q3 zurück. In der Folge wird das Potential der Emitter von Q2 und Q3 weniger negativ (bewegt also sich in positive Richtung). Die Symmetrie zwischen beiden Zweigen ist aber nach wie vor vorhanden und der durch die Konstantstromquelle eingeprägte Strom hat sich (im Rahmen dieser Betrachtung) nicht verändert. Damit fließt nach wie vor jeweils die Hälfte des eingeprägten Konstantstroms durch R1 und R2, womit auch der Spannungsabfall über R1 und R2 unverändert bleibt. Der Collectorstrom von Q2 und Q3 und damit das Ruhepotential am Collector von Q2 und Q3 ist also bei dieser Schaltung von der Temperatur unabhängig.

Wir befassen uns im nun folgenden Schritt mit der verstärkenden Wirkung der Schaltung. Wir nehmen an, dass die Eingangsspannung ins Positive geht. Damit nimmt die Basis-Emitter-Spannung von Q2 zu. Damit nehmen auch der Basisstrom und der Collectorstrom von Q2 zu. Folglich muss aber der Collectorstrom von Q3 abnehmen, da der insgesamt zur Verfügung stehende Strom, also die Summe der Collectorströme von Q2 und Q3, durch die Wirkung der Stromquelle unverändert bleibt. Es entsteht ein Gleichgewichtszustand, bei dem sich das Potential der miteinander verbundenen Emitter von Q2 und Q3 etwas anhebt, also weniger negativ wird. Damit geht die zwischen Basis und Emitter wirksame Spannung an Q3 gegenüber dem Ruhezustand zurück, was den Rückgang des Basis- und des Collectorstroms in Q3 verursacht. Mit der Zunahme des Collectorstroms in Q2 nimmt der Spannungsabfall über R1 zu, womit das Potential des Collectors von Q2 abnimmt. Diese Abnahme ist weit größer als die sie auslösende Zunahme der Eingangsspannung, womit die Schaltung die gewünschte Spannungsverstärkung bewirkt.

Wir gehen jetzt davon aus, dass die Eingangsspannung ins Negative geht. In diesem Fall nimmt die zwischen Basis und Emitter von Q2 wirksame Spannung ab, womit auch Basis- und Collectorstrom von Q2 zurückgehen. Das Potential der miteinander verbundenen Emitter von Q2 und Q3 wird damit etwas negativer. Dies bedeutet eine höhere Spannung zwischen Basis und Emitter von Q3, womit dann Basis- und Collectorstrom von Q3 zunehmen. Die Summe der Collectorströme beider Zweige unterscheidet sich selbstverständlich nicht vom Ruhezustand.

Mit dem Rückgang des Collectorstroms von Q2 nimmt auch der Spannungsabfall über R1 ab, womit sich dann das Potential des Collectors von Q2 erhöht. In diesem Zuge nimmt der Spannungsabfall über R2 zu, womit sich dann das Potential des Collectors von Q3 exakt entgegengesetzt zum Anstieg des Potentials des Collectors von Q2 absenkt.

Mit dem alleinigen Abgriff des Ausgangssignals am Collector von Q2 wird also die Hälfte der Verstärkung, die die Schaltung zur Verfügung stellt, gar nicht genutzt. Daher wird im nächsten Schritt das (dann doppelt so große) Ausgangssignal zwischen den Collectoren von Q2 und Q3 abgenommen. Da das Ruhepotential an beiden Collectoren identisch ist, kann in diesem Zuge der bisher noch benötigte Ausgangskondensator C2 entfallen. In weiteren folgenden Schritten werden wir die Schaltung jedoch noch dahingehend ergänzen, dass sie dann wieder ein anwendungsgerechtes, auf Masse bezogenes Ausgangssignal bereitstellt. Abbildung 4.6 oben zeigt die Abnahme des Ausgangssignals zwischen den Collectoren von Q2 und Q3.

Es liegt nun nahe, auch die Basis von Q3 zur damit dann symmetrischen Ansteuerung der Verstärkerschaltung zu verwenden, wie es in Abbildung 4.6 unten gezeigt ist. Die Eingangsspannung wird zwischen den Basisanschlüssen von Q2 und Q3 angelegt. Die Widerstände R7 und R8 legen das Ruhepotential der Eingänge fest. Würde man diese Widerstände weglassen, dann könnte kein Basisstrom in Q2 und Q3 fließen.

Der Verstärker hat durch diese Art der Ansteuerung die vorteilhafte Eigenschaft bekommen, dass sein Ausgangsignal nur von der differentiell zwischen den Eingängen anliegenden Spannung bestimmt wird, während eine an beiden Eingängen zugleich anliegende Spannung (im Rahmen dieser Betrachtung) keinen Einfluss auf das Ausgangsignal hat. Für den Einsatz des Verstärkers in der Praxis ist das ein großer Vorteil. Mit Hilfe von Abbildung 4.7 lässt sich dieses Verhalten erklären.

Die beiden Eingänge sind in Abbildung 4.7 miteinander verbunden und die Eingangsspannung wird zwischen den miteinander verbundenen Eingängen und der Masse angelegt. Mit positiver werdender Eingangsspannung erhöht sich das Potential der miteinander verbundenen Emitter. Mit negativer werdender Eingangsspannung sinkt es ab. Der von der Stromquelle eingeprägte Strom ändert sich dadurch jedoch (im Rahmen dieser Betrachtung) nicht. Aufgrund der Symmetrie der beiden Zweige der Schaltung fließt stets jeweils die Hälfte des von der Stromquelle eingeprägten Stroms durch R1 und R2. Das Potential der Collectoren von Q2 und Q3 bleibt also auch bei sich verändernder Gleichtakt-Eingangsspannung konstant.

In der Praxis nimmt der von der Konstantstromquelle eingeprägte Strom (zumindest bei einer einfachen Stromquellenschaltung, wie hier dargestellt) um einen kleinen Betrag zu, wenn sich das Potential der Emitter von Q2 und Q3, entsprechend dem Potential des Collectors von Q1, anhebt. Damit nehmen dann die Spannungsabfälle an R1 und R2 gleichermaßen zu. In Bezug auf das differentielle Ausgangssignal hebt sich diese Änderung jedoch auf. Aus demselben Grund ist auch eine Veränderung des Ausgangsstroms der Stromquelle aufgrund von Temperaturänderungen ohne Einfluss auf das Ausgangssignal.

Die Vorteile des differentiellen Ausgangssignals sind deutlich erkennbar. Für die sinnvolle praktische Nutzung des Verstärkers wird jedoch ein auf Masse bezogenes Ausgangssignal benötigt. Da dies nicht in einem Schritt erreichbar ist, wird zunächst als Zwischenschritt ein Bezug des Ausgangssignals auf die positive Versorgungsspannung angestrebt. Der erste Schritt auf dem Weg dahin ist es, einen auf die positive Versorgung hin bezogenen eingeprägten Strom zu erzeugen.

In diesem Zusammenhang ist es von Interesse, den Einfluss der Werte von R1 und R2 auf die Verstärkung zu betrachten. Durch die Wirkung der differentiellen Eingangsspannung entsteht eine Zu- bzw. Abnahme der Collectorströme von Q2 und Q3 in Bezug auf den Ruhestrom. Die damit hervorgerufene Spannungsänderung ist um so größer, je größer die Widerstandswerte von R1 und R2 sind. Um eine hohe Verstärkung zu

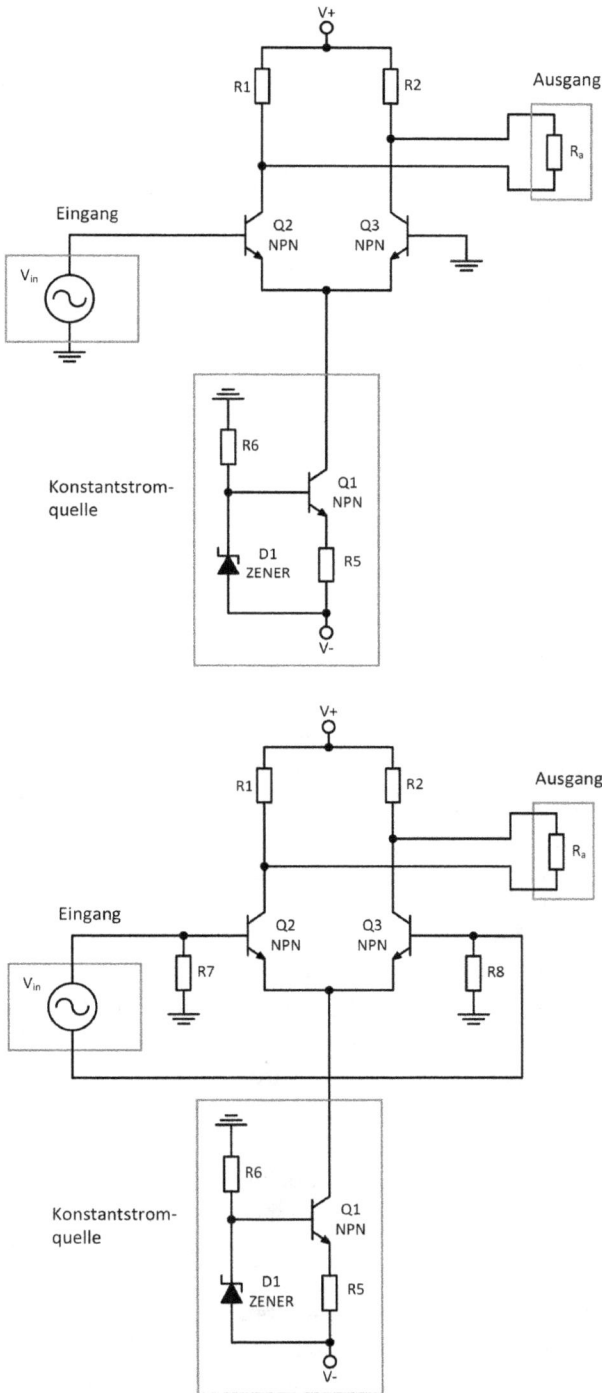

Abb. 4.6: Verstärkerschaltung ohne Kondensatoren mit differentieller Abnahme des Ausgangssignals (oben) - Differenzverstärker mit differentieller Ansteuerung (unten)

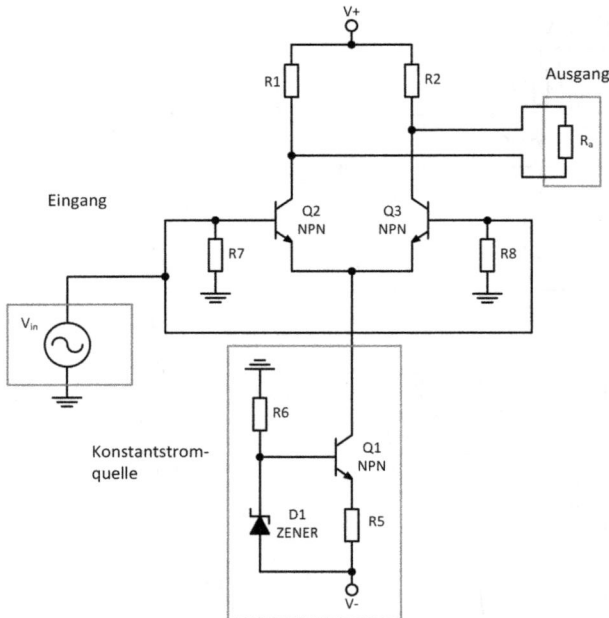

Abb. 4.7: Differenzverstärker mit Gleichtakt-Ansteuerung

erzielen, ist man daher zunächst bestrebt, diese Widerstände so hoch wie möglich zu wählen. Hierbei zeigen sich jedoch rasch Grenzen: Durch diese Widerstände muss auch der Ruhestrom fließen, während gleichzeitig die Betriebsspannung nicht beliebig erhöht werden kann, da die Spannungsfestigkeit der Transistoren begrenzt ist und ja der Fall eintreten kann, dass ein Transistor vollständig sperrt und dann die volle Betriebsspannung über ihm anliegt.

Im Idealfall würde man gern den vollen Betrag der Collectorstromänderung, also die Differenz zwischen den Collectorströmen von Q2 und Q3, als Ausgangsstrom des Verstärkers nutzen können. Ein Teil dieser Stromänderung fließt jedoch nicht in den Ausgang, sondern durch R1 und R2 „ungenutzt" zur Versorgung ab. Dies kann man sich dann besonders gut vorstellen, wenn man sich vergegenwärtigt, dass Q2 und Q3 als Stromquellen arbeiten, die den zum jeweiligen Basisstrom gehörenden Collectorstrom in den Collectorkreis einprägen.

Die soeben formulierten Anforderungen lassen sich beide gemeinsam damit erfüllen, dass man die Collectorwiderstände R1 und R2 durch eine spezielle Form der Konstantstromquelle, den Stromspiegel, ersetzt. Wir beginnen hierzu mit einer Vorbetrachtung.

Abbildung 4.8 zeigt links die bereits bekannte Konstantstromquelle im „gespiegelten" Aufbau mit einem PNP-Transistor und mit Bezug zur positiven Versorgung. Die Quelle prägt einen Strom in den Lastwiderstand R_a ein. Der Ausgangsstrom der

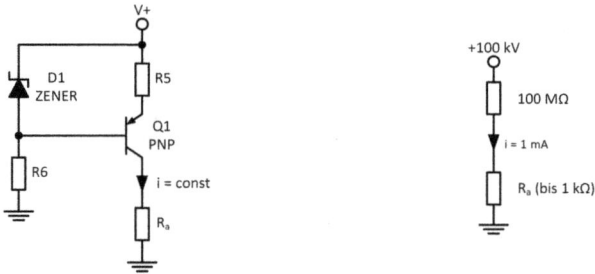

Abb. 4.8: „Gespiegelte" Stromquelle mit PNP-Transistor (li) - Andere mögliche Ausführung der Stromquelle (re)

Quelle ist dabei (im Rahmen dieser Betrachtung) unabhängig von der sich über R_a aufbauenden Spannung. Würde die Stromquelle einen Strom von 1 mA abgeben, dann würde sich über R_a, wenn R_a 100 Ω wäre, 0,1 V aufbauen. Wäre R_a 1 kΩ würde sich 1 V über R_a aufbauen. Wenn man den Quotienten „Änderung der Spannungsdifferenz zwischen der positiven Versorgungsspannung und dem Ausgang der Stromquelle zur Stromänderung durch R_a" bildet, dann erhält man den Wert Unendlich. Mit den Zahlenwerten des Beispiels ergibt sich:

$$\frac{(V_+ - 1V) - (V_+ - 0,1V)}{1\,\text{mA} - 1\,\text{mA}} = \frac{0,9\,V}{0\,\text{mA}} \quad \text{(Dieser Ausdruck strebt gegen unendlich.)}$$

In Bezug auf die Spannung über R_a würde sich ein Widerstand mit dem Wert 100 MΩ, an einer Versorgungsspannung von 100 kV liegend, praktisch gleich wie die zuvor beschriebene Stromquelle verhalten: Es fließt ein Strom von 100 kV / 100 MΩ = 1 mA durch die Serienschaltung dieses Widerstandes mit R_a. Die Änderung des Gesamtwiderstands durch das Erhöhen von R_a von 100 Ω auf 1 kΩ ist gegenüber dem Gesamtwiderstand von 100 MΩ so unerheblich, dass in der Praxis keine Stromänderung mehr zu erkennen ist. Das aus diesem Gedankengang heraus entstehende Ersatzschaltbild der zuvor betrachteten Stromquelle ist in Abbildung 4.8 rechts dargestellt.

Man erkennt, dass die Stromquelle das zuvor geforderte Verhalten eines „idealen" Collectorwiderstandes erfüllt. Sie erlaubt das Fließen des Ruhestroms und stellt aber gleichzeitig einen „unendlich hohen" Widerstand für Abweichungen vom eingeprägten Strom dar, wie sie durch das zu verstärkende Eingangssignal ausgelöst werden. In Abbildung 4.9 wird das Prinzip der Verwendung einer Stromquelle als Collectorwiderstand einer einzelnen Transistorstufe dargestellt.

Die Differenz zwischen dem Ausgangsstrom der Stromquelle und dem Collectorstrom von Q2 steht nun als zur positiven Versorgung hin eingeprägter Strom zur Verfügung. Für das Verständnis der Schaltung ist es wichtig sich zu vergegenwärtigen, dass der Transistor Q2 seinerseits den vom Basisstrom gesteuerten Collectorstrom

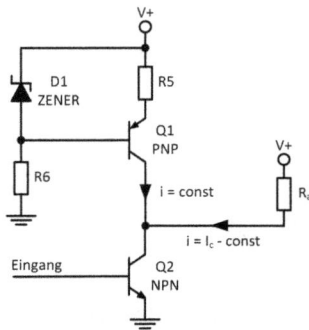

Abb. 4.9: Prinzip der Verwendung einer Stromquelle als Collectorwiderstand einer Transistorstufe

in seinen Collectorkreis einprägt. Am Ausgang der Schaltung steht nun die gesamte Änderung des Collectorstroms als Ausgangssignal zur Verfügung. Da der mittlere Collectorstrom des Transistors als solcher in der obigen Schaltung nicht definiert ist, ist das Ausgangssignal jedoch noch durch einen Gleichstrom-Offset überlagert.

Die obige Schaltung wird in den nun folgenden Schritten für den Einsatz im Differenzverstärker verändert und erweitert. Das Ziel beim Einsatz dieser Schaltung ist es, die Differenz zwischen den Collectorströmen beider Zweige als eingeprägten Strom auszugeben.

Dies wird dadurch erreicht, dass der Collectorstrom des ersten der beiden Zweige des Differenzverstärkers (mit Q2 in Abb. 4.7) als Referenzstrom dient, der exakt betragsgleich von der positiven Versorgung ausgehend in den gegenüberliegenden zweiten Zweig eingespeist wird. Die Differenz zwischen diesem Strom und den durch den Transistor des zweiten Zweiges (Q3 in Abb. 4.7) eingeprägten Strom ist dann das gewünschte Ausgangssignal.

Hierzu benötigen wir eine Stromquelle, deren Ausgangsstrom durch einen an ihrem Steuereingang angelegten Referenzstrom gesteuert wird, wobei dann der Ausgangsstrom dem Eingangsstrom entspricht. Diese Schaltung wird als „Stromspiegel" oder „Current Mirror" bezeichnet.

Im ersten Schritt zur Herleitung des Stromspiegels betrachten wir eine sehr stark gegengekoppelte Transistorstufe, bei der Basis und Collector direkt miteinander verbunden sind. Dies ist in Abbildung 4.10 gezeigt.

Aus der positiven Versorgung fließt über den Widerstand Re ein Strom zunächst über die Basis-Emitter-Strecke von Q1 nach Masse. Damit wird aber Q1 aufgesteuert, womit ein Collectorstrom in Q1 bewirkt wird. Dieser vom Collector aufgenommene Strom steht dann nicht mehr als Basisstrom zur Verfügung, womit sich die Aufsteuerung von Q1 selbst begrenzt. Es stellt sich ein Gleichgewichtszustand ein. Würde Q1 dagegen voll durchgesteuert, würde damit gleichzeitig der die Aufsteuerung bewirkende Basisstrom kurzgeschlossen, was selbstverständlich nicht möglich ist.

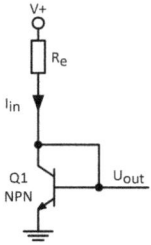

Abb. 4.10: Sehr stark gegengekoppelte Transistorstufe

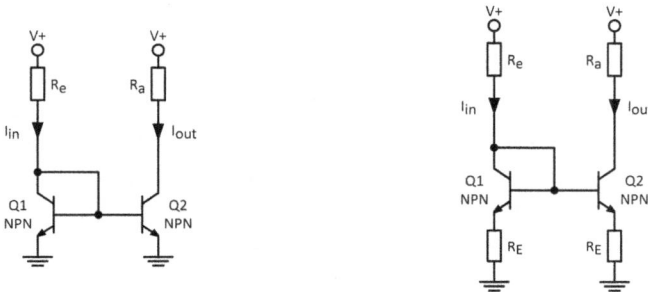

Abb. 4.11: Grundschaltung des Stromspiegels (li) - Erhöhung der Temperaturstabilität durch Emitter-widerstände (re)

Die sich im Gleichgewichtszustand über Q1 einstellende Spannung nimmt dann zu, wenn der Eingangsstrom I_{in} (etwa durch Verringern von Re) zunimmt. Mit steigendem Eingangsstrom nehmen auch der Collector- und der Basisstrom zu, die zueinander um den Stromverstärkungsfaktor des Transistors proportional sind. Mit steigendem Basisstrom nimmt ebenfalls die Spannung über der Basis-Emitter-Strecke zu, die gleichzeitig die Ausgangsspannung der Schaltung ist.

Wenn man einen zweiten Transistor mit identischen Parametern (und auf gleicher Temperatur) mit dem Ausgangssignal der soeben beschriebenen Schaltung ansteuert, dann ist dessen Basis-Emitter-Spannung identisch, womit dann auch der Basisstrom und der durch ihn eingeprägte Collectorstrom identisch sind. Diese Zusammenschaltung ist links in Abbildung 4.11 dargestellt.

Der in R_a eingeprägte Strom I_{out} entspricht somit dem Eingangsstrom (abzüglich der beiden Basisströme von Q1 und Q2). Die für die gewünschte Funktionsweise notwendige Gleichheit der Parameter von Q1 und Q2 erreicht man durch Integration von Q1 und Q2 auf einem gemeinsamen Halbleiterchip. Beim praktischen Aufbau der Schaltung mit diskreten Transistoren erhöht man die Temperaturstabilität der Schaltung durch das Hinzufügen von Emitterwiderständen, wie es rechts in Abbildung 4.11 gezeigt wird.

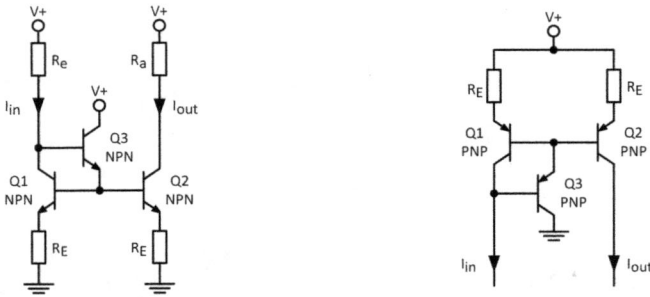

Abb. 4.12: Stromspiegel mit Verringerung des durch die Basisströme verursachten Fehlers (li) - „Gespiegelter" Aufbau des Stromspiegels mit PNP-Transistoren (re)

Links in Abbildung 4.12 wird gezeigt, wie man durch das Hinzufügen eines weiteren Transistors den in den Schaltungen aus Abbildung 4.11 noch vorhandenen Fehler durch die Entnahme der Basisströme aus dem Eingangsstrom deutlich verringern kann. Die Basisströme werden bei dieser Schaltung nicht mehr aus dem Eingangssignal, sondern über den neu hinzugekommenen Transistor Q3, aus der Versorgungsspannung entnommen. Die Funktionsweise der Eingangsstufe wird durch Q3 nicht verändert: Der Eingangsstrom fließt zunächst durch die in Serie liegenden Basis-Emitter-Strecken von Q3 und Q1. Q3 wird damit aufgesteuert, womit dann der durch die Basis-Emitter-Strecke von Q1 fließende Strom über Q3 aus der Plus-Versorgung entnommen wird. Der aus dem Emitter von Q3 kommende Strom fließt dann durch die Basis-Emitter-Strecke von Q1, womit Q1 aufgesteuert wird. Der damit ansteigende Collectorstrom von Q1 reduziert den Basisstrom von Q3 (und damit auch den Basisstrom von Q1) dann so weit, bis sich der bereits beschriebene Gleichgewichtszustand einstellt.

Für die Anwendung im Differenzverstärker wird die soeben hergeleitete Strom-spiegelschaltung nun „gespiegelt" mit PNP-Transistoren aufgebaut, wie das rechts in Abbildung 4.12 gezeigt ist.

In der Abbildung 4.13 wird der Stromspiegel aus Abbildung 4.12 (rechts) anstelle der bisher vorhandenen Collectorwiderstände in den Differenzverstärker eingefügt. Beginnen wir die Betrachtung der Schaltung im Ruhezustand: Dann sind die Collector-ströme von Q2 und Q3 gleich groß. Der Collectorstrom von Q2 ist der Eingangsstrom des Stromspiegels. Der aus Q5 austretende Ausgangsstrom des Stromspiegels ist dann gleich dem Collectorstrom von Q2, der seinerseits dem Collectorstrom von Q3 entspricht. Der Ausgangsstrom des Stromspiegels wird also vollständig von Q3 aufgenommen. Damit ist der Ausgangsstrom des Verstärkers 0 A.

Nehmen wir jetzt an, dass infolge einer eingangsseitigen Aussteuerung der Collectorstrom von Q2 zunimmt, während der Collectorstrom von Q3 in gleichem Maße abnimmt. Der Ausgangsstrom des Stromspiegels nimmt dabei mit dem Collectorstrom von Q2 zu, während gleichzeitig der von Q3 aufgenommene Strom zurückgeht. Die

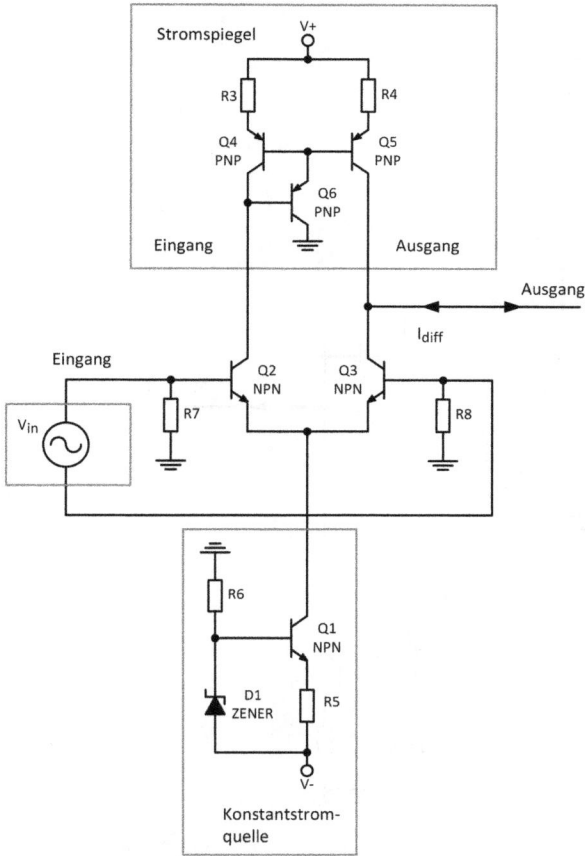

Abb. 4.13: Integration des Stromspiegels in den Differenzverstärker

Differenz zwischen den Collectorströmen von Q5 und Q3 fließt daher als eingeprägter Strom in den Ausgang.

Wenn dagegen bei entgegengesetzter Aussteuerung der Eingänge der Collectorstrom von Q2 abnimmt und der Collectorstrom von Q3 in gleichem Maße zunimmt, dann nimmt auch der aus Q5 kommende Ausgangsstrom des Stromspiegels ab. Damit kann der Collectorstrom von Q3 nur zum Teil aus dem Stromspiegel entnommen werden. Der „noch fehlende" Teil des Collectorstroms von Q3 wird dann aus dem Ausgang entnommen.

In den Ausgang wird also ein Wechselstromsignal eingespeist, das der (differentiellen) Eingangsspannung des Verstärkers (im Rahmen dieser Betrachtung) proportional ist. Dieses Signal wird zum Ansteuern einer weiteren Verstärkerstufe verwendet, deren Eingang auf die positive Versorgungsspannung bezogen ist. Bei der Differenzverstärkerstufe haben wir einen großen Aufwand getrieben, um eine möglichst hohe Präzision

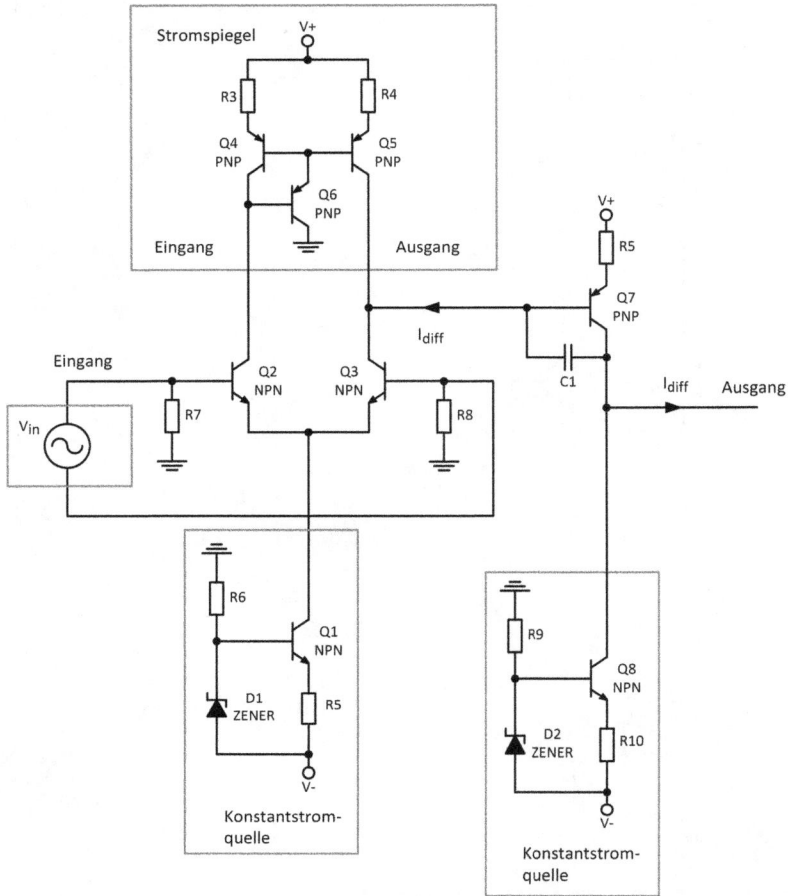

Abb. 4.14: Der um eine Spannungsverstärkerstufe erweiterte Differenzverstärker

zu erreichen. Bei der auf die Differenzverstärkerstufe folgende Verstärkerstufe wird dagegen auf eine möglichst hohe Verstärkung geachtet und dafür auch eine geringere Präzision in Kauf genommen. Dieses Vorgehen ist für die spätere Einbindung des Verstärkers in eine Gegenkopplungsschleife äußerst vorteilhaft und wird dann bei der noch folgenden Betrachtung des gegengekoppelten Verstärkers begründet.

Als Verstärkerstufe wird eine einfache Transistorstufe vorgesehen, die auf einer Konstantstromquelle als Collectorwiderstand arbeitet. Eine derartige Stufe haben wir bereits in der Vorbereitung der Herleitung des Stromspiegels betrachtet. Abbildung 4.14 zeigt den um diese Verstärkerstufe erweiterten Differenzverstärker.

Die Spannungsverstärkerstufe selbst ist mit Q7 aufgebaut. Die den dazugehörigen Collectorwiderstand darstellende Stromquelle ist mit D2 und Q8 aufgebaut. C1 begrenzt den Frequenzgang der Spannungsverstärkerstufe in einer definierten und reproduzierbaren Weise. Die Notwendigkeit von C1 ergibt sich erst dann, wenn man den Verstärker gegengekoppelt betreibt und wird dann im Zuge der Betrachtung des gegengekoppelten Verstärkers noch hergeleitet. Zum Verständnis der hier gezeigten Schaltung ist C1 jedoch schon an dieser Stelle von Bedeutung und wird daher bereits jetzt eingeführt.

Wir gehen zunächst davon aus, dass der Differenzverstärker so ausgesteuert ist, dass der Collectorstrom in Q2 geringer als in Q3 ist. Dann nimmt Q3 die Differenz zum Collectorstrom von Q5, entsprechend dem Collectorstrom von Q2, aus der Basis-Emitter-Strecke von Q7 auf. Die Aussteuerung und damit der Collectorstrom von Q7 nimmt dabei um so mehr zu, wie der Collectorstrom von Q5 gegenüber dem Collectorstrom von Q3 zurückgeht. Die Zunahme des Collectorstroms von Q7 über den Ausgangsstrom der mit Q8 aufgebauten Stromquelle hinaus kann diese nicht mehr aufnehmen. Dieser Strom wird über den Ausgang in den Eingang der nachfolgenden Stufe eingespeist.

Der Ruhezustand der Schaltung stellt sich durch die zu einem späteren Zeitpunkt beschriebene Einbindung in eine Gegenkopplungsschleife derart ein, dass die Ströme durch Q2 und Q3 nicht mehr exakt gleich sind, sondern dass der Strom durch Q3 etwas größer als durch Q2 ist. Damit fließt dann ein Basisstrom aus Q7, der das Fließen des durch die collectorseitige Stromquelle vorgegebenen Ruhestroms durch Q7 ermöglicht.

Wenn der durch Q7 fließende Strom den durch die collectorseitige Stromquelle vorgegebenen Ruhestrom unterschreitet, ändert sich die Polarität des Ausgangsstroms dahingehend, dass der „noch fehlende" Strom aus dem Eingang der Folgestufe entnommen wird.

In dem Fall, dass der aus Q5 herauskommende Strom den von Q3 aufgenommenen Strom übersteigt, kann der dann vom Ausgang des Stromspiegels angegebene Strom nicht durch die (ja dann in Sperrrichtung befindliche) Basis-Emitter-Strecke von Q7 fließen. Stattdessen lädt dieser Strom dann C1 um, womit der Rückgang des Basisstroms von Q7 nach vorheriger Aussteuerung beschleunigt wird. Es wird noch gezeigt, dass dieser Zustand im Betrieb des Verstärkers mit Gegenkopplung nur kurzzeitig auftreten kann. Das Ausgangssignal des Verstärkers ist ein eingeprägtes Stromsignal, das, im Sinne der ursprünglichen Zielsetzung, auf Masse bezogen ist.

Wenn man den Lastwiderstand direkt an den Ausgang der Schaltung aus Abbildung 4.14 anschließt, dann führt das dazu, dass die Ausgangsspannung des Verstärkers mit sinkendem Lastwiderstand abnimmt oder mit ansteigendem Lastwiderstand zunimmt. In der Praxis benötigt man aber meist Verstärker, die eine definierte Ausgangsspannung abgeben, die sich auch bei Belastung mit wechselnden Lastwiderständen nicht ändert.

Hierzu wird der mit Q7 und Q8 aufgebauten Verstärkerstufe eine Stromverstärkerstufe, ein sogenannter Emitterfolger, nachgeschaltet. Das Prinzip des Emitterfolgers wird in Abbildung 4.15 gezeigt. Der Collector von Q1 ist direkt mit der positiven Versorgungsspannung verbunden. Wir gehen für die folgende Betrachtung zunächst davon aus, dass die Eingangsspannung der Schaltung stets positiv und größer als die Basis-Emitter-Schwellspannung ist. Am Ausgang der Schaltung stellt sich dann, als Gleichgewichtszustand, die Eingangsspannung abzüglich der Basis-Emitter-Spannung

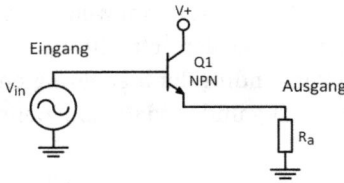

Abb. 4.15: Prinzip der Emitterfolgerstufe

von Q1 von ca. 0,6 V ein. Dieses Verhalten entspricht einer (auf die Änderung der Eingangsspannung bezogenen) Spannungsverstärkung von 1.

Wir stellen uns vor, der äußere Widerstand R_a würde schlagartig verringert. Damit sänke das Potential am Emitter zunächst ab. Dies vergrößert aber die zwischen Basis und Emitter von Q1 wirksame Spannung und der Basisstrom von Q1 nimmt zu, womit auch der Collectorstrom (proportional mit dem Stromverstärkungsfaktor) ansteigt. Damit nimmt der Spannungsabfall über R_a zu, womit der ursprünglichen Abnahme des Potentials des Emitters von Q1 entgegengewirkt wird.

Würde man den Widerstand R_a schlagartig erhöhen, dann würde das Potential des Emitters von Q1 zunächst ansteigen. Damit wird aber die zwischen Basis und Emitter von Q1 wirksame Spannung verringert, womit der Basis- und der Collectorstrom von Q1 zurückgehen und dem ursprünglichen Potentialanstieg entgegengewirkt wird.

Tatsächlich ist die Spannungsverstärkung der Emitterfolgerschaltung etwas geringer als 1, in der Praxis etwa 0,97. Eine höhere Ausgangsspannung führt zu einem höheren Strom durch den (im Rahmen dieser Betrachtung als konstant angenommenen) äußeren Widerstand. Der damit auch höhere Collectorstrom ist mit einem höheren Basisstrom verbunden, womit auch eine höhere Basis-Emitter-Spannung benötigt wird, um diesen Basisstrom zu ermöglichen. Diese aufgrund der Aussteuerung zusätzlich hinzugekommene Spannungsdifferenz subtrahiert sich vom Ausgangssignal. Damit ist die Spannungsvariation des Ausgangssignals um diese Differenz geringer als die Spannungsvariation des Eingangssignals.

Die einfache Form der Emitterfolgerschaltung aus Abbildung 4.15 kann nur mit positiven Eingangsspannungen arbeiten. Durch das Zusammenschalten mit ihrer „gespiegelten" und mit einem PNP-Transistor aufgebauten Version wird der Arbeitsbereich der Schaltung in den Bereich negativer Eingangsspannungen erweitert. Dies ist in Abbildung 4.16 links gezeigt. Die Arbeitsweise dieser Schaltung entspricht der bereits betrachteten einfachen Emitterfolgerschaltung. Bei positiver Eingangsspannung leitet Q1 und sperrt Q2, während bei negativen Eingangsspannungen Q2 leitet und Q1 sperrt.

Die Brauchbarkeit dieser Schaltung ist jedoch dadurch eingeschränkt, dass im Bereich um den Nullpunkt des Eingangssignals herum, in dem dieses kleiner als die Basis-Emitter-Schwellspannungen der Transistoren ist, weder Q1 noch Q2 leiten. Die Ausgangsspannung der Schaltung ist dann 0. Es ist offensichtlich, dass dieses Verhalten eines Verstärkers, insbesondere für Audio-Anwendungen, nicht akzeptabel ist.

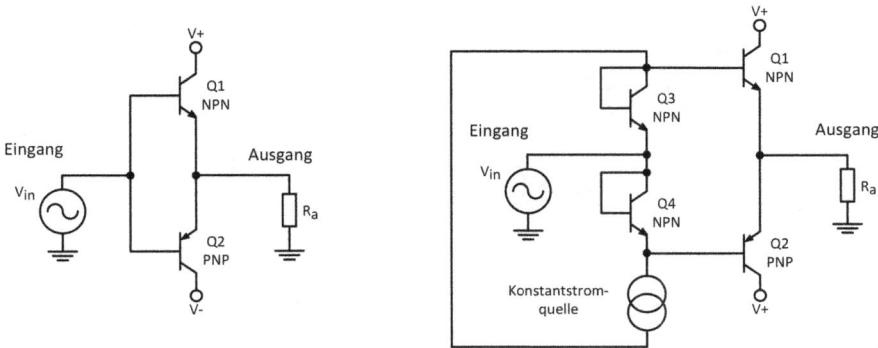

Abb. 4.16: Prinzip der komplementären Emitterfolgerstufe (li) - Prinzip der Kompensation der Basis-Emitter-Schwellspannung (nicht temperaturstabil) (re.)

In Abbildung 4.16 rechts wird gezeigt, wie man durch das Hinzufügen einer geeignete Vorspannung die Basis-Emitter-Schwellspannung von Q1 und Q2 kompensieren kann. Wir verwenden dazu die bereits als Eingangsstufe des Stromspiegels bekannte, stark gegengekoppelte Transistorstufe, aufgebaut mit Q3 und Q4. Q3 und Q4 werden mit einer Konstantstromquelle gespeist. Über Q3 und Q4 fällt dann jeweils die Basis-Emitter-Schwellspannung dieser Transistoren ab. Bei Gleichheit der Transistoren und guter thermischer Kopplung der Transistoren entsprechen die über Q3 und Q4 abfallenden Spannungen den Basis-Emitter-Schwellspannungen von Q1 und Q2. Die über Q3 abfallende Spannung addiert sich in Bezug auf die Basis-Emitter-Strecke von Q1 zur Eingangsspannung. Die über Q4 abfallende Spannung addiert sich in Bezug auf die Basis-Emitter-Strecke von Q2 ebenfalls zur Eingangsspannung. Damit wird die Basis-Emitter-Schwellspannung von Q1 und Q2 theoretisch vollständig kompensiert.

In der Praxis ist diese Schaltung jedoch hochgradig instabil. Bei den bisher betrachteten Schaltungen konnten wir stets annehmen, dass benachbarte, auf dem gleichen Chip befindliche Transistoren auf der selben Temperatur liegen. Dies war damit gerechtfertigt, dass diese Transistoren stets unter ähnlichen Bedingungen betrieben wurden, also auch ungefähr gleiche Verlustleistungen hatten. Bei der Emitterfolgerstufe werden Q1 und Q2 von dem bei der praktischen Anwendung des Verstärkers durchaus recht hohen Ausgangsstrom des Verstärkers durchflossen, wobei sich diese Transistoren stark erwärmen. Q3 und Q4 werden dagegen nur von einem relativ kleinen Strom durchflossen. Die Basis-Emitter-Schwellspannung sinkt mit der Temperatur. Damit ist die Basis-Emitter-Schwellspannung von Q1 und Q2 kleiner als der Spannungsabfall über Q3 bzw. Q4. Im Bereich um den Nullpunkt des Eingangssignals herum werden daher Q1 und Q2 gleichzeitig aufgesteuert und führen damit gleichzeitig Collectorstrom. Es fließt ein direkter Strom aus der Plus-Versorgung durch Q1 und Q2 in die Minus-Versorgung. Damit erwärmen sich Q1 und Q2 noch stärker, womit deren Basis-Emitter-Schwellspannung dann weiter absinkt und der Querstrom durch

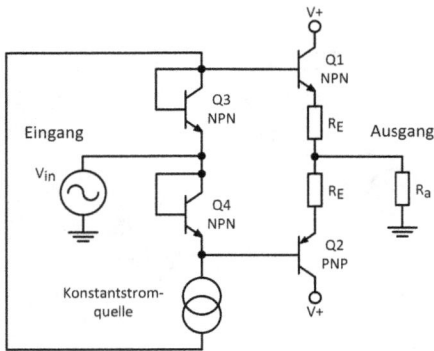

Abb. 4.17: Prinzip der Kompensation der Basis-Emitter-Schwellspannung mit Querstrom-Stabilisierung durch Emitterwiderstände

die Transistoren immer rascher zunimmt. Dieser Prozess führt unausweichlich zur Selbstzerstörung der Transistoren Q1 und Q2 durch Überhitzung.

Um ein stabiles Verhalten dieser Stufe zu erreichen, erinnern wir uns an die in diesem Kapitel zu Beginn betrachtete Temperaturstabilisierungsschaltung, bei der ein Widerstand in Serie zum Emitter des Transistors geschaltet wurde. Dieser Widerstand reduzierte die Abhängigkeit des Arbeitspunktes von der Temperatur deutlich. Die Anwendung dieses Prinzips bei der Emitterfolgerstufe ist in Abbildung 4.17 dargestellt.

Bei temperaturbedingter Zunahme des Querstroms durch Q1 und Q2 nimmt auch der Spannungsabfall an den Emitterwiderständen R_E zu. Dieser Spannungsabfall subtrahiert sich von den an Q1 und Q2 wirksamen Basis-Emitter-Spannungen und wirkt damit einer weiteren Erhöhung der Basis- und, damit verbunden, der Collectorströme von Q1 und Q2 entgegen. Die exakte Höhe des Spannungsabfalls über Q3 und Q4 kann mit der Einstellung des durch Q3 und Q4 fließenden Konstantstroms bestimmt werden. Um die Verzerrungen des Ausgangssignals um den Nullpunkt herum gering zu halten, wählt man diese Einstellung so, dass im Nullpunkt des Eingangssignals ein definierter Ruhestrom durch Q1 und Q2 fließt.

Im nächsten Schritt wird die soeben hergeleitete Ausgangsstufe mit der zweiten Stufe des Differenzverstärkers verbunden. Die an dieser Stelle schon vorhandene Konstantstromquelle stellt dabei den Strom durch die Kompensationstransistoren Q3 und Q4 bereit. Abbildung 4.18 zeigt den um die Ausgangsstufe ergänzten Differenzverstärker.

In Abweichung zur zuvor erfolgten Herleitung der ausgangsseitigen Emitterfolgerstufe mit einer Eingangsspannung wird die mit dem Differenzverstärker verbundene Ausgangsstufe hier von einem eingeprägten Strom angesteuert. Diese Art der Ansteuerung führt, für sich alleine genommen, noch nicht zu einer definierten Ausgangsspannung. Diese stellt sich erst bei dem an späterer Stelle dieses Kapitels besprochenen Betrieb des Verstärkers in einer Gegenkopplungsschleife ein.

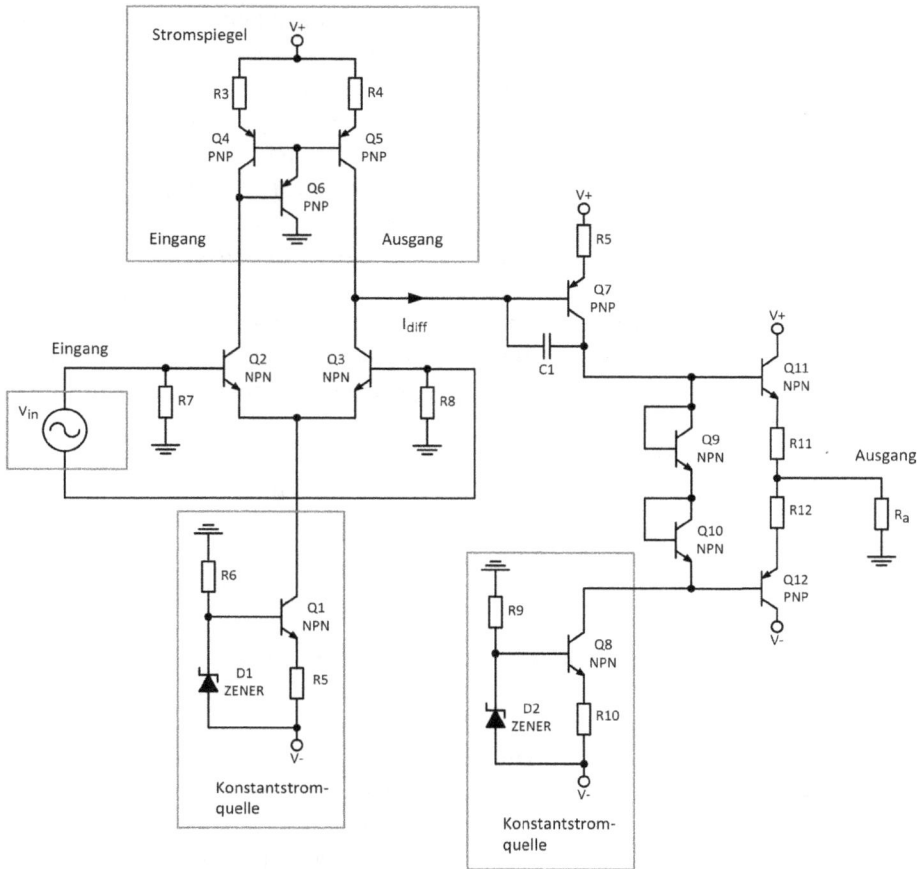

Abb. 4.18: Der um die Ausgangsstufe ergänzte Differenzverstärker

Das Zusammenspiel der Ausgangsstufe mit der Spannungsverstärkerstufe wird nun im Detail betrachtet. Hierbei gehen wir davon aus, dass die nachfolgend betrachteten Änderungen des Collectorstroms von Q7 gegenüber dem absoluten Wert des Ruhestroms klein sind, wie das in einer praktisch ausgeführten Schaltung auch tatsächlich der Fall ist.

Wir betrachten zunächst den Ruhezustand, für den wir annehmen, dass der Collectorstrom von Q7 gerade so groß ist wie der durch die mit Q8 aufgebaute Stromquelle eingeprägte Strom. Dieser Strom fließt größtenteils durch Q9 und Q10, womit sich gemäß der schon beschriebenen Wirkungsweise der Emitterfolgerstufe ein Ruhestrom durch Q11 und Q12 ergibt. Ein kleinerer Teil des Stroms fließt in die Basis von Q11 hinein und aus der Basis von Q12 wieder heraus. Damit sind auch die Collectorströme von Q11 und Q12, der Ruhestrom der Ausgangsstufe, identisch und es fließt kein Strom durch den Lastwiderstand R_a.

Nun nehme der Collectorstrom durch Q7 etwas zu. Die Zunahme gegenüber dem Ruhewert kann nicht mehr durch Q8 aufgenommen werden und muss daher zusätzlich in die Basis von Q11 fließen. Damit sind die Basisströme von Q11 und Q12 nicht mehr gleich, womit sich auch die Collectorströme unterscheiden. Der Collectorstrom von Q11 ist größer als der Collectorstrom von Q12, womit der nicht von Q12 aufgenommene Teil des Collectorstroms von Q11 durch den Lastwiderstand R_a nach Masse fließt. In der Folge entsteht ein Spannungsabfall an R_a und das Potential des Verbindungspunktes der Emitterwiderstände R11 und R12, also die Ausgangsspannung, erhöht sich.

Gleichzeitig erhöht sich auch das Potential der Basis von Q11 um die Zunahme der Ausgangsspannung zuzüglich des mit dem Laststrom zunehmenden Spannungsabfalls am Emitterwiderstand. Da der Spannungsabfall über Q9 und Q10 aber (im Rahmen dieser Betrachtung) von der Aussteuerung unabhängig ist, hebt sich damit auch das Potential der Basis von Q12 an. Die resultierende Spannung zwischen Basis und Emitter ist dabei die an dieser Stelle im Ruhezustand vorhandene Spannung abzüglich des durch den Laststrom an R11 hervorgerufenen Spannungsabfalls. Folglich gehen der Basisstrom und der Collectorstrom von Q12 im gleichen Maße zurück, wie Basis- und Collectorstrom von Q11 zunehmen. Sobald die Aussteuerung von Q11 so weit zunimmt, dass der durch den Ausgangsstrom verursachte Spannungsabfall über R11 die Basis-Emitter-Schwellspannung erreicht, sperrt Q12 vollständig.

Wenn der Collectorstrom von Q7 etwas unter den von der mit Q8 aufgebauten Stromquelle eingeprägten Strom absinkt, dann wird der zusätzlich zum Collectorstrom von Q7 durch Q8 aufgenommene Strom aus der Basis von Q12 entnommen. Damit wird Q12 stärker als Q11 aufgesteuert, womit sich dann eine negative Ausgangspannung ergibt. Bei hohen negativen Ausgangsströmen geht dann Q11 zum vollständigen Sperren über.

An dieser Stelle verfolgen wir noch einmal den Signalweg durch den gesamten Verstärker: Wir nehmen an, die Basis von Q2 werde etwas positiver. Dann nimmt der Collectorstrom von Q2 zu, während der Collectorstrom von Q3 abnimmt. Damit nimmt auch der Collectorstrom von Q5 zu, womit Basis- und Collectorstrom von Q7 abnehmen. Dies führt wiederum zu einer Zunahme des Basis- und Collectorstroms von Q12, womit die Ausgangsspannung des Verstärkers negativer wird. Die Basis von Q2 ist also der invertierende Eingang des Verstärkers.

Wenn die Basis von Q3 positiver wird, dann nimmt der Collectorstrom von Q3 zu, während die Collectorströme von Q2 und Q5 abnehmen. Damit nehmen der Basis- und der Collectorstrom von Q7 zu, womit dann auch der Basis- und der Collectorstrom von Q11 zunehmen und die Ausgangsspannung des Verstärkers positiver wird. Die Basis von Q3 ist also der nichtinvertierende Eingang des Verstärkers.

Der dargestellte Verstärker ist ein universell einsetzbarer Operationsverstärker und bekommt, um die weiteren Darstellungen übersichtlicher zu gestalten, ein eigenes Schaltsymbol, das in Abbildung 4.19 dargestellt ist. Um die Übersichtlichkeit weiter zu erhöhen, wurden die selbstverständlich beim Aufbau einer realen Schaltung stets benötigten Versorgungsanschlüsse an dieser Stelle weggelassen.

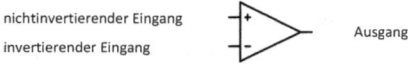

Abb. 4.19: Das Schaltzeichen des Operationsverstärkers

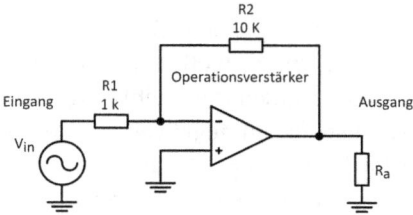

Abb. 4.20: Invertierender Verstärker mit einem Operationsverstärker

Operationsverstärker werden stets innerhalb einer Gegenkopplungsschleife betrieben. Ohne Gegenkopplung hat ein typischer Operationsverstärker eine (jedoch undefinierte) Verstärkung in der Größenordnung von 100.000 bis 1 Million. Dabei hat er einen hohen Offsetfehler[10] und einen ungleichmäßigen Frequenzgang.

Durch den Betrieb innerhalb einer Gegenkopplungsschleife, bei der die Gesamtverstärkung der Schaltung in der Praxis meist auf zwischen 1 und einigen Hundert reduziert wird, werden die Eigenschaften der Schaltung fast nur noch durch die Gegenkopplungsschleife bestimmt, während die Eigenschaften des Verstärkers selbst in den Hintergrund treten. Auf diese Weise lassen sich sehr präzise Verstärkerstufen aufbauen. Dieses Verhalten wird anhand der Schaltung in Abbildung 4.20 erklärt. Für diese und die folgenden Betrachtungen gehen wir davon aus, dass der Eingangsstrom des Operationsverstärkers gegenüber den Strömen im Gegenkopplungsnetzwerk so gering ist, dass wir ihn als nicht vorhanden ansehen können.

Wir nehmen zunächst an, die Eingangsspannung betrage +1 V. Daraus resultiert zunächst eine positive Spannung am invertierenden Eingang des Operationsverstärkers (der Basis von Q2 im vorherigen Schaltbild). Damit wird der Ausgang des Verstärkers rasch negativer. Wäre R2 nicht vorhanden, würde er bereits bei einer Eingangsspannung von weniger als +1 mV die negative Versorgungsspannung erreichen. Durch das Vorhandensein von R2 stellt sich jedoch ein Gleichgewichtszustand ein, bei dem sich die Ausgangsspannung auf einen Wert einstellt, der nahezu -10 V erreicht. Wäre die Verstärkung des Operationsverstärkers unendlich, dann würde -10 V sogar exakt erreicht.

---

10 Aufgrund von unvermeidlichen Asymmetrien in der Eingangsstufe des Verstärkers führt eine Eingangsspannung von 0 V in der Praxis nicht zu einer Ausgangsspannung von 0 V, sondern zu einer positiven oder negativen Gleichspannung am Ausgang. Diese Gleichspannung ist dem verstärkten Eingangssignal stets überlagert. Sie wird als „Offsetspannung" oder „Offsetfehler" bezeichnet.

In diesem Gleichgewichtszustand stellt sich am invertierenden Eingang des Operationsverstärkers die Ausgangsspannung geteilt durch die Verstärkung des Verstärkers selbst (die wirksam wäre wenn R2 nicht vorhanden wäre) ein. Wir nehmen an, unser Verstärker habe eine innere Verstärkung von 100.000. Dann benötigt es +0,01 mV am invertierenden Eingang um am Ausgang -10 V hervorzurufen.

Diese Spannung ist so gering, dass wir sie für die folgende Betrachtung vernachlässigen können. Damit ist die Spannung über R1 1 V und es fließt ein Strom von 1 mA durch R1. Da der Eingangsstrom des Operationsverstärkers vernachlässigbar ist, fließt der über R1 fließende Strom über R2 in den Ausgang zur negativen Versorgung hin ab. Damit liegt über R2 eine Spannung von 1 mA × 10 kΩ = 10 V an, was mit der (ursprünglich angenommenen) Ausgangsspannung von -10 V korrespondiert.

Wir stellen uns nun vor, die Ausgangsspannung würde durch einen äußeren Einfluss, etwa eine schlagartige Verringerung des Lastwiderstandes Ra, geringer werden. R1 und R2 bilden einen Spannungsteiler zwischen der Eingangsspannung und dem Ausgang. Wenn der Ausgang nun weniger negativ ist, dann bewegt sich auch der Verbindungspunkt von R1 und R2, der sich zuvor (nahezu) auf Massepotential befunden hat, ein wenig ins Positive hinein. Damit erfolgt sofort eine weitere Aufsteuerung des Verstärkerausgangs ins Negative, womit dann der ursprüngliche Abfall der Ausgangsspannung bis auf eine unmerkliche Restabweichung kompensiert wird.

Würde die Ausgangsspannung aus einem äußeren Einfluss heraus zu negativ, dann würde das Potential des invertierenden Eingangs ebenfalls weniger positiv, womit sich dann der Verstärkerausgang in die positive Richtung bewegt, bis der ursprüngliche Gleichgewichtszustand wieder, mit einer unmerklichen Restabweichung, hergestellt ist. Selbstverständlich ist das Verhalten des Operationsverstärkers bei negativen Eingangsspannungen mit dem gerade beschriebenen Verhalten bei positiven Eingangsspannungen sinngemäß identisch.

Die Präzision einer derartigen gegengekoppelten Verstärkerschaltung ist um so höher, je größer das Verhältnis zwischen der Verstärkung, die die Schaltung ohne Gegenkopplung hätte, und der Verstärkung der gegengekoppelten Schaltung ist.

Es sei noch bemerkt, dass sich bei dem hier betrachteten Operationsverstärker der Gleichgewichtszustand nicht dann einstellt, wenn die Spannungsdifferenz zwischen den Eingängen exakt 0 ist, sondern sich stattdessen eine kleine Offsetspannung zwischen den Eingängen einstellt. Diese Offsetspannung benötigt der Verstärker, um den Ruhestrom durch Q7 fließen zu lassen, womit ein Basisstrom aus Q7 heraus in Q3 notwendig ist, der bei tatsächlicher Symmetrie in der Differenzeingangsstufe nicht aufgebracht werden könnte.

Durch Vertauschen der Lage der Eingangsspannungsquelle mit dem Massebezug gegenüber dem invertierenden Verstärker aus Abbildung 4.20 lässt sich ein nichtinvertierender Verstärker aufbauen, wie er in Abbildung 4.21 gezeigt ist. Wir gehen wieder von einer Eingangsspannung von +1 V aus. Für den Zweck dieser Betrachtung vernachlässigen wir den Eingangsstrom und die Offsetspannung und nehmen weiterhin an, die innere Verstärkung sei unendlich. Damit liegen im Gleichgewichtszustand beide

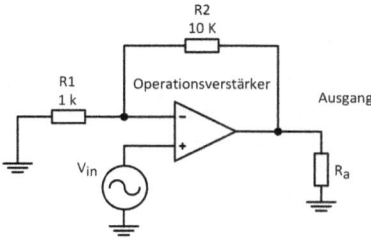

Abb. 4.21: Nichtinvertierender Verstärker mit einem Operationsverstärker

Eingänge des Operationsverstärkers auf dem gleichen Potential. Dieses Potential ist durch die Eingangsspannung von +1 V festgelegt. Damit fließt durch R1 ein Strom von 1 V / 1 kΩ = 1 mA. Dieser Strom fließt auch durch R2 aus dem Ausgang heraus, womit über R2 eine Spannung von 1 mA × 10 kΩ = 10 V abfällt. Die Spannung addiert sich zu dem Potential von +1 V des invertierenden Eingangs hinzu, womit sich dann eine Ausgangsspannung von +11 V ergibt.

Wenn man R1 weglässt und R2 durch einen Kurzschluss ersetzt, dann folgt die Ausgangsspannung direkt der Eingangsspannung, der Verstärker hat eine Verstärkung von 1. Der Ausgang des Verstärkers kann dabei hohe Ströme treiben, während das Eingangssignal nicht belastet wird. Dieser sogenannte Pufferverstärker wird häufig als Impedanzwandler eingesetzt. Im Gegensatz zu einer reinen Emitterfolgerstufe überträgt er das Signal mit deutlich höherer Präzision.

Anstelle von Widerständen kann man für R1 und R2 auch frequenzabhängige Netzwerke aus Widerständen und Kondensatoren einsetzen. Damit lassen sich dann elektronische Filter mit nahezu jeder gewünschten Übertragungscharakteristik aufbauen. Setzt man nichtlineare Bauelemente wie Dioden und Transistoren in das Gegenkopplungsnetzwerk ein, dann lassen sich Funktionen wie Betragsbildung oder analoge Multiplikation durch Logarithmieren und anschließendes Addieren mit Operationsverstärkern realisieren. Die Betrachtung derartiger Schaltungen geht jedoch über den Umfang dieses Buchteils hinaus.

Es soll nun noch begründet werden, warum beim inneren Aufbau des Operationsverstärkers die eingangsseitige Differenzverstärkerstufe in erster Linie auf Präzision ausgelegt wurde, auch um den Preis einer nicht so hohen Verstärkung, während die dann folgende Stufe auf eine sehr hohe Verstärkung, auch um den Preis geringerer Präzision, ausgelegt wurde.

Die erste Stufe führt die Differenzbildung zwischen dem Eingangssignal und dem gegengekoppelten Signal aus, was besonders beim nichtinvertierenden Verstärker in der Abbildung 4.21 gut erkennbar ist. Diese Subtraktion selbst ist nicht von der Gegenkopplungsschleife umschlossen, daher können an dieser Stelle entstehende Fehler durch deren Wirkung nicht korrigiert werden.

Die zweite Stufe liegt dagegen vollständig innerhalb der Gegenkopplungsschleife (was visuell auch in Abbildung 4.18 daran gut zu erkennen ist, dass die Verbindung zwischen beiden Stufen über eine einzige Signalleitung, vom Collector von Q3 zur Basis von Q7 führend, erfolgt) Daher werden in der zweiten Stufe auftretende Fehler nahezu vollständig durch die Wirkung der Gegenkopplungsschleife kompensiert. Eine hohe Verstärkung dieser Stufe verbessert diese Kompensation weiter. Mit einer hohen Verstärkung der zweiten Stufe lassen sich zudem die, oft den Gesamtfehler des Verstärkers dominierenden, Fehler der Emitterfolger-Ausgangsstufe besser kompensieren.

Ohne weitere Maßnahmen (innerhalb der Innenschaltung des Operationsverstärkers) wären reale Operationsverstärkerschaltungen jedoch instabil und würden oszillieren. Betrachten wir dazu noch einmal den invertierenden Verstärker aus der Abbildung 4.20. Als Eingangssignal stellen wir uns eine sinusförmige Wechselspannung vor. Am Ausgang erscheint diese Wechselspannung dann um den Faktor -10 verstärkt.

Die Signallaufzeit durch den Verstärker ist jedoch nicht Null. Beim Verändern der Aussteuerung von Transistoren müssen Ladungsträger aus deren Sperrschichten heraus oder in sie hinein bewegt werden. Diese Ladungsveränderung benötigt Zeit. Ebenso müssen die sich ändernden Ströme im Verstärker Kapazitäten innerhalb der Transistoren und zwischen den Verbindungsleitungen umladen, bevor sich an denen von ihn gespeisten Knoten die endgültigen Spannungen einstellen. In einem realen Verstärker kann die Signallaufzeit die Größenordnung von 1 μs erreichen. Diese Laufzeit nehmen wir in Betrachtung auch für „unseren" Verstärker an.

Wir erhöhen nun die Frequenz des Eingangssignals soweit, dass die Dauer einer Halbwelle des Eingangssignals der Laufzeit durch den Verstärker entspricht. Dies ist bei einer Laufzeit von 1 μs beim Erreichen von 500 kHz der Fall. Damit hat das Ausgangssignal eine „Verspätung" von 1 μs gegenüber dem Eingangssignal. Dies bedeutet aber bei der vorliegenden Frequenz, dass das Ausgangssignal nun nicht mehr dem Eingangssignal entgegengesetzt, sondern gleichphasig mit ihm ist.

Bisher sind wir davon ausgegangen, dass das Eingangs- und das Ausgangssignal gegenphasig zueinander sind. Das bedeutet, dass dann, wenn das Eingangssignal positiver wird, gleichzeitig das Ausgangssignal negativer wird. Damit wirkt das Ausgangssignal dem Eingangssignal in Bezug auf das Potential des invertierenden Eingangs entgegen. Im Gleichgewichtszustand heben sich somit der Einfluss des Eingangssignals und der Einfluss des Ausgangssignals auf das Potential des invertierenden Eingangs nahezu vollständig auf. Es verbleibt lediglich eine fast unmerklich kleine Restspannung, die notwendig ist, um den Verstärker bis zum Erreichen des Gleichgewichtszustandes auszusteuern.

Im jetzt betrachteten Fall ist aber durch die „Verspätung" des Ausgangssignals aus dieser ursprünglich beabsichtigten Subtraktion der rückgeführten Ausgangsspannung von der Eingangsspannung eine Addition geworden. Die Ausgangsspannung steigt mit der Eingangsspannung an, anstatt abzusinken, womit das resultierende Eingangssignal des Operationsverstärkers infolge des rückgeführten Signals nicht ab- sondern zunimmt. Bei positiver werdender Eingangsspannung wird nun das Potential

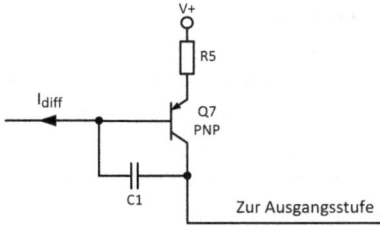

Abb. 4.22: Schaltungsauszug aus der Innenschaltung des Operationsverstärkers zur Erläuterung der Funktion von C1

des invertierenden Eingangs positiver. Damit wird der Verstärker stark in negativer Richtung ausgesteuert, was aber erst nach der Durchlaufzeit von 1 μs am Ausgang wirksam wird. Dann aber ist die Eingangsspannung bereits ebenfalls im Negativen, womit dann eine Aussteuerung des Verstärkers ins Positive hinein veranlasst wird, die aber wiederum erst dann am Ausgang wirksam wird, wenn das Eingangssignal bereits wieder positiv ist.

Der Verstärker oszilliert. Diese Schwingung verstärkt sich selbst. Würde man das Eingangssignal wegnehmen, würde diese Schwingung weiter fortdauern. Sie würde sich auch schon ohne eine entsprechendes Eingangssignal aus dem thermischen Rauschen des Verstärkers heraus aufbauen. Es ist offensichtlich, dass ein derartiger Verstärker nicht brauchbar ist.

Um hier Abhilfe zu schaffen, ist es notwendig, den Frequenzgang des Verstärkers so zu begrenzen, dass seine Verstärkung, wenn man ihn ohne Gegenkopplung betreiben würde, bei der Frequenz, bei der die halbe Periodendauer der Laufzeit durch den Verstärker entspricht, mit einem guten Sicherheitsabstand kleiner als 1 ist. Dies ist die Aufgabe des bereits eingeführten Kondensators C1 im Schaltbild der Innenschaltung des Operationsverstärkers. Abbildung 4.22 zeigt die Lage von C1 im Operationsverstärker.

Nun betrachten wir die Wirkung von C1. Wir nehmen an, C1 wäre noch nicht in der Schaltung vorhanden. Wir stellen uns vor, der Basisstrom I_{diff} würde schlagartig zunehmen. Dann nimmt auch der Collectorstrom von Q7 zu, womit dann durch die Wirkung der (hier nicht dargestellten) Emitterfolger-Ausgangsstufe das Potential des Collectors von Q7 rasch positiver wird.

Nun sei C1 vorhanden. Bei einer schlagartigen Erhöhung des Eingangsstroms I_{diff} wird dann Q7 weiter aufgesteuert und bewegt sich damit das Potential des Collectors von Q7 in positiver Richtung. Die Ladung in C1 und damit die Spannung über C1 kann sich jedoch nicht schlagartig ändern. In der Folge wird ein Teil des durch die Erhöhung zusätzlichen vorhandenen Eingangsstroms I_{diff} nicht der Basis von Q7, sondern stattdessen C1 entnommen und so der weiteren Aufsteuerung von Q7 entgegengewirkt.

Je rascher die Zunahme des Potentials des Collectors von Q7 vonstatten geht, desto höher ist der aus C1 herausfließende Strom und desto stärker wird der weiteren

Aufsteuerung von Q7 entgegengewirkt. Es stellt sich ein Fließgleichgewicht ein, bei dem das Potential des Collectors von Q7 rampenförmig bis zum Erreichen des stationären Endwertes ansteigt. Der Potentialanstieg ist dabei umso langsamer, je größer die Kapazität von C1 ist. Die Begrenzung des Potentialanstiegs durch C1 hat bei kleinen Signalamplituden die Wirkung eines Tiefpasses. Die Kapazität von C1 wird so dimensioniert, dass die Verstärkung der Verstärkerschaltung mitsamt dem (jedoch eingangsseitig nicht an den Verstärker angebundenen) Gegenkopplungspfad bei der Frequenz, bei der die Laufzeit durch den Verstärker gleich der halben Periodendauer ist, mit einem Sicherheitsabstand unterhalb von Eins ist. Damit ist der Verstärker stabilisiert. C1 wird oft als "Miller-Kompensationskondensator" bezeichnet.

⚡ Eine Analogie aus dem Alltag

Die Wirkung vom C1 lässt sich gut mit einem Beispiel aus dem Alltag vergleichen. Wenn man an einer Dusche im Schwimmbad, die eine längere Rohrleitung (also eine längere Laufzeit) zwischen dem Hahn und dem Duschkopf hat, versucht, eine angenehme Wassertemperatur einzustellen, dann erhält man bei zu schnellem Drehen an den Hähnen eine Abfolge von zu kaltem und zu warmem Wasser. Wenn man die Hähne aber hinreichend langsam bedient, dann erreicht man auf Anhieb die gewünschte Wassertemperatur. Exakt dies ist die Wirkung von C1.

Natürlich ist man bestrebt, den Operationsverstärker so auszulegen, dass man ihn in einem möglichst großen Frequenzbereich nutzen kann. Dies erreicht man, wenn man ihn zunächst in allen seinen Bereichen so schnell wie irgend möglich aufbaut um ihn dann an einer einzigen Stelle mit Hilfe der Miller-Kompensation gezielt zu verlangsamen. Der Hintergrund dieses Vorgehens ist es, dass beim gleichzeitigen Vorhandensein vieler Tiefpässe mit ähnlicher Grenzfrequenz die Verstärkung nicht so rasch abnimmt, wie die Phasenverzögerung zunimmt, die Stabilitätsreserve also geringer wird.

Es soll abschließend noch ein sehr eleganter Weg gezeigt werden, wie es möglich ist, die Grenzfrequenz einer Transistorstufe deutlich zu erhöhen, in der man zwei Transistoren zu einer sogenannten Kaskode zusammenschaltet. Diese Schaltung kann mit Vorteil für fast alle Transistorstufen des Operationsverstärkers verwendet werden. Betrachten wir dazu zunächst eine einfache Transistorstufe, wie sie in Abbildung 4.23 dargestellt ist, in Bezug auf ihre obere Grenzfrequenz und ihre Signallaufzeit. In jedem Transistor ist durch das Gegenüberliegen von Basis- und Collectorzone eine Kapazität zwischen deren Grenzflächen vorhanden, die in ihrer Wirkung der soeben besprochenen Miller-Kapazität entspricht. Diese Kapazität bestimmt im Zusammenhang mit dem inneren Widerstand der Signalquelle die obere Grenzfrequenz und die Laufzeit der Transistorstufe.

Bei der in Abbildung 4.24 dargestellten Kaskodenschaltung ist diese Kapazität nahezu wirkungslos, da das Potential des Collectors von Q1 durch die mit Q2 aufgebaute Emitterfolgerschaltung praktisch konstant gehalten wird. Q1 prägt dabei den Collectorstrom von Q2 ein, wobei aber das Potential des Collectors von Q1 durch Q2 bestimmt wird. Die Collectorstromänderungen in Q1 rufen damit eine Änderung des

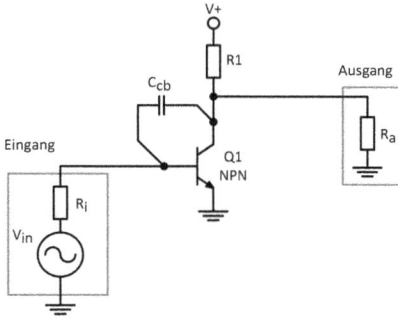

Abb. 4.23: Transistorstufe mit eingezeichneter Rückwirkungskapazität

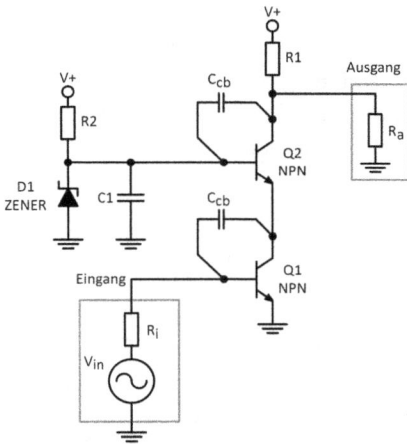

Abb. 4.24: Kaskodenschaltung mit eingezeichneten Rückwirkungskapazitäten

Spannungsabfalls über R1 hervor. Damit kann die verstärkte Ausgangsspannung der Stufe an R1 abgenommen werden. Die Rückwirkungskapazität an Q2 hat keine die Verstärkung reduzierende Wirkung, da die durch sie fließenden Signalströme an der viel größeren Kapazität C1 keine merkliche Spannungsänderung verursachen.

Man erkennt an dieser Stelle eine interessante Parallele zum Differenzverstärker: Beim Differenzverstärker wurde das Problem der Temperaturabhängigkeit des Arbeitspunktes auf elegante Weise durch das Zusammenschalten von zwei Transistoren gelöst. Bei der Kaskodenstufe wird das Problem der Frequenzabhängigkeit der Verstärkung durch das Zusammenschalten von zwei Transistoren ebenfalls mit Eleganz gelöst.

5 Die Wandlung zwischen analogen und digitalen Signalen

5.1 Einführung

Die in der Medientechnik unter Verwendung des Computers dargestellten Inhalte stellen oft akustische oder visuelle Information dar, die vor ihrer Verarbeitung im Computer von entsprechenden Aufnehmern wie Bildsensoren oder Mikrofonen als analoge Signale zur Verfügung gestellt wurden. Um diese analogen Signale mit dem Computer zu verarbeiten (oder zu speichern oder zu übermitteln), müssen sie zunächst in ein digitales[11] Abbild umgewandelt werden. Hierzu werden Analog/Digital-Wandler eingesetzt.

Zur Ausgabe der digital vorhandenen Inhalte, beispielsweise über einen Lautsprecher, besteht die Notwendigkeit, die digital vorliegenden Signale in analoge Signale zu wandeln, mit denen dann der den Lautsprecher antreibende Verstärker angesteuert werden kann. Hierzu werden Digital-Analog-Wandler eingesetzt.

5.2 Analoge und digitale Signale

Ein Beispiel für ein analoges Signal ist das Ausgangssignal eines Mikrofons. Die Spannung des Signals ist proportional zum vom Mikrofon aufgenommenen Schalldruck. Die Spannung des Signals kann beliebige Zwischenwerte annehmen. Jede auch noch so kleine Änderung des Schalldrucks ruft eine proportionale, dann ebenso kleine, Änderung der Spannung hervor. Auf den ersten Blick könnte man meinen, damit sei der Informationsgehalt dieses analogen Signals unbegrenzt hoch.

Dies ist aber in der Realität nicht der Fall, da bereits am Kupferwiderstand der Spule des (hier im Beispiel dynamischen) Mikrofons eine thermisch bedingte Rauschspannung entsteht, die dem Ausgangssignal des Mikrofons überlagert ist und nicht mehr von diesem getrennt werden kann. Mit jeder weiteren Verarbeitungs- und Übertragungsstufe ergibt sich eine graduelle Verfälschung des Analogsignals. Diese Fehler entstehen durch Rauschen, durch das Hinzukommen von Störsignalen, durch Linearitätsabweichungen und durch von der Frequenz abhängige Verstärkungsfaktoren.

Ein digitalisiertes Signal kann dagegen nur bestimmte, voneinander abgegrenzte Werte annehmen. Änderungen in der Eingangsgröße, die kleiner als der „Abstand" zwischen den diskreten Zuständen sind, werden ignoriert. Ebenso werden zeitliche

---

11 Wir verwenden den Begriff digital hier als Gegenbegriff zu analog, so wie er landläufig und in einiger Elektronik-Fachliteratur verwendet wird. Eine Differenzierung zwischen „analog" und „digital" sowie „kontinuierlich" und „diskret" findet sich in Band 1 (Kap. II.4.2).

https://doi.org/10.1515/9783110581805-006

Änderungen der zu übertragenden Größe, die zwischen den periodisch aufeinander folgenden Abtastungszeitpunkten des digitalen Signals liegen, ignoriert. Liegt das Signal aber einmal in digitaler Form vor, dann ist es mit einfachen Mitteln möglich, es so störsicher zu übertragen, weiterzuverarbeiten und zu speichern, dass es dabei dann zu keinem weiteren Informationsverlust mehr kommt (Vgl. Band 1, Kap. II.4.1). Daher besteht die Motivation, Signale möglichst nahe an ihrer Quelle, und dort aber hochauflösend, in Amplituden- und Zeitraster, zu digitalisieren.

Im einfachsten Fall wird das digitale Signal in Form paralleler Bitleitungen übertragen. Jede Bitleitung überträgt dann einen zweiwertigen Logikpegel, etwa 0 V und +3 V. Wenn die Erkennungsschwelle der empfangenden Schaltung bei 1,5 V liegt, dann muss ein von außen eingekoppeltes Störsignal 1,5 V erreichen, um überhaupt eine wahrnehmbare Wirkung zu haben (ausreichende Zeitdifferenz zwischen senderseitigen Pegelwechseln und empfängerseitigem Abtastzeitpunkt vorausgesetzt). Bei einem typischen analogen Audiosignal führt dagegen schon eine Störspannung von wenigen mV zu einer deutlich wahrnehmbaren Beeinträchtigung des Hörerlebnisses.

In der Praxis werden parallele Bitleitungen für digitale Signale nur für kurze Verbindungen innerhalb eines Gerätes verwendet. Für Verbindungen zwischen Geräten werden die einzelnen Bits üblicherweise im Zeitmultiplex auf einer einzigen Leitung seriell übertragen.

5.3 Der Digital/Analog-Wandler

Der Analog/Digital-Wandler arbeitet in den meisten Fällen mit einen Digital/Analog-Wandler als interne Teilbaugruppe, so dass wir an dieser Stelle mit der Betrachtung des Digital/Analog-Wandlers, abgekürzt D/A-Wandler beginnen. Abbildung 5.1 zeigt den prinzipiellen Aufbau eines D/A-Wandlers.

Bis in die 1970er-Jahre hinein wurden D/A-Wandler tatsächlich in ähnlicher Weise mit Transistor-Schaltern und Einzelwiderständen aufgebaut. Wir gehen in diesem Bei-

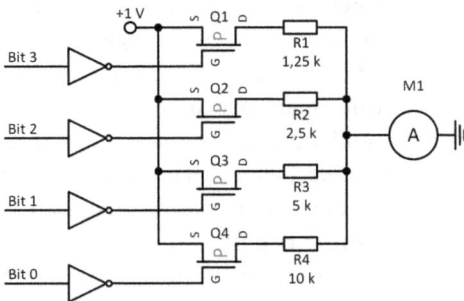

Abb. 5.1: Prinzip des D/A-Wandlers

spiel vereinfachend davon aus, dass der Kanalwiderstand der durchgesteuerten FETs und der Widerstand des Strommesswerkes gegenüber den Werten der in der Schaltung vorhandenen Widerstände vernachlässigbar klein ist. Die Ausgangsspannung der die Schalttransistoren ansteuernden Inverter betrage zudem +1 V, wenn diese einen H-Pegel ausgeben.

– Beginnen wir die Betrachtung damit, dass alle Eingangssignale auf L-Pegel sind. Dann sperren alle P-Kanal-FETs Q1 bis Q4, da deren Gate-Source-Spannung dann 0 V ist. Damit beträgt der mit dem Messwerk gemessene Ausgangsstrom des D/A-Wandlers 0 A.

– Nun betrachten wir den Eingangscode 0001_2 (1_{10}). Damit ist der Eingang „Bit 0" auf H-Pegel. Damit geht der Ausgang des dazugehörigen Inverters auf L-Pegel, womit das Gate von Q4 negativer als die Source von Q4 ist. Hierdurch wird der Kanal von Q4 leitend. Über R4 und Q4 fließt ein Strom von 1 V / 10 kΩ = 0,1 mA durch das Strommesswerk.

– Wir fahren mit dem Eingangscode 0010_2 (2_{10}) fort. Sinngemäß zu den soeben gemachten Betrachtungen folgt, dass Q3 leitet, während alle anderen P-Kanal-FETs sperren. Damit fließt ein Strom von 1 V / 5 kΩ = 0,2 mA über Q3 und R3 durch das Messwerk.

– Beim Eingangscode 0011_2 (3_{10}) leiten Q3 und Q4, während Q1 und Q2 nach wie vor sperren. Damit ergibt sich ein Strom von 0,2 mA durch R3 und von 0,1 mA durch R4, womit ein Strom von 0,2 mA + 0,1 mA = 0,3 mA durch das Messwerk fließt.

– Beim Eingangscode 0100_2 (4_{10}) leitet Q2, während alle anderen P-Kanal-FETs sperren. Damit fließt ein Strom von 1 V/2,5 kΩ = 0,4 mA über Q2 und R2 durch das Messwerk.

Das Verhalten des D/A-Wandlers bei allen möglichen Eingangscodes ist in der Tabelle in Abbildung 5.1 zusammengefasst dargestellt:

Man erkennt, dass der aus dem Ausgang des D/A-Wandlers herausfließende Strom proportional zum Zahlenwert des in den D/A-Wandler hereingegebenen Binärcodes ist.

In der Praxis wird statt eines Ausgangsstroms meist eine Ausgangsspannung benötigt. Dies kann erreicht werden, wenn man anstelle des Strommesswerkes dem D/A-Wandler einen speziellen Verstärker nachschaltet, der eine dem Eingangsstrom proportionale Spannung ausgibt. (Die Betrachtung dieser Verstärkerschaltung geht jedoch über den Rahmen dieses Kapitels hinaus.) Würde man dagegen einen einfachen Widerstand zur Strom-Spannungswandlung verwenden, dann beeinträchtigte man damit die Linearität des D/A-Wandlers: Die durch das Zuschalten des niederwertigsten Bits verursachte Stromänderung ist in diesem Fall dann, wenn der Ausgangsstrom nahe 0 A ist, größer, als wenn sich der Ausgangsstrom bereits nahe dem Endwert befände. In diesem Fall subtrahiert sich die über dem am Ausgang angeschlossenen Widerstand abfallende Spannung in Bezug auf die Spannung über R4 von der +1-V-Versorgungsspannung, so dass nur noch ein reduzierter Strom durch R4 fließen kann.

Für größere Bitzahlen wird bei dem zuvor beschriebenen Aufbau des D/A-Wandlers das Verhältnis des kleinsten zum größten Widerstandswert so hoch, dass die Widerstände nicht mehr in der benötigten Genauigkeit gefertigt werden können. Daher werden heute in der Praxis komplexere Strukturen mit mehreren Schaltern und Widerständen pro Bit und dafür sich nur um den Faktor 2 unterscheidenden Widerstandswerten verwendet, die sich zudem gut auf einem Siliziumchip integrieren lassen.

Es gibt noch weitere Verfahren zur D/A-Wandlung, auf die wir aber aus Platzgründen an dieser Stelle nicht eingehen können.

5.4 Der Analog/Digital-Wandler

Es gibt viele unterschiedliche Verfahren der A/D-Wandlung, die für die jeweilige Anwendung das bestmögliche Verhältnis von Präzision und Geschwindigkeit und/oder Leistungsaufnahme bereitstellen. Wir beschränken uns aus Platzgründen auf die Darstellung des Sukzessiven-Approximations-Verfahrens (SAR), das besonders gut verständlich und auch heute noch sehr verbreitet ist.

Zum Verständnis des SAR-A/D-Wandlers ist es hilfreich, sich die erste A/D-Wandler-Generation aus den 1950er-Jahren anzusehen. Diese Wandler arbeiteten rein elektromechanisch und wurden noch von Hand gesteuert. Abbildung 5.2 zeigt einen derartigen Wandler.

Der Name DIGIKOMP des abgebildeten Gerätes erklärt schon sehr gut seine Funktionsweise. Das Gerät besteht aus einer hochgenauen Vergleichsspannungsquelle, die einen D/A-Wandler speist, welcher in seiner Wirkungsweise dem im vorigen Abschnitt beschriebenen D/A-Wandler gleicht. Anstelle der dortigen FETs sind im DIGIKOMP als Schalter elektromechanische Stufenschalter vorhanden. Die Widerstände des D/A-

Eingangscode (dezimal)	Strom durch R1 [mA]	Strom durch R2 [mA]	Strom durch R3 [mA]	Strom durch R4 [mA]	Strom durch Messwerk [mA]
0	0	0	0	0	0
1	0,1	0	0	0	0,1
2	0	0,2	0	0	0,2
3	0,1	0,2	0	0	0,3
4	0	0	0,4	0	0,4
5	0,1	0	0,4	0	0,5
6	0	0,2	0,4	0	0,6
7	0,1	0,2	0,4	0	0,7
8	0	0	0	0,8	0,8
9	0,1	0	0	0,8	0,9
10	0	0,2	0	0,8	1
11	0,1	0,2	0	0,8	1,1
12	0	0	0,4	0,8	1,2
13	0,1	0	0,4	0,8	1,3
14	0	0,2	0,4	0,8	1,4
15	0,1	0,2	0,4	0,8	1,5

Abb. 5.2: Wahrheitswerttabelle des D/A-Wandlers

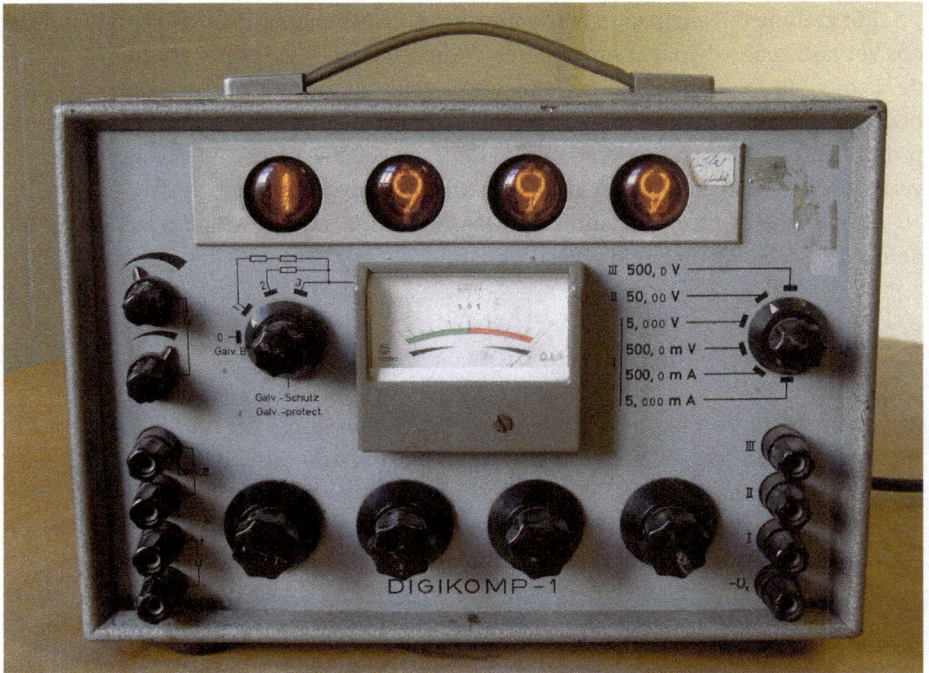

Abb. 5.3: „Handbetriebener" A/D-Wandler aus den 1950er-Jahren

Wandlers sind innerhalb jeder Stelle binär gewichtet, zwischen den einzelnen Stellen jedoch um den dezimalen Faktor 10 gewichtet. Damit ergibt sich unmittelbar eine dezimale Anzeige des Wandlungergebnisses.

Der Ausgangsstrom des D/A-Wandlers wird mit dem aus der unbekannten zu digitalisierenden Spannung über einen Widerstand abgeleiteten Messstrom summiert. Dieser Summenstrom fließt durch das an der Gerätefront befindliche empfindliche Drehspulmesswerk.

Die das Gerät bedienende Person stellt nach Anlegen der zu digitalisierenden unbekannten Spannung mittels der Drehschalter den Ausgangsstrom des D/A-Wandlers so ein, dass er betragsmäßig dem unbekannten Messstrom entspricht, jedoch das entgegengesetzte Vorzeichen hat. Die optimale Einstellung ist daran zu erkennen, dass das Drehspulmesswerk ein Minimum anzeigt. Nachdem das Minimum gefunden wurde, kann der Messwert an den direkt von den Stufenschaltern mit einer zweiten Ebene geschalteten Ziffernanzeigen abgelesen werden. Abbildung 5.3 zeigt, sehr stark vereinfacht, das Prinzip des DIGIKOMP.

Da der Messstrom nicht ein exaktes Vielfaches des kleinsten zuschaltbaren Strominkrements betragen muss, wird es im allgemeinen Fall nicht möglich sein, die Anzeige vollständig auf 0 zu stellen. Es verbleibt eine Differenz zwischen dem angezeigten,

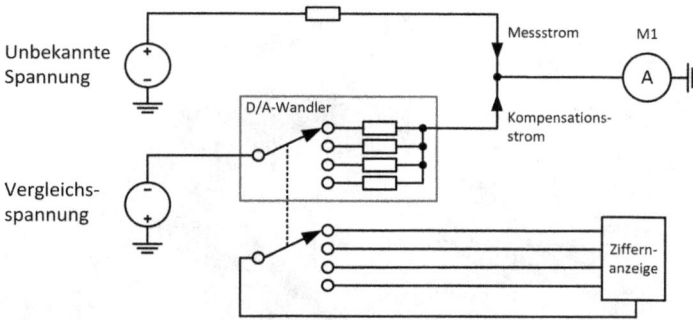

Abb. 5.4: Stark vereinfachte Darstellung des Prinzips des DIGIKOMP

digitalen, Messwert und dem tatsächlichen Wert des analogen Eingangssignals. Diese Abweichung bezeichnet man als „Quantisierungsfehler". Um den Quantisierungsfehler gering zu halten, zieht man möglichst geringe kleinste Inkremente der Kompensationsgröße vor. Damit steigt aber auch die Anzahl der benötigten Bauteile innerhalb des Gerätes (bei gleichzeitig zunehmender Präzisionsanforderung an diese) und die Prozedur des Einstellens der Kompensation wird zeitaufwendiger.

Der DIGIKOMP führt, wie jeder A/D-Wandler, keine absolute Messung aus, sondern vergleicht die unbekannte Eingangsspannung mit seiner internen Referenzspannung und gibt damit das Verhältnis dieser beiden Spannungen als Ausgangsgröße aus. Weiterhin wird vorausgesetzt, dass sich die unbekannte Spannung während des Einstellprozesses nicht ändert.

Bereits in den 1950er-Jahren gab es A/D-Wandler nach dem am Beispiel des DIGI-KOMP beschriebenen Kompensationsprinzip, bei denen die Erkennung des Minimums des Summenstroms mit einer elektronischen Schaltung, dem sogenannten Comparator, erfolgte und die Steuerung der Drehschalter über eine elektronische Ablaufsteuerung mit Elektromotoren erfolgte. Derartige Geräte gaben dann einige Sekunden nach einem Knopfdruck den Messwert aus oder arbeiteten auch kontinuierlich. Der im Allgemeinen abstrakte Prozess der Digitalisierung ist bei diesen Geräten anhand der deutlich hörbaren Motorengeräusche eindrücklich sinnlich erlebbar.

Abbildung 5.4 zeigt das elektromechanische Schrittschaltwerk eines derartigen A/D-Wandlers aus einem in den 1950er-Jahren hergestellten Digitalvoltmeter der Firma *Beckman*. Am rechtsseitigen Ende der Schrittschaltwerke sind die Kompensationswiderstände sichtbar.

Im nächsten Schritt befassen wir uns mit dem Comparator. Der Comparator stellt das Bindeglied zwischen der analogen und der digitalen Welt dar und ist ein Schaltungsblock, der digitale und analoge Eigenschaften in sich vereint.

Der Comparator baut auf dem bereits an vorstehender Stelle in diesem Kapitel beschriebenen Differenzverstärker auf. Die Aufgabe des Comparators im Kontext des A/D-Wandlers ist es, ein binäres Signal abzugeben, dass signalisiert ob die Eingangs-

Abb. 5.5: Schrittschaltwerk eines elektronisch gesteuerten A/D-Wandlers von Beckman aus den 1950er-Jahren

spannung des Comparators größer oder kleiner als 0 ist. Dieser Satz enthält jedoch in sich selbst einen Widerspruch, es könnte ja auch der Fall auftreten, dass die Eingangsspannung exakt 0 ist. Um diesen Widerspruch dann aufzulösen wird das Verhalten des Comparators in der unmittelbaren Umgebung seines Schaltpunktes in der Folge noch genauer betrachtet. Wir beginnen damit, dass wir einen Differenzverstärker mit besonders hoher Verstärkung aufbauen. Dies ist in Abbildung 5.5 gezeigt.

An die Basis von Q2 wird über R8 die Vergleichsspannung angelegt. Mit dem Potentiometer P1 ist eine Feineinstellung der Vergleichsspannung möglich, womit in der Praxis verschiedene in der Gesamtschaltung enthaltene Toleranzabweichungen „herausgeglichen" werden können. An die Basis von Q1 wird die mit 0 zu vergleichende Eingangsspannung angelegt.

R1 erfüllt die Funktion der Stromquelle des bekannten Differenzverstärkers. Der erwartete Eingangsspannungsbereich ist klein gegenüber der im Ruhezustand über R1 anliegenden Spannung von ca. 14,4 V so dass der durch R1 fließende Strom im Rahmen dieser Betrachtung als konstant angesehen werden kann.

Wir gehen zunächst davon aus, dass die Eingangsspannung um einen geringen Betrag negativ ist. Damit wird Q1 etwas weniger aufgesteuert als Q2. Damit steigt das Potential am Collector von Q1 an, womit dann, sobald die Basis-Emitter-Schwellspannung von Q3 überschritten ist, Basisstrom in Q3 fließt. Damit nimmt dann auch der Collectorstrom von Q3 zu, womit Q4 ein größerer Anteil des Basisstroms entzogen wird. Dadurch nimmt der Collectorstrom von Q4 ab und das Potential des am Collector von Q4 anstehenden Ausgangssignals nimmt zu.

Wenn die Eingangsspannung weiter ins Negative gebracht wird, dann nimmt der Collectorstrom von Q3 so weit zu, dass Q4 vollständig der Basisstrom entzogen wird, womit Q4 vollständig sperrt und damit das Ausgangssignal bis auf die Höhe der Versorgungsspannung ansteigt. Aufgrund der Hintereinanderschaltung von Q1, Q3 und Q4 multiplizieren sich deren Verstärkungen, so dass bereits eine geringe negative Eingangsspannung ausreicht, um Q4 vollständig zu sperren.

Nehmen wir nun an, die Eingangsspannung sei leicht positiv. Dann ist Q1 etwas mehr aufgesteuert als Q2. Damit sinkt das Potential des Collectors von Q1, womit Q3 ein Teil des Basisstroms entzogen wird. Dann geht der Collectorstrom von Q3 zurück und der Basisstrom von Q4 nimmt zu. Damit nimmt der Collectorstrom von Q4 ebenfalls zu, womit das Potential des Ausgangssignals absinkt. Bei nur leichter weiterer Erhöhung der Eingangsspannung steigt aufgrund der hohen Verstärkung der drei hintereinandergeschalteten Transistoren der Basisstrom in Q4 so weit an, dass Q4 vollständig durchgesteuert wird und das Ausgangssignal praktisch auf dem Massepotential liegt.

Man erkennt, dass die Schaltung bei hinreichend hohen Eingangsspannungen bereits einwandfrei arbeitet, dass aber bei sehr kleinen Abweichungen der Eingangsspannung sich das Potential des Ausgangssignals in einem aus „digitaler Sicht" undefinierten Übergangsbereich zwischen den beiden Logikpegeln L und H befindet – sich das Ausgangssignal also noch „analog" verhält.

In einer realen Comparatorschaltung ist das Eingangssignal stets mit thermisch bedingtem Rauschen und ungewollt eingekoppelten Störsignalen überlagert. Auch in der Comparatorschaltung selbst entsteht thermisches Rauschen. Daher steht bei der soeben betrachteten Schaltung der Ausgang bei sehr kleinen Eingangsspannungen nicht still, sondern bewegt sich entsprechend des Rauschens und der Störsignale um einige Volt um eine zwischen den beiden Logikpegeln liegende Spannung. Es ist offensichtlich, das ein derartiges Ausgangssignal für die weitere Verarbeitung unbrauchbar ist. Daher wird der zuvor abgebildeten Schaltung eine Mitkopplungsschleife hinzugefügt, die ihr, in einem bestimmten Arbeitsbereich, das Verhalten eines Flipflops gibt. Dies ist in Abbildung 5.6 dargestellt.

Das Ausgangssignal wird an den mit R5 und R6 aufgebauten, zur negativen Versorgungsspannung hinführenden Spannungsteiler gelegt. Am Verbindungspunkt von R5 und R6 liegt bei einem H-Pegel am Ausgang eine positive Spannung an, während bei einem L-Pegel am Ausgang eine ungefähr gleich große negative Spannung anliegt. Diese Spannung wird, heruntergeteilt um das Verhältnis von R7 zu der Summe aus R8 und dem Quellwiderstand von P1, an die Basis von Q2 zurückgeführt.

Wir beobachten nun den Fall, dass sich die zunächst noch etwas negative Eingangsspannung langsam auf den Nullpunkt zubewegt und dann positiv wird. Damit steht zunächst ein H-Pegel am Ausgang und damit ein positives Potential am Ver-

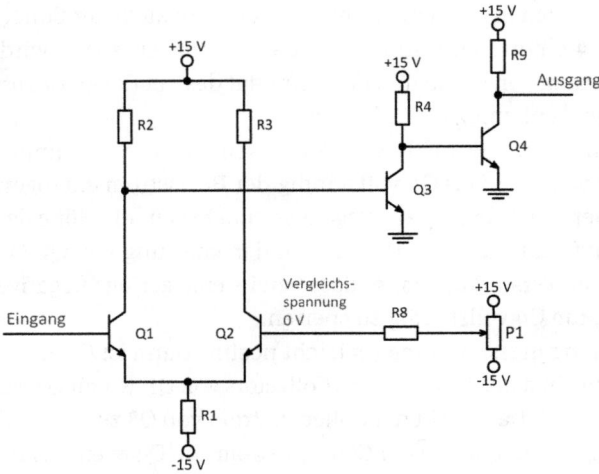

Abb. 5.6: Der erste Schritt zum Schaltbild des Comparators

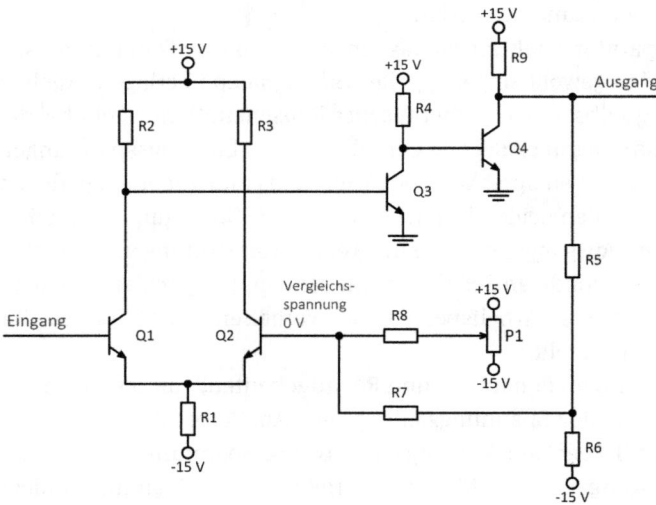

Abb. 5.7: Comparator mit Mitkopplungsschleife

bindungspunkt von R5 und R6 an. So wird das Potential der Basis von Q2 um einige mV gegenüber 0 erhöht. Wenn die Eingangsspannung bei ihrem Anstieg den Wert 0 erreicht hat, ändert sich daher das Ausgangssignal des Comparators noch nicht. Wenn die Eingangsspannung soweit positiv geworden ist, dass sie das (leicht positive) Potential der Basis von Q2 erreicht hat, dann nimmt die Aussteuerung von Q1 soweit zu, dass Q3 ein wenig seines Basisstroms entzogen wird. Damit nimmt der Basisstrom von Q4 zu und das Potential des Ausgangssignals nimmt ab. Dann nimmt aber auch das Potential der Basis von Q2, die ursprüngliche Vergleichsschwelle, vermittelt über R5, R6 und R7 ab. Damit nimmt, da der Strom durch R1 ja näherungsweise konstant ist, die Aussteuerung von Q1 schon ohne weiteren Anstieg des Eingangssignals sofort zu. Dies beschleunigt wiederum die Abnahme des Potentials am Ausgangssignal, womit auch das Potential der Basis von Q2 schneller abnimmt und wiederum die Aussteuerung von Q1 beschleunigt zunimmt. Einmal angestoßen, beschleunigt sich dieser Vorgang immer weiter von selbst. Sobald Q4 im Zuge dieses Vorgangs vollständig durchgesteuert ist, stellt sich erneut ein stabiler Zustand ein. Am Ausgang des Comparators liegt jetzt ein L-Pegel an. Damit ist der Verbindungspunkt von R5 und R6 auf negativem Potential und auch das Potential der Basis von Q2, die Vergleichsschwelle, ist um einige mV negativer als 0.

Nehmen wir an, die Eingangsspannung werde nun wieder weniger positiv, erreiche den Nullpunkt und werde dann langsam negativ. Sobald zum ersten Mal die nun negative Schaltschwelle erreicht wird, wird erneut der beschriebene Mitkopplungsprozess eingeleitet, nun in die entgegengesetzte Richtung. Der Comparator wechselt erneut seinen Zustand.

Man erkennt, dass man auch bei einem praktisch statischen oder sich nur sehr langsam ändernden Eingangssignal ein eindeutiges, einmaliges Schalten des Comparators erhält, sobald die Differenz zwischen den beiden Schaltschwellen, die sogenannte Hysterese, größer als die Summe des Rauschens und der eingekoppelten Störspannungen sind. Würde man die Hysterese so weit vergrößern, dass sie der Spannungsdifferenz zwischen H- und L-Pegel am Ausgang nahekommt, hätte man das schon bekannte Flipflop als rein digitales Schaltelement vor sich.

Um die weiteren Darstellungen übersichtlicher zu gestalten, verwenden wir dabei das in Abbildung 5.8 dargestellte Schaltsymbol für den Comparator. Die Bezeichnung + an dem entsprechenden Eingang bedeutet, dass der Ausgang des Comparators einen H-Pegel annimmt, wenn dieser Eingang positiver als der dazugehörige „Minus"-Eingang ist. Mit diesem Comparator lässt sich, in Verbindung mit dem bereits in diesem Buchteil eingeführten Zähler, eine einfacher A/D-Wandler aufbauen, wie es in Abbildung 5.9 gezeigt ist.

Dieser, hier nur schematisch und stark vereinfacht dargestellte A/D-Wandler arbeitet wie folgt: Mit einem kurz (aber selbstverständlich taktsynchron) angelegten L-Pegel am „Start"- Signal wird der Zähler auf 0 zurückgesetzt. Damit ist der Ausgangsstrom des D/A-Wandlers 0. Der von der unbekannten Spannung erzeugte Messstrom ist in diesem Beispiel positiv, womit sich eine positive Spannung am Plus-Eingang

nichtinvertierender Eingang

invertierender Eingang

Ausgang

Abb. 5.8: Das Schaltzeichen des Comparators

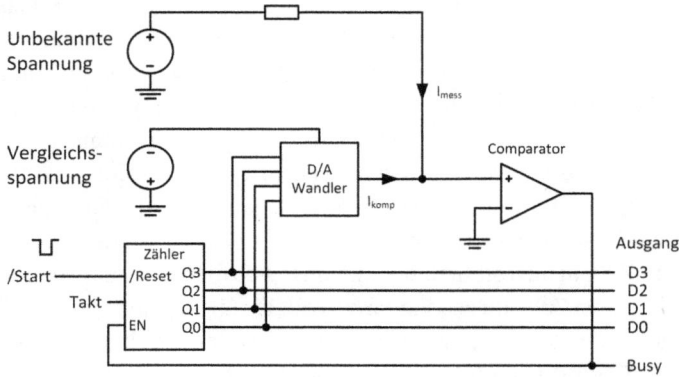

Unbekannte
Spannung

I_{mess}

Vergleichs-
spannung

D/A
Wandler

I_{komp}

Comparator

Ausgang

/Start

Takt

Zähler

/Reset Q3

Q2

Q1

EN Q0

D3

D2

D1

D0

Busy

Abb. 5.9: Ein sehr einfacher A/D-Wandler

des Comparators aufbaut. Damit stellt sich am Ausgang des Comparators ein H-Pegel ein und das Hochzählen des Zählers mit dem Takt ist dadurch freigegeben, dass der EN-(ENABLE-)Eingang des Zählers einen H-Pegel annimmt. Der Comparatorausgang wird gleichzeitig als "Busy"-Signal verwendet, um der die Daten weiterverarbeitenden CPU anzuzeigen, dass die aktuell laufende A/D-Wandlung noch nicht abgeschlossen ist. Mit dem Hochzählen des Zählers nimmt der vom D/A-Wandler ausgegebene Strom I_{komp} mit jedem Zählschritt um ein Increment zu. Sobald der Ausgangsstrom I_{komp} aus dem D/A-Wandler (der dem Messstrom entgegengerichtet ist) hierbei größer als der Messstrom I_{mess} wird, ergibt sich eine negative Spannung am Plus-Eingang des Comparators und daraus folgend ein L-Pegel am Ausgang des Comparators. Damit nimmt der EN-Eingang des Zählers einen L-Pegel an, womit das weitere Hochzählen des Zählers unterbunden wird. Der nun statisch anliegende Zählerstand entspricht dem digitalen Abbild des Verhältnisses der unbekannten Eingangsspannung zur Vergleichsspannung. Anhand des L-Pegels auf dem Busy-Signal erkennt die CPU, dass die A/D-Wandlung beendet ist und die am Ausgang des A/D-Wandlers anstehenden Daten zur Weiterverarbeitung übernommen werden können. Nach der Übernahme der Daten kann die CPU ein erneutes Startsignal ausgeben, um damit die nächstfolgende A/D-Wandlung einzuleiten.

Am Plus-Eingang des Comparators ergeben sich Spannungsänderungen, die die Linearität des D/A-Wandlers als solchem beeinträchtigen. Dies spielt aber für die Linearität des A/D-Wandlers als Ganze keine Rolle, da der Schaltpunkt des Comparators fest in der unmittelbaren Umgebung des Nullpunktes liegt. Linearitätsabweichungen

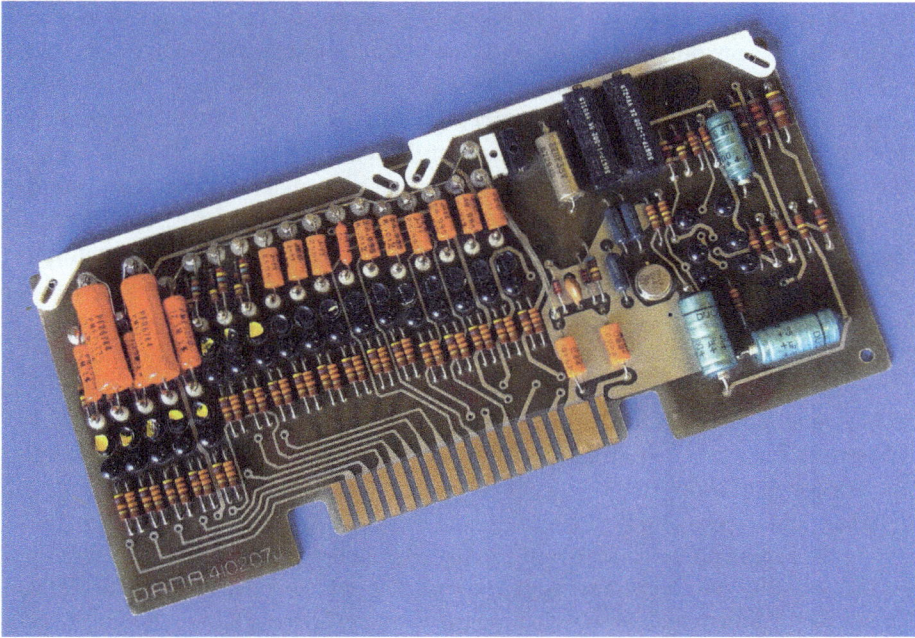

Abb. 5.10: Baugruppe mit D/A-Wandler und Comparator aus einem Digitalvoltmeter von DANA aus den 1970er-Jahren

weitab vom Schaltpunkt haben keinen Einfluss auf das Wandlungsergebnis, da der Comparator in diesem Bereich ohnehin nicht seinen Zustand ändert.

Nachteilig an diesem Wandler ist es, dass bei Eingangsspannungen in der Nähe des Endwertes bis zum Abschluss der A/D-Wandlung fast über den gesamten möglichen Wertebereich hochgezählt werden muss, womit sich bei einer heute anwendungsüblichen Auflösung von 16 Bit eine für praktische Erfordernisse viel zu lange Wandlungszeit ergibt. Bei einer Auflösung von 16 Bit müssen zum Erreichen des Endwertes 65.535 Zählschritte durchlaufen werden. In der Folge wird daher ein anderes Verfahren der Steuerung des Wandlers gezeigt, mit dem für jedes Bit des Ausgangssignals unabhängig von der anliegenden Eingangsspannung nur ein einziger Taktzyklus benötigt wird.

Abbildung 5.10 zeigt einen mit einzelnen Widerständen und als Schaltern dienenden Transistoren aufgebauten D/A-Wandler, wie er ganz am Anfang dieses Kapitels eingeführt wurde, in Verbindung mit einem den Kompensationspunkt erkennenden Comparator. Diese Baugruppe war Teil des A/D-Wandlers eines Präzisions-Voltemeters von DANA aus den 1970er-Jahren. Heutige A/D-Wandler sind vollständig auf einem Siliziumchip integriert, so dass ihre Funktion nicht mehr visuell erfasst werden kann.

In der linksseitigen Hälfte der Baugruppe erkennt man die Schalttransistoren (schwarze Gehäuse mit Abplattung, teilweise gelb markiert) und die die Schalttransistoren ansteuernden Inverterstufen (Transistoren im runden, schwarzen Gehäuse). Die den D/A-Wandler bildenden Widerstände sind größtenteils orange und befinden sich an der oberen Seite der Leiterplatte. Um eine besonders hohe Präzision zu erreichen, sind sie auf hochisolierenden Teflonstützen montiert, die Fehler durch Kriechströme auf der Oberfläche der Leiterplatte vermeiden. Auf der rechten Seite der Baugruppe befindet sich der Comparator. Die Eingangsstufe des Comparators ist mit einem Doppeltransistor ausgeführt, der sich in einem großen silbernen Metallgehäuse befindet. Rechtsseitig von diesem Metallgehäuse sieht man die nachgelagerte Verstärkerstufe des Comparators, die dazu gehörenden Transistoren besitzen ein rundes, schwarzes Plastikgehäuse. Die in der Nähe des Comparators befindlichen orangenen Widerstände dienen zur Zuführung des zu messenden Signals an den Strom-Summenpunkt.

Die Wandlungszeit des zuvor beschriebenen einfachen A/D-Wandlers kann, wie bereits erwähnt, erheblich verkürzt werden, wenn man anstelle des einfachen Hochzählens eine Ablaufsteuerung vorsieht, die wie in der Folge beschrieben arbeitet. Wir nehmen für diese Beschreibung an, dass an dieser Stelle der am Beginn dieses Kapitels beschriebene D/A-Wandler in „gespiegelter Form" zum Einsatz kommt, der für die digitalen Eingangswerte 0 bis 15 einen Strom von 0 bis -1,5 mA ausgibt.

Zunächst wird das höchstwertigste Bit, in unserem Beispiel Bit 3, gesetzt. Damit gibt der D/A-Wandler (wie bereits zu Beginn dieses Kapitels hergeleitet) einen Strom von -0,8 mA aus. Wenn der zu messende Eingangsstrom größer als 0,8 mA ist, dann stellt sich am Plus-Eingang des Comparators eine positive Spannung und damit am Ausgang des Comparators ein H-Pegel ein. Bei einem 0,8 mA unterschreitenden Eingangsstrom stellt sich eine negative Spannung am Eingang des Comparators und damit ein L-Pegel an seinem Ausgang ein.

Es ist nun bekannt, ob sich das Eingangssignal in der oberen oder in der unteren Hälfte des Messbereichs des A/D-Wandlers befindet. Diese Aussage ist gleichbedeutend mit dem höchstwertigsten Bit des Wandlungsergebnisses des A/D-Wandlers. Bei Erkennen des Zustandes „kleiner 0,8 mA" wird das Flipflop des Ausgangsregisters, dessen Ausgang das höchstwertigste Bit des Wandlungsergebnisses darstellt, rückgesetzt. Beim Erkennen des Zustands „größer 0,8 mA" bleibt es dagegen gesetzt.

Der Ausgang dieses Flipflops steuert auch das höchstwertigste Bit des D/A-Wandlers. Wenn der Zustand „größer 0,8 mA" erkannt wurde, dann gibt der D/A-Wandler für die weitere Dauer des Wandlungsprozesses mindestens -0,8 mA aus. Wenn der Zustand „kleiner 0,8 mA" erkannt wurde, dann gibt der D/A-Wandler zunächst 0 mA aus.

Der soeben beschriebene Vorgang wird nun mit dem nächstfolgenden Bit wiederholt. Damit wird der aus dem D/A-Wandler ausgegebene Strom um 0,4 mA (ins Negative hinein) erhöht. Wenn zuvor „größer 0,8 mA" erkannt wurde wird -0,8 mA - 0,4 mA = -1,2 mA ausgegeben. Wenn zuvor „kleiner 0,8 mA" erkannt wurde, dann wird 0 mA - 0,4 mA = -0,4 mA ausgegeben.

Es wird also „abgefragt", ob sich der zu messende Eingangsstrom in der oberen oder in der unteren Hälfte des nach der Bestimmung der höchstwertigsten Stelle verbleibenden Möglichkeitsbereichs befindet. Die damit gewonnenen Aussage „größer

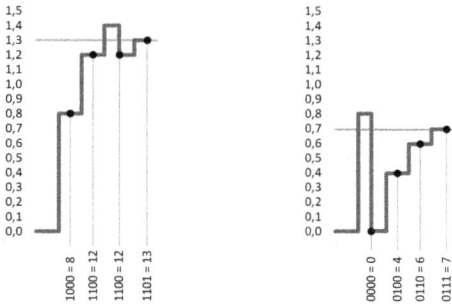

Abb. 5.11: Ablauf der Digitalisierung von Messströmen mit 1,3 mA und 0,7 mA

als höchstwertigstes Bit +0,4 mA" oder „kleiner als höchstwertigstes Bit +0,4 mA" wird zum Setzen oder Rücksetzen des Flipflops verwendet, dessen Ausgang die zweithöchste Stelle des Wandlungsergebnisses darstellt. Dieser Vorgang wird solange über alle Bitpositionen fortgesetzt, bis der Wert des niederwertigsten Bits bestimmt wurde.

In Abbildung 5.11 wird beispielhaft die Abfolge der Digitalisierung eines Messstromes von 1,3 mA und von 0,7 mA gezeigt. Der aus dem D/A-Wandler kommende Kompensationsstrom ist dabei mit umgekehrtem Vorzeichen, also positiv, dargestellt. Man erkennt, wie sich der A/D-Wandler mittels fortgesetztem Halbieren der Schrittweite an den analogen Eingangswert „herantastet" und dabei stets für jedes Bit seines Ausgangswortes nur einen Schritt benötigt. Abbildung 5.12 zeigt eine mögliche schaltungstechnische Realisierung dieses Wandlungsprinzips.

Die Abläufe des Wandlers werden durch einen Zähler und einen nachgeschalteten Decoder gesteuert. Exakt diese Struktur ist uns in diesem Buchteil schon einmal begegnet: Das Steuerwerk für lineare, unverzweigte Programmabläufe „unseres" Transistor-Rechners. Die kombinatorische Logik des Decoders kann auch als Programmablauf interpretiert werden. Im Sinne dieser Betrachtungsweise ist sie in dem obenstehenden Schaltbild auch nicht explizit dargestellt, sondern es wird stattdessen ihre Funktion beschrieben. Dennoch wird in der Folge, um Eindeutigkeit herzustellen, die Wahrheitswerttabelle dieses Decoders, der mit der bereits in diesem Buch beschriebenen universellen Gatterstruktur aufgebaut werden kann, in Tabelle 5.2 angegeben.

Die Wandlung beginnt damit, dass der Zähler und das Ausgangsregister mit einem (selbstverständlich taktsynchronen) Start-Impuls von der übergeordneten CPU zurückgesetzt werden. Damit ist der Zählerstand 0. Ebenso gibt der D/A-Wandler 0 mA aus und die Ausgänge 0 und 0+1 des Decoders gehen auf H. Nun stellt sich unabhängig vom Ausgangssignal des Comparators am Ausgang von G1 ein H-Pegel ein, der mit dem folgenden Takt vom Flipflop FF1 übernommen wird, da dessen EN-Eingang auf H ist. Der Ausgang Q von FF1 geht damit auf H. Damit gibt der D/A-Wandler, entsprechend den Zahlenwerten des voranstehenden Beispiels -8 mA aus.

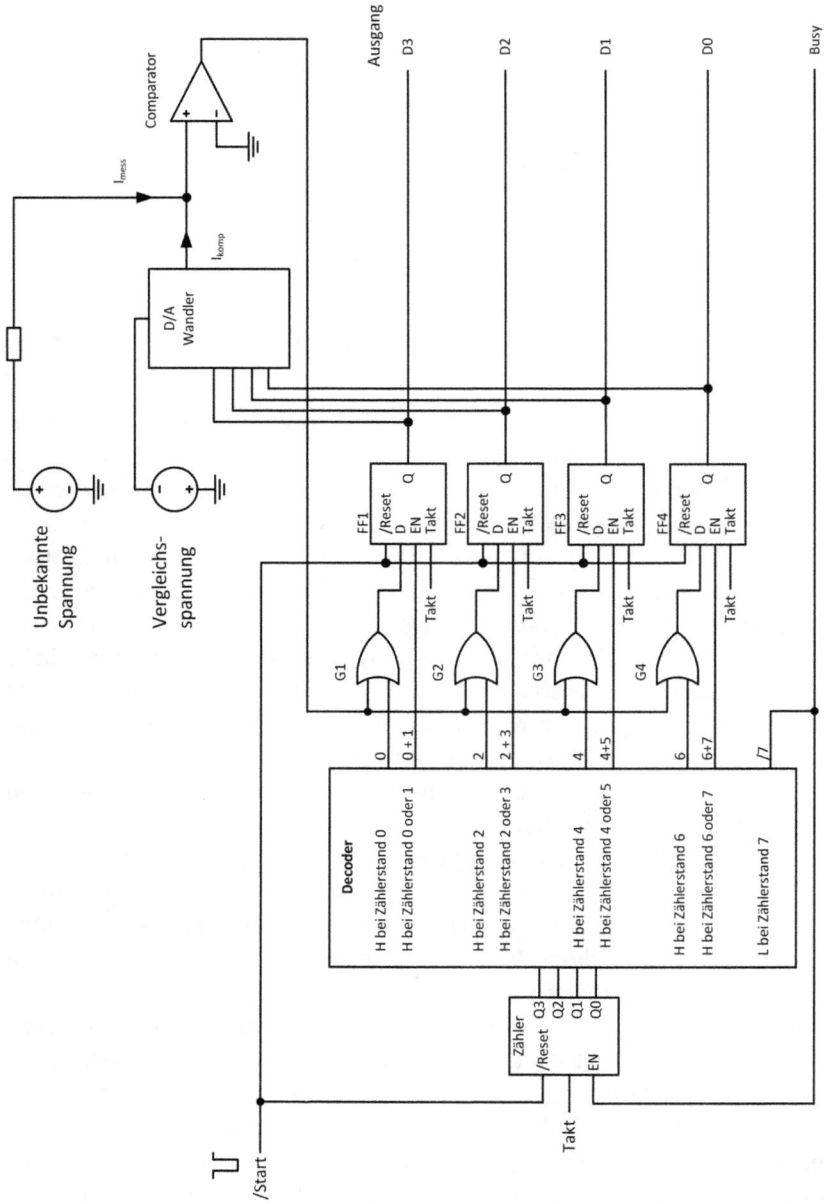

Abb. 5.12: Schaltungstechnische Realisierung eines SAR-Wandlers

Zählerstand Dezimal	Decoder-Ausgänge								
	0	0+1	2	2+3	4	4+5	6	6+7	/7
0	1	1	0	0	0	0	0	0	1
1	0	1	0	0	0	0	0	0	1
2	0	0	1	1	0	0	0	0	1
3	0	0	0	1	0	0	0	0	1
4	0	0	0	0	1	1	0	0	1
5	0	0	0	0	0	1	0	0	1
6	0	0	0	0	0	0	1	1	1
7	0	0	0	0	0	0	0	1	0

Abb. 5.13: Wahrheitswerttabelle des Decoders

Nehmen wir an, der von der zu messenden Spannung abhängige Strom I_{mess} betrage 1,3 mA. Dann verbliebe eine Differenz von +4 mA, die zu einer positive Spannung am Comparatoreingang führt, die ihrerseits einen H-Pegel am Comparatorausgang bewirkt.

Mit dem bereits erwähnten Takt hat sich der Stand des Zählers auf 1 erhöht. Damit befindet der Decoderausgang 0 auf L. Der Pegel am Ausgang des Gatters G1 wird dann nur noch vom Pegel des Comparatorausgangs bestimmt. In Folge des zuvor angenommenen Eingangsstroms von 1,3 mA ist dies ein H-Pegel. FF1 bleibt also gesetzt.

Wäre der Eingangsstrom jedoch kleiner als 0,8 mA, beispielsweise 0,6 mA, dann verbliebe eine Differenz von -0,1 mA, die zu einer negativen Spannung am Comparatoreingang und damit zu einem L-Pegel am Ausgang des Comparators führt. Damit stellte sich auch am Ausgang des Gatters G1 ein L-Pegel ein und FF1 würde mit dem folgenden Takt zurückgesetzt.

Mit diesem Takt wurde auch der Zählerstand auf 2 erhöht und der Decoderausgang 0+1 nimmt einen L-Pegel an. Damit kann sich der Zustand des Flipflops FF1 im weiteren Verlauf des Wandlungsprozesses nicht mehr ändern. Der bereits am Beispiel von FF1 beschriebene Ablauf wird nun mit FF2, FF3 und FF4 wiederholt, bis alle Bits des Ausgangsworts bestimmt sind. Dann ist der Zählerstand 7 erreicht. Damit geht das Ausgangssignal /7 des Decoders auf L, womit der Zähler beim Zählerstand 7 angehalten wird. Damit steht das Ausgangswort dauerhaft am Ausgang an. Der Ausgang /7 des Decoders ist auch das Busy-Signal, dessen L-Pegel der CPU anzeigt, dass ein neues Ausgangswort des A/D-Wandlers zur Verarbeitung abgeholt werden kann. Nach dem Abholen des bereitstehenden Ausgangswortes kann die CPU durch Ausgabe eines erneuten Startimpulses eine weitere, nachfolgende A/D-Wandlung initiieren.

In dieser Schaltung arbeitet eine Vielzahl von miteinander verschachtelten Rückkopplungsschleifen im Zusammenspiel:

- In jedem der insgesamt acht beteiligten Flipflops (vier davon im Zähler) ist eine interne Rückkopplungsschleife funktionsbestimmend.
- Innerhalb des Zählers ist eine übergeordnete Rückkopplungsschleife vorhanden, die das Hochzählen bewirkt.

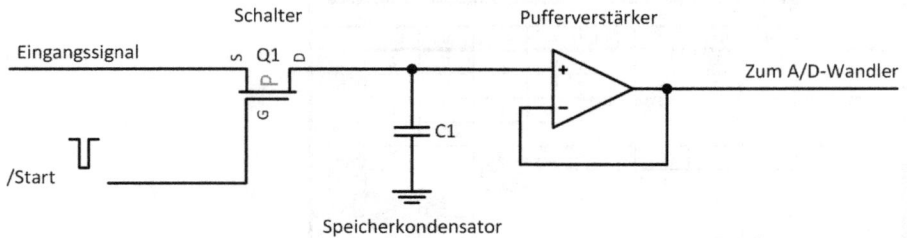

Abb. 5.14: Prinzipieller Aufbau einer Sample/Hold-Stufe

– Durch eine weitere Schleife wird der Zähler aus dem von ihm gesteuerten Decoder heraus angehalten.
– Innerhalb des Comparators ist eine Rückkopplungsschleife wirksam.
– Vom Comparatorausgang über das Register und den D/A-Wandler ist eine Rückkopplungsschleife wirksam.
– Das Ansprechen des A/D-Wandlers durch die CPU ist wiederum Teil der in der CPU wirksamen Rückkopplungsschleifen.

Ein derartiges Zusammenspiel von Rückkopplungsschleifen ist für die Funktion der meisten elektronische Systeme maßgeblich.

Für das beschriebene Wandlungsprinzip ist es sehr wichtig, dass das Eingangssignal über den gesamten Verlauf der Wandlung konstant bleibt. Ist dies nicht der Fall, dann kommt der Entscheidungsprozess des Wandlers „durcheinander" und es entstehen fehlerhafte Ausgangsworte. Der hierbei entstehende Fehler im digitalen Ausgangswort kann erheblich größer sein, als es der Änderung der analogen Eingangsgröße im Verlauf des Wandlungsvorgangs entspricht.

Daher besteht die Notwendigkeit, dem A/D-Wandler ein analoges Abtast- und Halteglied (Sample/Hold, abgekürzt S/H, vgl. Band 1, Kap. II.4.3.2) vorzuschalten. Dieses besteht aus einem elektronischen Schalter in Form eines FETs und einem Speicherkondensator. Der Schalter wird kurzzeitig vor dem Beginn einer A/D-Wandlung geschlossen, wodurch der Speicherkondensator auf die Spannung des Eingangssignals aufgeladen. wird Als Steuersignal hierfür wird der von der CPU ausgegebene Start-Impuls verwendet. Nachdem der Schalter wieder geöffnet wurde, hält der Kondensator die zuvor gespeicherte Eingangsspannung. Um eine Entladung des Kondensators durch den Eingangsstrom zu verhindern, ist ihm ein sogenannter Pufferverstärker nachgeschaltet. Dieser hat eine Spannungsverstärkung von 1 und einen nur vernachlässigbar kleinen Eingangsstrom. Er wird meist mit einem Operationsverstärker mit FET-Eingängen aufgebaut. Abbildung 5.14 zeigt den prinzipiellen Aufbau der Sample/Hold-Stufe.

Das Ausgangssignal der S/H-Stufe hat bei sich änderndem Eingangssignal und mehreren aufeinanderfolgenden Abtast- und Haltevorgängen ein treppenförmiges

Aussehen. Die S/H-Stufe führt eine zeitliche Abtastung des Eingangssignals durch. Das ursprüngliche Eingangssignal ist sowohl bezüglich der Amplitude als auch bezüglich den Zeitverlaufs analog, es sind in diesen beiden Dimensionen unendlich viele Zwischenwerte möglich. Das Ausgangssignal der S/H-Stufe ist dagegen bezüglich des Zeitverlaufs diskretisiert, bezüglich der Amplitude aber noch analog. Im dann folgenden A/D-Wandler wird dieses bereits zeitdiskrete Signal dann auch bezüglich der Amplitude diskretisiert. Damit steht dann ein vollständig digitalisiertes Signal zur weiteren Verarbeitung bereit.

Die Verarbeitungsreihenfolge *zeitliche Diskretisierung → amplitudenmäßige Diskretisierung* lässt sich auch umdrehen, wie dieses beim ebenfalls weit verbreiteten Sigma-Delta-A/D-Wandler der Fall ist. Dort wird zuerst eine amplitudenmäßige Diskretisierung vorgenommen. Das Ausgangssignal der ersten Stufe ist ein zeitanaloges Binärsignal. In der dann folgenden Stufe wird dieses Signal zeitlich abgetastet und damit vollständig digitalisiert.

Bei der zeitlichen Diskretisierung des analogen Eingangssignals kann es zu erheblichen Fehlern kommen, wenn im Eingangssignal Frequenzen enthalten sind, die oberhalb der halben Abtastfrequenz liegen (Vgl. Band I, Kap. II.4.3.1). Dies wird in Abbildung 5.15 gezeigt, in der unterhalb des Eingangssignals die dazugehörigen digitalen Ausgangssignale des A/D-Wandlers so dargestellt sind, dass die Abtastpunkte gekennzeichnet sind und der dabei digitalisierte Amplitudenwert, wie bei einem analogen Signal üblich, in der senkrechten Achse skaliert wird.

Man erkennt, dass sich aus der unteren, mit einer mit guter Reserve abgetasteten Folge von digitalisierten Werten durch die Ausgabe mit einem D/A-Wandler und das anschließende „Wegfiltern" der dabei entstehende „Treppenstufen" das ursprüngliche Analogsignal wieder mit hoher Präzision rekonstruieren lässt. (In der Theorie ist diese Rekonstruktion unter der Annahme perfekter Komponenten im Signalweg und spezieller Filterfunktionen sogar 100 % fehlerfrei möglich.)

Bei der oberen, mit einer zu tiefen Frequenz abgetasteten Folge von digitalisierten Werten, ist die Frequenz des ursprünglichen Signals gar nicht mehr im rekonstruierten Analogsignal vorhanden. Stattdessen wird eine wesentlich tiefere Frequenz, die im ursprünglichen Signal nicht vorhanden war, ausgegeben. Dieses Verhalten wird mit Aliasing bezeichnet. Der aus dem Alltag bekannte Moiré-Effekt ist eine optische Entsprechung zum Aliasing (vgl. Band 3, Kap. I.2.3.8).

Es ist offensichtlich, dass Alias-Frequenzen schon mit kleinsten Amplituden, etwa in einer Audio-Datei, verheerende Wirkungen haben. Daher müssen sie unter allen Umständen vermieden werden. Hierzu wird der S/H-Stufe ein Tiefpassfilter vorgeschaltet, das so bemessen ist, dass alle Frequenzen oberhalb der halben Abtastfrequenz von der S/H-Stufe ferngehalten werden. In der Praxis ist es nicht möglich, ein Filter mit hinreichender Steilheit zu bauen, ohne dass durch dieses Filter unakzeptable Phasenfehler im noch interessierenden Frequenzbereich entstehen. Daher wählt man die Abtastfrequenz in der Praxis meist weit höher als das Doppelte der höchsten noch

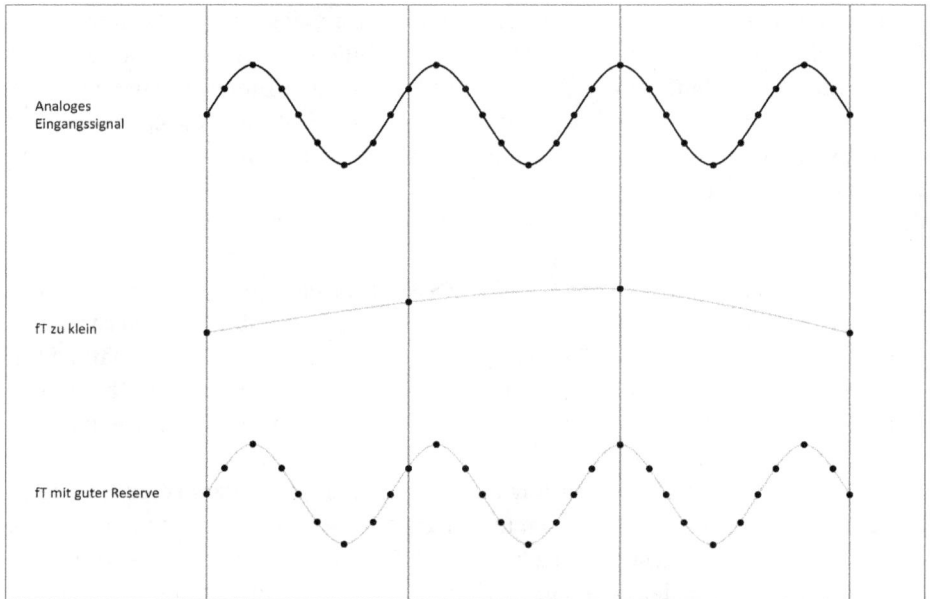

Abb. 5.15: Die Folgen einer zu geringen Abtastfrequenz

interessierenden Signalfrequenz, um auf diese Weise mit einer praktisch realisierbaren Steilheit des Filters auszukommen.

Das bereits erwähnte Sigma-Delta-Verfahren, bei dem zuerst die Amplituden- und dann die Zeitdiskretisierung durchgeführt wird, stellt weit geringere Anforderungen an das Eingangsfilter, da die erste Stufe des Sigma-Delta-Wandlers prinzipbedingt mit einer Frequenz abtastet, die problemlos sehr weit über den Nutzfrequenzbereich gelegt werden kann. Daher ist das Sigma-Delta-Verfahren das meistverwendete Verfahren zur Digitalisierung von Audiosignalen. Aus Platzgründen kann dieses Verfahren jedoch in diesem Buch nicht dargestellt werden.

6 Die drahtlose Übertragung von Informationen mittels Funk

6.1 Einführung

Die heutige Elektronik ist historisch aus der Funktechnik entstanden. Noch in den 1950er-Jahren wurden computerbezogene Themen in verbreiteten Fachzeitschriften unter „Spezialgebiete der Funktechnik" behandelt. Heute ist die Funktechnik, insbesondere in ihrer Anwendung als Kommunikationsmedium für mobile Internetgeräte, im Alltag weit verbreitet.

Die Funktechnik ist ein sehr komplexes und umfangreiches Gebiet, dessen tiefer gehende Betrachtung weit über den hier zur Verfügung stehenden Platz hinausgehen würde. Daher wird an dieser Stelle nur eine kurze Einführung in die grundlegenden Prinzipien gegeben.

6.2 Der Schwingkreis

Die grundlegende Funktionseinheit der Funktechnik ist der Schwingkreis. Ein Schwingkreis wird mittels einer Parallelschaltung einer Spule und eines Kondensators aufgebaut. Abbildung 6.1 zeigt links die Schaltung eines Schwingkreises.

Dieser Schwingkreis schwingt auf seiner Eigenfrequenz, die durch die Kapazität von C1 und die Induktivität von L1 bestimmt ist. Mit sinkender Induktivität und/oder sinkender Kapazität nimmt die Eigenfrequenz zu. „Schwingen" bedeutet hierbei, dass die einmal in den Kreis eingebrachte Energie periodisch ihre Form zwischen im elektrischen Feld des Kondensators gespeicherter Energie und im magnetischen Feld der Spule gespeicherter Energie wechselt. Dies entspricht dem Verhalten eines mechanischen Pendels, bei dem die Energieform zwischen kinetischer Energie (im tiefsten Punkt) und potentieller Energie (an den Endpunkten der Schwingung) wechselt (vgl.

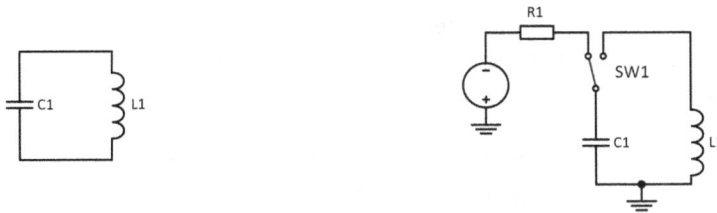

Abb. 6.1: Schaltbild eines Schwingkreises (li) - Versuchsschaltung zur Beobachtung eines Schwingkreises (re)

https://doi.org/10.1515/9783110581805-007

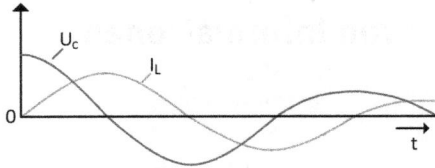

Abb. 6.2: Gedämpfte Schwingung an einem verlustbehafteten Schwingkreis

Band 3, Kap. II.8). Die potentielle Energie entspricht dabei der elektrischen Feldenergie, während die kinetische Energie der magnetischen Feldenergie entspricht.

Ebenso wie das Pendel ohne die Zufuhr äußerer Energie aufgrund der mechanischen Reibungsverluste nach einiger Zeit zum Stillstand kommt, so kommt auch der Schwingkreis durch die elektrischen „Reibungsverluste" in den unvermeidlichen Kupferwiderständen (und der noch zu besprechenden elektromagnetischen Abstrahlung von Energie) nach einiger Zeit ebenfalls zum Stillstand.

Rechts in Abbildung 6.1 verbinden wir den Schwingkreis kurzeitig mit einer Gleichspannungsquelle, um seine Funktion genauer zu betrachten. Zunächst ist der Schalter SW1 so gestellt, dass C1 auf die Ausgangsspannung der Gleichspannungsquelle aufgeladen wird. Dann stellen wir SW1 um, so dass C1 nun über L1 entladen wird. Im Moment des Umschaltens ist der Strom durch L1 noch praktisch Null. Der Strom durch L1 beginnt sich aufzubauen. Mit dem weiteren Aufbau des Stroms in L1 wird C1 immer weiter entladen, womit die Spannung über C1 abnimmt, womit dann auch die Geschwindigkeit der Stromzunahme in L1 zurückgeht. Wenn C1 vollständig entladen ist, dann hat der Strom durch L1 seinen Maximalwert erreicht. Die im Moment des Umschaltens vollständig im elektrischen Feld von C1 gespeicherte Energie ist nun vollständig im Magnetfeld von L1 gespeichert. Durch die Wirkung des Magnetfelds in L1 fließt der Strom durch L1 weiter, womit C1 erneut, nun mit umgekehrter Polarität, aufgeladen wird. Mit dem Anstieg der Spannung über C1 nimmt gleichzeitig die Spannung über L1 zu. Das Ansteigen der Spannung über L1 führt zu einer sich beschleunigenden Abnahme des Stroms durch L1. Durch den zurückgehenden Strom verlangsamt sich der Spannungsaufbau über C1 gleichzeitig immer weiter. Wenn der Strom durch L1 Null erreicht hat, dann liegt über C1 (bei Vernachlässigung der Verluste im Kreis) eine negative Spannung in Höhe der ursprünglichen positiven Aufladung des Kondensators an. Die im Schwingkreis befindliche Energie ist jetzt wieder vollständig im elektrischen Feld des Kondensators gespeichert. Damit beginnt der soeben beschriebene Vorgang, jetzt jedoch mit entgegengesetzter Polarität, von neuem.

Für Spannung und Strom entsteht hierbei jeweils eine sinusförmige Kurvenform. In der Realität bewirken die Verluste des Kreises, dass die Spannung über C1 mit jedem Umschwingvorgang etwas geringer wird, womit dann die Schwingung nach einiger Zeit abklingt. Die hierbei entstehende Kurvenformen sind in Abbildung 6.3 gezeigt.

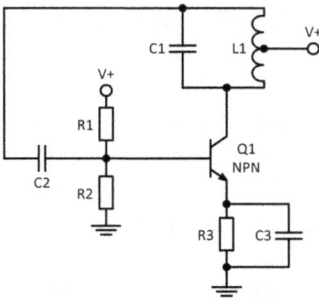

Abb. 6.3: Oszillator mit einem Transistor

6.3 Der Oszillator

Würde man im vorherigen Beispiel immer dann, wenn C1 gerade auf das Spannungs-
maximum in positiver Richtung aufgeladen ist, den Schalter SW1 kurzzeitig umlegen,
so dass die im vergangenen Schwingungszyklus verlorengegangene Energie wieder
aus der Spannungsquelle ersetzt wird, so würde sich eine dauerhafte Schwingung
ergeben. Dies ist die Funktion eines Oszillators. Man kann die Funktion der Oszillatorschaltung mit dem gezielten Anstoßen eines mechanische Pendels an einem der
beiden Endpunkte seiner Schwingung vergleichen.

Anstelle des mechanischen Schalters aus dem vorhergehenden Beispiel wird in
einer praktischen Oszillatorschaltung ein Transistor verwendet, wie dies in Abbildung
6.4 gezeigt ist. Zur ersten Betrachtung der Schaltung unterbrechen wir gedanklich
die Verbindung zwischen C1 und C2. Dann erkennen wir die klassische Transistor-
Verstärkerstufe wieder, wie sie uns am Beginn der Herleitung des Operationsverstärkers schon einmal begegnet ist. Wir erinnern uns: R1 und R2 stellen in Verbindung
mit R3 den Ruhestrom durch den Transistor ein, C3 vermeidet im interessierenden
Frequenzbereich einen Rückgang der Verstärkung durch die gegenkoppelnde Wirkung
von R3. An Stelle des Collectorwiderstandes befindet sich der aus L1 und C1 bestehende
Schwingkreis. Der durch Q1 fließende Ruhestrom fließt auch durch die „untere Hälfte"
von L1. Der dadurch am Kupferwiderstand von L1 hervorgerufene Spannungsabfall
ist vernachlässigbar, so dass am Collector von Q1 praktisch die Versorgungsspannung
ansteht.

Wir nehmen an, durch einen an dem „rechten Anschluss" von C2 anliegenden
kurzen, positiven Impuls würde Q1 kurzzeitig aufgesteuert.[12] Damit nimmt der Collectorstrom von Q1 zu. Dies erfolgt jedoch aufgrund der Induktivität von L1 nicht unmittelbar,

---

12 Der Begriff „aufsteuern" bedeutet, dass der Transistor in den leitfähigen Zustand gebracht wird,
ein Collectorstrom fließt, aber das Ansteuersignal noch nicht so groß ist, dass der maximal mögliche
Collectorstrom erreicht wird. Der Begriff „durchsteuern" bedeutet hingegen das vollständige Aufsteuern
im Sinne des Schaltbetriebs, so dass der maximal mögliche Collectorstrom erreicht wird.

sondern in einem graduellen Anstieg. Das Potential des Collectors von Q1 sinkt in unmittelbarer Folge der Ansteuerung auf Bruchteile eines Volts über dem Potential des Emitters ab. Die damit über der „unteren Hälfte" von L1 liegende Spannung bewirkt den schon erwähnten Stromanstieg in L1. Die Windungen der „oberen Hälfte" von L1 werden von einem großen Teil des in der „unteren Hälfte" erzeugten Magnetfeld durchdrungen. Damit wird in diese Windungen bei einer zeitlichen Änderung dieses Magnetfeldes eine Spannung induziert, die etwas geringer als die über der „unteren Hälfte" anliegende Spannung ist. Das „obere Ende" von L1 liegt damit auf einem um den Betrag dieser induzierten Spannung positiveren Potential als die Versorgungsspannung. Damit wird C1 auf die Summe der über beiden Hälften von L1 anliegenden Spannung aufgeladen.

Mit zunehmendem Stromaufbau in L1 wird zu einem bestimmten Zeitpunkt der von Q1 infolge der Ansteuerung eingeprägte Collectorstrom erreicht. Damit fällt ein immer größerer Teil der Betriebsspannung an Q1 ab, die Spannung über L1 und C1 nimmt ab, und beim Erreichen eines statischen Endwertes liegt nur noch eine durch den Kupferwiderstand bestimmte, vernachlässigbar kleine Spannung über L1 und C1 an.

Nun wird der ansteuernde Impuls weggenommen. Damit reduziert sich der Strom durch Q1 schlagartig auf den Ruhestrom. Der Strom in L1 kann sich aber nicht sprunghaft ändern und fließt daher statt über Q1 nach Masse über C1 an den „oberen Anschluss" von L1. Damit baut sich über C1 eine Spannung auf, die so lange ansteigt, bis die zuvor im Magnetfeld von L1 gespeicherte Energie (abzüglich der Verluste) vollständig im elektrischen Feld von C1 gespeichert ist und der von L1 abgegebene Strom Null ist. In diesem Moment liegt der „untere" Anschluss von C1 - und damit der Collector von Q1 - auf einem positiven Potential nahe dem Doppelten der Versorgungsspannung. Der „obere" Anschluss von C1 ist nur geringfügig positiver als das Massepotential. Im dann folgenden Moment beginnt die Entladung von C1 über L1, womit sich dann ein Strom in umgekehrter Richtung in L1 aufbaut, während die Spannung über C1 absinkt.

Man erkennt das bereits beschriebene Verhalten eines Schwingkreises. Nach der Wegnahme des ansteuernden Impulses führt der Schwingkreis aus L1 und C1 eine gedämpfte Schwingung aus, bis die ursprünglich im Magnetfeld von L1 gespeicherte Energie durch die Verluste im Schwingkreis aufgebraucht ist.

Wir halten zudem die Beobachtung fest, dass dann, wenn der Strom durch L1 in der Richtung „von oben nach unten" zunimmt (oder in der Richtung „von unten nach oben" abnimmt), der „obere Anschluss" von C1 und L1 positiver als die Versorgungsspannung ist. Dies war in dem Zeitraum der Fall, in dem der Collectorstrom von Q1 infolge des (positiven) Ansteuerimpulses am „linken" Anschluss von C2 zunahm, aber noch nicht die Sättigung erreicht hatte. Ebenso tritt dieser Fall während der nachfolgenden gedämpften Schwingung auf, wenn der Strom in L1 von „unten nach oben" fließt und dabei zurückgeht.

Weiterhin haben wir beobachtet, dass dann, wenn der Strom in L1 in der Richtung „von oben nach unten" abnimmt (oder in der Richtung „von unten nach oben" zunimmt), der „obere Anschluss" von C1 und L1 negativer als die Betriebsspannung ist. Dieses Verhalten kann man dazu nutzen, Q1 immer „im richtigen Moment" aufzusteuern, um eine dauerhafte Schwingung auf der Eigenfrequenz des Schwingkreises hervorzurufen. Dazu wird der „linke" Anschluss von C2 mit dem „oberen" Anschluss von C1 verbunden. C2 ist wesentlich kleiner als C1, so dass C2 die Eigenfrequenz des Schwingkreises nur unwesentlich herabsetzt.

Durch das Zuschalten der Versorgungsspannung oder auch schon durch das thermische Rauschen der Schaltung selbst entsteht eine Variation des Collectorstroms von Q1. Wir nehmen an, der Collectorstrom nimmt dabei um einen geringen Betrag zu. Dies führt, wie bereits beschrieben, zu einem positiveren Potential am „oberen" Anschluss von C1. Dieser Potentialanstieg überträgt sich über C2 an die Basis von Q1, womit der Basisstrom von Q1 zunimmt. Damit nimmt der Collectorstrom von Q1 in einem deutlich höheren Maße zu. Dies beschleunigt wiederum den Potentialanstieg am „oberen" Anschluss von C1. Einmal angestoßen, setzt sich dieser Vorgang zunächst fort. Der Schwingkreis beginnt, eine Schwingung auszuführen.

Nahe dem Scheitelpunkt dieser Schwingung wird der Anstieg des positiven Potentials am „oberen" Anschluss von C1 immer geringer. Damit geht auch der durch C2 fließende zusätzliche Basisstrom zurück, der zur Potentialänderung pro Zeiteinheit proportional ist. Am Scheitelpunkt ist die Potentialänderung pro Zeiteinheit Null und der Collectorstrom entspricht wieder dem Ruhestrom.

In der weiteren Abfolge der Schwingung sinkt das Potential des „oberen" Anschlusses von C1 wieder ab. Auch diese Potentialänderung wird über C2 an die Basis von Q1 übertragen, wobei dann der Stromfluss durch C2 einen Teil des im Ruhezustand in Q1 fließenden Basisstroms „wegnimmt". Damit geht der Collectorstrom in weit höherem Maße zurück, womit sich der Potentialabfall am „oberen" Anschluss von C1 weiter beschleunigt.

Wenn sich der „obere" Anschluss von C1 kurz vor Erreichen des negativen Scheitelpunktes dem Massepotential nähert, dann ist die Potentialänderung pro Zeiteinheit bereits so gering, dass der Basisstrom von Q1 nahe dem Ruhezustand ist. Sobald der Scheitelpunkt erreicht ist, wird das Potential wieder positiver, womit dann der Basisstrom von Q1 in der bereits beschriebenen Weise erneut zunimmt und die dann folgende Schwingung eingeleitet wird.

Man erkennt, dass sich die Schwingung in Folge der Mitkopplung über C2 selbst verstärkt und dabei über mehrere Perioden so weit aufschaukelt, bis sich eine, durch das Verhältnis von C2 zum eingangsseitigen Innenwiderstand der Verstärkerschaltung gegebene, dauerhafte Amplitude einstellt. In praktisch anwendbaren Oszillatorschaltungen sind jedoch weitere Maßnahmen in Form von zusätzlichen Regelkreisen zur Amplitudenstabilisierung notwendig, um eine anwendungsgerechte Konstanz der Amplitude zu erzielen.

6.4 Vom Schwingkreis zur Sendeantenne

Wenn man die Eigenfrequenz eines Schwingkreises erhöhen will, dann reduziert man dafür die Windungszahl der Spule und die Flächen der Kapazität. Im Grenzfall erhält man damit eine einzelne Windung und reduziert die wirksame Kapazität auf die Kapazität zwischen den Anschlüssen dieser Windung. Man erhält dann einen sogenannten Lecherkreis[13], wie er in Abbildung 6.4 dargestellt ist.

Beim bisher betrachteten Schwingkreis mit konzentrierten Elementen in Form einer Spule und eines Kondensators als explizite Bauteile konnte die elektrische Feldenergie ausschließlich im Kondensator und die magnetische Feldenergie ausschließlich im Bereich der Spule lokalisiert werden. Beim Lecherkreis ist diese scharfe Trennung in Spule und Kondensator nicht mehr vorhanden. Das elektrische Feld ist am offenen Ende des Kreises am stärksten und ist am geschlossenen Ende des Kreises praktisch nicht mehr vorhanden, während das magnetische Feld am geschlossenen Ende des Kreises am stärksten ist und am offenen Ende des Kreises praktisch verschwindet. Im mittleren Bereich des Kreises ist dagegen sowohl ein elektrisches als auch ein magnetisches Feld vorhanden. Abbildung 6.5 zeigt die Verteilung der Feldstärken des elektrischen und des magnetischen Feldes über den Lecherkreis.

Man erkennt, dass sich in dem in Resonanz gebrachten Lecherkreis eine stehende elektromagnetische Welle ausbildet. Der Lecherkreis umfasst dabei ein Viertel der Wellenlänge. Würde man den Lecherkreis um das Dreifache oder das Fünffache verlängern, dann würde sich bei Anregung mit der gleichen Frequenz ebenfalls eine stehende Welle ausbilden, wie in Abbildung 6.6 gezeigt.

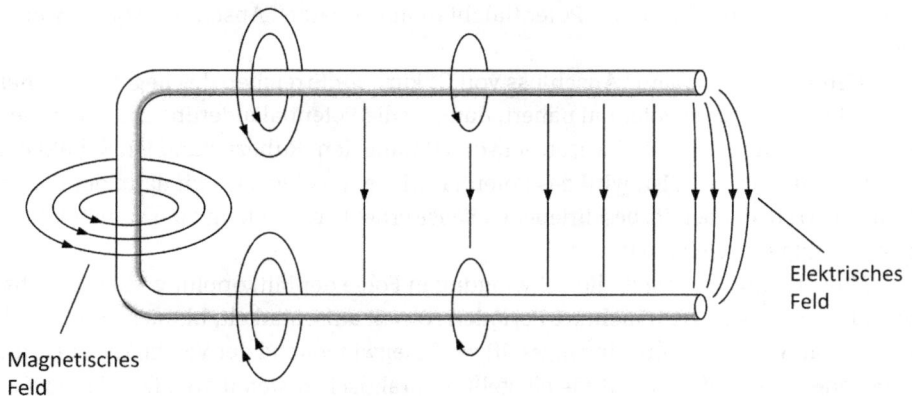

Elektrisches Feld

Magnetisches Feld

Abb. 6.4: Aufbau eines Lecherkreises

---

[13] Benannt nach dem österreichischen Physiker und Begründer der Hochfrequenz-Messtechnik Ernst Lecher.

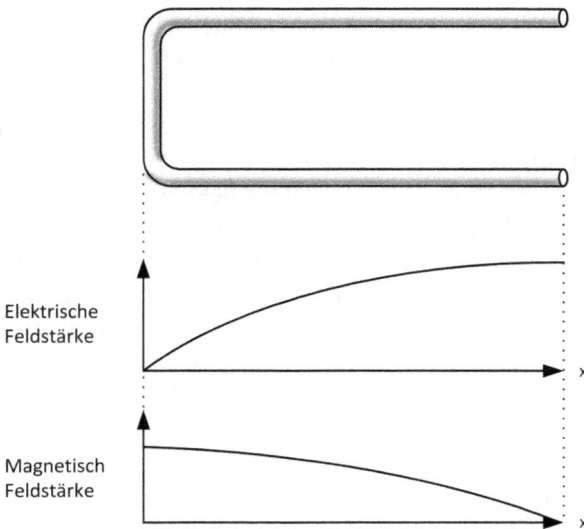

Abb. 6.5: Verteilung des elektrischen und des magnetischen Feldes am Lecherkreis

Das Verhalten des Lecherkreises kann so interpretiert werden, dass eine an seinem offenen Ende eingekoppelte hochfrequente Wechselspannung oder ein an seinem kurzgeschlossenen Ende eingekoppelter Wechselstrom eine Feldänderung auslöst, die (mit praktisch der Lichtgeschwindigkeit) bis zum gegenüberliegenden Ende des Lecherkreises durchläuft und dann an diesem reflektiert wird und nachfolgend wieder zum speisenden Ende zurückläuft, von dem sie erneut reflektiert wird, womit sich dann eine stehende Welle ausbildet. Dieses Verhalten kann sehr gut mit dem mechanischen Schwingen einer Saite oder einer Stimmgabel verglichen werden.

Man erkennt weiter, dass der zuerst betrachtete Fall des Lecherkreises mit einer Länge von ¼ der Wellenlänge nur ein Spezialfall eines allgemeinen schwingungsfähigen elektrischen Systems ist, aus dem heraus sich wiederum der noch speziellere Fall des Schwingkreises mit konzentrierten Elementen ableiten lässt.

Die im inneren Bereich des Lecherkreises und in seiner unmittelbaren Umgebung sehr starken elektrischen und magnetischen Felder klingen in weiterer Entfernung vom Lecherkreis rasch ab.

Wenn wir einen Lecherkreis mit einer Länge von ¼ der Wellenlänge „aufklappen" dann erhalten wir einen durchgehenden, geraden Leiter mit der Länge einer halben Wellenlänge. Die Resonanzeigenschaft des ursprünglichen Lecherkreises bleibt dabei erhalten, die elektrischen und magnetischen Felder greifen dabei aber nun weit in den umgebenden Raum aus. Diese Form eine Schwingkreises wird Dipol genannt. Der Dipol kann durch induktive Einkopplung eines Hochfrequenzstroms im Bereich seines Mittelpunktes in Resonanz gebracht werden. Dazu wird dieser Hochfrequenzstrom durch eine Leiterschleife geführt, die parallel zum mittleren Bereich des Dipols angeordnet wird. Das von dieser Leiterschleife ausgehende magnetische Wechselfeld induziert eine hochfrequente Spannung in den mittleren Bereich des Dipols, die dann einen Hochfrequenzstrom im Dipol bewirkt, der den Dipol in Resonanz bringt. Dies ist in der praktischen Ausführung in der Abbildung 6.10 gezeigt. Der Übergang vom Lecherkreis zum Dipol ist in der Abbildung 6.8 dargestellt.

In Abbildung 6.9 ist die Feldverteilung am in Resonanz befindlichen Dipol zu sehen. Man erkennt, dass das Magnetfeld im Mittelbereich des Dipols am stärksten ist. Die Mitte des Dipols entspricht dem kurzgeschlossenen Ende des Lecherkreises. Das elektrische Feld ist an den Enden des Dipols am stärksten, die dem offenen Ende des Lecherkreises entsprechen.

Im Gegensatz zum Lecherkreis gibt der Dipol in starkem Maße Feldenergie nach außen ab, womit seine Resonanzeigenschaften weniger ausgeprägt als beim Lecherkreis sind. Hierbei wird ein Wellenfeld im umgebenden Raum erzeugt, bei dem sich das elek-

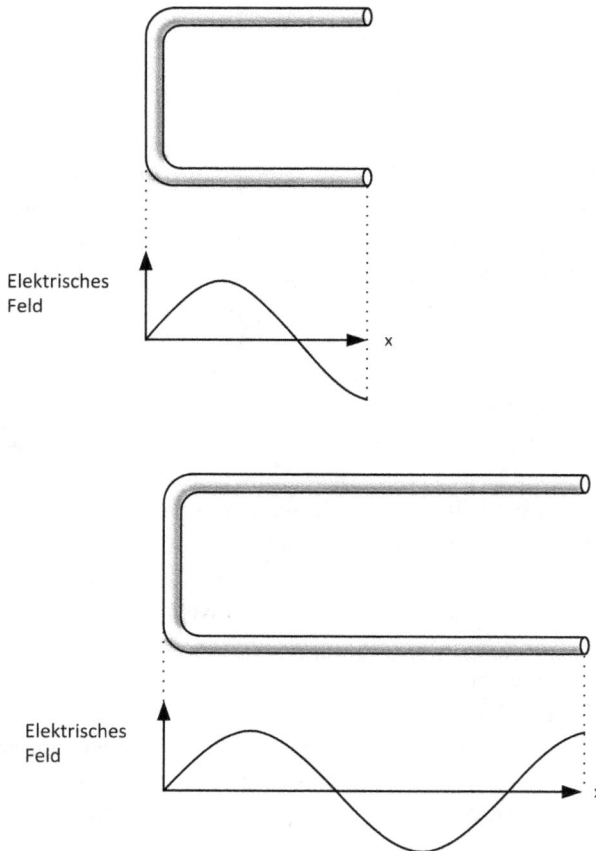

Abb. 6.6: Feldverteilung in Lecherkreisen mit $\frac{3}{4}$ und $\frac{5}{4}$ der Wellenlänge

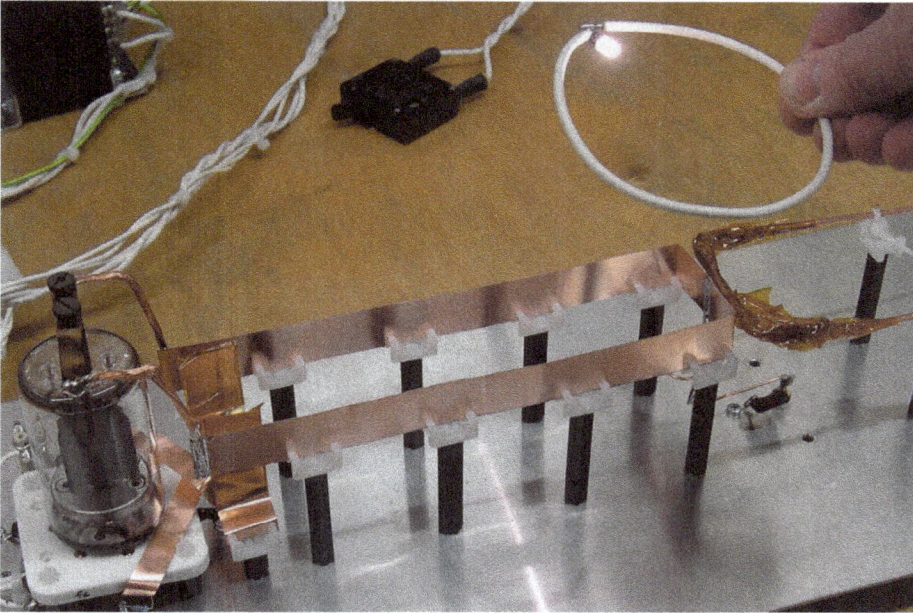

Abb. 6.7: Nachweis des magnetischen Feldes am kurzgeschlossenen Ende eines mit 144 MHz in Resonanz gebrachten Lecherkreises durch den in eine Leiterschleife induzierten Strom, der eine Glühlampe zum Leuchten bringt.

trische und das magnetische Feld gegenseitig regenerieren, womit die Feldstärke mit der Entfernung wesentlich langsamer abnimmt als dies beim Lecherkreis der Fall war. Auch in tausenden Kilometern Entfernung können die von einem Dipol abgestrahlten elektromagnetischen Wellen noch von einem geeigneten Empfänger aufgenommen werden.

Zum Aufbau des Verständnisses der Energieübertragung mittels eines Wellenfeldes beginnen wir mit einer Vorbetrachtung. Bei der einleitenden Betrachtung der Grundlagen sind wir bereits darauf gestoßen, dass beim Anliegen einer Wechselspannung an einen Kondensator ein Wechselstrom, der Verschiebungsstrom, durch diesen fließt. Selbstverständlich entsteht dann um die Anschlussdrähte dieses Kondensators herum ein magnetisches Wechselfeld. Wir stellen uns nun einen Kondensator mit weit auseinanderliegenden Platten vor, der an einer sehr hochfrequenten Wechselspannung liegt. Dies ist in der folgenden Abbildung 6.11 dargestellt.

Der Verschiebungsstrom durchläuft dabei im Wesentlichen einen zylindrischen Bereich im leeren Raum zwischen den Platten. Um diesen Bereich im leeren Raum herum bildet sich ein gleich starkes Magnetfeld aus, wie es sich um die Anschlussdrähte des Kondensators herum ausbildet. (Wir vernachlässigen bei dieser vereinfachenden Betrachtungen die in der Realität natürlich vorhandenen, weiter in den Raum herausgreifenden Feldlinien)

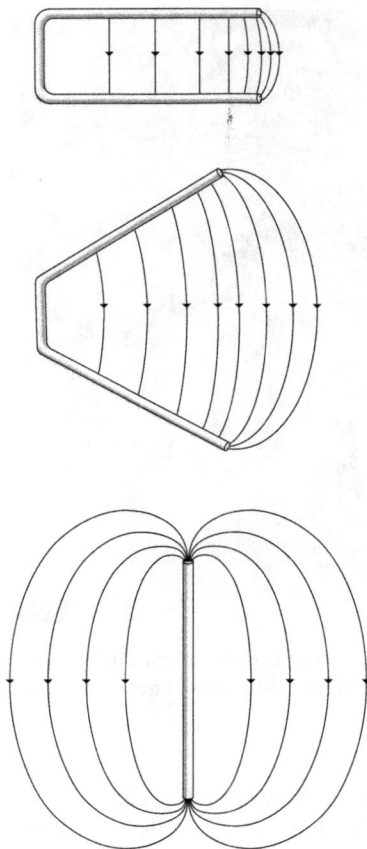

Abb. 6.8: Das elektrische Feld im Resonanzfall im Übergang vom Lecherkreis zum Dipol

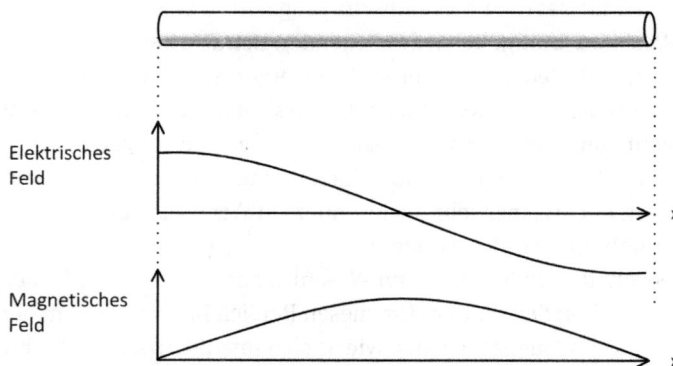

Abb. 6.9: Feldverteilung am in Resonanz befindlichen Dipol

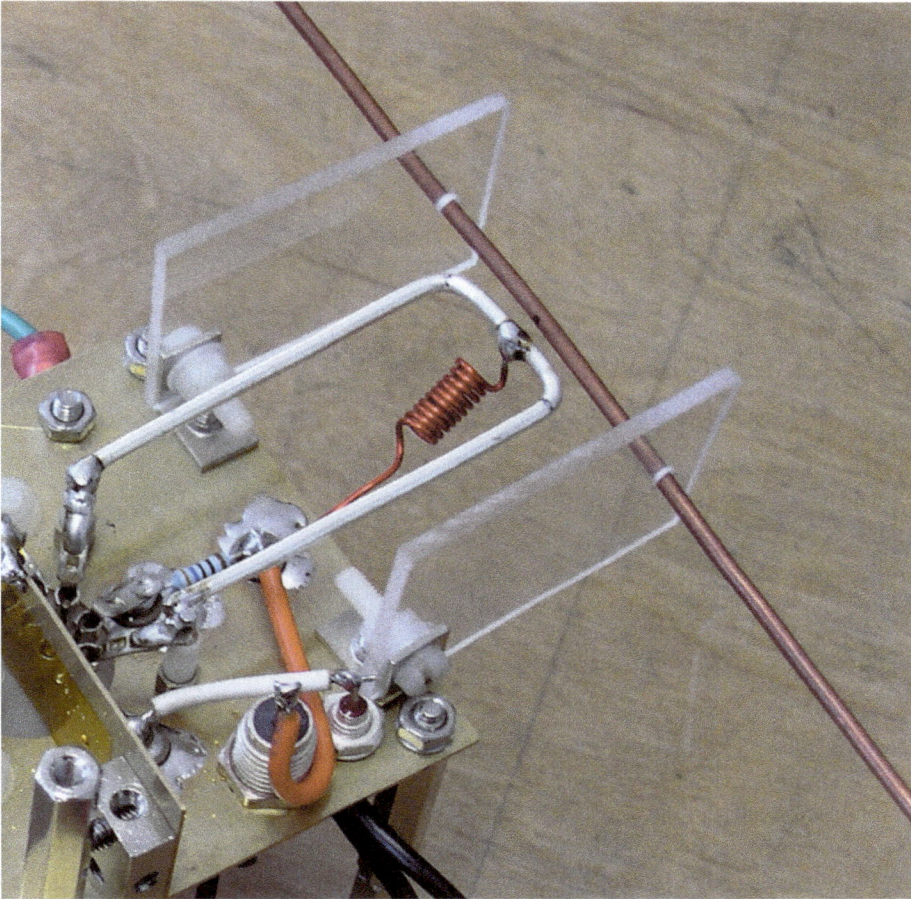

Abb. 6.10: Induktive Ankopplung eines Dipols an den Lecherkreis eines Leistungsoszillators

Die Ausbildung eines zeitveränderlichen magnetischen Feldes ist also nicht daran gebunden, dass sich tatsächlich Ladungsträger in einem Leiter oder im Raum bewegen. Das Vorhandensein einer zeitlichen Änderung eines elektrischen Felds im leeren Raum reicht dazu bereits aus.

An einer in ein magnetisches Wechselfeld eingebrachten Leiterschleife wird eine Spannung induziert. In Abbildung 6.7 wurde dieser Effekt zum Nachweis eines magnetischen Wechselfeldes durch das Leuchten einer an die Leiterschleife angeschlossenen Glühlampe genutzt. Das Leuchten dieser Glühlampe zeigt, dass entlang der Kontur der Leiterschleife ein (umlaufendes) elektrisches Feld vorhanden ist, das durch das die Schleife durchdringende magnetische Wechselfeld hervorgerufen wird. Dieses elektrische Feld ist natürlich auch dann anliegend, wenn keine Leiterschleife, sondern nur der leere Raum vorhanden wäre. Die Ausbildung eines zeitveränderlichen elektrischen

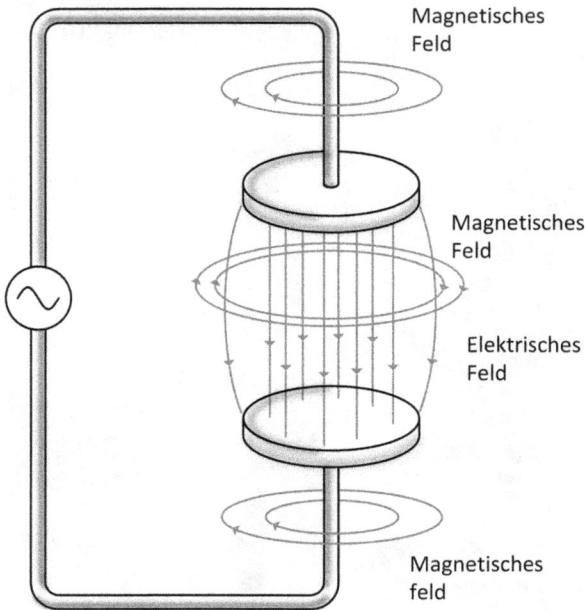

Abb. 6.11: Magnetisches Feld um einen Verschiebungsstrom im leeren Raum

Feldes ist also nicht daran gebunden, dass Ladungsträger vorhanden sind. Dies kann auch im leeren Raum geschehen. Das Vorhandensein der zeitlichen Änderung eines Magnetfeldes reicht dazu aus.

Das Phänomen des Verschiebungsstroms stellt das Vorstellungsvermögen etwas auf die Probe. Der durch die Luft fließende Verschiebungsstrom kann jedoch experimentell sichtbar gemacht werden, was die dazugehörige Vorstellung merklich erleichtert:

⚡ **Tesla-Spule**

Hierzu bedient man sich einer speziellen Form des Parallelschwingkreises, der Tesla-Spule. Dieser Schwingkreis besteht aus einer langgestreckten, einlagig gewickelten Spule. Der Kondensator des Schwingkreises besteht aus einer an einem Ende der Spule angeschlossenen Elektrode und der Kapazität zwischen den einzelnen Windungen, das andere Ende der Spule ist geerdet. Wenn ein derartiger Schwingkreis mit einem leistungsfähigen Oszillator in Resonanz gebracht wird, dann entstehen sehr hohe Hochfrequenzspannungen, bei einer typischen Tesla-Spule zwischen 10 kV und 200 kV. Damit fließen so hohe Verschiebungsströme, dass sich an der Kopfelektrode der Tesla-Spule die Luft ionisiert und sich dort eine hell leuchtende und heiße Plasmaentladung ausbildet. Dies ist in Abbildung 6.12 gezeigt. Der Verschiebungsstrom verteilt sich im Raum und wird von den umliegenden geerdeten Gegenständen (und vom Körper des Experimentierenden) aufgenommen. Aufgrund der durch die Verteilung nur noch geringen Stromdichte kommt es an diesen Stellen nicht zur Plasmabildung.

Kehren wir nun zum Dipol zurück. Der Ausbreitungsbereich der Feldlinien in den Raum hinaus ist beim Dipol, im Gegensatz zum „zusammengefalteten" Lecherkreis, in der Größenordnung der halben Wellenlänge, also der Länge des Dipols selbst. Damit kann sich das Feld vom (mit seiner Resonanzfrequenz gespeisten) Dipol „ablösen" und als Wellenfeld in den Raum ausbreiten. Dieses Verhalten wird nun Schritt für Schritt hergeleitet. Vereinfachend betrachten wir dabei zunächst nur den Einfluss des vom Dipol ausgehenden elektrischen Feldes. Dies ist in der Abbildung 6.13 dargestellt. Hierbei wird das von einer Halbwelle auf dem Dipol verursachte Feld jeweils mit einer Feldlinie symbolisiert. Es wird nur das Feld auf einer Seite des Dipols dargestellt, das Feld auf der anderen Seite ist dazu symmetrisch.

Zum Beginn der Betrachtung sei das „obere" Ende des Dipols positiv und das „untere" Ende des Dipols negativ. Es bildet sich ein elektrisches Feld aus. Dieses Feld wird durch die mit (1) gekennzeichnete Feldlinie symbolisiert. Dieses Feld breitet sich mit Lichtgeschwindigkeit in den umgebenden Raum aus. Gleichzeitig hat aber inzwischen die Polarität des Dipols gewechselt. Damit ändert sich die Richtung des ihn umgebenden Feldes. Dies wird mit der mit (2) gekennzeichneten Feldlinie symbolisiert. Das inzwischen weiter vom Dipol entfernte, von der vorherigen Halbwelle erzeugte Feld, mit (1) gekennzeichnet, ändert seine Richtung aber nicht, da sich die Umkehr des Feldes „nur" mit Lichtgeschwindigkeit ausbreitet und somit in der weiteren Umgebung des Dipols erst zeitverzögert wirksam wird.

Dies führt dazu, dass die mit (1) und (2) symbolisierten Feldlinien in der weiteren Entfernung vom Dipol eine in sich geschlossene, kreisförmige Feldlinie bilden. (Wir erinnern uns an die Leiterschleife im Magnetfeld aus Abbildung 6.7, dort sind wir einem derartigen, in sich geschlossenem Feld schon einmal begegnet) Während dies geschieht, hat sich im direkten Umfeld des Dipols bereits wieder die Feldrichtung geändert.

Der beschriebene Prozess setzt sich mit jeder Halbwelle der über dem Dipol anstehenden Hochfrequenzspannung fort. Die in sich geschlossenen elektrischen Feldlinien führen zu einem entlang dieser Feldlinien kreisenden Verschiebungsstrom im leeren Raum. Dieser Verschiebungsstrom verursacht wiederum ein Magnetfeld um seinen Stromweg herum. Dieses sich zeitlich verändernde Magnetfeld erzeugt seinerseits wieder ein in sich geschlossenes elektrisches Feld, was wiederum einen Verschiebungsstrom nach sich zieht. Dies ist in Abbildung 6.14 symbolhaft dargestellt.

Es entsteht ein elektromagnetisches Wellenfeld, das sich mit Lichtgeschwindigkeit verlustfrei durch den leeren Raum ausbreitet. Während die direkte Wirkung eines elektrischen oder magnetischen Feldes schon mit geringem Abstand deutlich abnimmt, ist die Wirkung eines Wellenfeldes, bedingt durch die gegenseitige Regeneration der elektrischen und magnetischen Feldbestandteile, nicht mehr räumlich begrenzt. Die Intensität des Wellenfeldes nimmt nur dadurch mit der Entfernung ab, dass es sich in weiterer Entfernung von seiner Quelle, hier dem als Sendeantenne wirkenden Dipol, auf eine immer größere Fläche verteilt. Das Wellenfeld transportiert Energie von seiner

Abb. 6.12: Plasmaentladung bei Austritt des Verschiebungsstroms aus der Kopfelektrode einer Teslaspule in den Raum, die Teslaspule wurde bei 20 MHz in Resonanz gebracht. (Benannt nach dem österreichisch-US-amerikanischer Erfinder, Physiker und Elektroingenieur Nikola Tesla.)

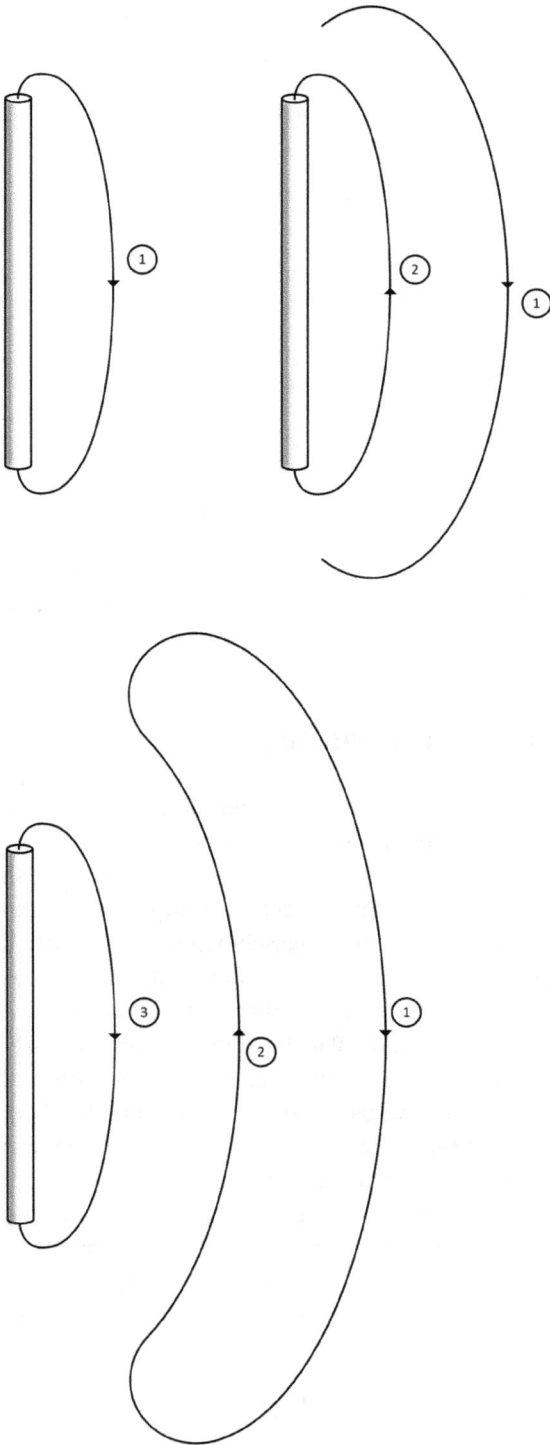

Abb. 6.13: Bildung in sich geschlossener Feldlinien an einem Dipol

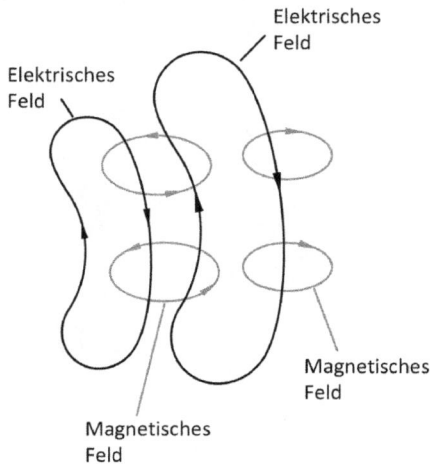

Abb. 6.14: Symbolische Darstellung eines Wellenfeldes

Quelle in den umgebenden Raum. Diese Energie wird von dem die Sendeantenne speisenden Oszillator aufgebracht.

6.5 Die Informationsübertragung zum Empfänger

Wir nehmen an, das vom mit seiner Resonanzfrequenz gespeisten Sende-Dipol ausgehende Wellenfeld erreiche einen zweiten Dipol. Dieser zweite Dipol habe eine identische Länge und damit eine identische Resonanzfrequenz. Der zweite Dipol wird durch die Wirkung des Wellenfeldes ebenfalls in Resonanz gebracht. Der Dipol kann dabei Energie aus dem Feld aufnehmen und an einen an ihn angeschlossenen elektrischen Verbraucher abgeben. Hierzu koppelt man den im Strommaximum in der Mitte des Dipols fließenden Resonanzstrom direkt oder durch eine Induktionsschleife aus.

Im einfachsten Fall unterbricht man dazu den Dipol in der Mitte und setzt an dieser Stelle des Strommaximums im Resonanzfall eine (kleine) Glühlampe ein. Im Abstand von einigen Metern von einem von einem Leistungsoszillator mit einigen hundert Watt Leistung gespeisten Sendedipol leuchtet diese Glühlampe deutlich wahrnehmbar auf.

Mit dieser Anordnung lässt sich bereits die binäre Information „Sender Ein/Sender Aus" drahtlos übertragen. Würde man den Sender mit einer Morsetaste[14] ein- und ausschalten könnte man damit Textinformation zum Empfänger übertragen. Natürlich ist dieser einfachstmögliche Empfänger aufgrund der geringen Reichweite, die man auch mit lautem Rufen überbrücken könnte, nur für Demonstrationszwecke geeignet.

---

14 Benannt nach dem US-amerikanischen Erfinder Samuel Finley Breese Morse.

Abb. 6.15: Morse-Telegraf (Medienarchäologischer Fundus, HU Berlin)

Wenn man aber zwischen Empfangsdipol und Anzeigelampe eine elektronische Verstärkerstufe vorsieht, dann können Entfernungen von vielen hunderten oder tausenden Kilometern überbrückt werden.

In bestimmten Frequenzbereichen ist hierzu nicht einmal eine direkte Verbindungslinie zwischen Sende- und Empfangsantenne durch den „leeren Raum" notwendig. Kurzwellen in zweistelligen MHz-Bereich werden von der leitfähigen Ionosphäre und von den Meeresoberfächen reflektiert und folgen damit der Erdkrümmung. Langwellen im unteren dreistelligen kHz-Bereich folgen ebenfalls der Erdkrümmung, da die Leitfähigkeit des Erdbodens und der Meere an ihrer Ausbreitung beteiligt ist. Bereits zu Beginn des 20. Jahrhunderts wurde auf diese Weise mit Langwellen weltumspannender Funkverkehr getätigt, zunächst mit digitaler[15] Informationsübertragung durch Morsen. Abbildung 6.16 zeigt das Prinzip einer drahtlosen Übertragungsstrecke für ein binäres Signal.

Beim Drücken der Morsetaste leuchtet die empfängerseitige LED. Die Diode D1 bewirkt hierbei die sogenannte Demodulation des empfangenen Hochfrequenzsignals. Demodulation bedeutet das Herauslösen der übermittelten Information aus dem hochfrequenten Trägersignal. In der Folge betrachten wir den Prozess der Demodulation im Detail:

---

15 Den einzelnen Impulskombinationen sind die alphanumerische Zeichen des Morse-Alphabets zugeordnet.

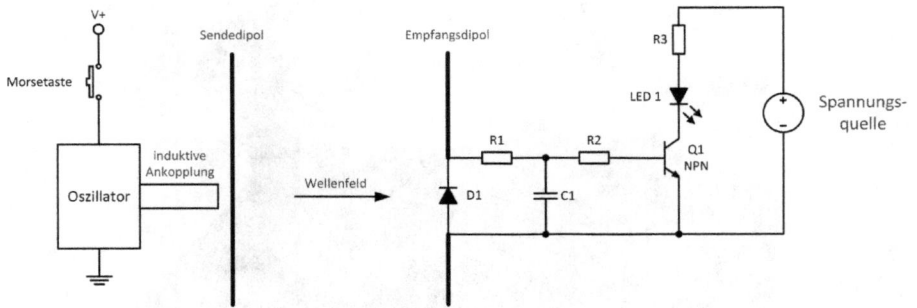

Abb. 6.16: Prinzip einer drahtlosen Übertragungsstrecke für ein binäres Signal

Nehmen wir an, das „obere Ende" des Empfangsdipols sei in Folge der aus dem Feld aufgenommenen Hochfrequenzenergie positiv gegenüber dem „unteren Ende" des Dipols. Dann sperrt D1 und der hochfrequente Strom fließt über R1 und C1 und lädt dabei C1 auf. Über C1 baut sich damit eine Gleichspannung auf, der „obere Anschluss" von C1 ist damit gegenüber dem „unteren Anschluss" positiv.

In der folgenden Halbwelle dreht sich die Richtung des im Dipol fließenden Hochfrequenzstroms um. Damit wird D1 leitend und übernimmt den größten Teil des Hochfrequenzstromes. Nur ein kleiner Teil des Hochfrequenzstroms fließt durch R1 und C1, womit die dabei stattfindende Entladung von C1 geringer als die in der vorigen Halbwelle erfolgte Aufladung ist. Über mehrere Perioden der Hochfrequenzschwingung baut sich somit über C1 eine Gleichspannung auf, die dann über R2 einen Basisstrom in Q1 hervorruft, womit Q1 durchsteuert und die LED leuchtet.

Diese Art der Demodulation setzt jedoch voraus, dass die vom Wellenfeld im Empfangsdipol hervorgerufene Hochfrequenzspannung so groß ist, dass die Flussspannung der Diode erreicht wird. Bei kleineren Spannungen sperrt die Diode in beide Richtungen, womit sich Ladung und Entladung von C1 die Waage halten und sich keine Spannung über C1 aufbauen kann.

In einem realen Empfänger verstärkt man dazu das Hochfrequenzsignal zunächst, bevor es demoduliert wird. Damit reicht bereits eine Hochfrequenzspannung im einstelligen Mikrovoltbereich für einen einwandfreien Empfang aus. Hierbei werden im Allgemeinen frequenzselektive Verstärker verwendet, die mit Schwingkreisen als Arbeitswiderständen ausgestattet sind. Das Eigenrauschen (vgl. Band 1, Kap. II.7.1) dieser Verstärker muss so gering gehalten werden, dass es das Empfangssignal nicht „zudeckt". Auf die Betrachtung derartiger Verstärker auf der Transistorebene müssen wir im Rahmen dieses Buches aus Platzgründen verzichten.

Anstelle des „harten" Schaltens des Oszillatorsignals lässt sich die Amplitude des Oszillatorsignals auch stufenlos einstellen, wenn man die Versorgungsspannung des Oszillators variiert. Hierzu wird die bereits vorhandene Spannungsquelle zur Oszillatorversorgung mit dem Ausgang eines Leistungsverstärkers in Serie geschaltet. Der

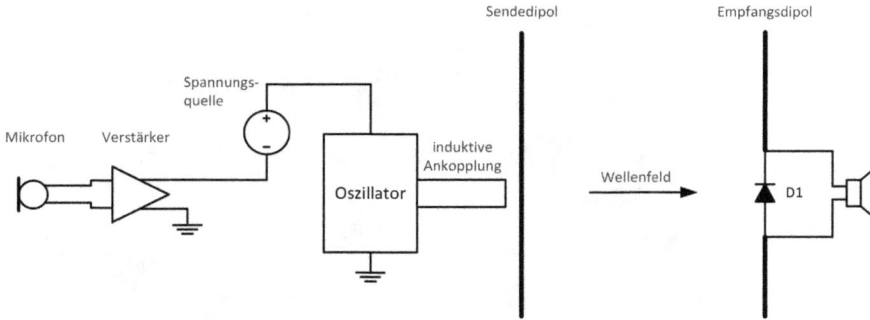

Abb. 6.17: Prinzip einer drahtlosen Übertragungsstrecke für Sprachsignale

Ausgangsspannungsbereich des Leistungsverstärkers beträgt dabei etwa ±80 % der Ausgangsspannung der Spannungsquelle. Damit wird die Versorgungsspannung des Oszillators durch das Ausgangssignal zwischen etwa 20 % und 180 % der Ausgangsspannung der Spannungsquelle variiert. Der Eingang des Leistungsverstärkers wird durch das Ausgangssignal eines Mikrofons gesteuert. Damit ist die Amplitude der vom Oszillator abgegebenen Hochfrequenzschwingung dem vom Mikrofon aufgenommenen Sprachsignal (plus dem die Amplitude im Ruhezustand darstellenden Offset durch die Gleichspannungsquelle) proportional.

Der Empfänger besteht im einfachsten Fall aus einer in der Mitte des Dipols eingefügten Diode, der ein Lautsprecher oder Kopfhörer parallel geschaltet ist. Hierbei fließt eine Halbwelle des im Empfangsdipols fließenden Hochfrequenzstroms durch den Lautsprecher, während die entgegengesetzte Halbwelle vornehmlich durch die Diode fließt. Die Membran des Lautsprechers kann der Hochfrequenzschwingung nicht folgen, bewegt sich aber entsprechend dem Mittelwert des durch ihn fließenden Stroms, der aus aufeinanderfolgenden, in gleicher Richtung fließenden Halbwellen besteht. Dieser Mittelwert ist näherungsweise zur Versorgungsspannung des senderseitigen Oszillators proportional. Damit gibt der Lautsprecher das ins Mikrofon gesprochene Sprachsignal wieder. Die Membran des Lautsprechers wird dabei von der aus dem Wellenfeld aufgenommenen Energie bewegt. Diese einfachste Form eines Empfängers wird Detektorempfänger genannt. Diese Anordnung ist in Abbildung 6.17 dargestellt.

Mit der soeben beschriebenen Anordnung, die als Demonstrator im Rahmen einer Lehrveranstaltung an der TU-Berlin aufgebaut wurde, ließen sich mit einem auf 432 MHz (70 cm Wellenlänge) arbeitenden Sender mit einer Ausgangsleistung von ca. 7 W und einem größeren Lautsprecher im Detektorempfänger gut verständliche Sprachübertragungen über einige Meter Distanz durchführen. Abbildung 6.18 zeigt den dabei verwendeten Detektorempfänger.

Würde man anstelle des Lautsprechers einen empfindlichen Kopfhörer verwenden und den Lang- oder Mittelwellenbereich nutzen, dann sind beim (heute nicht mehr gegebenen) Vorhandensein hinreichend starker Sender Reichweiten im zweistelligen

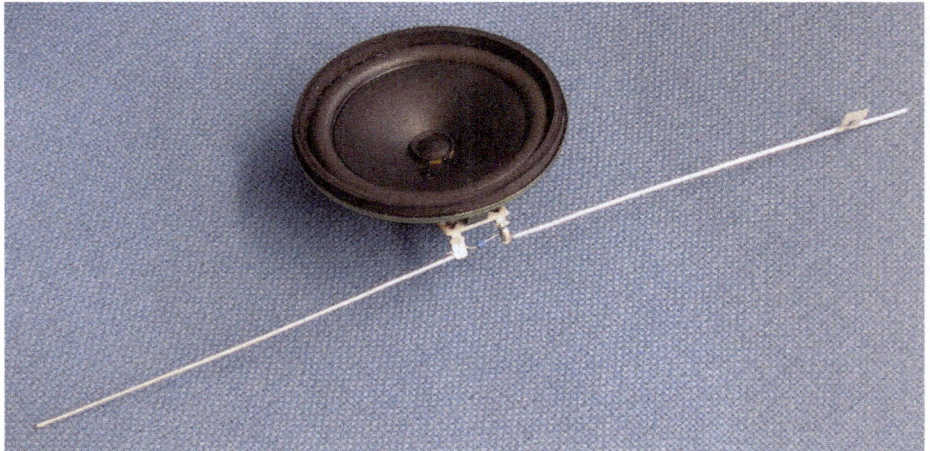

Abb. 6.18: Einfacher Detektorempfänger für 432 MHz, die Länge des Dipols beträgt ca. 34 cm

km-Bereich möglich. In der ersten Hälfte des 20. Jahrhunderts waren Detektorempfänger für Lang- und Mittelwelle allgemein verbreitet.

Selbstverständlich wird in einer üblichen Empfängerschaltung die von der empfangenden Antenne abgegebene Hochfrequenzspannung vor der Demodulation mit frequenzselektiven Verstärkern verstärkt. Eine besondere Herausforderung ist dabei das Trennen der oft direkt nebeneinander liegenden Sender. Ein nahezu „punktgenaues" Durchlassen der Trägerfrequenz allein würde nämlich die in der Modulation enthaltene Information deutlich reduzieren, da mit der beschriebenen Amplitudenmodulation prinzipbedingt das Entstehen von etwas über und unter dem Träger liegenden Frequenzen verbunden ist. Filtert man diese Frequenzen heraus, dann lässt sich der ursprüngliche Amplitudenverlauf des Modulationssignals nicht mehr rekonstruieren. Es besteht daher die Anforderung Filter zu bauen, die ein Frequenzband mit einer gewissen Breite durchlassen aber diesem Frequenzband eng benachbarte Frequenzen stark abschwächen. Aus dieser Anforderung heraus hat sich eine komplexe Schaltungstechnik, insbesondere die des Überlagerungsempfängers (Superhet) entwickelt, auf die an dieser Stelle aus Platzgründen nicht eingegangen werden kann.

Die Informationsübertragung durch Funk wird nicht nur durch Nachbarsender, sondern auch durch natürliche und von technischen Anlagen abgestrahlte elektromagnetische Störungen beeinträchtigt. Die soeben beschriebene Amplitudenmodulation ist besonders empfindlich gegen derartige Störungen, da sie sich zur Amplitude des empfangenen Signals addieren und damit im Empfänger nicht mehr von der ursprünglich gesendeten Information getrennt werden können.

Daher wird für höhere Ansprüche an die Übertragungsgüte meist die Frequenzmodulation eingesetzt. Hierbei wird die Frequenz des senderseitigen Oszillators in Abhängigkeit von der Modulation um einen kleinen Betrag variiert. Eine höhere Frequenz kann dabei eine positivere vom Mikrofon abgegebene Spannung repräsentieren. Das bekannteste Beispiel für die Anwendung der Frequenzmodulation ist der UKW-Rundfunk. Die Trägerfrequenz zwischen 97,5 und 108 MHz wird dabei um +/-75 kHz variiert. Auch hierbei entstehen Nebenfrequenzen, die zur Rekonstruktion des Modulationssignals benötigt werden, so dass ein UKW-Rundfunksender eine Kanalbreite von 300 kHz benötigt.

Die Demodulation des frequenzmodulierten Signals wird so ausgeführt, dass die Amplitude des frequenzmodulierten Signals keinen Einfluss auf das Ausgangssignal des Demodulators hat. Damit haben nur noch sehr starke Störsignale eine Wirkung auf das Ausgangssignal. Ein weiterer Vorteil der Frequenzmodulation ist, dass das Trägersignal stets mit der vollen Amplitude gesendet und empfangen wird, womit unabhängig von der Modulation stets der maximale Abstand gegenüber Störungen gegeben ist. Auf die komplexe (und interessante) Schaltungstechnik für den Empfang frequenzmodulierter HF-Signale kann an dieser Stelle aus Platzgründen nicht eingegangen werden.

Die Frequenzmodulation wird auch vorteilhaft zur Übertragung binärer Digitalsignale eingesetzt. Hierbei werden den Zuständen „0" und „1" zwei verschiedene Frequenzen zugewiesen. Dieses Verfahren wird mit FSK (Frequency Shift Keying) bezeichnet. Empfängerseitig wird das am Ausgang des Demodulators anstehende FSK-Signal dann mit Hilfe von Filtern und Comparatoren in das ursprüngliche Binärsignal zurückgewandelt.

Bei heute üblichen Digitalfunkverbindungen werden jedoch weit komplexere Modulationsverfahren angewendet, mit denen deutlich höhere Geschwindigkeiten der Informationsübertragung möglich sind. In diesem Zusammenhang spielen Verfahren zur automatischen Fehlererkennung und -korrektur eine wichtige Rolle (vgl. Band III, Kap. II.4). Die Betrachtung dieser Themen geht über den Rahmen dieses Kapitels hinaus.

7 Schluss

In diesem Buchkapitel wurden die grundlegenden Prinzipien der für die Medienwissenschaft relevanten Teilgebiete der Elektronik dargestellt. Wir haben uns dabei aufgrund des beschränkten Platzes in dieser Buchreihe ganz bewusst auf die Beschreibung dieser Prinzipien selbst beschränkt und, mit Ausnahme einzelner Beispiele, auf die Beschreibungen der praktischen Realisierung von Schaltungen oder Geräten, die auf diesen Prinzipien beruhen verzichtet. Ebenso haben wir ganz bewusst die Prinzipien qualitativ beschrieben und sind nicht auf die Berechnung der Schaltungen eingegangen.

Natürlich wünschen wir uns, mit diesen Beschreibungen der Prinzipien Ihr Interesse und Ihre Neugier dahingehend geweckt zu haben, dass Sie den Wunsch verspüren, selbst Schaltungen zu entwerfen und aufzubauen.

Um diesen Weg zu gehen, können Sie auf ein weites Literaturangebot und nicht zuletzt eine große Vielfalt von Internet-Seiten zugreifen, in denen ausführlich auf die praktische Realisierung elektronischer Schaltungen eingegangen wird. Einige besonders empfehlenswerte Bücher finden Sie im Literaturverzeichnis dieses Kapitels.

An dieser Stelle wollen wir Ihnen noch einige allgemeine Hinweise geben.

Wir sind, wie schon erwähnt, nicht auf die Berechnungen von Schaltungen eingegangen. Für einen eigenen Schaltungsentwurf sind Berechnungen aber zwingend notwendig. Natürlich wird es immer einzelne Bauteilwerte geben, die man nur durch Ausprobieren bestimmen kann, aber wenn das nicht klar abgegrenzte Ausnahmen bleiben und man eine ganze Schaltung durch Ausprobieren dimensionieren will, dann wird man sich recht wahrscheinlich dabei „verrennen", man weiß nicht, was man wirklich tut und es kommt nach einiger Zeit Frustration auf.

Insbesondere bei digitalen Logikschaltungen ist eine rechnerische Behandlung des Zeitverhaltens unumgänglich. Wenn man das nicht tut, dann wird man mit einiger Wahrscheinlichkeit mit heimtückischen Fehlern konfrontiert, die im „unschönsten" Fall nur sporadisch auftreten. Das Ergebnis ist dann von Zeit zu Zeit unrichtig, obwohl die Schaltung auf der abstrakten logischen Ebene „richtig" ist. Derartige Fehler lassen sich an einer komplexen Schaltung nur mit extrem hohen Aufwand lokalisieren und sie sind nicht immer nachträglich korrigierbar.

Wir haben weiterhin das Thema der Stromversorgungsschaltungen für die elektronischen Schaltungen nicht behandelt, haben stillschweigend immer eine perfekte Stromversorgung als vorhanden vorausgesetzt. In der Praxis verdient dieses Thema eine intensive Beachtung, eine Vielzahl von Fehlfunktionen elektronischer Schaltungen ist gar nicht auf die Schaltung selbst, sondern auf Mängel in ihrer Stromversorgung zurückzuführen.

Ein besonders wichtiges Thema, das wir ebenfalls nicht behandelt haben, ist die richtige Ausführung der Masseverbindungen in einer elektronischen Schaltung. Diese ist für das korrekte Funktionieren der Schaltung essentiell. Durch eine falsche Ausfüh-

https://doi.org/10.1515/9783110581805-008

rung der Masseverbindung kann man es schaffen, nahezu jede an sich funktionierende Schaltung zur Fehlfunktion zu bringen.

Wir wollen noch einen speziellen Hinweis zu den Schaltungen aus dem Abschnitt über analoge Verstärker geben. Die Schaltungen in diesem Abschnitt sind bewusst stark vereinfacht dargestellt, um die zugrundeliegenden Prinzipien klar erkennbar werden zu lassen. Die meisten dieser Schaltungen würden bei einem „1 zu 1 Nachbau" nicht wie erwartet funktionieren. Wir haben bei der Darstellung Hilfs- und Stabilisierungsschaltungen weggelassen, die für das Verständnis des Prinzips nicht notwendig sind, für eine reale Schaltung aber zwingend benötigt werden, um die nichtidealen Eigenschaften der realen Transistoren zu kompensieren. Viele der beschriebenen Verstärker-Grundschaltungen sind erst in der geschlossenen Schleife mit Gegenkopplung praktisch anwendbar. Ohne Gegenkopplungsschleife werden sie vom Offsetfehler der Transistoren schon bis zur Begrenzung aufgesteuert, so dass man am Ausgang nur die Versorgungsspannung sehen wird. Die in dem Abschnitt angewandte schrittweise Vorgehensweise ist daher nur im Gedankenexperiment möglich, nicht in der Praxis. Für die Praxis ist das in den Literaturempfehlungen erwähnte Buch von Bob Cordell der ideale Ratgeber.

Wir empfehlen Ihnen ausdrücklich, sich mit dem praktischen Aufbau von Schaltungen zu befassen. Wenn man die ersten Mühen der Ebene überwunden hat und stolz auf seine funktionierende Schaltung blickt, erlebt, dass die zuvor durchdachte Theorie sich im Verhalten der Schaltung wiedererkennen lässt, dann erlebt man ein nachhaltiges Glücksgefühl, von dem man lange zehren kann. Wir sehen uns genötigt, an dieser Stelle ausdrücklich vor einem gewissen Suchtfaktor zu warnen.

8 Lektüreempfehlungen

Dieses kommentierte Literaturverzeichnis enthält einige aus der Sicht des Verfassers empfehlenswerte Bücher, zum einen zur Vertiefung von Grundlagen, zum anderen zur weiterführenden Beschäftigung mit Elektronik, die auch die Entwicklung und praktische Realisierung von Schaltungen mit einschließt.

Elektronik allgemein

Paul Horowitz/Winfried Hill (2015): The Art of Electronics. 3. Auflage. Cambridge: Cambridge University Press.
In diesem Buch wird die analoge und digitale Schaltungstechnik anschaulich, theoretisch fundiert und gleichzeitig praxisnah dargestellt. Das Buch ist sehr umfassend und deckt nahezu alle Bereiche der Elektronik ab. Gerade dann, wenn man plant, elektronische Schaltungen in Richtung auf einen professionellen Anspruch hin selbst zu entwickeln und aufzubauen, ist dieses Buch besonders empfehlenswert.

Michael Dickreiter (2013): Handbuch der Tonstudiotechnik. (2 Bände). München: De Gruyter Saur.
In diesem Buch werden Grundlagen und Anwendungen der analogen und digitalen Verarbeitung von Audiosignalen umfassend und praxisbezogen dargestellt. Die enge Verknüpfung von Theorie und Anwendungsbezug macht dieses Buch sehr lesenswert.

Patrick Schnabel (2017): Elektronik-Fibel. 7. Auflage. Ludwigsburg: Selbstverlag.
Die „Elektronik-Fibel" ist die ideale Ergänzung zu diesem Buchkapitel, wenn man damit beginnen will, Schaltungen selbst zu entwickeln oder aufzubauen. Es werden ebenfalls die Grundlagen der Elektronik behandelt, aber aus einem ganz anderen Blickwinkel, bezogen auf die praktische Berechnung und Realisierung von Schaltungen. Das Buch ist umfassend und gleichzeitig sehr knapp und übersichtlich gehalten.

Analoge Elektronik

Bob Cordell (2010): Designing Audio Amplifiers. New York: Mcgraw Hill Book Co.
Dieses Buch ist das Standardwerk für die analoge Audio-Verstärkertechnik unter Verwendung diskreter Transistoren. Sehr ausführlich und praxisnah und gleichzeitig theoretisch fundiert wird die Schaltungstechnik analoger Verstärker mit High-End-Niveau von den einfachen Grundschaltungen bis hin zu professionellen Schaltungen der Oberklasse Schritt für Schritt hergeleitet. Wie der Verfasser aus eigener Erfahrung weiß, funktionieren die in dem Buch besprochenen Schaltungen in der Praxis und überzeugen mit Messwerten und Höreindruck. Cordell ist nicht „ideologisch" auf eine

https://doi.org/10.1515/9783110581805-009

bestimmte Lösung fixiert sondern stellt verschiedenartige Lösungen mit ihren Vor- und Nachteilen unvoreingenommen gegenüber.

Digitale Elektronik

Tracy Kidder (1992): Die Seele einer neuen Maschine. Vom Entstehen eines Computers. Reinbek: Rowohlt. (Originalausgabe 1981: The Soul of A New Machine. New York: Back Bay Books.)
Dieses Buch ist kein klassisches Fachbuch, sondern eine Reportage mit literarischem Anspruch.[16] Es vermittelt wie kein anderes Buch die Faszination der Computer-Entwicklung. Beim Lesen lernt man „ganz nebenbei" viel über grundlegende Struktu-ren und technische Aspekte des Computers. Wie der Verfasser aus der eigenen, zwei Jahre dauernden Entwicklung und Inbetriebnahme eines größeren TTL-Computers im Rahmen seiner Lehrveranstaltung an der TU-Berlin erfahren hat, trifft dieses Buch, bezüglich der technischen, aber auch bezüglich der menschlichen Aspekte eines derartigen Projekts den Nagel auf den Kopf.

David A. Patterson/John L. Hennesy (2005): Rechnerorganisation und -entwurf. 3. Auflage. Heidelberg: Spektrum Akademischer Verlag.
Dieses Standardwerk stellt sehr griffig und anschaulich die dem Aufbau eines Compu-ters zugrundeliegenden Konzepte vornehmlich am konkreten Beispiel der MIPS-CPU dar. Schrittweise wird die Komplexität der CPU ausgehend von einer einfachen Grundschaltung heraus aufgebaut. Hierbei wird eine überaus geschickte Vereinfa-chung vorgenommen, die ein klares und eingängiges Erkennen der Grundprinzipien ermöglicht. Wie der Verfasser selbst erlebt hat, darf man das Buch aber nicht als „Bauanleitung" für einen Eigenbau der MIPS-CPU missverstehen. Die tatsächlich kompatible Implementation des vollständigen MIPS-Befehlssatzes in einer selbst gebauten CPU hat sich in der Praxis als weit komplexer herausgestellt, als es nach erster Lektüre dieses Buches zunächst vermutet wurde.

Funktechnik

Helmut Pitsch (1963): Lehrbuch der Funkempfangstechnik (2 Bände). Leipzig: Akademi-sche Verlagsgesellschaft Geest & Portig KG.
Dieses einstmalig weitverbreitete Standardwerk erklärt alle Aspekte der klassischen Funktechnik fundiert und nachvollziehbar. An Stellen, an denen andere Bücher Phä-nomene nur beschreiben, erklärt „der Pitsch" diese von Grund auf und ermöglicht dem Leser damit die Übertragung des Gelesenen in eigene Schaltungen. Das Buch baut

---

16 Der Autor erhielt hierfür 1982 den Pulitzer-Preis und den National Book Award.

eine gute Brücke zwischen Theorie und praktischer Anwendung.

F. Möhring (1965): Schaltungstechnik der Loewe Opta-Fernsehempfänger. Herausgegeben von der Werbeabteilung der Loewe Opta AG. Coburg: A. Roßteutscher.
Dieses in den 1960er-Jahren sehr verbreitete und daher auch heute noch antiquarisch gut erhältliche Buch beschreibt auf mehr als 400 Seiten den Aufbau eines analogen Fernsehempfängers der damaligen Zeit von den Grundlagen bis zur konkreten Dimensionierung der einzelnen Bauteile. Die Erklärungen sind sehr ausführlich und anschaulich. Sorgfältig gestaltete Illustrationen unterstützen das Verständnis zusätzlich. Auch wenn die in diesem Buch vorgestellte Technik heute nicht mehr aktuell ist, tut dies dem Erkenntnisgewinn aus diesem Buch für die heutigen Zeit keinen Abbruch: Möhring zeigt, wie technische Probleme mit den damals zur Verfügung stehenden Mitteln, als die Zahl der aktiven Bauelemente in einem Gerät zweistellig und nicht wie heute sechsstellig war, kreativ und elegant gelöst wurden. Die bei der Beschreibung dieser Lösungen erläuterte Theorie ist zudem vom Kontext der Technologie unabhängig.

Harald Chmela (2001): Experimente mit Hochfrequenz. München: Franzis'.
In diesem Buch werden mit recht einfachen Mitteln ausführbare Experimente beschrieben, die die Eigenschaften hochfrequenter Spannungen, Ströme und Wellen eindrücklich sichtbar machen. Der direkte sinnliche Eindruck hochfrequenzbezogener Phänomene bei diesen Experimenten ist überwältigend. Es muss jedoch mit Nachdruck betont werden, dass man alle Experimente, bei denen Hochfrequenz abgestrahlt werden kann, nur in einer abgeschirmten HF-Messkammer durchführen darf, um nicht gegen gesetzliche Vorschriften zu verstoßen und die ungewollte Störung von lebenswichtigen Funkdiensten, etwa von Rettungsdiensten oder Flugsicherung zu vermeiden. Derartige Messkammern sind im Allgemeinen an technischen Universitäten vorhanden.

Physikalischen Grundlagen

Richard P. Feynman (2015): Vorlesungen über Physik: Elektromagnetismus. 6. Auflage. Berlin: Oldenbourg/De Gruyter.
In diesem Buch werden die physikalischen Grundlagen des Elektromagnetismus auf eine einzigartige Weise gleichzeitig anschaulich und wissenschaftlich präzise erklärt, teilweise mit Sprachbildern in literarischer Qualität. Auch die anderen Bände dieser Reihe, die die Physik umfassend darstellt, sind sehr empfehlenswert.

9 Anhang

Nicht nur in historischen Dokumenten der Elektronik auch international werden zeitweise unterschiedliche Symbole für ein und dasselbe elektronische Bauteil verwendet. Im Text haben wir vorrangig die Schaltzeichen nach ANSI-Norm verwendet. Die nachstehende Tabelle stellt die wichtigsten Schaltzeichen in den drei gebräuchlichsten Darstellungen/Normierungen gegenüber.

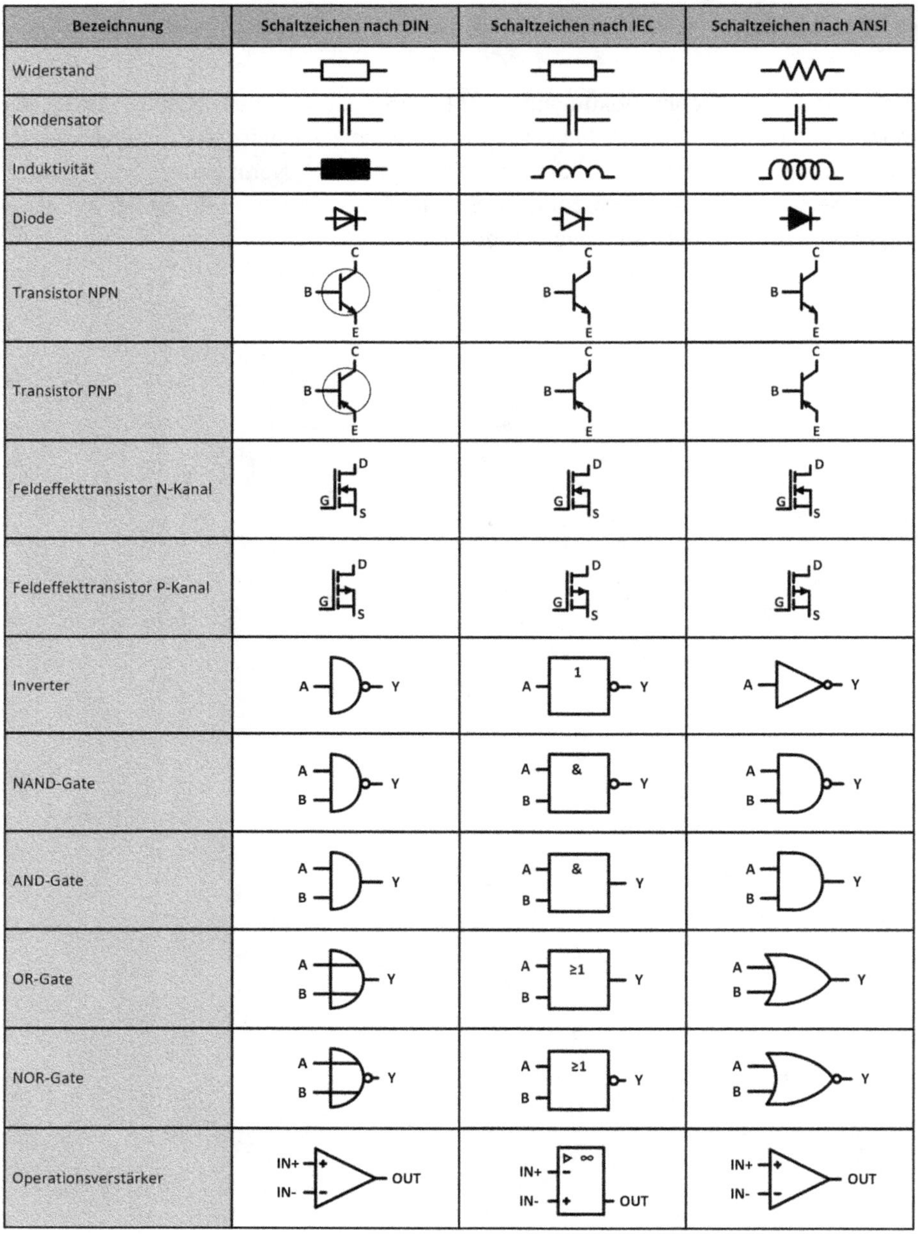
Bezeichnung
Schaltzeichen nach DIN
Schaltzeichen nach IEC
Schaltzeichen nach ANSI
Widerstand
Kondensator
Induktivität
Diode
Transistor NPN
Transistor PNP
Feldeffekttransistor N-Kanal
Feldeffekttransistor P-Kanal
Inverter
NAND-Gate
AND-Gate
OR-Gate
NOR-Gate
Operationsverstärker
B C E
D G S
A Y
1
&
≥1
IN+ IN- OUT
▷ ∞

Abb. 9.1: Elektronische Schaltzeichen im Vergleich

Teil II: **Elektronik in der Praxis**
       (Malte Schulze)

1 Einleitung

Sie sitzen vielleicht während der Lektüre dieses Kapitels erwartungsfroh und neugierig am Tisch. Die Finger wollen etwas Bleibendes schaffen, Sie wissen nur noch nicht, wie oder gar was. Die Tiffany-Lampe leuchtet den Tisch gut aus. Erinnern Sie sich an die 1970er/80er Jahre: Tiffany-Lampen, bunte Glasscheiben-Fragmente, die jeweils durch eine Kupferfolie eingefasst sind. Diese Teile sind miteinander verlötet, ganz ähnlich der Technik beim Elektronik-Löten. Zuerst möchte der *Begriff des Lötens* erklärt werden. Denn zumindest eines der Projekte aus Kapitel 3 möchten Sie sich eventuell selbst herstellen. Aus dem vorangegangenen Kapitel haben Sie bereits die notwendigen Grundlagen des Schaltungsaufbaus (vgl. Kap. I) und der Chemie der Lote und Platinen (vgl. Band 3, Kap. III.4.5) kennengelernt.

Löten, das Handwerk zwei Bauteile miteinander oder ein Bauteil mit einer Leiterplatte elektrisch durch Lötzinn zu verbinden, ist nur eine von *vielen Arten des Lötens*. Neben dem künstlerischen Löten wie oben beschrieben, gab es beispielsweise noch das Bleigießen zu Silvester als Gesellschaftsspiel, das aus gesundheitlichen und Umweltschutz-Aspekten mittlerweile unattraktiv geworden ist. Beim technischen Löten, beispielsweise im Heizungsbau, werden die Rohre und Muffen miteinander verlötet. Dies allerdings natürlich ebenfalls bleifrei, um Umwelt und Gesundheit zu schützen.

Aus genau diesem Grund ist jede Person, die einen Bausatz fertigstellt oder in Umlauf bringt, ab diesem Zeitpunkt *verantwortlich* für die Entsorgung nach dem Gebrauch dieses Produktes, wenn entweder kein Nutzen durch Obsoleszenz mehr vorliegt oder die Funktion nicht mehr gegeben ist. Seien Sie sich auch darüber bewusst, dass Sie die Verantwortung haben, *Sicherheitshinweise* zum Gebrauch zu liefern. Viele Hersteller eines Bausatzes sind sich dessen wohl bewusst und geben die Verantwortung für das Produkt ab: An Sie![1] Denn Sie haben in dem Fall den letzten Schritt getan, den Bausatz zu komplettieren. Um also die bestmögliche Funktion und den sicheren Umgang, sowie den *Umweltschutzaspekt* zu gewährleisten, will Ihnen dieser Teilband dazu Hilfe leisten.

Nebenbei erlernen Sie durch begleitete Selbstversuche das Löten und die Verwendung von adäquatem Werkzeug, sowie dazugehörigem Werkstoff und letztendlich dem Werkstück. Dafür sollten Sie sich reichlich Zeit nehmen. Unter Zeitdruck ist keine Hand ruhig genug, um eine schöne Lötung vorzunehmen. Auch an der Beleuchtung sollte nicht gespart werden.

So ähnlich wie in Abb. 1.1 wird es wohl bei allen ersten Lötversuchen aussehen, aber fühlen Sie sich nicht schon vorab gehemmt. Vieles lässt sich auch nachträglich korrigieren und reparieren. Ebenso wird auf das Entlöten nach der Fehlersuche eingegangen. Der Vorgang ist in Kapitel 2.2 zu finden.

---

1 Vgl. die „Hinweise" im Impressum dieses Buches auf der Seite vor dem Inhaltsverzeichnis

https://doi.org/10.1515/9783110581805-010

Abb. 1.1: Erste abschreckende Lötergebnisse des Autors (ca. 1992) auf Pressspanplatte mit Nägeln als Lötstellen und Draht als Leiterbahnen – Als Vorlage diente eine Lötlernübung aus einer nicht mehr erhältlichen monatlichen Fachpublikation.

Schon nach einem ganzen Tag ist diese nachhaltige Arbeit (siehe Abb. 1.2) fertiggestellt gewesen. Dies erforderte allerdings sehr viel Geduld, Disziplin und gute Augen. Es fiel hierbei besonders auf, dass die Drahtbrücken eine gute Wärmeleitfähigkeit haben, wodurch sich das Lötzinn am anderen Drahtende an der Lötstelle wieder verflüssigte, sobald an der gegenüberliegenden Seite versucht wurde, eine feste Lötstelle zu erwirken. Die Lötzeit war hier gezielt zu dosieren. Die Reihenfolge der Bestückung war besonders wichtig: Erst die Drahtbrücken bestücken, danach die Widerstände, zuletzt die Querverbindungen der Drahtbrücken auflöten. Anderenfalls fallen die Bauteile beim Umdrehen der Platine heraus, bevor sie festgelötet werden können.

! **Umgang mit Werkzeugen**

Denken Sie immer zuerst an Ihre Gesundheit. Falscher Umgang mit Werkzeugen führt zu Verletzungen. Genereller Umgang mit Lötzinn gefährdet die Gesundheit durch den Bleianteil, der durch direkten Hautkontakt beim Lötvorgang aufgenommen wird.

Nach der Einführung in die Praxis des Lötens und der Vorstellung der Hilfsmittel und Werkzeuge werden fünf Elektronikprojekte mit unterschiedlichen Konstruktionsprinzipien vorgestellt. Erläuterungen zu den Gefahren und Umweltschutzaspekten schließen diese Darstellung ab. Im Anhang werden spezifische Fachtermini erläutert und Literatur zur Vertiefung oder Verbreiterung des Wissens vorgestellt.

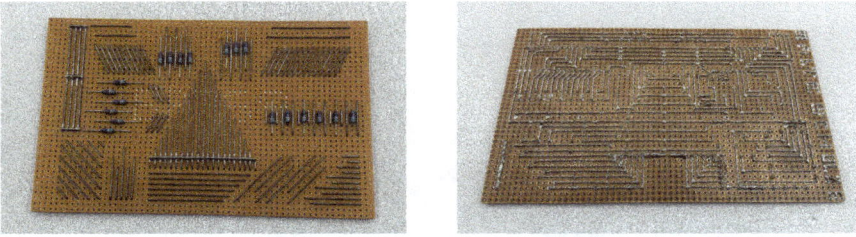

Abb. 1.2: Meisterstück des Autors – Kunst kommt von können (frei nach Nietzsche) … und Können muss erst gelernt werden! – Im Zuge einer Fortbildung 1996 entstand die sonst funktionslose Übung für angehende Industrieelektroniker, wurde allerdings keine Schulnote 1 und die Rückseite verrät auch warum: ungleichmäßige Lötstellen und zu viel Lötzinn benutzt.

2 Löten

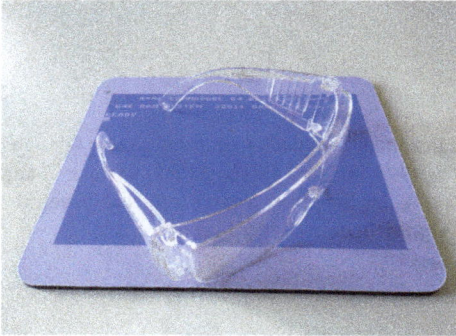

Abb. 2.1: Eigenschutz für die Augen: Schutzbrille - So kann es auch aussehen! Die Augen werden geschützt vor Qualm, Splittern, Explosion und Spritzern, also allen Gefahren, denen sich ein Mensch bei Lötvorgängen aussetzt.

Grundsätzlich bezeichnet die Lötung eine Erwärmung von Lötstelle und Lötzinn, um beide zusammenzuführen, abkühlen zu lassen und damit eine feste Verbindung zu schaffen. Die handwerkliche Tätigkeit des Lötens erfordert Übung und Erfahrung für den jeweiligen Einsatzzweck (vgl. Einleitung). Physikalisch betrachtet (vgl. Band 3, Kap. III.4.5.3) ist die Lötverbindung eine Verkettung sortenähnlicher Metalle durch Adhäsion.

Eine möglichst geringe Lötspitzen-Temperatur und hohe Heizleistung des Lötkolbens verringert die thermische Belastung von Bauteil und Leiterplatte. Zudem ist die Gefahr durch verbrennendes Flussmittel (Kolophonium raucht stark bei zu hohen Temperaturen, etwa über 300 °C) geringer. Die schlagartige Erwärmung von Lötzinn mit Kolophonium-Seele kann zudem das flüssige Lötzinn wegspritzen lassen. Kleine Lötkügelchen auf der Haut sind schmerzhaft, im Auge sogar gefährlich! Deshalb immer mit Schutzbrille (siehe Abb. 2.1) löten!

2.1 Lötkolben und Lötstationen

Das elementar wichtige Werkzeug für Lötprojekte ist selbstredend der Lötkolben beziehungsweise die Lötstation, ähnlich dem Stift für Autoren. Beim Kauf gibt es einige Faktoren zu bedenken: Wie geübt sind Sie? Wie oft und wie filigran wollen Sie löten? Und wie viel Geld haben Sie zur Verfügung für den Erwerb?

Ein Stiftlötkolben (siehe Abb. 2.2 ④) sollte für die ersten Lötversuche oder kleine Bausätze erst einmal ausreichen. Es sollte allerdings schon eine etablierte Marke

https://doi.org/10.1515/9783110581805-011

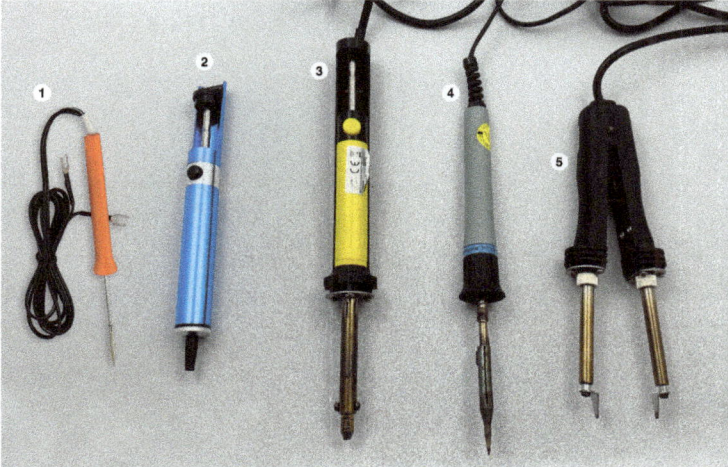

Abb. 2.2: Stift- und Handlötwerkzeuge: Lötnadel ①, Entlötpumpe ②, Entlötkolben ③, Ersa Stiftlötkolben ④, Lötzange ⑤

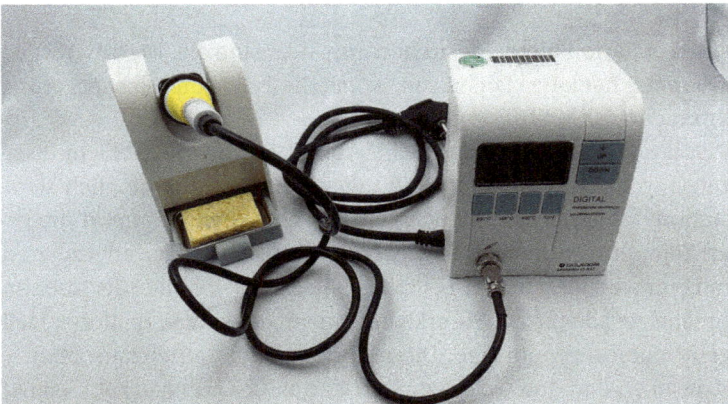

Abb. 2.3: Digitale Lötstation. Die Soll-Temperatur wird mittels rechtsseitiger Wipptaste fein eingestellt oder durch voreingestellte Festwerte ausgewählt.

sein, denn die günstigsten „Haushaltslötkolben" vom Discounter sorgen für Frust und schmälern sofort bei Beginn die Motivation auch nur eine Lötstelle damit zu löten – selbst als Anfänger. Als Einstieg empfehle ich einen *Ersa Multitip* oder ein *Weller*, jeweils mit einer konischen Lötspitze. Damit sind schon viele Einsatzbereiche abgedeckt: Von feinen Lötstellen mit der Spitze, sowie großen Masseflächen mit der flachen Seite.

Sollen zukünftig weitere Bausätze erstellt werden, eignet sich eine regelbare Lötstation mit mindestens üblichen 48 Watt Heizleistung, damit auch große Masseflächen einigermaßen einfach gelötet werden können. Je mehr Heizleistung und genauere Tem-

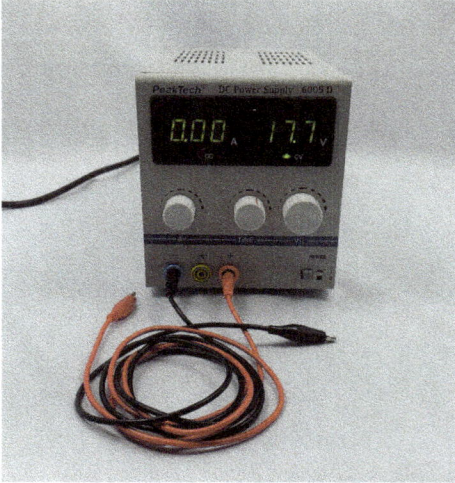

Abb. 2.4: Regelbares Labornetzteil mit offenem Anschluss. Links zeigt daher das Amperemeter keinen Stromfluss an. Die Spannung von 17,7 Volt wird rechts angezeigt und stabilisiert beretigestellt.

peraturkonstanz eine Lötstation bietet, desto hochpreisiger sind sie. Die japanische Firma *Hakko* beispielsweise hat kurze Lötspitzen, womit die Präzision selbst bei etwas unruhiger Handführung hoch bleibt.

Auf dem LC-Display von Lötstationen (siehe Abb. 2.3) wird die Soll- und Ist-Temperatur angezeigt, wodurch eine aufs Grad genaue Einstellung möglich wird. Hochpreisige Lötstationen können diese auch wirklich einhalten, während die gezeigte Station einen Temperaturunterschied von fast +/- 20 °C von der angezeigten Temperatur je nach Lötanwendung an der Lötspitze hat. Professionelle Lötstationen haben zudem innenbeheizte Lötspitzen. Sie erkennt man an der kurzen Bauform, weil Lötspitze und Heizelement fest vereint sind. Diese sind sogar im Betrieb tauschbar.

Für sehr feine Lötstellen und dort wo es um SMD-Korrektur-Lötungen geht, eignet sich eine Lötnadel (siehe Abb. 2.2 ①). Sie wird mit einer Spannung von 12 Volt aus einem Labornetzteil (siehe Abb. 2.4) versorgt und hat meistens nur etwa 8 Watt Heizleistung und eine sehr dünne Lötspitze. Große Lötstellen und mehrere schnell hintereinander folgende Lötungen sind hiermit nicht möglich, da die Wärmekonstanz aufgrund der geringen Masse und die Nachheizleistung zu gering ist.

Gute Labornetzteile (siehe Abb. 2.4) besitzen oft zwei Regler und Displays, je für Strom- und Spannungs-Regulierung. Zunächst wird der Ausgang kurzgeschlossen und der maximal zulässige Stromfluss mit dem Regler begrenzt. Nach Öffnen des Ausgangs wird die Spannung eingestellt. So wird dem Verbraucher zielgerichtet die Betriebsleistung bereitgestellt und begrenzt. Mit Anschluss des Verbrauchers wechselt die Soll-Anzeige zur Ist-Anzeige. Strom und Spannung werden relativ genau eingestellt

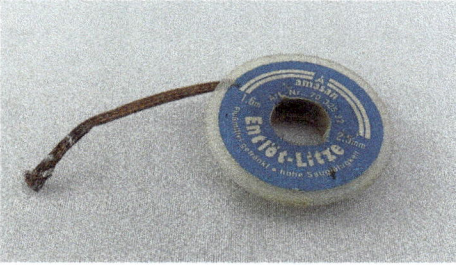

Abb. 2.5: Entlötlitze ist ein Kupfergeflecht mit Kolophoniumstaub zur einfachen Entfernung von Lötzinn auf fehlerhaften Lötstellen – Sie führt bei unsachgemäßer Benutzung zu ersten schmerzhaften Erfahrungen mit wärmeleitfähigen Materialien.

und gehalten. Zu erwähnen ist eine andere Art der Labornetzteile: Der nicht ganz so leistungsstarke „Konstanter", der allerdings sehr genaue Einstellungen ermöglicht.

2.2 Entlötwerkzeuge

Das Lötzinn wird mit einer Entlötpumpe (siehe Abb. 2.2 ② und ③) oder Entlötlitze (siehe Abb. 2.5) von der Lötstelle entfernt, wodurch das Bauteil sich wieder von der Lötstelle lösen lässt. Der zusätzliche Arbeits- und Zeitaufwand ist allerdings in den seltensten Fällen niedrig, weshalb die Versuchung steigt, zukünftig akkurater zu löten.

Die Einhandbedienung der Entlötpumpe erfolgt mit dem Daumen: am Schaft herunterdrücken bis es einrastet, dann per Knopfdruck auslösen. Der kleine Ruck beim Auslösen der Pumpe ist anfangs unangenehm und irritierend. Beim erneuten Spannen ist die Teflonspitze über eine Schale zu halten, damit die eben angesaugten Lötzinnpartikel gezielt herausgedrückt werden und nicht irgendwo auf dem Teppich oder schlimmstenfalls wieder auf der Leiterplatte landen. Bei automatischen Entlötstationen wird das Lötzinn in einem Depot aufgefangen, welches nach der Arbeit entleert werden kann.

2.3 Werkzeuge, Werkstoffe und Werkstücke

Folgend wird aufgelistet, welche Arten von Werkzeugen und Messgeräten beim Löten eingesetzt werden können und welche Merkmale diese unterscheidet. Ohne das richtige Sortiment an Hilfsmitteln gestaltet sich die Arbeit ansonsten unnötig kompliziert.

2.3.1 Messgeräte

Analogmultimeter (auch "Zeigerinstrument")
Früher waren Geräte (siehe Abb. 2.6 links) mit einer Zeiger-Nadel und Zahlen-Skala
die ausschließlich verfügbaren Messinstrumente (vgl. Band 3, Kap. II.9.3.). Diese stoß-
und lageempfindlichen, mechanischen Messgeräte haben aufgrund ihrer bewegungs-
gedämpften Anzeige eine Anzeige-Dämpfung. Dies ist vorteilhaft bei der Verfolgung
sich ändernder Messwerte. Ihr relativ geringer Innenwiderstand sorgt für leichte Belastung (ohmscher Verbraucher) während der Messwertermittlung. Dies kann zu (un-
)beabsichtigte Realwert-Abweichungen führen. Von Vorteil ist dies allerdings bei der
Ermittlung der Nennspannung von Akkus. Der Messwert wird am Maß des Zeigeraus-
schlags abgelesen. Das ist relativ ungenau.

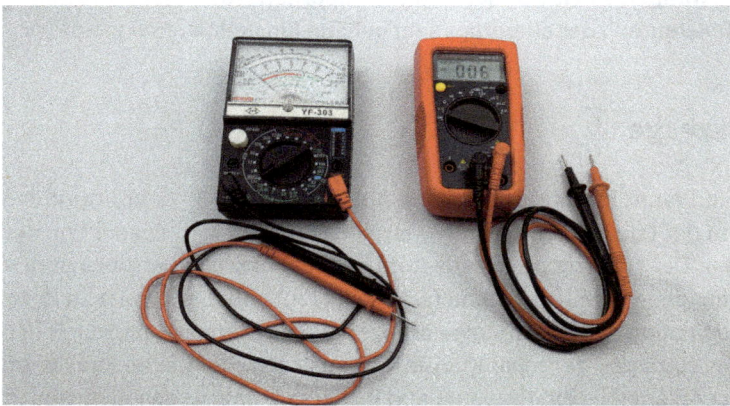

Abb. 2.6: Analog- und Digitalmultimeter

Digitalmultimeter (mit Siebensegmentanzeige)
Digitalmultimeter (siehe Abb. 2.6 rechts) sind moderne Messgeräte mit direkter Darstellung der Messwerte in computer-typischer Siebensegmentanzeige. Sie sind lageu-
nabhängig und ermöglichen die sofortige Messwertanzeige für einfaches Ablesen.
Ihr relativ hoher Innenwiderstand beeinflusst die Realwerte während der Messung
kaum. Eine Messwertänderung ist mit ihnen allerdings schwer verfolgbar. Sie sind
für den Einstieg im Hobbybereich gleichermaßen wie für Profi-Anwendung geeignet.
Teilweise sind sie durch eine Bargraph-Anzeige erweitert, um ein Analogmultimeter
nachzubilden. Mit ihnen gewonnene Messwerte können bei teilweise vorhandenem
Computeranschluss für die EDV weiterverwendet werden.

Kapazitätstester

Damit die wahre (nicht aufgedruckte) Kapazität von Elektrolyt-Kondensatoren ermittelt werden kann, gibt es diese Testgeräte. Die Abweichung von ElKos kann nämlich bis zu 20 % vom angegebenen Wert betragen. Wenn es auf exakte Werte ankommt, wird hiermit für ein perfektes Ergebnis gesorgt. Durch Alterung und Wärmeeinfluss im Betrieb ändern sich die Kapazität und der Innenwiderstand von ElKos ebenfalls. Je größer die Kapazität, desto länger (bis zu mehreren Sekunden) kann die Messung dauern.

Widerstandsmessbrücke

Ein ebenso hochpräzises Messgerät ist die Messbrücke, die eine hohe Messgenauigkeit sichert. Dieses rein analoge Messgerät hat eine Zeiger-Nadel und Skalen-Anzeige.

Oszilloskope

Für tiefgehende Messwerterfassung werden besonders komplexe Messgeräte notwendig. Das Oszilloskop[2] (siehe Abb. 2.7) misst demnach einen ganzen Bereich von Schwingungen. Der Oszillograph gibt diese Messwerte zur weiteren Verwendung in Schrift (siehe Abb. 2.8) oder Bild aus. Die Messwertanzeige kann in Echtzeit (Röhrenmonitor) oder als Momentaufnahme (Plotter, Speicheroszilloskop) dargestellt werden. Hierfür wird ein kleiner Bildschirm in einem Tragekoffer mit Prüfspitzen an die jeweiligen Messpunkte angeschlossen. Die Anzeige ist mit einem definierbaren Raster zum Ablesen der Messwerte versehen.

Während das Digitalmultimeter etwa nur zwei Messwerte pro Sekunde auswerten kann, trumpft das Oszilloskop mit weit über 5 Millionen Messwerten pro Sekunde auf. Gängige Speicheroszilloskope können sogar bis zu 200 Millionen Messwerte erfassen und später auf dem Bildschirm anzeigen oder per angeschlossenem Computer zur Weiterverwendung ausgeben. Im übertragenen Sinn handelt es sich also um eine Art Lupe für elektrische Spannungen und eine Art Zeitmaschine, die durch die sehr hohe Messfrequenz Einblicke in mikrozeitliche Signalabläufe erlaubt. Hauptsächlich dient das Oszilloskop für bereits fertig gestellte Schaltungen, zur Fehlersuche und zum präzisen Abgleich von Baugruppen miteinander. Die Messwertermittlung zu jedem gewünschten Zeitpunkt für hauptsächlich analoge Spannungen ist seine Stärke.

---

2 Das Kofferwort leitet sich vom lat. oscillare „schwingen" und dem altgr. σκοπειν (skopein) „betrachten" ab.

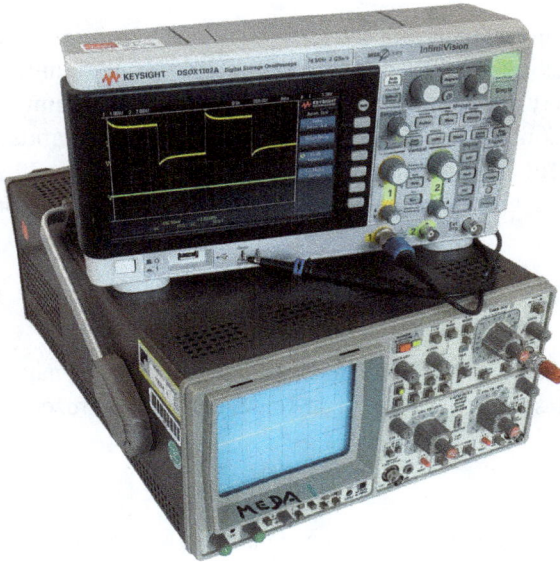

Abb. 2.7: Historisches analoges (unten) und modernes digitales (oben) Oszilloskop

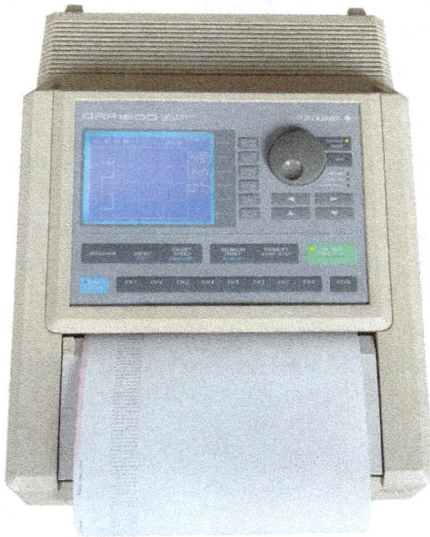

Abb. 2.8: Oszillographenplotter, dessen Hauptfunktion im Ausdruck der Messwerte beruht. Das elektronische Messwert-Anzeigefenster ist eher klein und nur für Kontrollzwecke bestimmt.

Logik-Analysatoren

Äußerlich ähnelt dieses hochpräzise Messgerät oft dem Oszilloskop (siehe Abb. 2.9 links). Die Besonderheit liegt in der Ermittlung digitaler logischer Messwerte aus dem Computerbereich. Alle Werte werden gespeichert zur weiteren Betrachtung am einge-bauten Bildschirm. Die Darstellung zeigt mehrere Kanäle übereinander (siehe Abb. 2.9 rechts) auf der horizontalen Zeitachse. Kompaktere Geräte gibt es mit USB-Anschluss für die Darstellung am Computer. Sie passen in eine Hosentasche (siehe Abb. 2.10). Meistens sind mehrere parallele Messungen zur Gegenüberstellung möglich, beispiels-weise um den Datenstrom auf einem 8-Bit-Datenbus zu erfassen und darzustellen. Es gibt Logik-Analysatoren, die nur eine Messspitze besitzen und damit nur den Schaltzu-stand einer Leitung ermitteln können. Diese sehen oft wie Stifte aus. Für dieses Kapitel ist der Logik-Analysator allerdings nicht von Belang (vgl. Band 1, Kap. I.6.5).

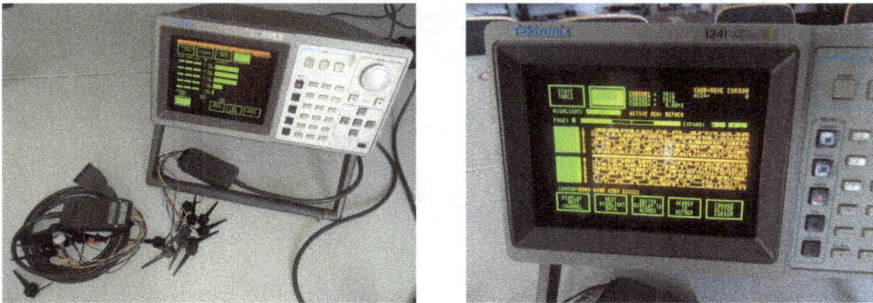

Abb. 2.9: Logik-Analysator aus den 1980er Jahren (li.) mit Beispielmessung (re.)

2.3.2 Werkzeuge

Krokodil-Klemmen, Messspitzen, Probes

Für eine kurzzeitige, temporäre Verbindung von bedrahteten Bauteilen in THT bedient man sich kurzer Leitungen mit Klemmkontakten. Da diese Klemmbacken gezackt aus-geführt sind und an ein Krokodilmaul erinnern, nennt man sie Krokodil-Klemmen (siehe Abb. 2.11 ④). Sie sind bis auf die Kontaktfläche elektrisch isoliert und durchge-hend gefärbt. Wo in der Programmierung von „Spaghetti-Code" gesprochen wird, kann eine Schaltung, aufgebaut mit Kroko-Kabeln von einer Versinnbildlichung gesprochen werden. Diese „Spaghetti-Schaltungen" sind im Gegensatz dazu allerdings wirklich nur zu Testzwecken frei fliegend aufgebaut und komplexe Schaltungen damit kaum praktikabel.

Um in einer Schaltung Signale nachzuverfolgen und Messwerte zu ermitteln, sei es im Rahmen einer Reparatur oder vorab zur Bauteilbestimmung, werden Messgeräte

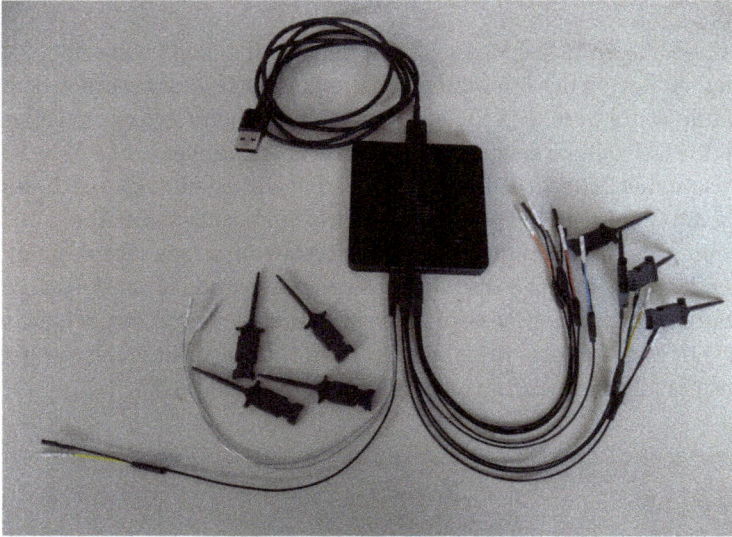

Abb. 2.10: moderner Logik-Analysator (mit Messspitzen) zum Anschluss an Computer

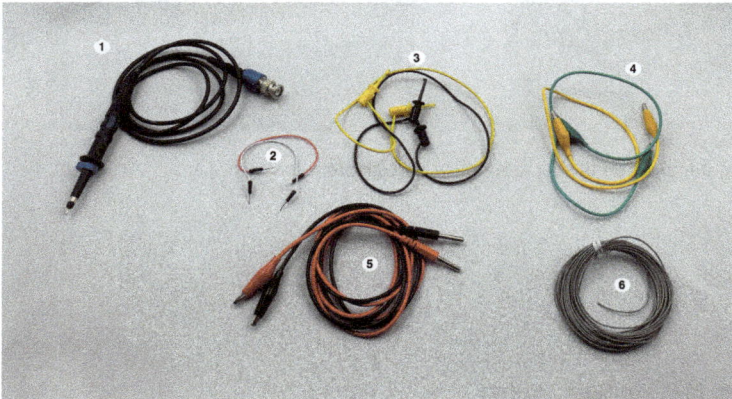

Abb. 2.11: Messspitzen: Messsonde eines Oszilloskops ①, Bananenstecker für Breadboards ②, Messspitzen mit Haken ③, Krokodilklemmen ④, Krokodilklemmen mit Bananensteckern ⑤, Litze ⑥

verwendet, an denen zwei Prüfleitungen mit Messspitzen (siehe Abb. 2.6) den elektrischen Kontakt herstellen. Hierbei werden die Messspitzen nur kurzzeitig und manuell an die entsprechende Messstelle gehalten und der Wert am Messgerät abgelesen.

Um längerfristige Messwerte zu ermitteln, werden sogenannte Probes verwendet (siehe Abb. 2.11 ③). Einseitige Haken klemmen sich um ein Bauteil-Beinchen und halten durch Federkontakt ohne weitere Hilfe. Die Haken sind so ausgeführt, dass sie

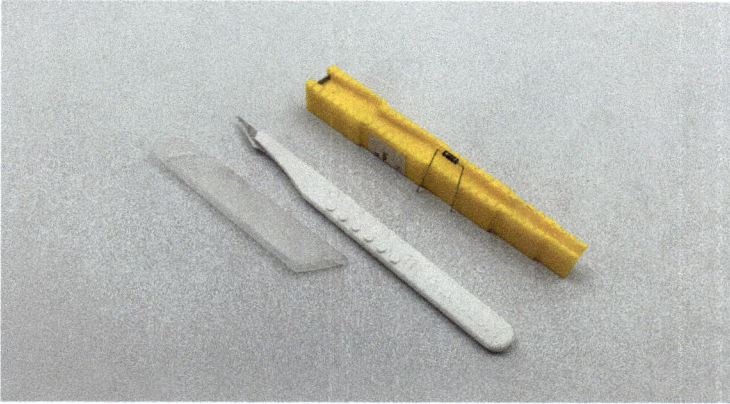

Abb. 2.12: Skalpell mit Schutzkappe (li.), Biegelehre (re.)

sogar problemlos zwischen IC-Beinchen hindurchpassen. Dennoch ist hier besondere Vorsicht vor ungewollten Kurzschlüssen geboten.

Skalpell

Ein Skalpell (siehe Abb. 2.12) ist ein sehr scharfes Schneidmesser, das klein genug und dennoch so stabil ist, dass damit Leiterbahnen einer fehlerhaft gerouteten Leiterplatte durchtrennt werden können. Auch absichtlich aufgebrachte Trennstellen, sog. Lötbrücken, können hiermit aufgetrennt werden. Um später (nach Fehlersuche und seiner Beseitigung) einen erneuten Kontakt der getrennten Leiterbahn herzustellen, empfiehlt sich ein schräger Schnitt und leichtes Abheben von der Leiterplatte. Dadurch lässt sich die Leiterbahn mit nur einem Lötpunkt wieder flicken.

Seitenschneider (auch Printzange)

Das wichtigste Werkzeug bei der Herstellung von THT-Bausätzen ist dieses Schneidgerät. Es ist mechanisch hochbelastet und unterliegt deshalb großem Verschleiß. Die Namensgebung verrät die Funktion des Werkzeuges: Etwas wird seitlich abgeschnitten. Umgangssprachlich bedeutet dies das „Abknipsen" der überstehenden Drähtchen von Bauteilen. Eine Kombizange oder ein Saitenschneider[3] eignen sich dafür nicht. Diese sind zu klobig im Vergleich zum beinahe filigran wirkenden Seitenschneider (siehe Abb. 2.13 ④). Die vorn spitz zulaufenden Schneidbacken reichen bis ganz nahe an den Lötpunkt heran. Eine Feder drückt die Schneide ohne Betätigung auseinander.

---

[3] Man beachte beim Kauf hier die Homophonie aber unterschiedliche Schreibweise! Quelle: https://de.wiktionary.org/wiki/Saitenschneider (Abrufdatum: 25.07.2022)

Abb. 2.13: Unterschiedliche Schneide-, Kneif- und Greifwerkzeuge: Skalpell ①, Pinzette ②, Saiten-schneider ③, Seitenschneider ④, Automatik-Abisolierzange ⑤, Crimpzange ⑥, Aderendhülsenzan-ge ⑦, Rundzange ⑧ und Spitzzange ⑨

Abisolierzange

Neben automatischen (siehe Abb. 2.13 ⑤) gibt es auch fest justierbare Abisolierzangen. Sie schneiden die Umhüllung der Litze ein und ziehen sie davon ab, ohne die Litze selbst zu beschädigen. Die Automatikzange ist bequem zu bedienen, funktioniert aber oftmals nicht perfekt. Manuell bediente Zangen mit Rändelmutter müssen zwar selbst auf den jeweiligen Querschnitt eingestellt werden, sind aber bei gleichbleibenden Litzen zuverlässiger.

Rundzange

Wenn es nicht auf genau 90 ° Biegung ankommt, sondern variable Biegewinkel nötig sind, kommt die Rundzange (siehe Abb. 2.13 ⑧) zum Einsatz, mit welcher zum Beispiel auch Ösen gebogen werden können.

Dritte Hand

Der Name ist Programm: Die dritte Hand (siehe Abb. 2.14) hält Bauteil, Litze oder Lei-terplatte mit einer Krokoklemme fest, damit diese während des (ver)lötens fest stehen und die Hände frei für Lötkolben und Lötzinn sind. Der schwere, gusseiserne Fuß trotzt einem Verschieben bei zu starkem Druck durch den Lötkolben. Manche Ausführungen haben zudem eine verstellbare Lupe und eine Lampe integriert. So können beispiels-weise die Farbringe eines Widerstands besser erkannt oder die Lötstelle bei filigranen Lötungen vergrößert werden.

Abb. 2.14: Ditte Hand. Eine zusätzlich daran angebebrachte Lupe (li.) ist nützlich für Detailarbeiten und macht diesen Helfer sogar zur dritten und vierten Hand.

Platinenhalter

Die Fotos zeigen ein selbst gebautes Exemplar mit schwerem Fuß und stabilen Pertinax-Haltebacken.[4] Anstatt mit den scharfzahnigen Krokodilklemmen wird hier die Leiterplatte seitlich festgehalten. Dadurch ist die Bestückung einfacher zu handhaben und es gibt keine hässlichen Kratzer auf der Bestückungs- und Lötseite. Das Konstrukt steht wesentlich stabiler als so manche dritte Hand.

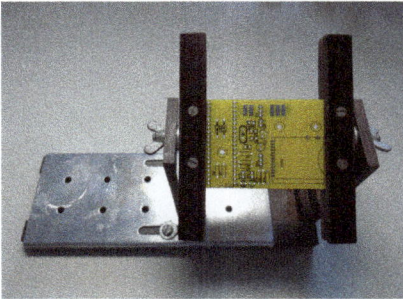

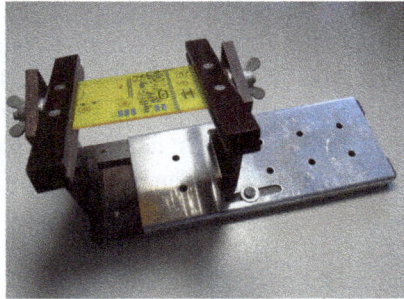

Abb. 2.15: Platinenhalter

---

4 Ein weiteres Meisterstück des Autors vom 21. Nov. 1996.

Biegelehre

Für bedrahtete Bauteile ist der Einsatz einer Biegelehre (siehe Abb. 2.12 rechts) ein Muss, wenn es um mehr als eine überspringbare Rasterstelle geht. Bei einem Rastermaß von einem Zoll, also 2,54 Millimeter Lochabstand oder anderen Maßen, werden damit die Bauteilbeine um 90° mit der Hand um die Lehre herum gebogen. Das Ergebnis ist eine exakte Bauteilanordnung und damit ein optisch hochwertiges Erscheinungsbild.

Fein-Bohrmaschine

Kleinste Schleif- und Trennarbeiten an Gehäusen oder Leiterplatten, sowie Bohrungen an Leiterplatten für THT-Bauteile oder auch Kabeldurchführungen an Gehäusen erfordern ein Werkzeug (siehe Abb. 2.16), das sich umgangssprachlich als „Dremel" etabliert hat.[5] Die Drehzahl kann manuell justiert werden, um beispielsweise langsam in Kunststoff zu bohren oder schnell in Hartpapier-Leiterplatten. Das Bohrfutter nimmt variabel von 1-mm-Bohrern bis Trennscheiben-Schafte auf. Auch abrasives Schleifen zur Oberflächenbehandlung ist damit möglich. Während der Benutzung ist auf Funken- und Splitterflug (Späne, Grate) zu achten und dringend eine Schutzbrille und ggf. ein Mundschutz zu tragen. Diese handwerkliche Tätigkeit erfordert konzentriertes und aufmerksames Arbeiten. Nur zu schnell passiert es ansonsten, dass man abrutscht und damit umliegende Bauteile zerstört. Anschließendes Auspusten mit Druckluft und eventuelle Reinigung mit Isopropylalkohol sind empfehlenswert.

Heißluftföhn

Großflächige (Ent-)Lötarbeiten können mit der ca. 550 °C warmen Luft eines Heiß-luftföhns (siehe Abb. 2.17 links) bewerkstelligt werden. Wenn massenweise Bauteile ausgetauscht werden müssen oder einfach rundum erhitzt werden muss, etwa um kalte Lötstellen zu beseitigen, ist der Heißluftföhn sinnvoll. Er lässt sich auch (behutsam) einsetzen, um Kunststoffteile zu verformen.

Heißklebepistole

Wenn gewisse Bauteile oder Kabel gegen eventuelle Bewegung gesichert werden müs-sen, kann der Heißkleber (siehe Abb. 2.17 rechts) ohne Probleme aufgebracht wer-den. Die thermische Belastung ist gering, die erkaltete Klebestelle ganz leicht flexibel und haftet gut auf und um allerlei Material. Dazu hat der Heißkleber eine isolierende Funktion, kann also beispielsweise zwischen sehr eng aneinander stehende Bauteilen aufgebracht werden, um diese vor versehentlicher gegenseitiger Berührung zu schüt-

---

5 Dies bezeichnet das Werkzeug von der gleichnamigen Herstellerfirma, ähnlich, wie „Nivea" für Handcreme, „Tempo" für Taschentücher usw.

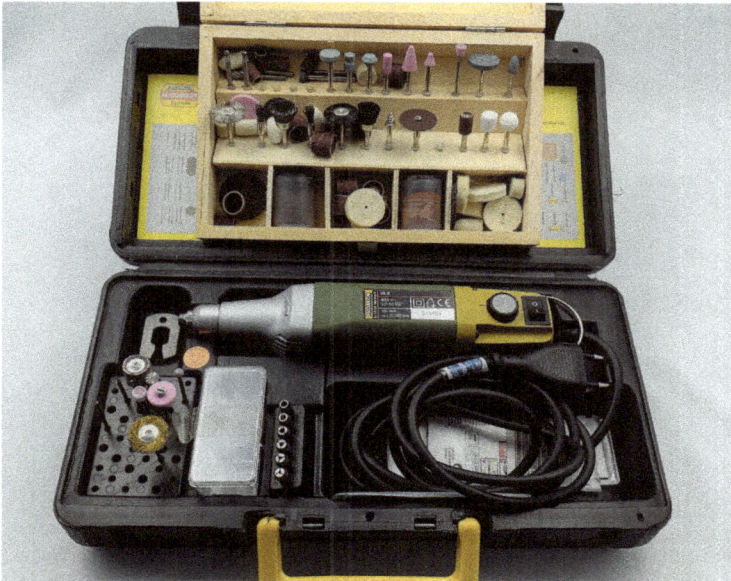

Abb. 2.16: Feinbohrmaschine mit unterschiedlichen Aufsätzen zum Bohren, Schneiden, Fräsen, Schleifen und Polieren

Abb. 2.17: Heißluftföhn (li.) und Heißklebepistole (re.)

zen. Wärmeleitfähig ist Heißkleber allerdings nicht. Bei übermäßigem Gebrauch kann demnach ein Wärmestau entstehen.

Abb. 2.18: Verschiedene Hilfsmittel: Waschbenzin ①, Isopropanol (IPA) ②, Spritzflasche mit Wasser ③, Druckluftspray ④, Kontaktspray ⑤, Silberlack ⑥, Wattestäbchen ⑦, Blasebalg mit Staubpinsel ⑧

Wattestäbchen

Zum Reinigen von Lötstellen wird Isopropylalkohol auf die Spitze des Wattestäbchens (siehe Abb. 2.18 ⑦) geträufelt und damit unter reibenden Bewegungen das ausgehärtete Kolophonium oder andere Verunreinigungen gelöst. Vorsicht ist bei elektrisch geladenen Bauteilen, wie Elektrolyt-Kondensatoren, geboten, da einerseits durch Entladung ein Blitz den Alkohol entzünden könnte, andererseits durch den verringerten elektrischen Widerstand der durch Isopropanol benetzten Haut ein elektrischer Schlag zu Schmerzen führen könnte.

2.3.3 Hilfsmittel

Um die Lötstellen leichter bearbeiten zu können, gibt es chemische Hilfsmittel. Die Unterschiede bei der Verwendung und die anschließend notwendige Reinigung wird in diesem Teil erläutert.

Die Lötstelle nimmt das Lötzinn viel besser auf, wenn die Oberflächen frei von Oxidationsrückständen sind. Durch Reinigung mit *Isopropylalkohol* (auch IPA, siehe Abb. 2.18 ②) ist das nicht ausreichend hinzubekommen. Eine etwas schärfere Oberflächenreinigung ist notwendig. In früheren Zeiten musste das vorab für jede zu lötende Stelle erledigt werden. Bald jedoch bediente man sich Lötzinnen mit Flussmittelseele. In beiden Fällen wird durch *Kolophonium* (ein ausgehärtetes Harz mit besonderen technischen Eigenschaften, siehe Abb. 2.19 rechts) oder *Löthonig* (bereits verflüssigtes

Kolophonium, siehe Abb. 2.19 links) die Oberfläche von durch Sauerstoff verunreinigtem Metall chemisch befreit. Das Lötzinn kann sich dadurch viel besser mit dem Metall verbinden und eine elektrisch optimierte Lötung herstellen. Zudem fließt das Lötzinn besser durch die Bohrung in der Leiterplatte über das Bauteilbeinchen auf die andere Seite, um dort ebenfalls eine Verbindung mit dem Lötauge zu schaffen. Während der Erwärmung verdampft das Harz beinahe vollständig und hinterlässt neben dem gesundheitsschädlichen Rauch auch eine kleine bräunliche Kruste an der Lötstelle. Diese ist zwar unansehnlich aber bewahrt die Stelle vor erneuter Oxydation. Sie kann bei Bedarf aus ästhetischen Gründen mit IPA oder besonderen Flussmittelreinigern entfernt werden.

Abb. 2.19: Löthonig (li.) und Kolophonium (re.)

Die mechanische Reinigung einer Lötstelle ist mit einem *Glasfaserstift* (siehe Abb. 2.20) möglich. Hiermit wird die Oberfläche abrasiv behandelt. Dabei entsteht Glasfaserstaub, der weder eingeatmet noch berührt werden sollte. Es empfiehlt sich das Tragen von Einmalhandschuhen während größerer Reinigung mit dem Glasfaserstift, sowie eine einfache medizinische Maske. Sonst besteht die Gefahr der juckenden Hautreizung oder trockenem Husten oder gar tränenden Augen, die dann ausgespült und keinesfalls gerieben werden sollten.

2.3.4 Platinen

Eine Platine, hier im Kapitel durchgängig Leiterplatte genannt, bietet elektronischen (aktiven wie passiven) und mechanischen Bauteilen nicht nur eine Unterlage, sondern sorgt zudem mit darauf befindlichen Leiterbahnen für den elektrischen Kontakt zwischen den Bauteilen, um daraus eine funktionsfähige Schaltung zu generieren. Die Leiterplatte gibt es in unterschiedlichen Ausführungen, die je nach Verwendungszweck gewählt wird (siehe Abb. 2.21). Das Material der Leiterplatten ist nicht-leitend und thermisch unterschiedlich stark belastbar.

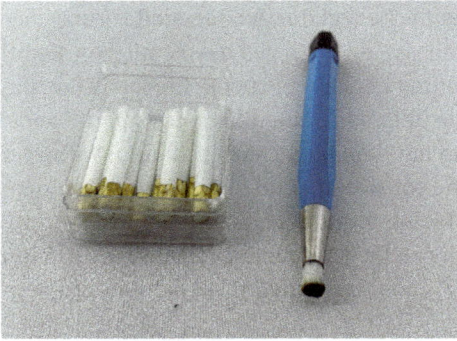

Abb. 2.20: Glasfaserstift

❗ Unterschiedliche Leiterplatten
- Lochrasterplatine: Diese Platine ist vollflächig mit THT-Löchern im Rastermaß 2,54 mm versehen und jedes Loch ist mit einem Kupferkreis/-quadrat zum Löten versehen, es gibt sie einseitig oder zweiseitig lötbar. Englische Bezeichnung: Perfboard
- Streifenrasterplatine: Auch vollflächig gebohrt, umfasst eine breite Kupferstreifenbeschichtung entlang jeder Reihe, Ausfertigung einseitig oder zweiseitig. Englische Bezeichnung: Stripboard
- unbehandelte kupferbeschichtete Platine: Ganzflächig beschichtet und ohne Bohrungen muss diese Leiterplatte selbst belichtet, geätzt und gebohrt werden.
- komplett unbeschichtete Lochrasterplatine: Ohne jegliche Lötpunkte zur Verdrahtung mit Kupferlackdraht, sog. Fädeldraht, auf der Rückseite.
- Pertinax-Trägermaterial (alle genannten): sind mehrschichtige durch Epoxydharz (o. a. Harze) verklebte Papierschichten bzw. Glasfliesschichten.
- Aluminiumkern (beide zuvor genannten): Zwischen Bestückungsseite und Lötseite gelagerte Schicht zur besseren Wärmeableitung.
- Folienplatinen: Hauchdünne Kunststoffschicht mit Leiterbahnen; wird verwendet in Fotoapparaten und überall dort, wo es wenig Platz gibt oder eine flexible Verlegung der „Leiterplatte" durch besondere Gehäuse geben muss.

Bei den Pertinax- sowie Papierschicht-Platinen ist eine kurze Wärmezuführung wichtig, da sie ansonsten Schaden nehmen. Dies äußert sich in bräunlichen Verfärbungen an den Lötstellen und einem stechenden Geruch. Verursacht wird das aktiv durch zu langes Löten an einem Punkt und passiv durch jahrelange Wärmeeinwirkung durch sich erwärmende Bauteile, wie z. B. Gleichrichterdioden und Lastwiderstände. Letzteres lässt sich durch die Verwendung von Abstandshülsen vermeiden, mit denen das Bauteil ein Stück von der Platine entfernt werden kann.

Weiterhin ist bei Lochrasterplatinen auf eine kurze Lötzeit zu achten, da sich andernfalls die Lötaugen von der Platine lösen können. Bei längerer Lagerzeit ist bei RoHS hergestellten Platinen die Lötbarkeit vermindert. Hier hilft eine Reinigung mit unverdünntem IPA, um die Oxidschicht der Lötstellen zu beseitigen und damit die

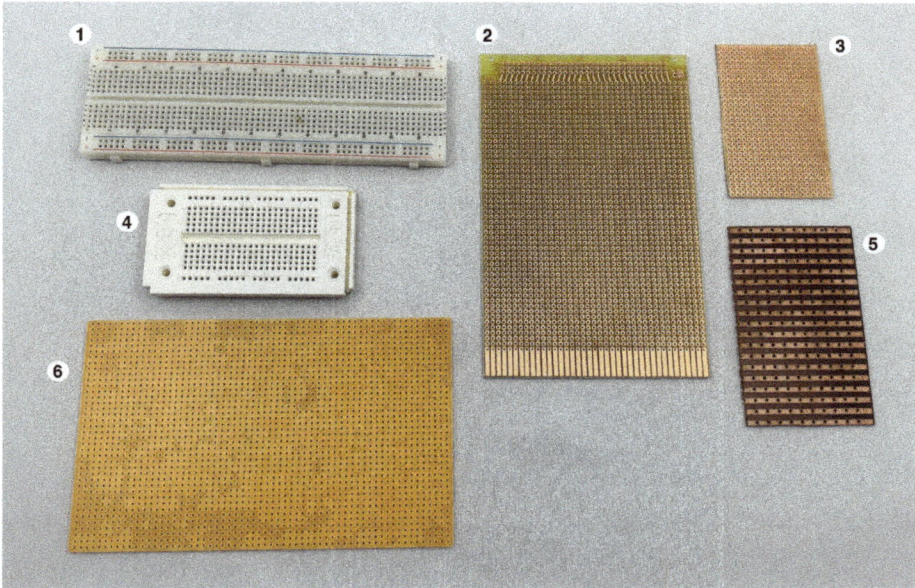

Abb. 2.21: Verschiedenen Leiterplatten-Arten: Breadboard groß ① und klein ④, Lochraster ohne Lötpunkte ⑥, Lochraster mit runden Lötpunkten als Steckkarte ②, Lochraster zugeschnitten ③, Streifenraster ⑤

Lötbarkeit merklich zu verbessern. Diese oberflächliche Verunreinigung kann auch durch Hautkontakt entstehen. Bei sehr stark betroffenen Lötstellen kann Löthonig oder verflüssigtes Kolophonium (Kolophonium-Kristall mit Isopropylalkohol anrühren) zur Vorbereitung nachhaltiger Lötungen eingesetzt werden. Hiernach sollte zeitnah gelötet werden (jedoch erst nach dem Verdampfen des Alkohols, sonst droht Brandgefahr!), damit die Lötstellen aufnahmefähig bleiben. Im besten Fall lötet man frisch gelieferte oder selbst hergestellte Leiterplatten alsbald für die beste Lötfähigkeit.

Grundsätzlich sollten geätzte Leiterplatten sofort nach ihrer Herstellung bestückt und gelötet werden. Schon einige Wochen offen gelagert und zu feucht, zu kalt oder unter schwankenden Temperaturen aufbewahrt, kann neben der verminderten Lötbarkeit auch Blasenbildung oder sogar Verformung zur Folge haben. Wenn eine größere Stückzahl nicht sofort verwendet wird, hilft es, diese wieder in eine luftdichte Folie einzuschweißen. Silica-Beutelchen zur Kondenswasser-Aufnahme können mit eingeschweißt/eingepackt werden. Ein zugelegtes Indikatorpapier zeigt die eventuell angenommene Luftfeuchtigkeit an (siehe Abb. 2.22).

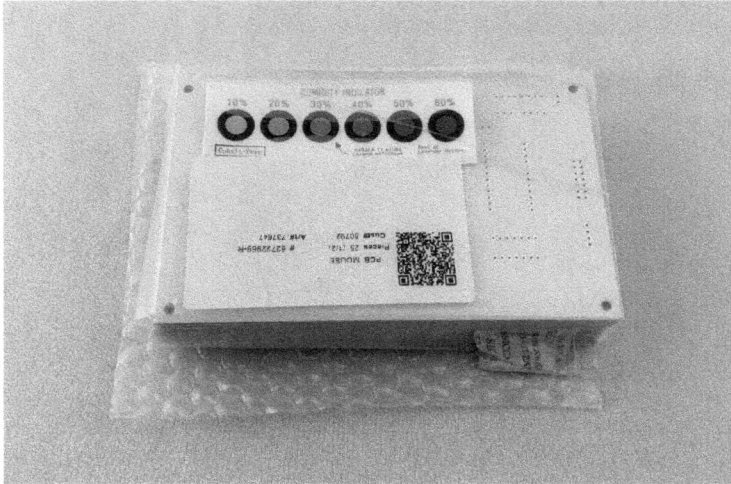

Abb. 2.22: Eingeschweißte MOUSE-Platinen mit Indikatorpapier und dem kleinen Tütchen mit Silica Gel (Trockenmittel) – nicht jeder Hersteller ist so perfekt.

2.3.5 Kabel und Verbinder

Normalerweise sorgt die Leiterbahn einer Leiterplatte für die Verbindung zwischen den Bauteilen. Bei zusätzlich (beweglich) angeschlossenen Baugruppen, wie beispielsweise Displays und Anschlüssen, wird es notwendig, mit Leitungen oder Steckverbindern zu arbeiten. Hierbei gibt es für jeden Anwendungszweck eine eigene Art der Verbindung. Stromfluss, die Fähigkeit regelmäßig bewegt zu werden, Unterdrückung von Übersprechen[6], sowie Kapazitäten, die sich störend auswirken können, fließen in den Auswahlprozess ein. Ist hoher Stromfluss wichtig, wird als Material Kupfer verwendet. Sind es kurze Verbindungen, wird vernickelter Stahl benutzt. Steckverbindungen müssen zuverlässig mehrfach gesteckt werden können und sollen möglichst geringe Übergangswiderstände verursachen. Dies wird durch Oberflächenveredelung (Gold, Nickel, selten Silber, da es oxidiert) erreicht.

Kabeltypen
Litze (siehe Abb. 2.23 ⑥) ist eine flexible Leitung mit mehreren Einzeldrähtchen, welche gebündelt in einer Isolationshülle aus Kunststoff aneinander liegen. Wenn sie abisoliert wurde, müssen die einzelnen Drähtchen anderweitig gebündelt werden.

---

6 Elektromagnetismus durch Stromfluss hervorgerufen, induziert in benachbarten Stromleitern einen Teil der Spannung, siehe Transformator sowie Kap. I.2.6.

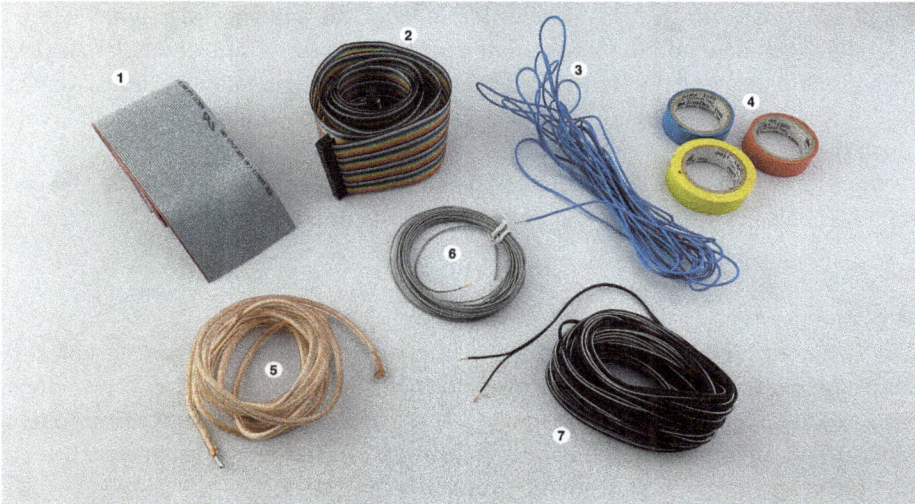

Abb. 2.23: Unterschiedliche Kabeltypen: Flachbandkabel ①, Flachbandkabel mit Pfostenbuchse ②, Schaltdraht starr ③, Isolierband ④, Lautsprecherkabel ⑤, Litze ⑥, Zwillingslitze ⑦

Dies kann durch verlöten oder crimpen mit einer Crimpzange (siehe Abb. 2.13 ⑥) mit Aderendhülsen erfolgen.

Lautsprecherkabel (siehe Abb. 2.23 ⑤) ist Litze sehr ähnlich, kann jedoch aufgrund des größeren Querschnitts höhere Leistungen aushalten als Litze und ist zweipolig als Zwillings-Litze üblich. Die abisolierten Enden werden oft nur verdrillt, bevor sie in die Lautsprecher-Buchsen gesteckt werden. Beim Anziehen der Schraube oder Drücken der Klemme verteilen sich die dünnen Drähtchen auf der vollen Kontaktfläche, wodurch ein besserer Kontakt garantiert wird.

Verzinnen von Lötlitze

Litze hat durch seine vielen dünnen Drähtchen den Vorteil der Biegsamkeit. Sie wird verzinnt, damit keines der feinen Drähtchen abbricht oder benachbarte Stellen kurzschließt. Dabei geht man wie folgt vor: Abisolieren, Lötkolbenspitze mit Lötzinn benetzen, Litzenende erwärmen und ein wenig Lötzinn hinzuführen, abkühlen lassen.

Draht (siehe Abb. 2.23 ③) ist eine starre Leitung, die nur einen massiven, isolierten Leiter führt. Die Isolation kann hierbei nicht nur aus Kunststoff bestehen, sondern auch aus Lack. Dieser *Kupferlackdraht* wird beispielsweise zum Wickeln von Trafos verwendet.

Flachbandkabel (siehe Abb. 2.23 ① und ②) kann aus Litze oder Draht bestehen und vereint mehrere voneinander isolierte Leitungen. Sie können zusammengefasst in einem Stecker oder als verzinnte offene Enden existieren. Anwendungsfälle: interne Laufwerksanschlüsse in PCs u. ä.

Eine Sonderform stellt die *Folienleiterbahn* dar, die auf einem flachen, flexiblen Träger mehrere hauchdünne Leiterbahnen vereint, Torsionskräfte durch den flachen Aufbau schmälert und die Haltbarkeit bei häufiger Bewegung damit erhöht. Anwendung findet diese bei Druckern, Flachbettscannern oder auch Klapphandys und Geräte-Displays.

Konfektioniertes Rundkabel findet sich in der Unterhaltungselektronik wieder und verbindet beispielsweise HiFi-Komponenten miteinander.

Verbindungsarten

Wire-Wrap beschreibt eine Umwicklung des Drahtes um einen einzelnen Steckpfosten und verbindet einzelne Kontakte miteinander. Diese Technik fand früher Verwendung, wenn weitere Baugruppen angeschlossen aber nicht mehr getrennt werden sollten. Sind mehrere Leitungen nebeneinander verlegt worden, wurden diese mit einer Schnur oder Hanfband zu einem sogenannten *Formkabel* geschnürt.

Trennbare Verbindungen, wie weitere Baugruppen auf Leiterplatte, werden mit *Steckpfosten* und Platinensteckern[7] sichergestellt. Diese sind dann für Wartungszwecke temporär leicht zu trennen. Auch für optionales Zubehör erleichtert dies die nachträgliche Bestückung und den Austausch. Hierbei werden beide Baugruppen direkt aneinander gesteckt. Technisch betrachtet sind Randsteckverbinder praktikabel verwendbar und einfach herzustellen. Sogenannte Goldfinger, also am Platinenrand aufgebrachte Kontaktpads, die aus einer Gold-Cobaltlegierung bestehen, sorgen für Kontakt zur Haupt-Leiterplatte per 90 ° gewinkelter oder gerader Federkontaktbuchse. Steckpfosten werden ebenfalls bei Flachbandkabel (siehe Abb. 2.23 ① und ②) verwendet, womit ein größerer Abstand und flexiblere Anordnung erreicht wird.

Bei einer nicht-gelöteten Kabelverbindung spricht man vom *Crimpen*. Hierbei werden mehrere Litzen mit einer Aderendhülse oder miteinander mit hohem Druck zusammengepresst. Diese Technik findet beispielsweise in Toastern Verwendung, wo Heizdrähte nicht gelötet werden können, da sich diese aufgrund der Hitze beim Toasten selbst entlöten würden.

Bei Akkupacks wird weder gelötet (das zerstört den Akku durch zu lange Wärmeeinwirkung), noch gecrimpt, sondern *punktgeschweißt*. Dies ist die einzige Verbindungsart, die durch einen sehr hohen, enorm kurzen Stromfluss [8] zwischen zwei Metallen durch den Funkenschlag eine elektrische „Verbindungsnaht" herstellt. Der Vorteil liegt gleichermaßen an der sehr kurzen thermischen Belastung als auch an der sehr reinen Legierung beider Kontaktflächen.

---

7 auch *Kanten- (bzw. Rand-)steckverbinder* genannt, vgl. https://www.c64-wiki.de/wiki/Userport, https://de.wikipedia.org/wiki/Industry_Standard_Architecture, https://pcbleiterplatte.com/die-goldfinger-leiterplatte.html (Abrufdatum: 25.07.2022)

8 z. B. dual gepulst mit etwa 30 Ampere bei 10 Volt für 15 Millisekunden, vgl. https://pauls-werkstatt.blogspot.com/2016/02/punktschweigerat-fur-akkuzellen.html (Abrufdatum: 25.07.2022)

Schrumpfschlauch kann auf ein offenes Kabelende aufgesteckt und erwärmt werden. Dadurch zieht er sich im Verhältnis 2:1 oder 3:1 zusammen und isoliert die elektrisch leitende Litze. Einfache Schrumpfschläuche besitzen kein Oxidations-hemmendes Mittel. Kabelquerschnitte zwischen 0,5 mm und 10 mm mit verschiedensten Abstufungen werden dadurch elektrisch isoliert und sorgen durch ihre Starrheit für verringerte Bewegung. Dadurch kann Kabelbrüchen entgegengewirkt werden.

2.4 Löten als Handwerk

Die Vorgehensweise des Lötens ist zwar leicht erklärt, erfordert jedoch sehr viel Übung! Bevor ein möglicherweise wertvoller Bausatz fertiggestellt werden soll, ist es ratsam, sich an mehreren unkritischen Lötprojekten zu versuchen. Insbesondere die Lötdauer sollte geübt werden, um empfindliche Bauteile zu schonen. Erwärmen, Lötzinnzugabe und Abkühlphase als Ganzes sollte wie ein Handgriff erfolgen. Künstlerisches Ziehen oder Schnörkeln des Lötzinns sollte vermieden werden. Wenn ein Gespür entwickelt wird, wie lange unterschiedlich große Lötstellen und Bauteile erwärmt werden müssen, damit sie Lötzinn annehmen, ist schon der schwierigste Teil des Lötens überstanden.

2.4.1 Vorgehensweise

1. Nehmen Sie den erwärmten Lötkolben am Griffstück (nicht wie die Dame auf dem Foto in Abb. 2.24 an der Lötspitze selbst!) wie einen Bleistift in die Arbeitshand. Die andere Hand hält das Lötzinn.
2. Der zuvor platzierte Leiterplatte wird am Lötpunkt nun zuerst die Lötkolbenspitze zugeführt. Hierbei empfiehlt sich, zuvor ein bisschen Lötzinn auf die Spitze zu führen. Dies erhöht die Wärmeleitung zwischen Lötkolben und Lötstelle.
3. Nun ruht die Lötkolbenspitze zwischen Lötauge und Bauteil und erwärmt beide für etwa eine Sekunde.
4. Während die Lötkolbenspitze weiter an der Lötstelle ruht, fügen Sie etwas Lötzinn an die gegenüberliegende Seite der Lötkolbenspitze zwischen Lötauge und Bauteil. Beides sollte das Lötzinn sofort annehmen, welches sich ringsum verteilt.
5. Die Hand mit dem Lötzinn wird nun zuerst entfernt, während der Lötkolben noch eine weitere Zeit an der Lötstelle ruht, bis das Lötzinn sich wirklich komplett an der Lötstelle verteilt hat und auch auf die andere Seite der (hier angenommenen) zweiseitigen Leiterplatte geflossen ist.
6. Erst jetzt wird der Lötkolben entfernt. Der ganze Prozess dauert nur etwa 3 Sekunden an kleinen Bauteilen und etwa 6 Sekunden an großen Masseflächen. Eine gute Beobachtungsgabe ist von Vorteil, denn dadurch kann die Lötdauer optimiert werden. Eine zu lang erwärmte Lötstelle stresst das Material. Zu kurze Lötungen erzeugen schlechten Kontakt.

Abb. 2.24: So lieber nicht! (Ein bekanntes „Stock Photo", bei dem es offenbar mehr auf die Show als auf Sachkundigkeit ankam.)

2.4.2 Löttemperatur

Die Lötspitzentemperatur nimmt sehr schnell ab, wenn die Temperatur auf die Lötstelle übergeht. Daher ist im ersten Moment kein Lötzinn hinzu zu führen, sondern erst nachdem sich Bauteil und Lötauge erwärmen konnten. Die Temperaturstabilität erhöht sich mit größeren Lötspitzen oder durch stärkere Heizleistung. Alternativ kann die Lötspitze auch stärker erwärmt werden, wenn zum Beispiel große Masseflächen gelötet werden müssen.

Gängige Voreinstellungen an Lötstationen sind 200 °C, 300 °C und 400 °C. Viele einfachere Handlötkolben sind oft auf eine feste Temperatur eingestellt, etwa 470 °C, wodurch die thermische Belastung an Bauteilen und Lötstellen steigt. Sie gleichen die fehlende Heizleistung (in Watt) durch eine höhere Temperatur aus. Hochwertige Lötungen sind damit nicht zu erreichen, sie dienen aber allgemeinen Anforderungen für Reparaturen und für den Lernprozess, mit dem Lötkolben umzugehen.

Abb. 2.25: Verschiedene Lötzinne für jeden Anwendungszweck

2.4.3 Lötzinne

Grundsätzlich ist seit 2006 nur noch in Ausnahmefällen Lötzinn mit Bleianteil geduldet. Dies ist der Verwendungsbeschränkung bestimmter gefährlicher Stoffe in Elektro- und Elektronikgeräten nach EU-Richtlinie 2011/65/EU geschuldet, die auf Umweltschutz und gesundheitliche Verträglichkeit insistiert. Dennoch ist die Verarbeitung und Lötqualität mit verbleitem Lötzinn viel besser als mit bleifreiem Lötzinn (vgl. Band 3, Kap. III.4.5.4). Die Fließeigenschaft und optische Erscheinung nach dem Erkalten ist besser, ebenso die Langzeitstabilität, wie sich über die Jahrzehnte hinweg gezeigt hat.

2.4.4 Erkennen von „kalten Lötstellen"

Bei aufmerksamer Betrachtung von Lötstellen ist manchmal eine kreisförmige Verfärbung um die Lötstelle herum erkennbar. Sie deutet auf eine schlechte elektrische Verbindung hin. So etwas kann bei thermischer Dynamik über die Jahre auftreten. Durch ständiges Ausdehnen bei Erwärmung und Zusammenziehen bei Abkühlung wird die Lötstelle brüchig.

Neben dem Ausfall elektronischer Bauteile sind solche kalten Lötstellen die Fehlerquelle Nummer zwei und auf den Werkstatttischen häufig der Grund, nachzulöten. Hierbei sollte bekannt sein, um welche Art Lötung es sich handelt. Sind die Geräte aus dem letzten Jahrtausend, ist von verbleitem Lötzinn auszugehen und mit ebendiesem nachzulöten. Modernere Geräte wurden möglicherweise mit bleifreiem Lötzinn gefertigt. Aufgrund des geringeren Alters sind kalte Lötstellen hier weniger oft vertreten. Ist eine kalte Lötstelle entdeckt, empfiehlt sich, das alte Lötzinn zunächst mit einer Entlötpumpe (siehe Abb 2.23 ② und ③) ggf. unter Zuhilfenahme von Lötlitze (siehe Abb. 2.5) zu entfernen und dann entsprechend erneut zu löten.

3 Elektronikprojekte

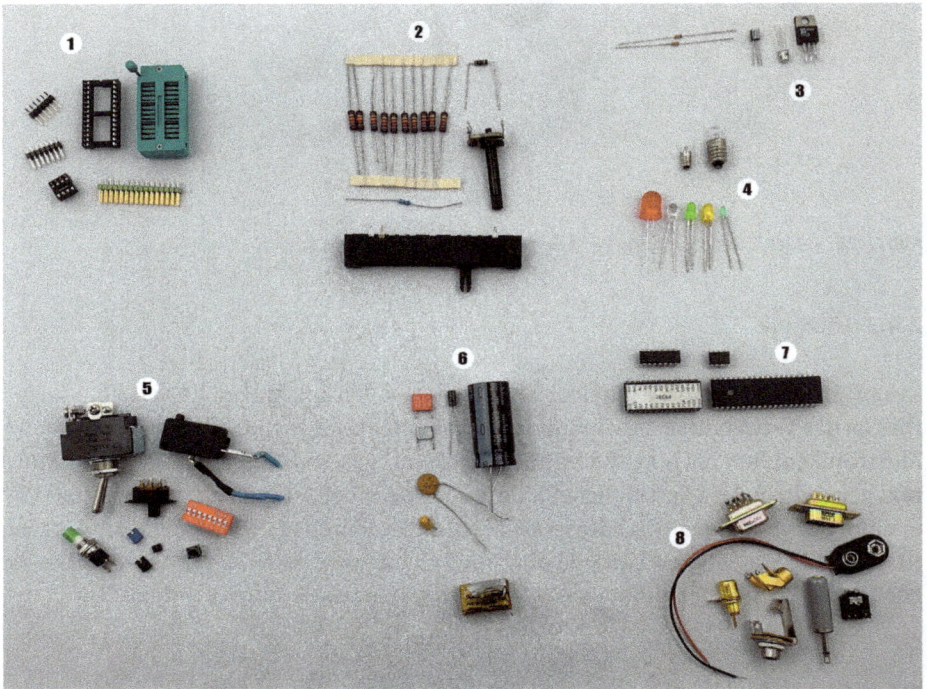

Abb. 3.1: Großes Sammelsurium elektronischer Bauteile: Stiftleisten und IC-Sockel ①, feste und regelbare Widerstände ②, Halbleiterbauteile ③, Lämpchen und Leuchtdioden ④, Schalter und Taster ⑤, Kondensatoren ⑥, Integrierte Schaltkreise ⑥ und Stecker und Buchsen ⑦

Vermutlich sind Ihnen schon einmal elektronische Bauteile (siehe Abb. 3.3) untergekommen, als Sie noch ein Kind waren. In einigen Spielzeugen, die blinken oder Geräusche erzeugen oder sonst eine Funktion durch elektrischen Strom vollführen, befinden sich diese von Hobbyisten scherzhaft als „Hühnerfutter" bezeichneten Kleinbauteile, die aber erst dann zum Vorschein kommen, wenn das Spielzeug kaputt gegangen ist. Wer sich dann neugierig eher für das Innenleben des Spielzeuges interessierte als für das Spielzeug in seiner originären Funktion, konnte sich zu Weihnachten beispielsweise einen Elektronikbaukasten schenken lassen, um nicht erst irgend ein Spielzeug öffnen zu müssen, um die Neugier zu stillen.

Der Autor dieses Kapitels besaß einen Elektronik-Lernbaukasten der Firma *Kosmos*, mit dem erste Bausätze nach Anleitung aufgebaut wurden. Einzuordnen war dieser Baukasten nach dem Breadboard-Prinzip, also kleine Löcher, in welche die Bauteil-

https://doi.org/10.1515/9783110581805-012

beine gesteckt wurden. Eine weitere Baukastenlösung brachte die Firma *Braun* 1966 auf der Nürnberger Spielwarenmesse heraus. Die elektronischen Kleinbauteile waren hier kindgerecht in kleine magnetische Würfel gesteckt und hatten elektrische, sowie magnetische Verbindung zur Grundplatte sowie zu benachbarten Bausteinen.

Nun wollen Sie aber wohl wissend keine komplexere Schaltung mit diesen platzintensiven Baukastensystemen erzeugen. Das wäre nicht praktikabel und zudem zeitintensiv. Etwas kleineres muss her, was sich auch leichter duplizieren lässt. Die Loch-/Streifenraster-Leiterplatte erfüllt zumindest den Wunsch nach kompakteren Maßen. Eine geätzte Leiterplatte bietet darüber hinaus die Möglichkeit der Vervielfältigung.

So bleibt nur die Überlegung nach der Wahl der Bauteiltechnik übrig: THT oder SMD. Beides hat seine Vor-/Nachteile und erfordert unterschiedliche Werkzeuge und Fähigkeiten. Die meisten Bausätze nutzen fertig geätzte Platinen in THT mit bedrahteten Bauteilen, beispielsweise der in diesem Werk erwähnte Einplatinen-Computer MOUSE. Der Vorteil liegt in der greifbareren Fertigstellung, denn anstatt mikroskopisch kleine SMD-Bauteile mit Pinzette und Feingefühl auf der Leiterplatte zu platzieren, kann das Bauteil hier mit der Hand eingesetzt werden und erfordert weniger Löterfahrung. Die Lötzeit pro Bauteil kann hier auch etwas länger ausfallen, ohne dass Defekte durch thermische Überlastung zu befürchten wären.

Die nachfolgenden Projektvorschläge stellen zugleich auch „Übersetzungsarbeiten" dar, bei denen Schaltpläne und ihre Symbole in reale Schaltungen überführt werden. Hierzu ist eine genaue Lektüre der Schaltpläne notwendig: Was ist mit was verbunden und wie muss diese Verbindung auf der Schaltung räumlich geplant und ausgeführt werden? Wo dürfen sich Leitungen (nicht) kreuzen und wie kann dies erreicht (verhindert) werden? Wie herum muss ein Bauteil in die Schaltung eingebaut werden? Diese und andere Fragen sollten Sie mithilfe des vorangegangenen Elektronik-Kapitels sowie Texten aus der Lektüreempfehlung am Ende dieses Kapitels beantworten können.

3.1 Elektronikbaukasten

Unser erstes Proejekt realisieren wir mit dem Baukasten *Braun Lectron*. Bereits im Band 1 der Lehrbuchreihe haben wir eine Flipflop-Schaltung vorgestellt, die sich auf leichte Weise mit diesem Baukastensystem realisieren lässt. Da die Bauteile hier in transparenten Gehäusen untergebracht sind, die durch magnetische Kontaktflächen aneinander geschoben werden können, ist der Aufbau der Schaltung (siehe Abb. 3.2) sowohl leicht verständlich und „einsehbar" als auch korrigier- und erweiterbar. Das immer noch produzierte Baukastensystem (heute jedoch nicht mehr von der Firma *Braun*) eignet sich damit hervorragend für Elektronikanfänger und ermöglicht nachhaltigen und ressourcenschonenden Umgang mit elektronischen Bauteilen.

Am Ende liegt nicht nur eine funktionierende Elektronische Schaltung vor, sondern zeigt sich (in der Draufsicht) auch deren elektronisches Diagramm.

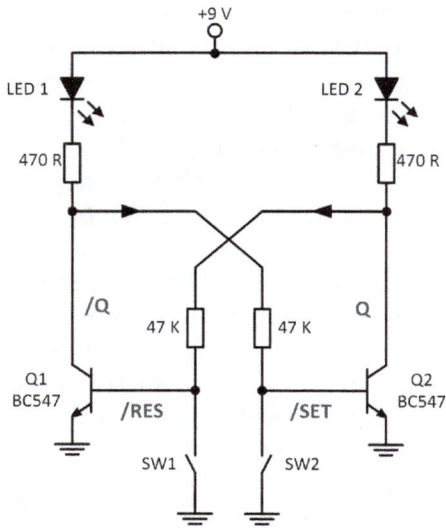

Abb. 3.2: Schaltplan des RS-Flipflops

Abb. 3.3: Die metallische Arbeitsfläche dient als Erdungskontakt für die Schaltung und sollte vor der Nutzung gereinigt werden, um Kontaktprobleme zu vermeiden.

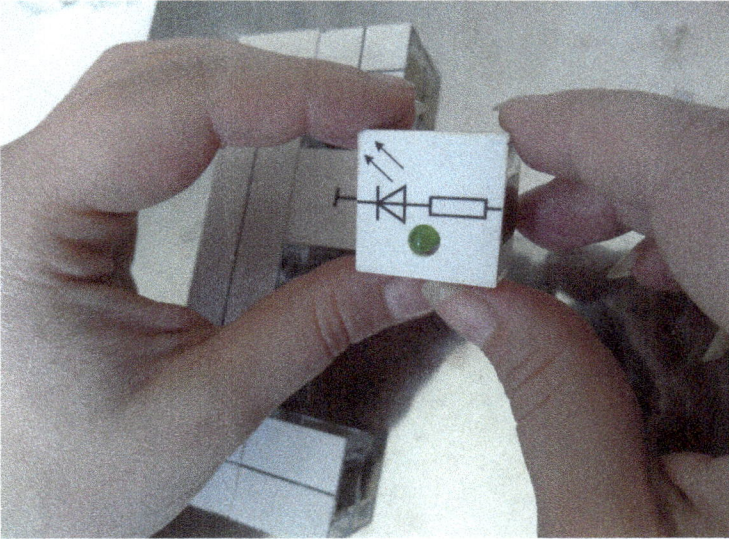

Abb. 3.4: Bei einigen Bauteilen ist die Einbaurichtung wichtig: Die Leuchtdioden müssen richtig herum in die Schaltung eingesetzt werden, weil sie den Strom sonst nicht in die richtige Richtung fließen lassen (und nicht leuchten).

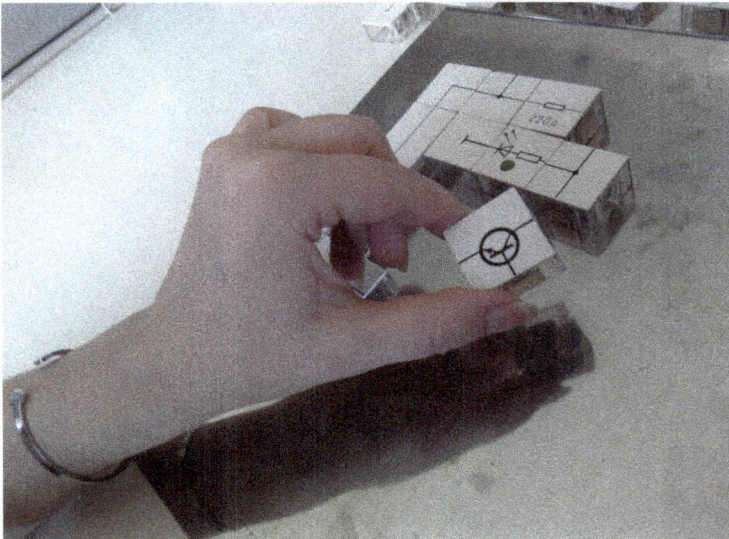

Abb. 3.5: Dies gilt auch für die beiden Transistoren. Sie sorgen über ihre gegenseitige Rückkopplung für den Speichereffekt der Kippstufe.

Abb. 3.6: An den Seiten der Bausteine sieht man die metallischen Kontaktflächen.

Abb. 3.7: Die Bausteine, die lediglich Linien auf ihre Oberseiten gedruckt haben, sind Leitungen. Bei ihnen ist besonders auf guten Kontakt zu den an sie angeschlossenen Bauteilen zu achten.

Abb. 3.8: Die beiden Taster dienen später als Set- und Reset-Taster in der Flipflop-Schaltung.

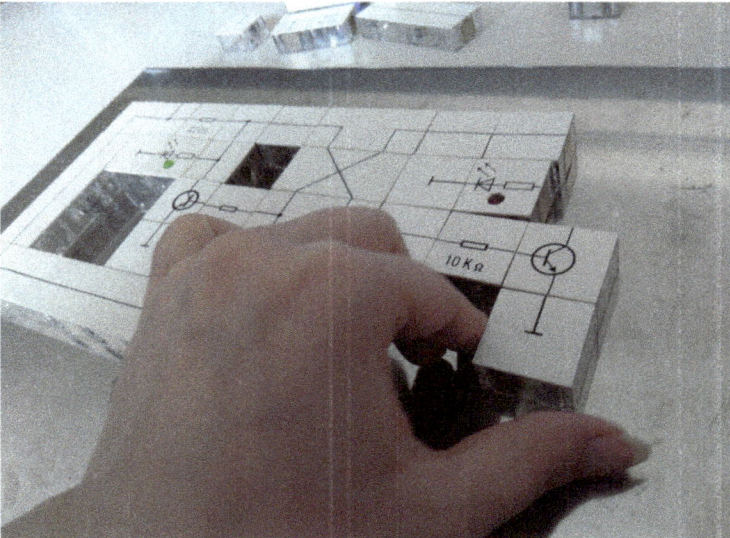

Abb. 3.9: Die Bausteine mit „T" als Aufdruck sind Erdungskontakte. Sie verbinden die Schaltung mit der metallischen Grundplatte.

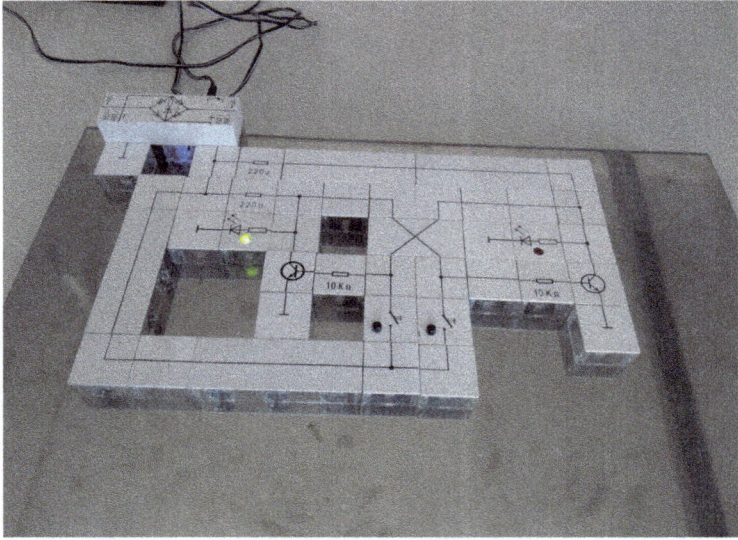

Abb. 3.10: Die fertige Schaltung zeigt nach dem Aktivieren den typischen „undefinierten Zustand", bei dem entweder die eine oder die andere Leuchtdiode leuchtet.

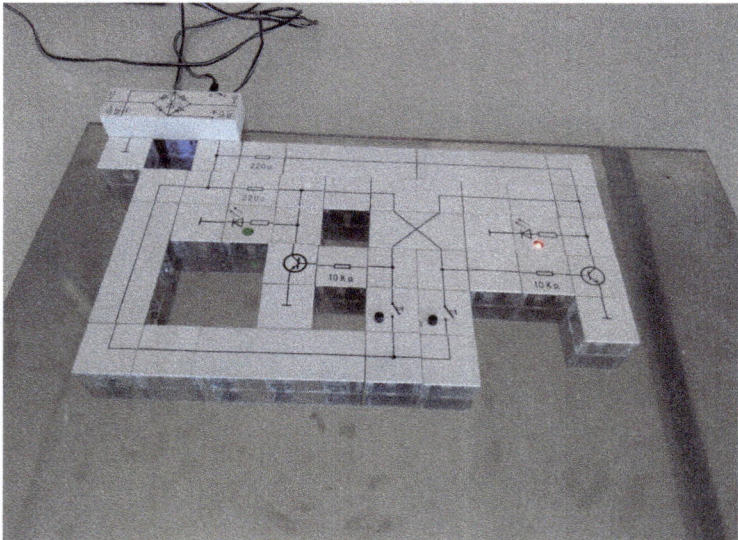

Abb. 3.11: Durch wechselweises Drücken der Taster für Set und Reset kann der Zustand des Flipflops gewechselt und so eine „0" oder eine „1" gespeichert werden.

3.2 Breadboard

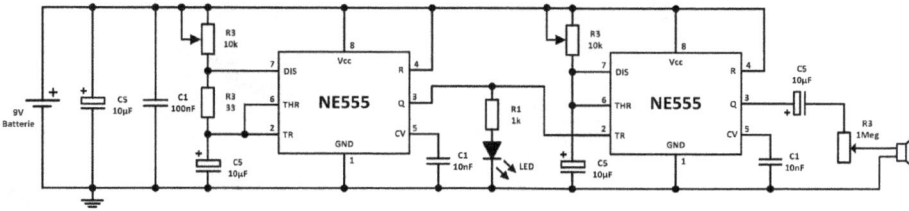

Abb. 3.12: Das Schaltdiagramm der Atari Punk Console.

Eine ebenso ressourcenschonende Möglichkeit elektronische Schaltungen geringerer bis mittlerer Komplexität aufzubauen, stellen Breadboards zur Verfügung. Diese eignen sich für (fast) alle bedrahtete THT-Bauteile, die mit dem richtigen Rastermaß direkt in die vorgesehenen Löcher eingesteckt werden können. Die interne Verdrahtung des Breadboards sorgt dann für Anschlussmöglichkeiten (sowohl für die Spannungsversorgung und Erdung als auch zu anderen Bauteilen auf dem Breadboard).

Dort, wo diese „unsichtbaren" Verbindungen nicht reichen, können mit verzinnten oder fertig konfektionierten Drähten auf der Breadboard-Oberfläche weitere Verbindungen zwischen den Bauteilen hergestellt werden. Dies ist vor allem dann nötig, wenn Schalter oder Drehregler in eine Schaltung eingebaut werden sollen, wie in unsere Beispiel: Hier wird eine so genannte „Atari Punk Console" auf dem Breadboard gesteckt. Dabei handelt es sich um ein kleines Musikinstrument, das mit Hilfe zweier Timer-Bausteine (NE555) Rechteckwellen erzeugt, die über die Drehregler in ihrer Frequenz und Phase reguliert werden können. Ein direkt an das Breadboard angeschlossener kleiner Lautsprecher gibt die Töne dann aus.

Es empfiehlt sich Breadboard-Schaltungen nach dem gelungenen Aufbau bald in gelötete elektronische Schaltungen zu überführen, weil die Kontakte der Bauteile und Drähte, die in das Breadboard eingesteckt sind, durch Bewegung und andere physikalische Einflüsse regelmäßig „wackelig" werden und die Schaltung dann nicht mehr funktioniert, bevor nicht noch einmal alle Bauteile nachgesteckt oder festgedrückt wurden.

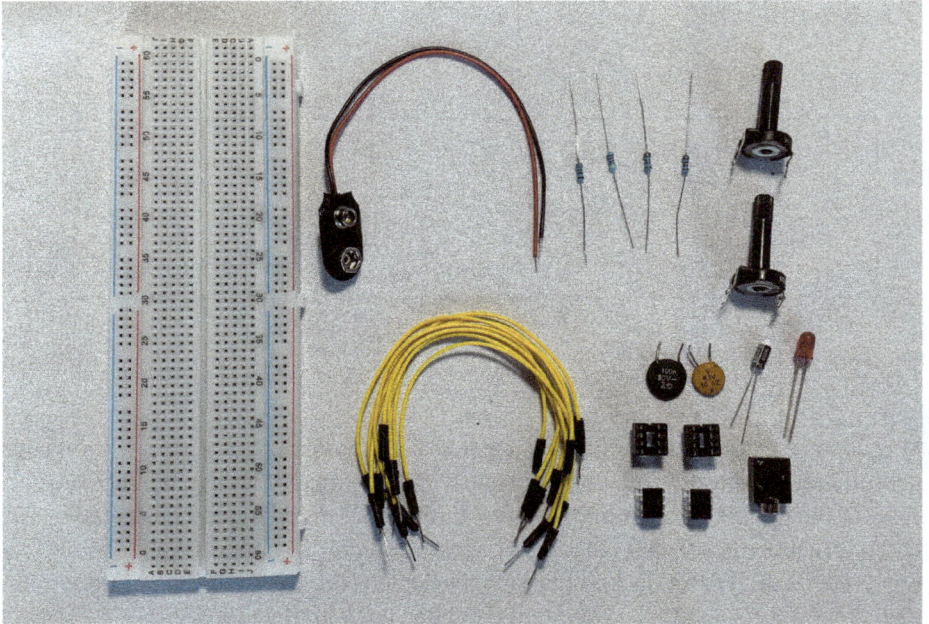

Abb. 3.13: Elektronische Bauteile in THT (bedrahtet) werden in das Steckbrett eingesteckt und verbinden direkt anliegende Bauteile oder Steckbrücken miteinander.

Abb. 3.14: Es bietet sich an, die beiden kleinen ICs zuerst ins Breadboard zu stecken und die Schaltung darum herum aufzubauen.

Abb. 3.15: Die Beinchen der passiven Bauteile lassen sich leicht in das Breadboard stecken, verbiegen aber auch leicht. Hier muss darauf geachtet werden, dass keine falschen Kontakte zu anderen Bauteilen entstehen.

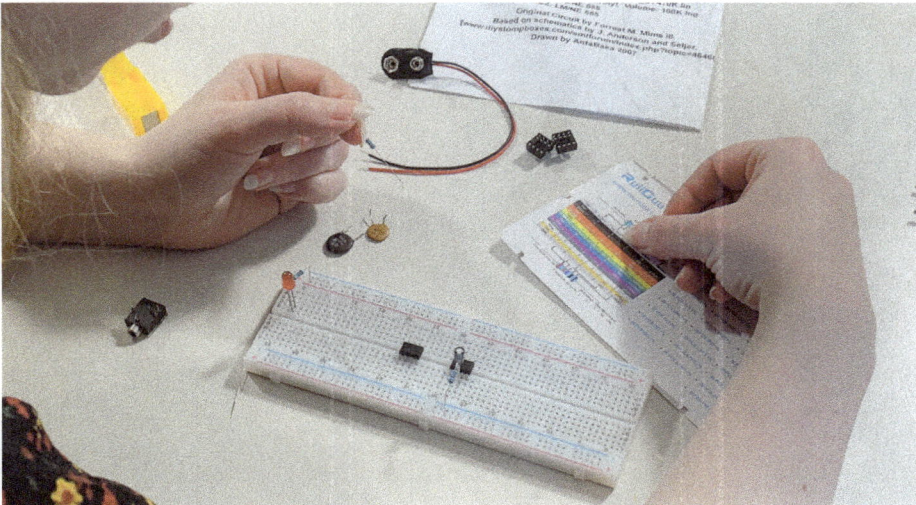

Abb. 3.16: Die Widerstände sehen einander oft sehr ähnlich. Hier hilft eine Dekodiertabelle für die Farbringe. Aus ihnen geht der Widerstandswert hervor.

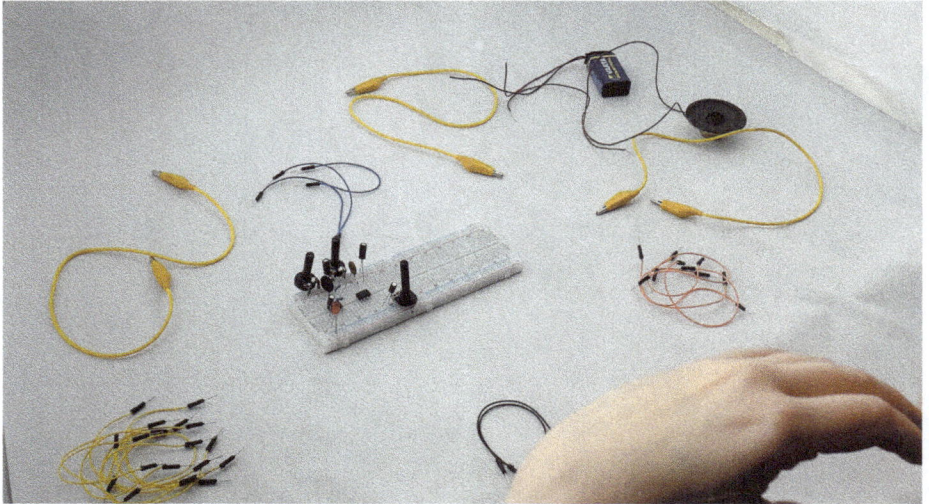

Abb. 3.17: Nachdem alle Bauteile in das Breadboard gesteckt sind (mit genügend Abstand zueinander) können sie mit den Steckdrähten verbunden werden.

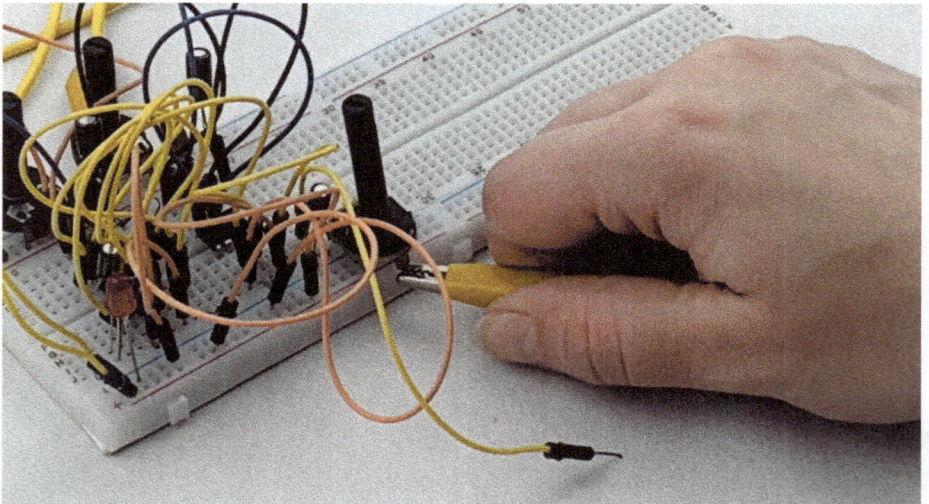

Abb. 3.18: An das dritte Bein der Trimmpotentiometer wird die Stromquelle über eine Krokodilklemme angeschlossen. Eigentlich war hier nur das Beinchen abgebrochen und die Krokoleitung ersparte das Wiederanlöten.

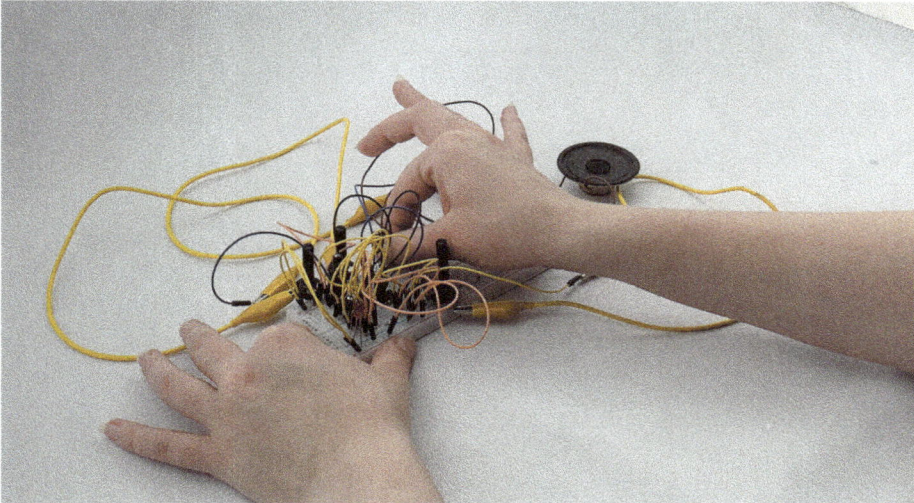

Abb. 3.19: Voll verdrahtet verliert sich langsam der Überblick über die Schaltung. Hier hilft nur Konzentration und ggf. die Verwendung verschiedenfarbiger Steckdrähte.

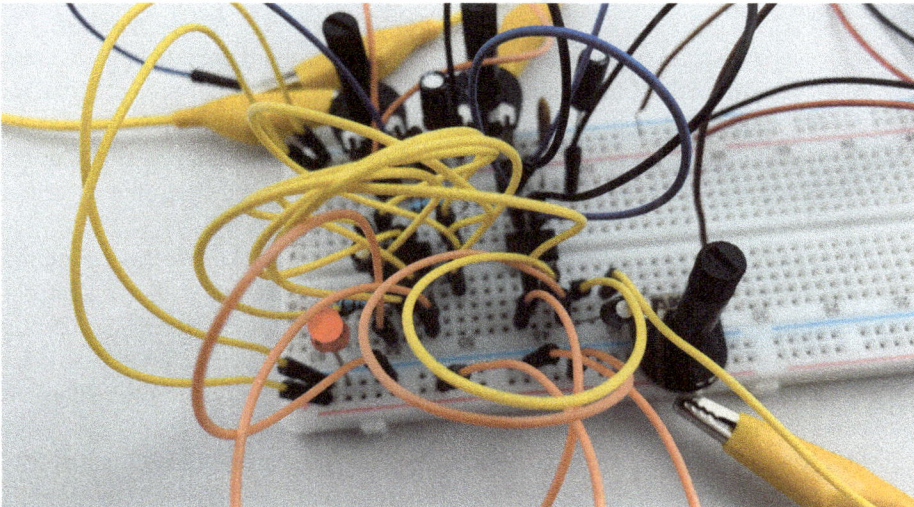

Abb. 3.20: Zum Schluss noch einmal alle Bauteile und Kabel nachdrücken, damit die Verbindungen zum Breadboard geschlossen sind.

Abb. 3.21: Die fertige Schaltung lädt bedingt zum Musizieren ein. Für die Bedienung der Trimmpotentiometer wäre ein luftigerer Aufbau besser.

3.3 Freifliegende Schaltung

Ein wenig mehr Geschick und vor allem den Einsatz von dritter Hand und Lupe verlangt das folgende Lötprojekt: Dabei handelt es sich um ein „Blinkmännchen"[9], das im Zentrum ebenfalls auf dem bereits aus dem letzten Projekt bekannten NE555-Baustein basiert. Hier kommt allerdings keine Platine als Grundlage der Schaltung zum Einsatz, sondern die Bauteile werden direkt aneinander gelötet. Solche Schaltungen werden manchmal als „freifliegend" bezeichnet.

Außer der Leuchtdiode, dem NE555, zwei Widerständen und kurzen Brückedrähten haben die hier verwendeten Bauteile keine elektronische Funktion, sondern dienen der Ästhetik des Männchens: die Beine bestehen aus jeweils einer Diode, deren Baurichtung allerdings genau der Stromflussrichtung der Schaltung entspricht; der eine Arm ist ein Folienkondensator, der andere ein Elektrolytkondensator, die nach ihrer ungefähr gleichen Bauteilgröße ausgesucht wurden.

Bei diesem Projekt ist genaues und ruhiges Löten erforderlich. Schneiden Sie die Bauteile (bzw. deren Beinchen), die auf die Unterseite des NE555 gelötet werden, passgenau zu; zu kurze Beinchen können den Kontakt verhindern, zu lange Beinchen ungewünschte Kontakte herstellen. Das Lötzinn muss hier sparsam aufgetragen werden, damit auch hierdurch keine unerwünschten Kontakte entstehen.

---

9 Entworfen wurde es von Markus Esken für das *Oldenburger Computermuseum*.

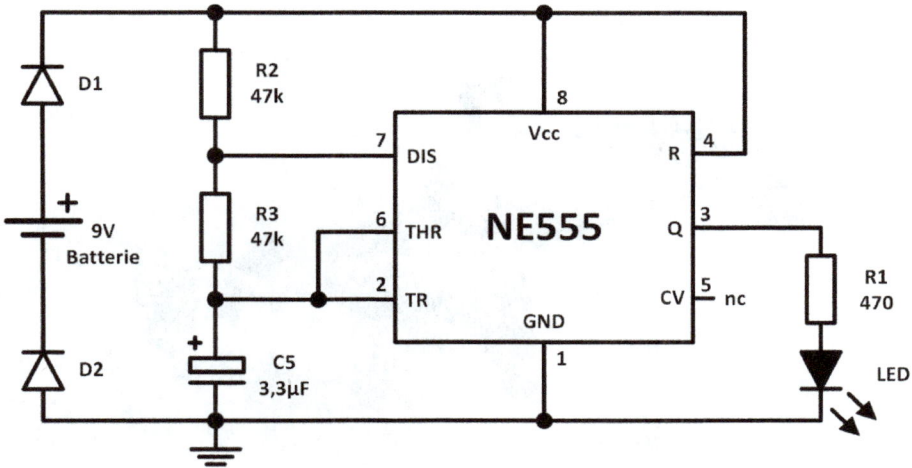

Abb. 3.22: Der Schaltplan des Blinkmännchens zeigt übersichtlich, was in der Schaltung später schwer zu erkennen ist.

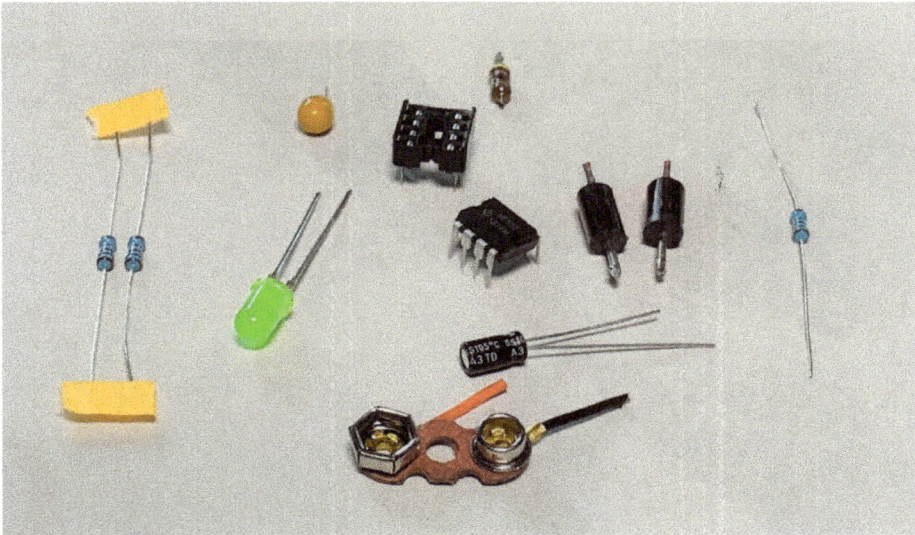

Abb. 3.23: Die Bauteile des Blinkmännchens. Es empfiehlt sich einen Sockel für den NE555 zu verwenden, damit der IC nicht dauernder Löthitze ausgesetzt ist.

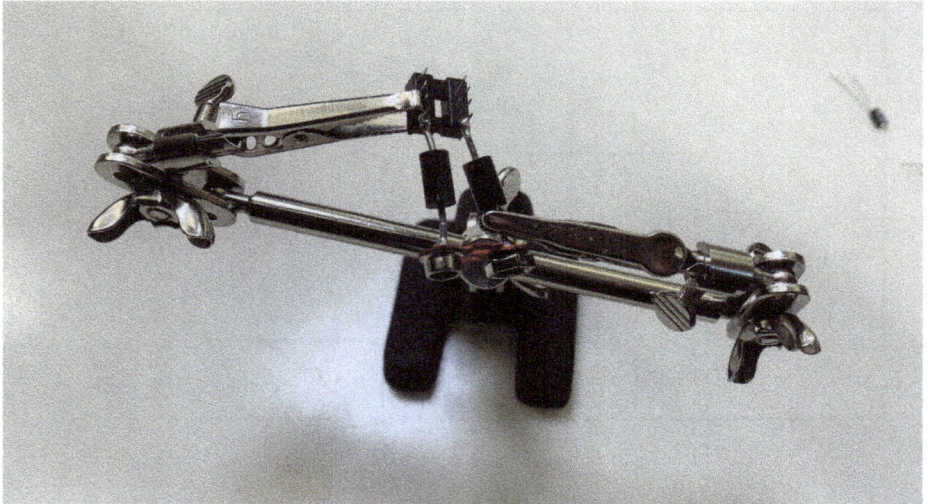

Abb. 3.24: Zunächst werden die Dioden in der korrekten Ausrichtung am Batterieclip und dieser an den Beinchen für die IC-Spannungsversorgung angelötet.

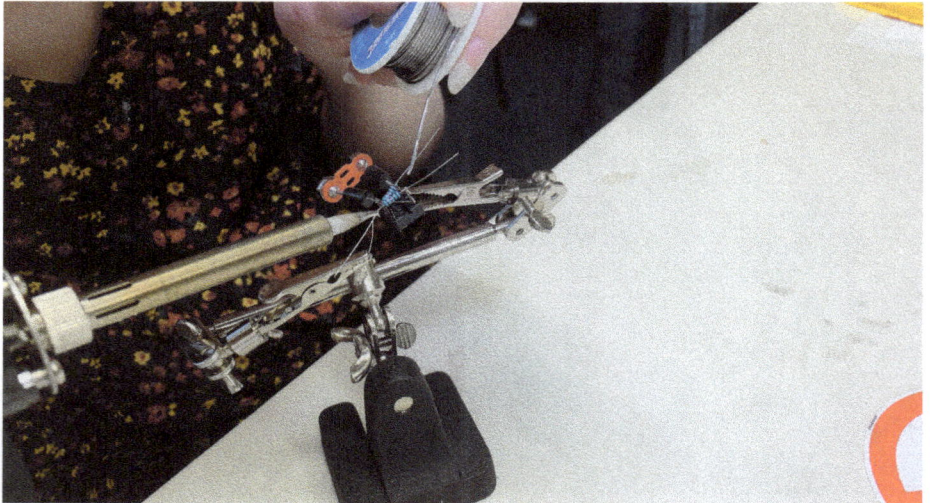

Abb. 3.25: Beim Anlöten der Widerstände zeigt die dritte Hand ihren Wert.

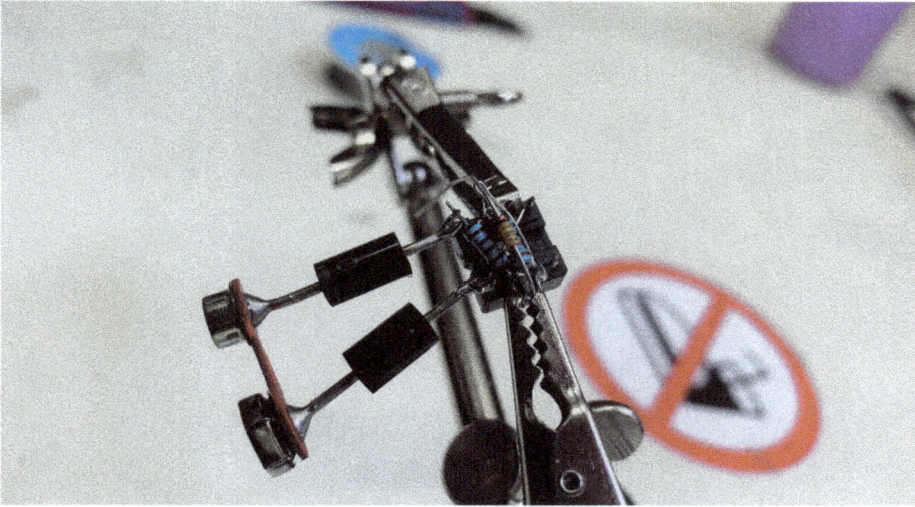

Abb. 3.26: Mit den Krokodilklemmen der dritten Hand können die Bauteilbeinchen, die aneinander gelötet werden müssen, in der richtigen Position fixiert werden.

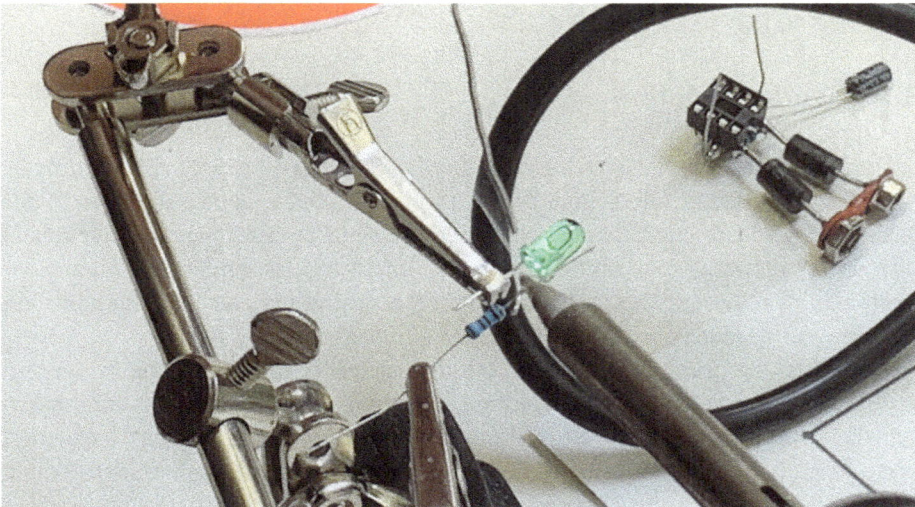

Abb. 3.27: Der „Kopf" des Blinkmännchens wird an einem strombegrenzenden Widerstand angelötet.

Abb. 3.28: Das fertige Blinkmännchen. Es kann auf einer 9-Volt-Blockbatterie befestigt werden.

3.4 Lochrasterplatine

Lochrasterplatinen eignen sich hervorragend zur Realisierung eigener Schaltungen, die dauerhaft nutzbar sein sollen. Die elektronischen Bauteile passen genau in das Rastermaß der Platine und lassen sich an der Unterseite mit verschiedenen Techniken (z. B. Wirewrapping) miteinander verbinden. Im nachfolgenden Projekt nutzen wir hierfür Lötlitze. Diese sollte vorab passend zurecht geschnitten, an den Ende abisoliert und verzinnt werden.

Der „Elektrosluch"[10] ist ein Gerät, mit dem sich elektromagnetische Felder und Abstrahlungen von elektronischen Geräten aufspüren lassen. Diese selbst unhörbaren Schwingungen werden durch den „Elektrosluch" in den hörbaren Bereich transponiert und so verstärkt, dass sie über einen kleinen Lautsprecher ausgegeben werden können (vgl. Kap 2.3.5).

---

10 Der Bausatz basiert auf der Darstellung des MAKE-Magazins: https://makezine.com/projects/ weekend-project-sample-weird-sounds-electromagnetic-fields/ (Abrufdatum: 21.07.2022)

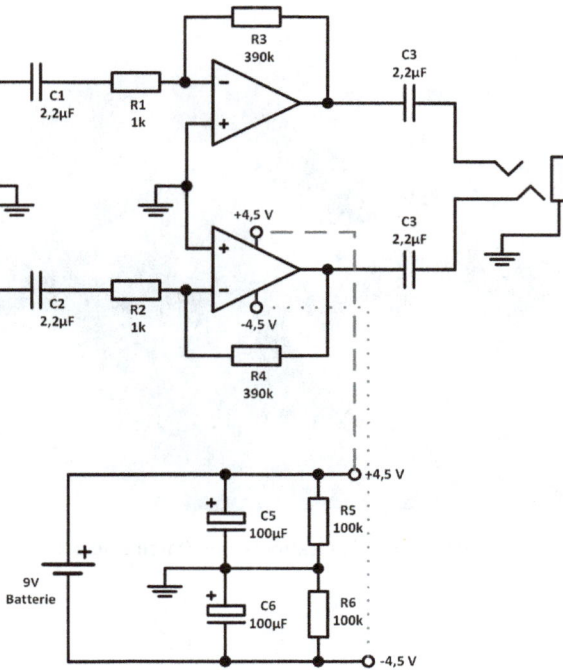

Abb. 3.29: Das Schaltbild des Elektrosluch ist hier zweigeteilt: Der untere Teil zeigt die Spannungsversorgung für den Operationsverstärker-IC, der im oberen Schaltbild zu sehen ist.

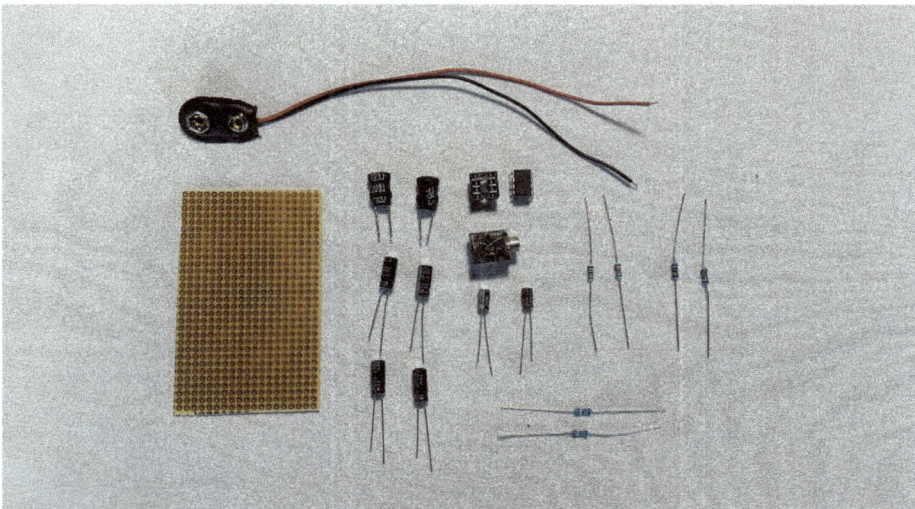

Abb. 3.30: Die Bauteile für den Elektrosluch und die bereits passend zugeschnittene Lochrasterplatine.

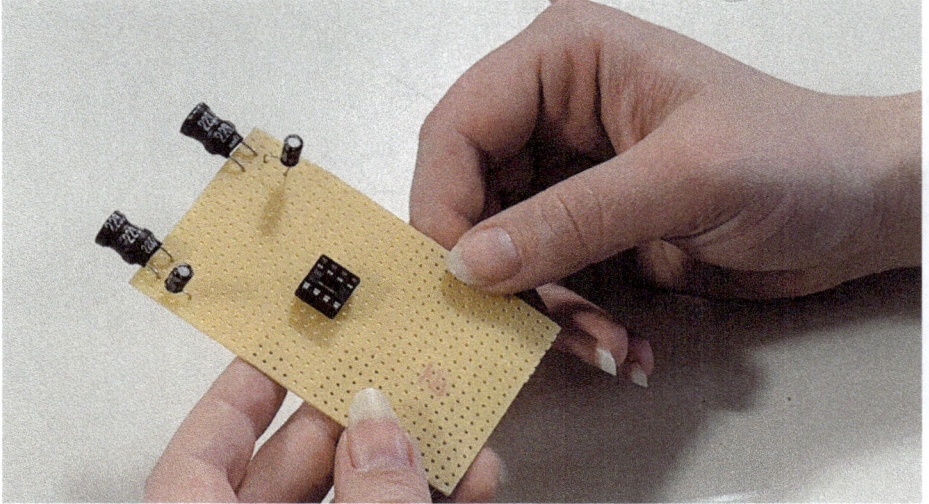

Abb. 3.31: Der IC-Sockel sitzt mittig der Platine und die elektronischen Ohren sind mit Elektrolytkondensatoren angepasst.

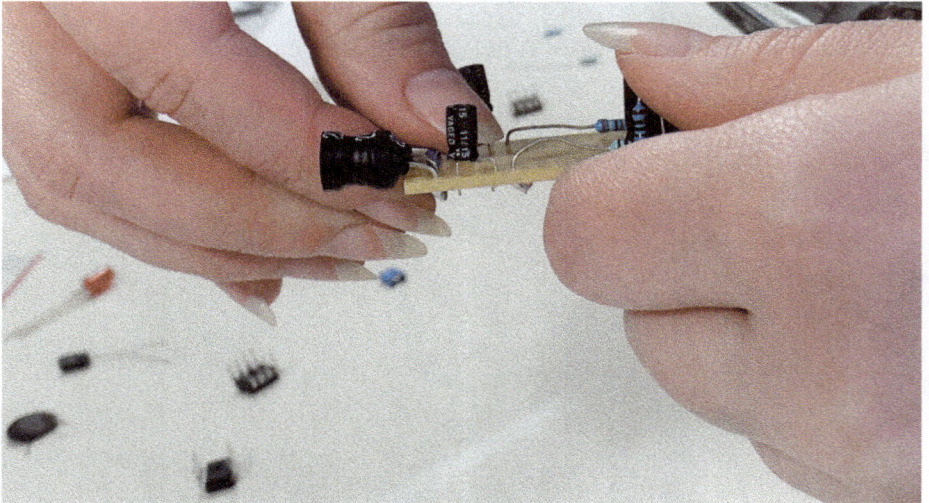

Abb. 3.32: Leichte Ausrichtungs-Korrekturen der Bauteile.

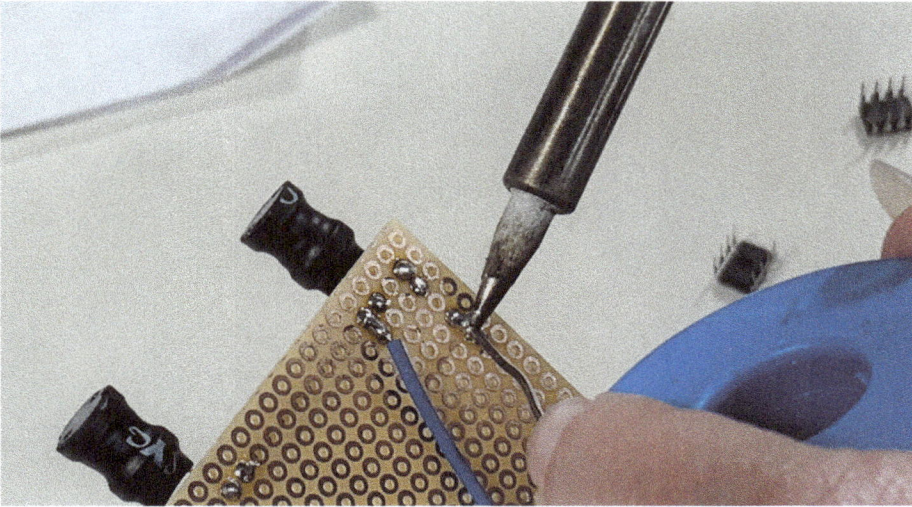

Abb. 3.33: Der blaue isolierte Lötdraht überbrückt einen weiter entfernten Lötpunkt.

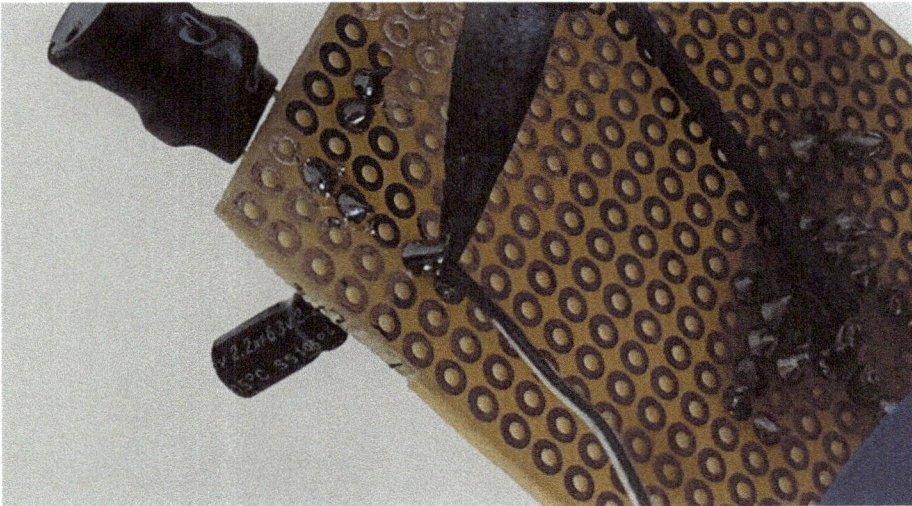

Abb. 3.34: Eine Lötbrücke zwischen zwei Lötpunkten entsteht versehentlich, die im nächsten Bild korrigiert wird.

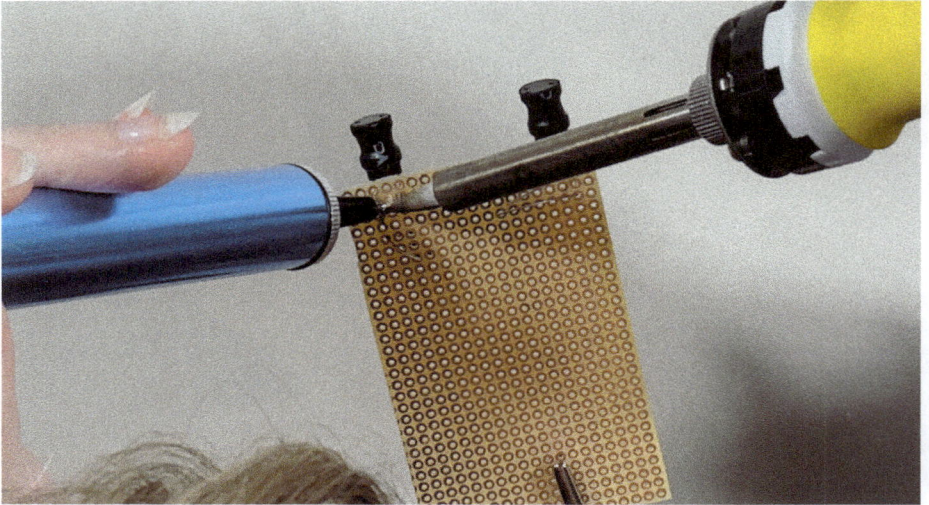

Abb. 3.35: Korrektur der Lötbrücke, die mit der Entlötpumpe entlötet wird.

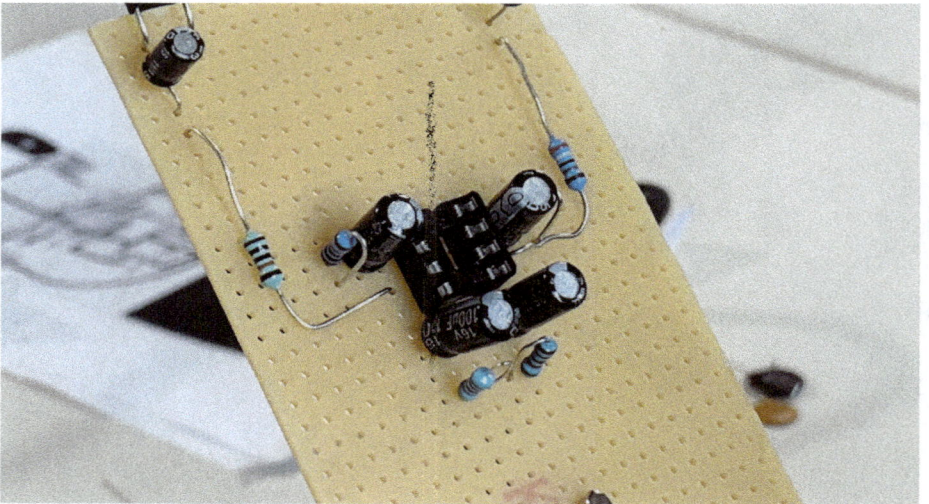

Abb. 3.36: Wichtige Bauteile für den korrekten Betrieb des Operationsverstärkers sind hinzugekommen.

Abb. 3.37: Blick ober- und unterhalb der Platine zeigt die Kopfhörerbuchse mit etwas Abstand zur Platine eingelötet.

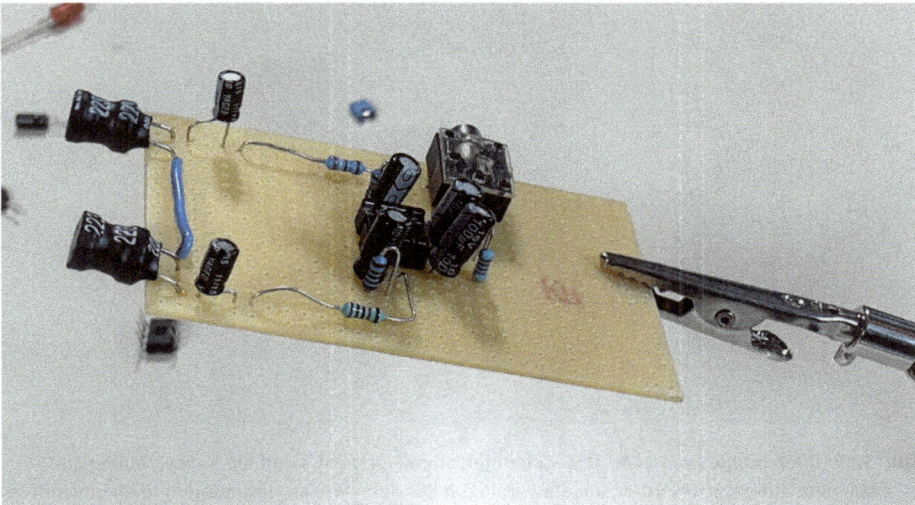

Abb. 3.38: Ein letzter prüfender Blick auf die fertig bestückte Platine.

3.5 MOUSE

Der MOUSE-Computer, der im nachfolgenden Teilband „Computerbau" detailliert vorgestellt wird, bildet das letzte Lötprojekt dieses Kapitels. Hierfür wird eine eigens dafür hergestellte Platine verwendet, auf der die Bauteile aufgelötet werden. Wie bei den anderen Lötprojekten ist auch hier die Aufbaureihenfolge wichtig, weil es bei unüberlegtem Vorgehen am Ende zu Schwierigkeiten führen kann, Bauteile aufzulöten (wenn bereits zuvor befestigte im Weg sind).

Zunächst werden alle passiven Bauteile aufgelötet: Widerstände, Kondensatoren, Stiftleisten, der Transistor und der Taster. Im Anschluss werden die IC-Sockel aufgelötet. Hierbei ist auf die Baurichtung zu achten: Die ICs verfügen über eine Markierung (eine Einkerbung, die so genannte „Notch"). Auf der MOUSE-Platine ist die Seite, auf der die Notch ist, durch einen kleinen Punkt markiert. Der Sockel sollte hier in derselben Richtung aufgelötet werden und der IC unbedingt in dieser Richtung aufgesteckt. Lötet man den Sockel gleich richtig herum auf, entsteht nachher nicht die Frage, ob der IC richtig herum eingesteckt ist oder nicht.

Der schrittweise Aufbau des MOUSE-Computers wird im folgenden Teilband beschrieben, weshalb hier vor allem einige praktische Aufbauhinweise gegeben werden.

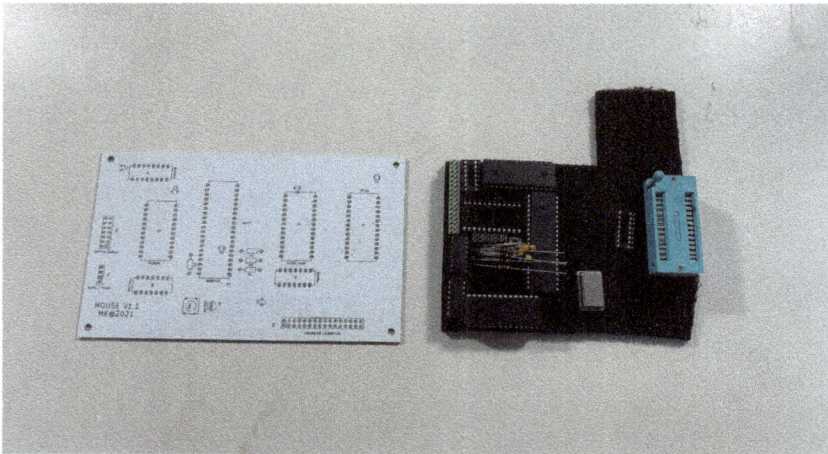

Abb. 3.39: Die Bauteile für den MOUSE-Computer, vor allem die ICs und die Sockel, sollten auf Steckschaum aubewahrt werden, um ein Verbiegen der Beinchen zu verhindern und insbesondere vor ESD zu schützen.

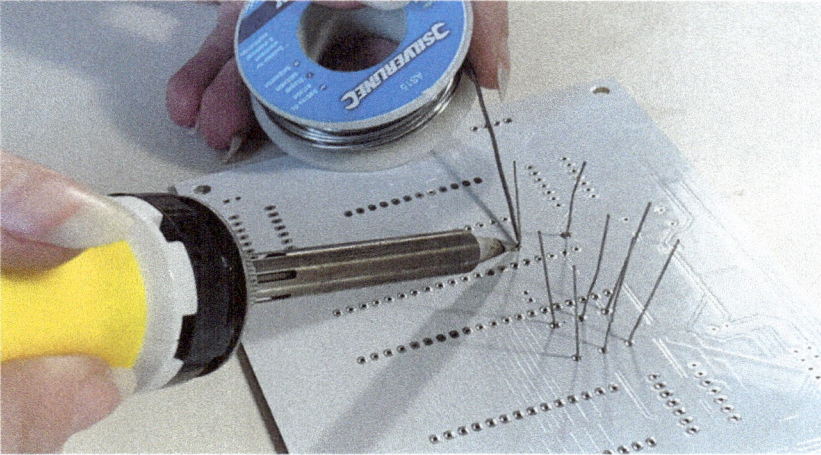

Abb. 3.40: Zunächst werden die passiven Bauteile aufgelötet, indem ihre Beine z.B. mit der Biegelehre gebogen und auf die Oberseite der Leiterplatte eingesteckt werden, bis die Bauteile so
nah wie möglich auf der Platine liegen. Man kann sie in dieser Position fixieren, indem man die
durchgesteckten Beinchen auf der Unterseite der Platine leicht nach außen biegt. Dann werden die
Beinchen festgelötet.

Abb. 3.41: Die Beinchen der Bauteile sollten erst am Schluss, wenn alles richtig platziert und festgelötet ist, abgekniffen werden.

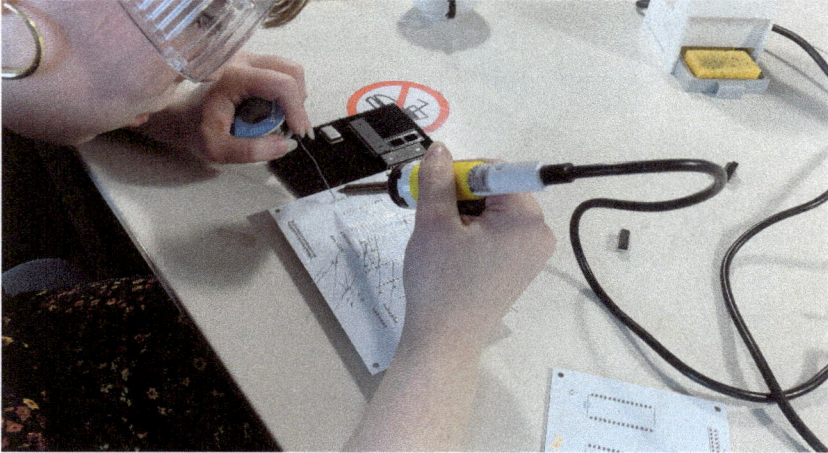

Abb. 3.42: Die Beinchen der IC-Sockel ragen nicht so weit aus der Lötseite der Leiterplatte heraus. Hier muss darauf geachtet werden, dass die Sockel so tief wie möglich eingesteckt werden. (Dies kann leichter erreicht werden, wenn die passiven Bauteile, wie oben beschrieben, ebenfalls so tief wie möglich eingesteckt wurden.)

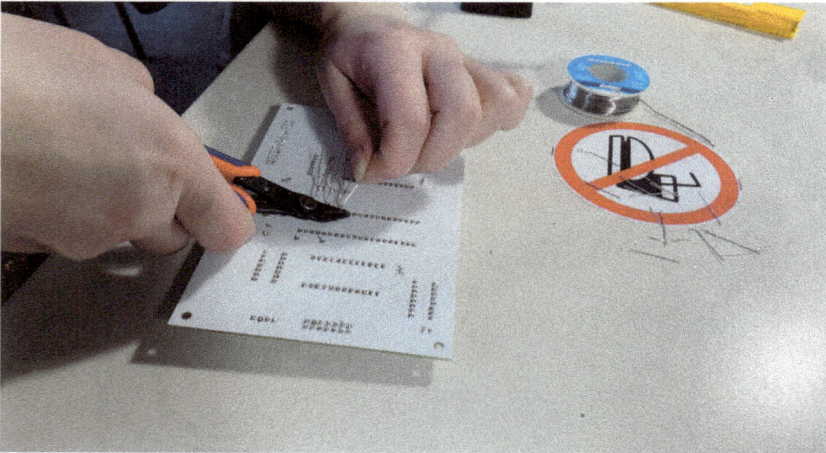

Abb. 3.43: Zum Abkneifen der Beinchen eignet sich ein Seitenschneider mit leicht angewinkeltem Kopf. Die Beinchen kurz oberhalb des Lötpunktes abkneifen – nicht den Lötpunkt selbst mit beschneiden.

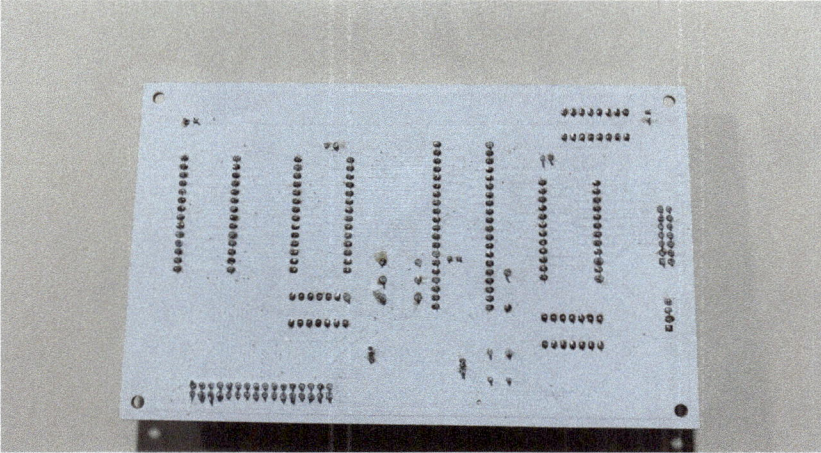

Abb. 3.44: So könnte die Rückseite der MOUSE-Leiterplatte aussehen. Prüfen Sie hier noch einmal, ob alle Lötpunkte gelötet wurden und ob hierbei keine Kontakte zwischen Lötpunkten entstanden sind.

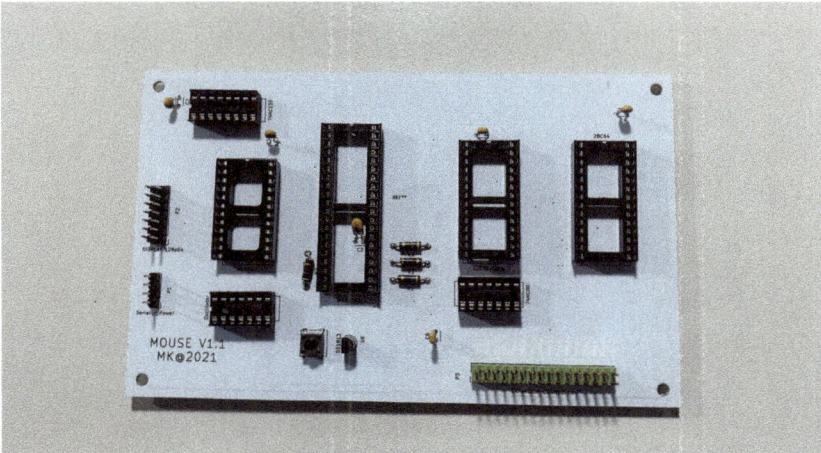

Abb. 3.45: Auf der Oberseite der Leiterplatte sieht man nun die Notches der IC-Sockel. Die ICs können nun eingesteckt werden.

Abb. 3.46: Der Einbau der ICs muss langsam und vorsichtig durchgeführt werden, damit die Beinchen nicht verbiegen oder gar abbrechen. Es empfiehlt sich, die Beinchen zuvor etwas nach innen zu biegen (zum Beispiel durch leichtes Andrücken auf die Arbeitsfläche), damit sie sich besser in die dafür vorgesehenen Löcher der Sockel einstecken lassen.

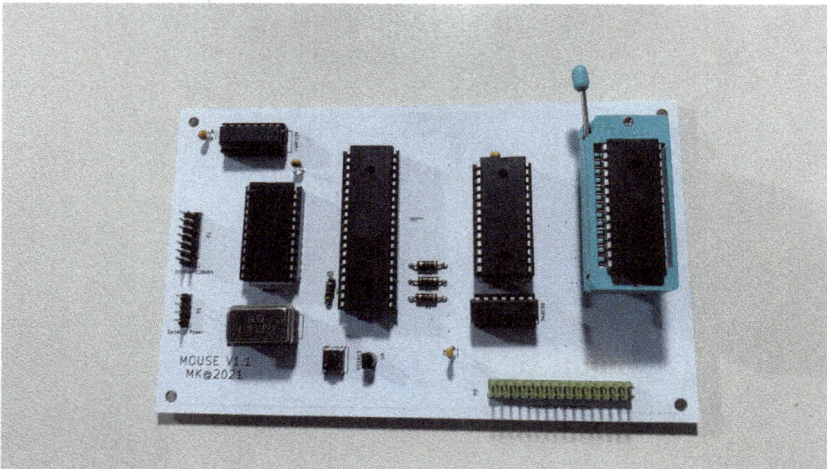

Abb. 3.47: Der hier blaugrüne Nullkraftsockel, auf den der EEPROM-IC eingesteckt wird, wird selbst in einen Sockel gesteckt, was den Einbau erleichtert. Auf das EEPROM muss nun lediglich noch die Software geschrieben werden. Dann ist der MOUSE-Computer einsatzbereit.

4 Gefahren und Umwelthinweise

4.1 Elektrostatische Entladung (ESD-Schutz)

Elektronische Bauteile sind empfindlich gegenüber äußeren Einwirkungen. Sie unterliegen spezifischen Maximalwerten, jenseits derer sie zerstört werden. Ein IC ist als hochintegrierte Schaltung neben der Wärmeempfindlichkeit besonders anfällig gegenüber elektrischen Impulsen. Alle Vorsicht hilft nicht, wenn durch unbemerkt selbst aufgenommene Elektrizität im Kontaktmoment eine Entladung über das Bauteil stattfindet. Um dieser durch Reibung unterschiedlicher (Kunst-)Stoffe, beispielsweise beim Aufstehen und Hinsetzen auf einen Drehstuhl, erzeugten Hochspannung zu begegnen, gibt es elektrisch gering (ab)leitende Gummimatten, Armbänder, Steck-Schaumstoffe und Kunststoff-Schächtelchen. Über diese entlädt sich der Körper schon im Ansatz einer elektrischen Aufladung und verhindert somit Defekte an Bauteilen durch vermiedene Entladung an selbigen.

4.2 Tödlicher Stromschlag

Alle Lötarbeiten sind grundsätzlich an stromlosen Geräten durchzuführen! Netzstecker sind vor dem Öffnen eines Gerätes aus der Steckdose zu ziehen und sicherheitshalber vor versehentlichem Einstecken zu sichern (z.B. in die Hosentasche stecken). Nur Fachkräfte dürfen Geräte öffnen!

Bei fertig bestückten Platinen und vorher in Betrieb gewesenen Baugruppen kann sich in einigen Bauteilen teilweise lebensgefährliche Spannung befinden (z.B. in Schaltnetzteilen alter TVs)! Diese Bauteile sind nur selten mit einem „!" im Dreieck gekennzeichnet. Die elektrischen Kontakte von Kondensatoren und Röhren niemals mit bloßen Fingern berühren! Lebensgefahr! Es sollte auch immer eine zweite Person anwesend bleiben, um im Notfall Hilfe zu leisten/rufen.

4.3 Verbrennungsgefahr

Die Lötspitze und im geringeren Maße auch der Griff eines Lötkolbens sind während des Betriebes sehr warm. Bauteile und Platine werden während des Lötvorgangs ebenfalls sehr warm (Wärmeleitung). Die Wärme kann sich über mehrere Minuten lang an der Platine und den Bauteilen halten, daher sollte vorzugsweise ein Platinen-Halter (siehe Abb. 2.15) oder die 3. Hand (siehe Abb. 2.14) für einzelne Bauteile und Litzen (Kabelenden) benutzt werden.

https://doi.org/10.1515/9783110581805-013

4.4 Splittergefahr bei Vakuumröhren und Leiterplatten

Heute selten verwendet und nahezu ausgestorbene Vakuumröhren und Blitzröhren können bei mechanischer Misshandlung zerbrechen, splittern oder implodieren und dann teilweise sogar giftige Gase freigeben. Diese Bauteile sind immer zu sockeln, um die thermische Belastung beim Lötvorgang zu vermeiden. Hautkontakt sollte durch Tragen von feinen Handschuhen aus Baumwolle vermieden werden. Die Anschlusspins sind besonders vorsichtig zu behandeln.

Leiterplatten sind aus unterschiedlichen Materialien hergestellt und können bei starker Verwindung brechen oder sogar zersplittern. Bei Mehrschicht-Leiterplatten wie z.B. PC-Mainboards ist auf genaue Planlage besonders zu achten, da sonst die Funktionsfähigkeit beeinträchtigt werden kann. Leiterplatten aus Hartpapier können bei zu langer Wärmeeinwirkung verschmoren und die Lötaugen verlieren, weshalb gerade bei Lochrasterplatinen auf kurze Lötzeit geachtet werden sollte.

4.5 Brandgefahr

Lötzinntropfen können Brandlöcher in Kleidung und auf der Haut verursachen. Der Lötkolben ist immer zurück in den Lötkolbenhalter zu stecken. Niemals an den Tischrand legen; der Lötkolben könnte herunterfallen und den Fußboden in Brand setzen. Nach Löt-Ende immer eine Abkühlphase des Lötkolbens von etwa einer halben Stunde einberechnen, bevor dieser zurückgestellt wird, um etwaige Schwelbrände zu vermeiden. Eingeschaltete Lötstationen und eingesteckte Lötkolben dürfen nicht unbeaufsichtigt gelassen werden.

4.6 Vergiftung

Die in vielen Lötzinnsorten vorhandenen Bestandteile wie Blei und Kolophonium sind krebserregend und ätzend. Daher sollte während der Löt-/Entlötvorgänge nichts gegessen oder getrunken werden, da die kontaminierten Hände in Kontakt mit den Lebensmitteln kommen. Nach dem Löt-/Entlötvorgang sollten die Hände gründlich mit Seife gewaschen und anschließen mit Handcreme eingerieben werden, um die Aufnahme über die Haut zu verringern. Zur Sicherheit kann mit feinen Baumwollhandschuhen oder Latex-Einmalhandschuhen gelötet werden, um den direkten Kontakt zum Lötzinn zu vermeiden.

4.7 Spritz- und Splittergefahr

Durch abgekniffene Bauteil-Anschlussdraht-Teile und Lötzinn- sowie Flussmittelspritzer geht eine oft übersehene Gefahr aus, die wortwörtlich „ins Auge gehen" kann. Gerade für Lötanfänger empfiehlt sich eine Schutzbrille zu tragen. Bei Bruch von Platinen werden Glasfaserenden freigesetzt, die sich vorerst unbemerkt in die Haut stechen und später zu Schmerzen und Hautirritationen führen. Besonders bei der Benutzung von Glasfaserstiften ist die Gefahr sehr hoch, sich z.B. zusätzlich durch Inhalation am Atemweg zu verletzen.

4.8 Lötdämpfe und Stäube

Gegen Einatmen wird eine Lötrauchabsaugung verwendet. Diese saugt die nahe der Absaugung befindlichen Schadstoffe durch einen Ventilator mit davorliegendem Aktivkohlefilter. Dieser fängt befindliche Teile ein und hält sie daran fest. Hinten gibt die Lötrauchabsaugung die gefilterte Luft wieder aus.

4.9 Beleuchtung und sich bewegende Teile

Bei jeder Lötarbeit sollte der Arbeitsplatz sauber und hell beleuchtet sein. Dabei ist zu beachten, dass Leuchtstofflampen und LED-Beleuchtung für das menschliche Auge unmerklich flimmern oder flackern. Dies führt nicht nur zu einer raschen Ermüdung der Augen, sondern kann insbesondere bei sich bewegenden Teilen zu optischer Täuschung (Stroboskopeffekt) führen. Ziehen Sie natürliches Licht immer dem künstlichen Licht vor. Für den Lötarbeitsplatz verwenden Sie immer herkömmliche Allgebrauchslampen (sogenannte Glühbirnen) oder mit Batterien betriebene LED-Beleuchtung. Nur so gehen Sie sicher, nicht ausversehen in bewegte Teile zu greifen und sich zu verletzen.

4.10 Umweltgefährdung

Wie vorausgehend bereits beschrieben, sind viele Werkstoffe gesundheitsschädlich. Sie schaden nicht nur dem Menschen, sondern auch der Umwelt, wenn sie nicht fachgerecht entsorgt werden. Auch elektronische Bauteile, die Schwermetalle und umweltschädliche organische und anorganischen Verbindungen enthalten, Leiterplatten, die Schwermetalle und Farben enthalten und Arbeitsabfälle (Drähte, Lötzinn etc.) sind Umweltgifte und können nur schwer recyclet werden. Sie sollten sparsam eingesetzt werden. Stets sollte gepüft werden, ob sich ein Bauteil wieder- oder weiterverwenden lässt oder ob sich eine Schaltung nicht nachhaltiger realisieren lässt (etwa durch Nutzung eines Breadboards).

Die Entsorgung von Elektronikabfällen sowie Chemikalien, die während der Konstruktion benutzt werden, darf ausschließlich über sogenannte Wertstoffhöfe oder Feuerwehr erfolgen!

5 Schluss

Sie haben es geschafft! Die vermittelten Informationen zum praktischen Umgang mit Lötwerkzeug und Bauteilen helfen Ihnen nun dabei, die nötige Lötpraxis immer weiter zu verbessern. Das Handwerk Elektroniklöten hatte zwar seinen Höhepunkt als Hobby in den 1970er Jahren, dennoch oder gerade deshalb, um diese Fähigkeit nicht abhanden kommen zu lassen, können Sie nun mehr als viele andere Menschen. Sie beherrschen die Praxis des Lötens.

Insbesondere für die Durchführung der im folgenden Kapitel „Computerbau" beschriebenen Arbeitsschritte sind die hier beschriebenen Kenntnisse vonnöten. Wie der MOUSE-Computer aufgebaut wird, wurde unter Kapitel 3.5 praktisch beschrieben; nachfolgend erhalten Sie eine technisch-informatische Einführung in seine Funktionsweise.

Nicht geleistet werden konnte im Rahmen dieses Kapitels der Entwurf und die galvanotechnische Realisierung von Leiterplatten. Die hierzu notwendigen chemisch-theoretischen Kenntnisse werden im Teilband „Chemie für Medienwissenschaftler" (Band III, Kap. 3.4.5.2) kurz beschrieben. In der Literaturliste des Anhangs finden Sie eine vertiefende Darstellung des Themas. Da bei der Herstellung von Leiterplatten gefährliche Chemikalien zum Einsatz kommen, die zudem für Privatleute nicht einfach zu beschaffen sind, empfehlen wir Ihnen jedoch sich damit an einen spezialisierten Hersteller oder ein Labor zu wenden.

Ebenfalls aussparen mussten wir das Löten von SMD-Technik. Diese findet sich heute in den allermeisten modernen elektronischen Geräten; die hierzu erforderlichen Werkzeuge sind teilweise recht teuer und die notwendigen Fertigkeiten gehören nicht in den Rahmen einer Einführung in die praktische Elektronik. Auch hierzu verweisen wir im Anhang auf weiterführende Literatur.

Wollen Sie die hier vermittelten praktischen Kenntnisse weiter ausbauen, so empfiehlt es sich Elektronik-Bausätze mit steigender Komplexität zu verwenden. Solche finden Sie in Elektronik-Fachgeschäften und bei Internethändlern. Ressourcenschonender ist die Gestaltung elektronischer Schaltungen mit Baukästen und auf Breadboards. Diese haben wir in Kapitel 3 ebenfalls vorgestellt. Das dort (in Kapitel 3.1) ausgewählte Baukasten-System *Lectron* ist von einem anderen Hersteller immer noch erhältlich.[11] Darüber hinaus finden Sie gebrauchte und historische Elektronik-Bausätze und -kästen für wenig Geld auf einschlägigen Internetportalen und -auktionsseiten. Dass diese Systeme oft für Kinder und Jugendliche angeboten wurden (siehe Abb. 5.1), sollte Sie ermutigen mit derselben Experimentierfreude an Elektronikprojekte heranzugehen.

---

[11] https://de.wikipedia.org/wiki/Lectron (Abrufdatum: 25.07.2022)

https://doi.org/10.1515/9783110581805-014

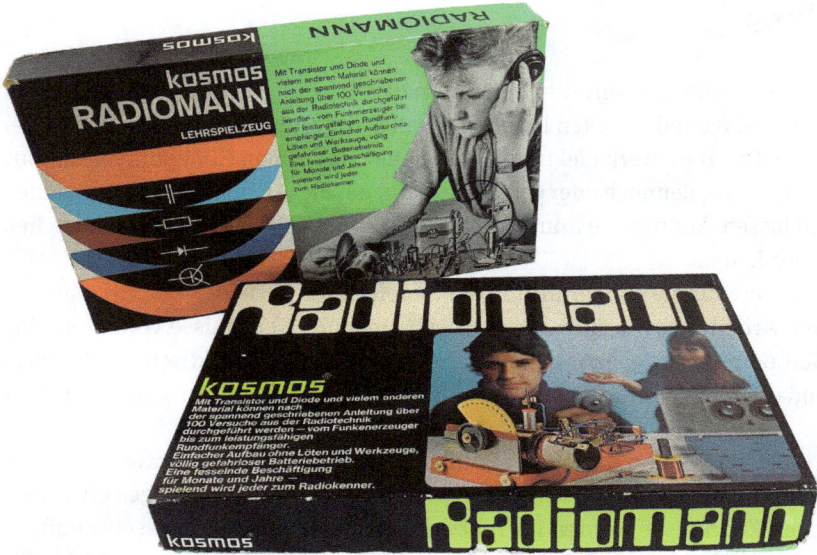

Abb. 5.1: Zwei „Radiomann"-Baukästen, die von Mitte der 1930er bis in die 1970er Jahre von der Firma *Kosmos* vertrieben wurden. (Medienarchäologischer Fundus, HU Berlin)

6 Anhang

6.1 Teilelisten

Unten angegeben finden Sie die elektronischen Bauteile, die Sie für die Herstellung der in Kapitel 3 dargestellten Schaltungen benötigen. Sie erhalten diese Bauteile in Elektronik-Fachgeschäften oder Online-Versandhäusern.

Atari Punk Console

Anzahl	Beschreibung	Bezeichnung
1	Widerstand	330 Ω
1	Widerstand	1 kΩ
1	Keramik-Kondensator	100 nF
1	Tantal-Kondensator	10 nF
1	Elektrolytkondensator	10 μF
2	IC-Sockel	8-polig
2	IC	NE555
1	Potentiometer	1 MΩ (linear)
1	Potentiometer	10 kΩ (log.)
1	Klinkenbuchse	3,5 mm
1	Batterieclip	für 9-Volt-Block

Blinkmännchen

Anzahl	Beschreibung	Bezeichnung
1	Leuchtdiode	grün, 5 mm
2	Dioden	IN5400 (o. ä. Bauform)
1	Tantal-Kondensator	6,8 nF (o. ä. Bauform)
1	IC-Sockel	8-polig
1	IC	NE555P
1	Batterieclip	für 9-Volt-Block
1	Widerstand	470 Ω
2	Widerstand	47 kΩ

https://doi.org/10.1515/9783110581805-015

Elektrosluch

Anzahl	Beschreibung	Bezeichnung
4	Keramik-Kondensator	2,2 µF
1	Elektrolytkondensator	10 µF
1	Klinkenbuchse	3,5 mm (Stereo)
1	IC-Sockel	8-polig
1	IC	OPA2134UA
2	Spule	22 mH
1	Batterieclip	für 9-Volt-Block
2	Widerstand	1 kΩ
2	Widerstand	100 kΩ
2	Widerstand	390 kΩ

MOUSE

Die Bauteile, die für den MOUSE-Computer benötigt werden, werden im nachfolgenden Teilband aufgeführt.

6.2 Glossar

Begriff	Bedeutung	Kommentar
abrasiv	mechanische Oberflächenbehandlung	abschleifen, abhobeln, abtragen; mechanisch leicht beschädigen
AC	Alternate Current	elektrische Wechselspannung (Sinus-Welle)
Akku	Elektrischer Speicher	Kombination mehrerer wiederaufladbarer Zellen
Analog	Schaltungstechnik	alle uneingeschränkten Werte (Spannung/Signal)
BGA	Ball Grid Array	Oberflächen-Lötkontakt für Vielkontakt-ICs
DC	Direct Current	elektrische Gleichspannung (+ rot) (– schwarz)
Digital	Informationstechnik	Zwei-Wert-Spannung (elektronisch 0 Volt gegenüber 3,3 bzw. 5 Volt)
DIL/DIP	Dual in-line (Package)	bedrahtete (Pins) Bauteile
Diode	Richtungsbedinger	Strom fließt nur in eine Richtung

Begriff	Bedeutung	Kommentar
Draht	Eindrahtige (teilweise isolierte) Leitung	starre elektrische Verbindung zweier Löt-/Steckkontakte
EDV	Elektronische Datenverarbeitung	Informationstechnik
ElKo	Elektrolyt-Kondensator	Bauteil zur Spannungsglättung/-speicherung
ESD	Electro Static Discharge	Kennzeichnung für (Schutz gegen) Elektrostatik
Galvanisieren	Leiterbahnen erzeugen	elektro-chemisches aufbringen von Metall
Goldfinger	Elektrische Kontaktreihe	als Leiterplattenanschluss ausgeführte, breite Kontaktfläche
GND	Ground, Masse	gemeinsamer elektrischer Referenzpunkt (0 Volt)
IC	Integrated Circuit	Bauteil mit Integriertem Schaltkreis
IPA	Isopropylalkohol	hochprozentiger Alkohol für Reinigungszwecke
KerKo	Keramik-Kondensator	Filterbauteil zur Unterdrückung von Störspitzen
Kolophonium	Bestandteile von Lötzinn	zur Verbindung von Bauteilen mit der Kontaktfläche
Konfektionierung	definierte Zweckbindung	Kabel mit „angegossenem" Stecker
LED	Light Emitting Diode (Leuchtdiode)	elektronische Lichtquelle
Leitung	allgemeine elektrische Verbindung	Kontaktverbindung zweier Endpunkte (hier zum Stromfluss)
Litze	mehrdrahtige Leitung	flexible elektrische Verbindung zweier Löt-Kontakte
obsolet	veraltet, abgekündigt	technische Betrachtung überholter Technik
Oxidation	chemische Reaktion	„Patina", Kontaktprobleme durch Oberflächen-Veränderung
Pin	elektr. Anschlussbeinchen	lötbare lange Kontaktbeinchen für THT
Platine ätzen	Leiterbahnen erzeugen	chemische Entfernung zuvor unmarkierter Kupferstellen
Primärzelle	Elektrischer Einmal-Speicher	Spannungsquelle zur einmaligen Entladung
Reflow	Gruppen-Erwärmung >200 °C	Heißluft-Löttechnik zur Reaktivierung vieler Lötkontakte
RoHS	Restriction of Hazardous Substances	Kennzeichnung für bleifreie Herstellung
Routing	Anordnung der Leiterbahnen	Design-Schritt vor der Erstellung einer Leiterplatte
SMD	Surface-mounted Device	Kleinstbauteile in Auflöt-Technik (ohne Pins)
THT	Through Hole Technic	Durchsteck-Technik für bedrahtete Bauteile
Transistor	dreibeiniger Halbleiter	elektronischer Schalter/Verstärker

Begriff	Bedeutung	Kommentar
TTL	Transistor Transistor Logic	Grundschaltung logischer Schaltkreise (digital)
Widerstand	Strombegrenzer	Bauteil zum Begrenzen des Stromflusses / Teilen der Spannung

7 Lektüreempfehlungen

Völz, H. (1989): Elektronik. Grundlagen, Prinzipien, Zusammenhänge. Berlin: Akademie.
Horst Völz, der auch den Teilband „Informations- und Speichertheorie" (Band 1, Kap. II) zu dieser Lehrbuchreihe beigesteuert hat, stellt in seinem umfassenden Lehrwerk die analoge und digitale Elektronik mit technischer und mathematischer Gründlichkeit vor. Er liefert zu vielen Aspekten Beispiele aus dem Alltag und verschafft insbesondere durch seine Illustrationen ein vielseitiges Verständnis des Themas Elektronik.

Texas Instruments (1992): Das TTL-Kochbuch. Freising: Texas Instruments.
Das von den Erfindern der TTL-IC-Bausteinen herausgegebene Buch galt lange Zeit als „die Bibel" für digitales Schaltungsdesign. Hierin findet sich nicht nur ein Überblick über die zur Zeit der Entstehung erhältlichen TTL-Bausteine, ihren Aufbau und ihre Funktionen, sondern auch Beispielschaltungen, die damit realisiert werden können. Diese sind oft klein genug, um auch für Anfänger umsetzbar zu sein.

Pütz, J. (1974) (Hg.): Einführung in die Elektronik. Frankfurt am Main: Fischer.
Das Buch, herausgegeben vom *Hobbythek*-Moderator, ist eigentlich der Begleitband zu einer Schulfernsehserie, kann aber auch ohne Kenntnis dieser verwendet werden. Anhand der elektronischen Bauteile und Schaltungsarten wird in die Grundlagen der Elektrontechnik eingeführt. Dabei werden Schaltungen zum Nachbauen entworfen. Am Ende jedes Kapitels kann der Leser sogar durch einem Ankreuztest sein gelerntes Wissen prüfen. Aus heutiger Perspektive amüsant wirkt das Abschlusskapitel über die Zukunft des Autos.

Saucke, H. (1969): Was ist Elektronik? 52 experimentelle Spiele vom einfachen Stromkreis bis zu den Anfängen der Computertechnik. Ein Braun Buchlabor. Frankfurt am Main: Braun AG.
Das „Buchlabor" ist ein Begleitband zu den in diesem Kapitel vorgestellten *Braun-Lectron*-Baukästen. Darin werden Grundkenntnisse der Elektronik und Schaltungstechnik mit Hilfe der Braun-Bausätze erklärt. Von Komplexität und Stil richtet sich das Buch an Kinder und Jugendliche und ist damit ideal für Elektronik-Anfänger geeignet.

Sautter, D./Weinehrth, H. (Hgg.) (1999): Lexikon Elektronik und Mikroelektronik. Düsseldorf: VCI-Verlag.
Ein umfangreiches Nachschlagwerk zu Begriffen der Elektronik bei dem die mathematischen und messtechnischen Aspekte nicht zu kurz kommen. Neben der Technik kommen auch Institutionen, die mit Elektronik zu tun hatten und haben, zur Sprache.

https://doi.org/10.1515/9783110581805-016

Benda, D. (2005): Wie liest man eine Schaltung?: Methodisches Lesen und Auswerten von Schaltungsunterlagen. München: Franzis'.
Mit dem Erkennen der Symbole für elektronische Bauteile ist erst der Anfang zum Verständnis des Aufbaus einer Schaltung erreicht. Wie diese zusammenwirken, wird in diesem Buch systematisch und schrittweise erklärt. Die „Übersetzung" eines Schaltplans/Diagramms in eine Schaltung ist eines der Ziele, das auch für unsere Schaltungsexperimente nützlich ist.

Beerens, A. C. J./Kerkhofs, A. W. N. (1981): 101* Versuche mit dem Oszilloskop. 7. erw. und akt. Auflage. Hamburg: Philips GmbH.
Oszilloskope sind heute vergleichsweise günstig zu erstehen. Der Umgang mit dem messtechnisch doch recht komplizierten Instrument will allerdings geübt sein. In ihrem erstmals 1968 erschienen Buch stellen die Autoren das Oszilloskop in seiner Funktionsweise vor und liefern unter detaillierter Anleitung Experimente, in denen der Umgang eingeübt und die Möglichkeiten des Oszilloskops vorgeführt werden.

Internetlinks mit Tipps, Anleitungen und Lehrgängen

Ersa: https://www.ersa-shop.com/additional_files/ersa-loetfibel.pdf[12]
Eine Übersicht zum Thema Lötpraxis eines renommierten Lötkolbenherstellers mit Illustrationen und in Präsentationsqualität.

Weller: https://www.weller-tools.com/consumer/EUR/de/Top-Menu/Know+How+and+FAQ/Loet-KnowHow
Eine weitere Übersicht zum Thema Lötpraxis eines renommierten Lötkolbenherstellers mit Illustrationen und in Präsentationsqualität.

Niklas Rühl: http://www.niklas-ruehl.de/blog/platinen-selbst-aetzen
Eine Anleitung zum Zeichnen mit Lackstift und Selbstätzen von Leiterplatten.

Thomas Pfeifer: http://thomaspfeifer.net/platinen_aetzen.htm
Eine weitere Anleitung zum Selbstätzen von Leiterplatten, bei der die Schaltung auf die Platine aufgebügelt wird.

Christian Finger: https://www.fingers-welt.de/info.htm
Allgemeine Praxistipps eines berühmt gewordenen Hobbyisten, der wegen sehr praktikabler, wie aber auch unkonventioneller Basteleien immer wieder erwähnt wird.

---

12 Diese und alle folgenden Internetseiten: Abrufdatum: 25.07.2022.

Meister Jambo: https://www.youtube.com/channel/UCpMLyI_afhnSJ4x3ORykizg
Der YouTube-Kanal des pensionierten Fernsehtechnik-Meisters Bernd Jandrasits (bekannter unter seinem Pseudonym „Meister Jambo") liefert dutzende Beispiele für Funktionen und Reparaturen historischer Elektronikprodukte. Die Art und Weise, wie die Geräte vorgeführt und erklärt werden, sucht ihresgleichen und inspiriert vor allem, defekte Geräte nicht gleich zu entsorgen und gegen neue auszutauschen, sondern eine Reparatur zu wagen. „Geht nicht, gibt's nicht" lautet der Wahlspruch Meister Jambos.

Teil III: **Computerbau**
        (Mario Keller, Thomas Fecker)

1 Einleitung

Dass es sich bei Computern um Maschinen handelt, die mittlerweile allgegenwärtig zum festen Bestandteil unseres Alltags geworden sind, lässt sich nicht oft genug betonen. Jeder kommt mittlerweile direkt oder indirekt täglich mit mehreren Computersystemen in Kontakt. Oft geschieht dies (fast) bewusst, beispielsweise bei der Verwendung des Laptops oder eines Smartphones. Viel häufiger ist uns der Kontakt mit einem Computer unbewusst, weil sich dieser als „eingebettetes System" (embedded system) zum Beispiel als Mikrocontroller in Kaffeevollautomaten, digitalen Heizungsthermostaten, dem Radio oder dem Fernsehgerät usw. als unscheinbarer Nicht-Computer tarnt. Es existieren kaum noch Medien, die ohne die Zuhilfenahme eines digital arbeitenden Systems wie dem Computer funktionieren (vgl. Band 2, Kap. I.1). Besonders für die Medienwissenschaft ist es daher unerlässlich sich mit Computern näher zu befassen und zu verstehen, welchen Einfluss diese Geräte und deren Funktionsweise besitzen.

Doch wie nähert man sich der Maschine „Computer" am bestenan, um deren Funktionsweise und Einflussnahme auf unser alltägliches Leben zu verstehen und untersuchen zu können? Die Bände der Buchreihe „Medientechnisches Wissen" bieten den Leserinnen und Lesern einen umfangreichen Einstieg in die Grundlagen der Computer. Doch zwischen Logik, Informatik, Elektronik und der letztendlicher Programmierung eines Computers darf ein entscheidendes Kapitel nicht fehlen: der Computer als reale Maschine. Dieses Kapitel, das bereits im zweiten Band der Reihe angekündigt wurde, soll nun diese Lücke füllen und sich dem Computer anhand seiner Hardware und Software (praktisch) nähern. Das Buchkapitel „Computerbau" ist allerdings von bloßen (Auf-)Bauanleitungen, wie sie beispielsweise für Gaming-Computer im Internet zahlreich abzurufen sind, klar abzugrenzen. Dieser Beitrag widmet sich der Funktionsweise einzelner Hardwarekomponenten, deren Zusammenspiel als Gesamtsystem und deren reale Verwirklichung als Einplatinencomputer. Es geht darum, die Inhalte im wahrsten Sinne des Wortes zu *begreifen*, Bauteile in die Hand zu nehmen, miteinander zu verbinden und sukzessiv zu einem immer komplexeren (Computer-)System zusammenzusetzen.

Zunächst erhalten die Leserinnen und Leser einen Einblick in den Entwicklungsprozess des MOUSE-Computer von Mario Keller. MOUSE ist ein Akronym für *Marios one unit single board engine*, das bereits viel über die Bauart des Computers verrät. Es handelt sich dabei um einen *Einplatinenrechner*, bei dem alle Bauelemente auf einer Platine platziert und miteinander verschaltet sind. Beginnend mit der W65C02-CPU der Firma *The Western Design Center*, Inc. werden schrittweise weitere Bauelemente auf Breadboards hinzugefügt und miteinander verschaltet. Die Leserinnen und Leser durchlaufen so den Entwicklungsprozess der Hardware und der Software des MOUSE-Computers. Sie sind dabei angehalten, die einzelnen Schritte parallel zum Buchtext nachzuvollziehen, nachzumessen und nachzubauen. Diese enge Verschränkung zwischen theoretischem und praktischem Nachvollzug bilden die Kernaspekte dieses

https://doi.org/10.1515/9783110581805-017

Kapitels und sind nur mithilfe eines Einplatinencomputers wie dem MOUSE möglich. Bei modernen Computersystemen und Einplatinencomputern wie dem Raspberry Pi handelt es sich meist um zusammenhängende Systeme, die aufgrund ihrer Architektur und Komplexität keinen messtechnischen oder verdrahtungstechnischen Eingriff zulassen. Diese Systeme arbeiten jedoch auf denselben/ähnlichen Funktionen wie der MOUSE-Computer, weshalb Erkenntnisse, die bei der Arbeit mit dem MOUSE gewonnen werden, auch auf andere Computersysteme übertragen werden können. Da es sich beim MOUSE zu diesem Zeitpunkt des Buchbeitrags um einen Aufbau auf Breadboards handelt, wird die Schaltung nach ihrem Entwicklungsprozess in ein Platinenlayout übertragen.

Nachdem der Entwicklungsprozess des MOUSE-Computers (als Einplatinencomputer) abgeschlossen ist, widmet sich der abschließende Teil des Beitrags dem strukturierten Nachbau des MOUSE-Computers. Besonders Einsteigern soll dieser Abschnitt als Hilfestellung dienen, sich der Hardware und Software zu nähern. Beim Aufbau und der Inbetriebnahme des Rechners ist der Einsatz zusätzlicher Hardware und Software notwendig – beispielsweise beim Beschreiben des EEPROMs oder der seriellen Kommunikationsverbindung. Um potenziellen Fehlerquellen und Hürden entgegenzuwirken und den erfolgreichen Aufbau des MOUSE-Computer zu gewährleisten, schließt der Beitrag mit einer detaillierten Aufbaubeschreibung ab. Somit sollte jeder in der Lage sein, sich seinen eigenen MOUSE-Computer zu bauen, in Betrieb zu nehmen und die Möglichkeit erhalten, sich dem Computer auf eine neue Art und Weise zu nähern.

2 Einführung

2.1 Was ist ein Computer?

Die erste Frage, die sich stellt, wenn man einen Computer bauen will, ist, was genau ein Computer eigntlich ist? Je nach Blickwinkel und ggf. Aufgabenstellung gibt es unterschiedliche Ansätze, diese Frage zu beantworten. Fragte man Schüler in einer Schule, was ein Computer ist, so wäre vermutlich die Antwort: ëine Tastatur, eine Maus, ein Monitor und ein Kasten mit Prozessor, Speicher und Festplatten, an den das alles angeschlossen ist."

Deutlich stärker abstrahiert und vor allem von der konkreten Hardware unabhängig ist die Definition eines Gerätes, welches mit Hilfe von frei programmierbaren Rechenvorschriften Daten verarbeitet.[1] Aber auch diese Definition gibt wieder Raum für Interpretation. So stellt sich die Frage, ob ein Computer, der für einen sehr spezifischen Zweck gebaut wurde und nur eine Klasse von Aufgaben lösen kann, im klassischen Sinne als Computer bezeichnet werden soll oder kann (vgl. Copeland 2006). Alan Turing liefert zumindest einen Ansatz zur Programmierbarkeit mit seiner Veröffentlichung *On computable numbers, with an application to the Entscheidungsproblem* (Turing 1987:17-60).

Turing stellt sich die Frage nach den berechenbaren Zahlen vor dem Hintergrund eines metamathematischen Problems. Als Lösung dieses Problems stellt er eine Maschine vor, die einfach aufgebaut ist und alle berechenbaren Funktionen berechnen kann. (Womit Turing gleichzeitig beweist, dass eine Funktion, die diese Maschine nicht berechnen kann, auch nicht zu den berechenbaren Funktionen zählt.) Die aus seinen Überlegungen abgeleitete Theorie bildet die Grundlage für die universellen Rechenmaschinen, die wir als Computer kennen. Mit ihnen ließe sich ganz praktisch alles (Berechenbare) berechnen, wenn sie nur leistungsfähig genug sind — also über hohe Rechengeschwindigkeit und genug Speicher verfügen.

Im folgenden Kapitel soll ein pragmatischer Ansatz zum Bau eines Computers behandelt werden, der dieser Definition im Grunde gerecht wird. Hierfür reicht es für uns allerdings, diejenigen Ziele und Eigenschaften festzulegen, welche das zu bauende System beschreiben und anhand derer wir das Ergebnis am Ende bewerten können.

---

[1] https://de.wikipedia.org/wiki/Computer (Abrufdatum: 28.03.2022)

https://doi.org/10.1515/9783110581805-018

2.2 Was und wie soll der MOUSE-Computer sein?

Da wir frei sind in unserer Zielsetzung für den Bau eines Computers, sollen hier zunächst die folgenden Rahmenbedingungen für den MOUSE-Computer festgelegt werden.

– einfach aufgebaut — auch wenn „einfach" weiten Raum für Interpretation lässt,
   ist hier im Speziellen gemeint, dass möglichst wenig und einfach zu verarbeitende
   Komponenten verwendet werden sollen. (z.b. THT- statt SMD-Technik, vgl. Kap.
   II.3)
– ein für Menschen einfach zu verwendendes Ein- und Ausgabe-Medium
– die Möglichkeit Daten in das Gerät zu laden und von ihm zu speichern
– einfache Inbetriebnahme und Nutzung nach dem Einschalten
– freie „in-system"-Programmierbarkeit

Gerade der letzte Punkt ist hier von besonderer Bedeutung und meint in diesem speziellen Fall, dass eine Programmierung über das Gerät selbst möglich sein soll, also
Programme direkt am MOUSE-Computer eingegeben und ausgeführt werden sollen.

3 Die 6502-CPU

Herzstück des MOUSE-Computers ist die 6502-CPU. Dabei bezieht sich die Bezeichnung 6502 in diesem Fall eher auf eine ganze Klasse von Mikroprozessoren als auf eine konkrete Variante. Wie bereits in Band 1 (Kap. I.7.1 „Die 6502-CPU") beschrieben, gibt es mehrere Varianten dieser CPU die sich hinsichtlich ihrer elektrischen Eigenschaften aber auch ihrer Funktionalität leicht voneinander unterscheiden. Einige dieser Eigenschaften sind hierbei auch für die konkrete Wahl der W65C02-CPU[2] ausschlaggebend gewesen.

Die grundsätzliche Entscheidung für eine 6502-CPU für diesen Selbstbau-Computer ergab sich aus den folgenden Vorteilen gegenüber anderen Prozessoren aus dem gleichen Verfügbarkeitszeitraum (ca. Mitte der 1970er- bis Mitte der 1980er-Jahre).

1. Die CPU benötigt nur eine 5-Volt-Spannungsversorgung und keine unterschiedlichen Versorgungsspannungen wie einige andere CPUs aus dieser Zeit. Zudem entsprechen die 5-Volt-Versorgungsspannung auch dem gängigen 5-Volt-TTL-Spannungspegel, was zu einer deutlich einfacheren Verschaltung einzelner Bauteile führt.

2. Die CPU hat keine „gemultiplexten" Ein-/Ausgänge. Da die Zahl der physischen Anschlüsse bei einem integrierten Schaltkreis (vgl. Band 1, Kap. I.6.1, S. 88) begrenzt ist (aufgrund der Bauart, der Kosten und der Bauteilgröße), haben bei komplexen Bauteilen einzelne Anschlüsse teilweise mehrere Aufgaben. Welche davon gerade aktiv ist, hängt u. a. auch vom internen Zustand des Bauteils ab. Dies ermöglicht zwar deutlich kompaktere und komplexere Systeme, steigert aber auch den Aufwand und die Komplexität der externen Beschaltung eines solchen Bauteils.

3. Die aktuelle Verfügbarkeit der CPU. Die 6502 wird unter verschiedenen Bezeichnungen und in unterschiedlichen Ausprägungen immer noch produziert. Die aktuell z. B. von *The Western Design Center, Inc.* (Arizona, USA) vertriebene Variante ist mit bis zu 14 MHz taktbar und in verschiedenen Bauformen (40 Pin PDIP, 44 Pin PLLC, 44 Pin QFP) erhältlich.

3.1 Aufbau der 6502-CPU

Auf den grundlegeneden Aufbau der 6502-CPU wurde in Band 2 (Kap. II.2.1.3 „Aufbau einer CPU") bereits eingegangen. An dieser Stelle soll dies vor allem in Bezug auf die konkrete Nutzung in einer elektronischen Schaltung und dem späteren schrittweisen Aufbau des MOUSE-Computers verfeinert werden. Wir werden dabei von Außen nach Innen vorgehen und uns schrittweise über die äußere Beschaltung der inneren Funktion annähern.

---

2 https://westerndesigncenter.com/wdc/documentation/w65c02s.pdf (Abruf: 07.02.2022)

https://doi.org/10.1515/9783110581805-019

```
        VPB ——  1   \_/   40 ——— RESB
        RDY ——  2         39 ——— PHI2O
      PHI1O ——  3         38 ——— SOB
       IRQB ——  4         37 ——— PHI2
        MLB ——  5         36 ——— BE
       NMIB ——  6         35 ——— NC
       SYNC ——  7         34 ——— RWB
        VDD ——  8         33 ——— D0
         A0 ——  9    W    32 ——— D1
         A1 —— 10    6     31 ——— D2
         A2 —— 11    5     30 ——— D3
         A3 —— 12    C     29 ——— D4
         A4 —— 13    0     28 ——— D5
         A5 —— 14    2     27 ——— D6
         A6 —— 15    S     26 ——— D7
         A7 —— 16         25 ——— A15
         A8 —— 17         24 ——— A14
         A9 —— 18         23 ——— A13
        A10 —— 19         22 ——— A12
        A11 —— 20         21 ——— VSS
```

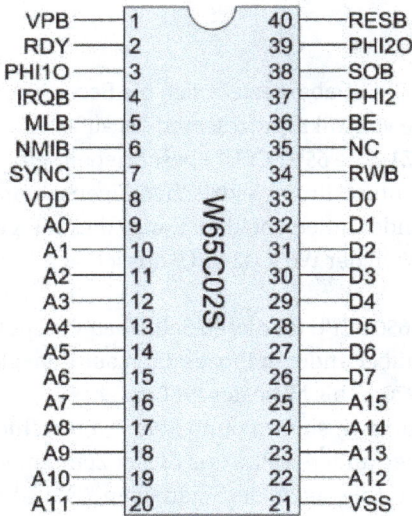

Abb. 3.1: W65C02-Pinout

Abb. 3.1 zeigt die Belegung und Bezeichnung der einzelnen IC-Pins bezogen auf das
40-Pin-PDIP-Format, welches auch im Weiteren für den Aufbau der realen Hardware
verwendet wird. Alle im weiteren Verlauf dieses Buches angegebenen Pin-Nummern
beziehen sich auf die Anordnung und Nummerierung der 40-Pin-PDIP-Bauform der
W65C02-CPU.

Die Nummerierung der Pins erfolgt von 1 bis 40 angefangen in der linken oberen
Ecke des ICs. „Oben" wird dabei durch eine kleine Kerbe (den sog. „Notch") an der
Stirnseite des ICs markiert. Bei anderen (meist kleinen) ICs findet sich häufig ein kleiner
Punkt auf der Oberseite bei Pin 1). Gezählt werden die Pins umlaufend entgegen dem
Uhrzeigersinn, wie auf der Abbildung erkennbar.

Die einzelnen Pins der CPU können rein formal unterschieden werden in:
- Eingänge: Anschlüsse, die ausschließlich von außen angesteuert werden. z.B.
  Interrupt-Pins (NMI, IRQ) oder der Reset-Pin
- Ausgänge: Anschlüsse, die aktiv von der CPU angesteuert werden und die die
  angeschlossene Schaltung „treiben", z.B. der Adressbus
- Ein- und Ausgänge: Anschlüsse, die je nach internem Zustand der CPU entweder
  als Eingang oder als Ausgang fungieren, z. B. die Pins des Datenbusses
- Spannungsversorgung: Pin 8 (VDD) – die +5 Volt Spannung, Pin 21 (VCC) – die
  Masse

Aus Gründen der Übersichtlichkeit beschränken wir uns in der folgenden Beschreibung
der einzelnen Ein-/Ausgänge der CPU auf die für den kommenden Versuchsaufbau

notwendigen Anschlüsse. Eine vollständige und detaillierte Beschreibung findet sich in der Herstellerdokumentation.[3]

3.1.1 Der Adress- und Datenbus

Die Pins 9-20 und 22-25 entsprechen dem 16 Bit breiten Addressbus der CPU. Diese Anschlüsse (A0 bis A15) sind reine Ausgänge und werden mit dem Bitmuster der jeweils von der CPU aktuell angesprochenen Speicheradresse (0000_{16}-$FFFF_{16}$)[4] belegt (vgl. Band 2, Kap. II.2.2.1, „Die Busse"). Der Anschluss A0 stellt dabei das niederwertigste und A15 das höchstwertige Bit dar.

Die Pins 26-33 entsprechen dem 8 Bit breiten Datenbus der CPU. Diese Anschlüsse werden sowohl als Eingänge genutzt (Daten vom Bus lesen) als auch als Ausgänge (Daten auf den Bus schreiben). Um unterscheiden zu können, wann die CPU lesend oder schreibend auf den Bus zugreift, wird das Pin 34 (RWB) verwendet, es ist immer dann im Zustand HIGH (+5 Volt), wenn die CPU vom Datenbus liest und LOW (0 Volt), wenn die CPU auf den Datenbus schreibt.

3.1.2 Interrupt und Reset

Die W65C02-CPU verfügt über zwei unabhängige Interrupt-Leitungen, also Eingänge, die der CPU eine Unterbrechung des Programmflusses von außen signalisieren. Wie die CPU die unterschiedlichen Interrupts behandelt, wurde bereits im Band 2 (Kap. II.2.5.3 „Interrupt Handling") beschrieben.

Auch die Resetleitung der CPU sorgt für eine Unterbrechung des Programmablaufs, anders jedoch als bei einem Interrupt, werden keine Daten auf dem Stack gesichert, sondern die CPU wird neu initialisiert und das PC-Register (program counter) mit den Werten des Reset-Vektors an den Adressen $FFFC_{16}$ (niederwertiges Byte) und $FFFD_{16}$ (höherwertiges Byte) geladen. Eine detaillierte Beschreibung findet sich im Datenblatt der CPU.[5]

Die Interrupt-Eingänge und der Reset-Eingang sind alle „low active", was bedeutet, dass ein Übergang von HIGH (+5 Volt) zu LOW (0 Volt) an einem der Ausgänge die entsprechende Funktion der CPU aktiviert.

---

3 https://westerndesigncenter.com/wdc/documentation/w65c02s.pdf, Abschnitt 3: PIN FUNCTION DESCRIPTION, Seite 9ff. (Abruf: 07.02.2022)

4 Für die Darstellung anderer Zahlensysteme als des Dezimalsystems verwenden wir im Folgenden nachgestellte Subskripte, die die jeweilige Zahlenbasis Hexadezimal$_{16}$ oder Binär/Dual$_2$ angeben. Insbesondere Hexadezimalzahlen (Adressen, Daten) werden im 6502-Assembler mit vorgestelltem $-Zeichen angegeben; dezimale Angaben erfolgen ohne Präfix. Dies ist bei der Übertragung hexadezimaler Zahlen in Programmcode zu beachten (vgl. Band 2, Kap. II.2.2.4).

5 Link aus Fußnote 2, Kapitel 3 „PIN FUNCTION DESCRIPTION", S. 9ff.

3.1.3 CPU-Takt

Die W65C02-CPU verfügt über einen Takt-Eingang (PHI2) und zwei Takt-Ausgänge (PHI1O und PHI2O). Die über den PHI2-Eingang angelegte Sequenz aus wechselnden HIGH-LOW-Signalen bestimmt den Arbeitstakt der CPU. Dieser kann bei der spezifischen Variante W65C02S6tpg-14 (aktuell noch produzierte Version der Firma *Western Design Center*) bis zu 14 MHz betragen.

Hier gibt es gerade bezüglich Hersteller, Variante und Herstellungsprozess (CMOS, NMOS) große Unterschiede. Ältere Varianten der CPU benötigen z. B. einen Systemtakt in einer Mindestfrequenz, damit z. B. interne Register keine Daten verlieren. Bei den neueren Versionen dieses CPU-Typs kann der Takt sogar komplett angehalten werden und somit eine Schritt für Schritt Verarbeitung durch die CPU erreicht werden, da der interne Aufbau der CPU komplett statisch ist.[6]

Die beiden Ausgänge PHI2O und PHI1O sind aus Gründen der Kompatibilität mit älteren Versionen der CPU vorhanden, sollten aber nicht mehr genutzt werden. PHI2O gibt dabei das gleiche Signal (HIGH, LOW) aus, welches aktuell am PHI2-Eingang anliegt, und PHI1O gibt das invertierte PHI2-Signal aus.

3.1.4 Zusätzliche Steuerleitungen

Die W65C02-CPU verfügt über verschiedene zusätzliche Signal- und Steuerleitungen, die eine Einbindung in komplexe Schaltungen und Aufgaben erleichtert, die aber den Rahmen dieses Buches sprengen würden.

Die zusätzlichen Steuerleitungen, die als Signal-Eingänge genutzt werden, können aber nicht einfach ignoriert werden, da sie Einfluss auf das Verhalten der CPU nehmen. Es reicht jedoch diese Eingänge auf einen spezifischen Signalpegel (HIGH/LOW) zu setzen, damit diese Steuerleitungen für den einfachen Schaltungsaufbau, der in diesem Buch genutzt wird, inaktiv sind. [7]

3.2 Arbeitsweise der CPU

Die W65C02-CPU arbeitet wie die meisten Prozessoren nach dem „fetch and execute"-Prinzip. Eine Anweisung (auch „Opcode" genannt, vgl. Band 2, Kap. II.2.3 „Der Befehlssatz der 6502") wird aus dem adressierbaren Speicherbereich gelesen und in das Instruction Register der CPU geladen[8] und von der internen Logik der CPU dekodiert.

---

6 Link siehe oben, Kapitel 3.8 „Phase 2 In (PHI2), Phase 2 Out (PHI2O) and Phase 1 Out (PHI1O), S. 10
7 Hier liefert das oben verlinkte Datenblatt der CPU die notwendige Beschaltung: „... The following inputs, if not used, must be pulled to the high state: RDY, IRQB, NMIB, BE and SOB ..." (S. 31)
8 im oben verlinkten Datenblatt des WDC 65c02, Kapitel 2 „FUNCTIONAL DESCRIPTION", S. 6

Abhängig vom auszuführenden Opcode werden dann ggf. weitere Bytes aus dem Speicher nachgeladen, wenn der auszuführende Befehl Datenbytes als Parameter hat, z. B. das Sprungziel bei einem JMP-Befehl.

Das Schema ist dabei immer das gleiche: Die CPU legt die Adresse der auszulesenden Speicherzelle auf die Leitungen des Adressbusses (A0-A15) und setzt die R/W-Leitung auf HIGH und signalisiert somit, dass ein Byte gelesen werden soll. Die Leitungen des Datenbusses (D0-D7) werden gleichzeitig als Eingänge geschaltet, damit die auf dem Datenbus anliegenden Daten von der CPU eingelesen werden können. Gesteuert wird der Ablauf vom Systemtakt (PHI2), bzw. durch die Übergänge von HIGH zu LOW und LOW zu HIGH des Taktsignals.

Die unterschiedlichen Opcodes benötigen für ihre Abarbeitung jeweils eine unterschiedliche Anzahl von Takten (vgl. Band 2, Kap. II.2.3, S. 152ff.). Wird als Ergebnis eines abgearbeiteten Befehls ein Byte in den Speicher geschrieben, so wird die Zieladresse der Speicherzelle auf den Adressbus gelegt und die Leitungen des Datenbusses werden als Ausgänge geschaltet. Anschließend wird das Bitmuster des zu schreibenden Bytes auf die acht Datenleitungen (D0-D7) gelegt und die R/W Leitung wird auf LOW geschaltet, um dem restlichen System zu signalisieren, dass diese Daten geschrieben werden sollen.

Wie bereits in Band 2 (Kap. II.2.2.5 „Adressen und Speicher" sowie Kap. II.2.2.6 „Memory-mapped I/O und ROM") beschrieben wurde, besitzt die CPU selbst kein „Wissen" über das sie umgebende System. Das Design dieses Systems legt fest, welche Adressbereiche von welchen Systemteilen (RAM, ROM, I/O Bausteine) genutzt werden.

3.3 Versuchs- und Messaufbau

Wie bereits in der Einleitung geschrieben, soll der in diesem Buchteil entwickelte und gebaute Computer schrittweise aufgebaut werden. Ziel ist hier das Verständnis über die Funktion der einzelnen Bauteile und deren Zusammenspiel.

Obwohl eine umfangreiche und detaillierte Dokumentation über die Funktionen der W65C02-CPU vorhanden ist, werden externe Geräte und Messverfahren benötigt, um über das Verhalten an den spezifischen Ein- und Ausgängen der CPU auf deren innere Abläufe zu schließen. Einige dieser Messinstrumente und -verfahren wurden bereits im vorigen Kapitel und im Band 1 (Kap I.6.5) vorgestellt.

Dem pragmatischen Ansatz dieses Buchteils folgend, soll für die ersten Schritte beim Betrieb der W65C02-CPU ein System eingesetzt werden, mit dem sowohl gemessen werden als auch Kontrolle über die verschiedenen benötigten Steuerleitungen der CPU erfolgen kann.

Verwendet wird das Microcontroller-Board Arduino Mega 2560.[9] Dieses Board hat den Vorteil, dass es über sehr viele programmierbare I/O-Ports verfügt und über die 5-Volt-Leitung des Boards auch die W65C02-CPU betrieben werden kann.

Programmiert wird das Board in der Sprache C/C++ (vgl. Band 2, Kap. II.4). Es gibt eine für die gängigen Betriebssysteme frei verfügbare und sehr einfache aufgebaute Entwicklungsumgebung mit deren Hilfe der Microcontroller programmiert werden kann.[10] Das Arduino-Board ist somit eine sehr gute Versuchsplattform für die ersten Schritte beim Bau des Computers.

Der Versuchsaufbau erfolgt auf einer Steckplatine[11] (englisch: Breadboard), da es eine einfache Möglichkeit bietet verschiedene Bauteile schrittweise miteinander zu verbinden. Da die Verbindungen nur gesteckt und nicht fest verlötet werden, sind Korrekturen und Veränderungen der Schaltung jederzeit einfach möglich. Die Nutzung unterschiedlich gefärbter Drähte erhöht dabei zusätzlich die Übersichtlichkeit.

3.3.1 Versuchsaufbau 1 — CPU Free Run

Der erste und einfachste Aufbau zum Betrieb einer CPU ist der sogenannte „Free Run". Dazu wird auf dem Datenbus der CPU das Bitmuster des NOP-Befehls (vgl. Band 2, Kap. II.2.5, S. 159) mit dem Byte-Wert EA_{16} fest verdrahtet und alle notwendigen Steuerleitungen plus Masse und Versorgungsspannung an die CPU angeschlossen. Wird nun am Systemtakt Eingang (PHI2) der CPU ein Takt angelegt und ein Reset ausgelöst, passiert folgendes:

1. Die CPU führt nach dem RESET-Signal die interne Reset-Prozedur aus, setzt interne Register zurück und den internen Programmadresszähler (progamm counter, kurz: PC) auf die Adresse, deren Bytes durch den Inhalt der Speicherzellen $FFFC_{16}$ und $FFFD_{16}$ (Reset-Vektor) definiert sind. Dazu wird zunächst das Bitmuster $FFFC_{16}$ auf den Addressbus gelegt und die R/W-Leitung auf HIGH (+5 Volt) gelegt. Anschließend wird der am Datenbus anliegende Wert gelesen und als niederwertiges Byte in den Programmadresszähler geladen. Dann wird der Adressbus auf den Wert $FFFD_{16}$ gesetzt und erneut das am Datenbus anliegende Muster als höherwertiges Byte in den Programmadresszähler gelesen.

2. Da der Datenbuss fest auf den Wert EA_{16}[12] mit dem Bitmuster 11101010_2 (siehe Abb. 3.2) verdrahtet ist, liest die CPU bei jedem Lesevorgang den Wert EA_{16}. Somit steht nach Ablauf der Reset-Prozedur der Wert $EAEA_{16}$ als Adresse im Programmadresszähler (PC Register).

---

9 https://store.arduino.cc/arduino-mega-2560-rev3 (Abruf: 07.02.2022)

10 https://www.arduino.cc/en/software (Abruf: 07.02.2022)

11 https://de.wikipedia.org/wiki/Steckplatine (Abruf: 07.02.2022)

12 http://www.6502.org/tutorials/6502Opcodes.html#NOP (Abruf: 07.02.2022)

3. Diesen initialen Startwert im Programmadresszähler interpretiert die CPU nun als Adresse an welcher der erste Befehl steht der abgearbeitet werden soll. Gemäß dem „fetch and execute"-Prinzip wird nun diese Adresse $EAEA_{16}$ auf den Adressbus gelegt und das an dieser Stelle im Speicher liegende Byte als Befehl eingelesen. Aufgund der festen Verdrahtung wird wieder ein EA_{16} gelesen.

4. Diesmal wird das EA_{16} aber als Befehl interpretiert, was einem NOP (no opereation) entspricht. Wie man anhand der Tabelle auf Seite 28 des Datenblattes[13] sehen kann, ist dieser Befehl genau ein Byte lang, hat keine Parameter und benötigt 2 Takt-Zyklen für die Abarbeitung.

5. Die CPU verbringt nun den aktuellen und den folgenden Takt (HIGH-LOW-Wechsel am PHI2-Systemtakt-Eingang) damit den Befehl abzuarbeiten. Anschließend wird der Programmadresszähler um 1 erhöht und zeigt nun auf die Adresse $EAEB_{16}$.

6. Dieser Wert des Programmadresszähler wird nun als der Speicherplatz interpretiert, von dem der nächste Befehl geladen werden soll und wiederholt den Ablauf ab Punkt 3. dieser Liste mit der Ausnahme, dass nun die Adresse $EAEB_{16}$ verwendet wird. Nach der Abarbeitung des erneuten EA_{16} (NOP) gelesenen Befehls steht der Programmadresszähler nun auf $EAEC_{16}$ und die Abarbeitung beginnt erneut bei Punkt 3.

Dieser Versuchsaufbau sorgt demnach dafür, dass die CPU beginnend bei $EAEA_{16}$ den kompletten Adressraum durchläuft und dabei kontinuierlich den Adresszähler und damit den Wert auf dem Adressbus um 1 erhöht. Erreicht der Wert des Programmadresszählers den Wert $FFFF_{16}$, also den maximalen Wert der mit 16 Bit bzw. 16 Adressleitungen darstellbar ist, erfolgt ein Überlauf auf den Wert 0000_{16} und der Ablauf wird ab Adresse 0000_{16} fortgesetzt.

Die CPU führt also ein, wenn auch sehr einfaches, Programm aus einer endlosen Folge von NOP-Befehlen aus und das mit einer minimalen Beschaltung. Der Vorteil dieses Aufbaus ist, das mit Hilfe eines Logik-Analysators (vgl. Band 1, Kap. I.6.5) oder noch einfacher mit dem folgenden Versuchsaufbau die Korrektheit der Annahme dieses Ablaufs überprüft werden kann.

Abb. 3.2 zeigt den Aufbau der Hardware. Die 16 Adressleitungen der CPU sind mit den 16 I/O-Ports (Pins 22, 24, 26, 28, 30, 32, 34, 36, 38, 40, 42, 44, 46, 48, 50, 52) des Arduino-Mega-Borads verbunden (von Pin 22 = A0 bis Pin 52 = A15). Diese Anschlüsse werden durch das Board als Eingänge verwendet und ermöglichen es somit den aktuellen Wert des Bitmusters auf dem Adressbus, also der aktuell durch die CPU adessierten Speicherzelle, auszulesen.

Weiterhin ist das I/O-Pin 31 des Arduino-Boards mit dem PHI2-Eingang der CPU verbunden. Über diesen als Ausgang genutzten Anschluss des Arduino wird der Systemtakt

---

13 http://www.6502.org/tutorials/6502Opcodes.html#NOP (Abruf: 07.02.2022)

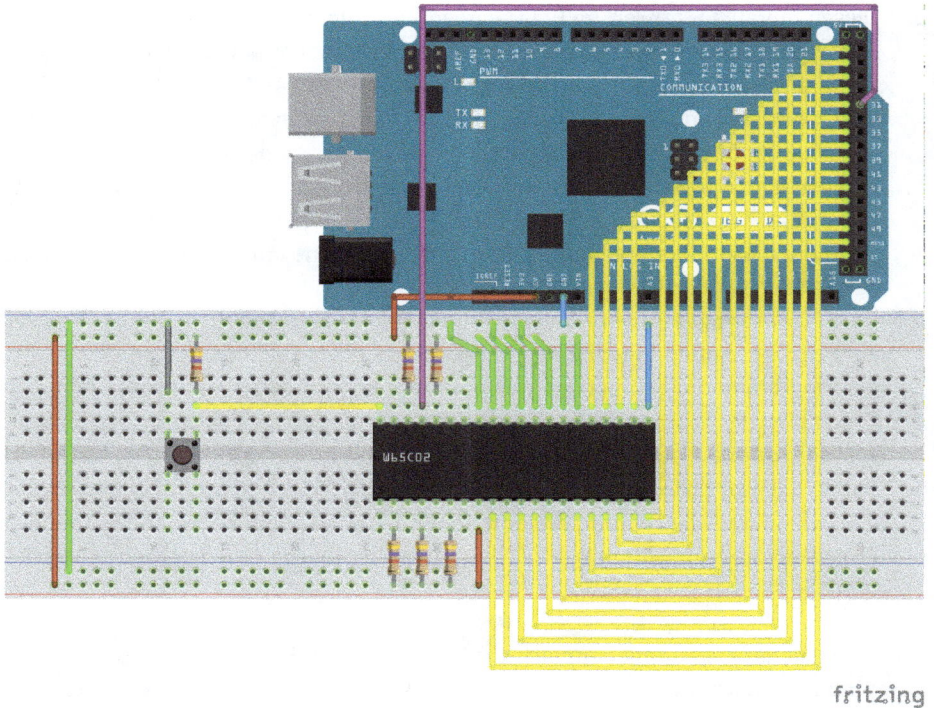

Abb. 3.2: Versuchsaufbau NOP-Free-Run

der CPU gesteuert. Zur Stromversorgung der CPU dienen der 5-Volt- und GND-Anschluss des Arduino-Boards.

Zusätzlich sind einige wichtige Steuerleitung auf definierte Pegel (HIGH = +5 Volt) gelegt, indem die Anschlüsse RDY, IRQB, NMIB, BE and SOB jeweils mit einem 4,7-kΩ-Widerstand mit auf +5 Volt geschaltet werden. Zusätzlich werden noch die 5-Volt- und GND-Stromversorgung der CPU verdrahtet. Der Reset-Eingang der CPU (Pin 40) ist mit einem 4,7-kΩ-Widerstand auf +5 Volt geschaltet. Diese Verbindung (ein sogenannter Pull-Up-Widerstand) „zieht" den Pegel am Reseteingang auf +5 Volt. Über einen Taster ist dieser Eingang aber zusätzlich mit der Masse (GND = 0 Volt) verbunden. Durch Drücken des Tasters fällt der Pegel am Reseteingang auf 0 Volt und löst damit (low active) einen Reset der CPU aus. Aufgrund des Widerstandes, der gegen die +5 Volt geschaltet ist, entsteht aber trotzdem kein Kurzschluss, weil der Taster die +5 Volt und 0 Volt nicht direkt, sondern über den Widerstand miteinander verbindet. (Siehe dazu auch Band 2, Kap. II.4.8, S. 223 sowie in diesem Band, Kap. I.)

Das auf dem Arduino ausgeführte Programm für diesen Versuch (free_run.ino) findet sich in den zu diesem Buch erhältlichen Ergänzungsdaten[14]. Der Aufbau ist recht einfach und die Funktion der einzelnen Teile wird durch die Kommentare in der Datei im Detail erklärt. Grundsätzlich gibt es eine Setup-Funktion, in welcher die einzelnen genutzten Anschlüsse des Arduinos als Eingänge oder Ausgänge definiert werden. Eine weitere Funktion kapselt das Auslesen der einzelnen Bits des Adressbusses (`unsigned int read_addressbus(bool output=false)`) und die Ausgabe des Wertes als hexadezimale Adresse.

In der Funktion `loop()`, welche systembedingt in einer Endlosschleife immer wieder durchlaufen wird, wird dann der Systemtakt generiert, indem abwechselnd das Pin 31 (PHI2) auf HIGH und LOW geschaltet wird. Mithilfe der Funktion `delay(250)` wird dabei jeweils eine Verzögerung von 250 ms erzeugt. Am Ende des eines Takt-Zyklus, also nach dem Setzen des Pins 31 (PHI2) auf HIGH, wird der aktuelle Wert des Adressbusses an der CPU ausgelesen und ausgegeben. Lädt man dieses Programm auf den Arduino und führt es aus, ergibt sich eine Ausgabe wie im Folgenden zu sehen.

```
1111011111000000   F7C0
1111011111000000   F7C0
1111011111000001   F7C1
1111011111000001   F7C1
1111111111111111   FFFF
1111011111000010   F7C2
0000000111011011   1DB
0000000111011010   1DA
0000000111011001   1D9
1111111111111100   FFFC
1111111111111101   FFFD
1110101011101010   EAEA
1110101011101010   EAEA
1110101011101011   EAEB
1110101011101011   EAEB
1110101011101100   EAEC
1110101011101100   EAEC
1110101011101101   EAED
1110101011101101   EAED
. . .
```

14 http://www.degruyter.de (Abruf: 07.02.2022)

```
1111111111111111    FFFF
0000000000000000    0000
0000000000000001    0001
0000000000000010    0002
. . .
```

Ab Zeile 5 sieht man den Ablauf nachdem der Reset-Taster gedrückt wurde. Zunächst springt der Adressbus auf den Wert $FFFF_{16}$ und hat dann für die nächsten 4 Takte (Initialisierung der CPU) mehr oder weniger zufällige Werte. Nach 4 Taktzyklen ist die Initialisierung abgeschlossen und die CPU liest den ersten Wert von der Adresse $FFFC_{16}$ (Zeile 10) und danach von der Adresse $FFFD_{16}$ (Zeile 11). Ab Zeile 12 sind dann auf dem Adressbus die angenommenen Werte ab $EAEA_{16}$ zu sehen, die aufwärts zählen. Es ist ebenfalls zu sehen, dass der NOP-Befehl zwei Taktzyklen zur Ausführung benötigt, da der Wert auf dem Adressbus nur bei jedem zweiten Takt erhöht wird.

4 Read only Memory — ROM

Wie in Band 1 (Kap. II.5.2.2 „Speicherschaltungen") bereits beschrieben, gibt es unterschiedliche Speichertypen für unterschiedliche Anwendungsfälle. Für den Betrieb des MOUSE-Computers werden Daten benötigt, welche direkt nach dem Einschalten zur Verfügung stehen, damit der CPU ein Programm zum Abarbeiten zur Verfügung steht. Hier bietet sich die Verwendung eines Speichers an, der seine Daten auch dann behält, wenn er nicht mit Strom versorgt wird. In unserem Fall ist das ein ROM (Read Only Memory) und spezifischer ein EEPROM (Electric Erasable and Programmable ROM). Der Vorteil dieses Speichertyps für unsere Zwecke ist, dass Daten recht einfach neu in den Speicher geschrieben werden können, die Daten dort aber stromunabhängig und fest gespeichert bleiben.

4.1 Speicherorganisation der 6502-CPU

In Band 2 (Kap. II.2.4.2 „Speicherorganisation") wurde bereits kurz auf die Einteilung und Nutzung der einzelnen Speicherbereiche des durch die CPU nutzbaren Adressraums (64 KiB[15] – Adressen 0000_{16} bis $FFFF_{16}$) eingegangen. Warum die Einteilung so gewählt wurde, liegt darin begründet, wie die CPU einige spezifische Adressbereiche nutzt. Z. B. wird der Bereich 0000_{16} bis $00FF_{16}$ (Zero Page) von einigen Opcodes schneller und effizienter genutzt. Der Bereich 0100_{16} bis $01FF_{16}$ wird von der CPU für den Stack verwendet (vgl. Band 2, Kap. II.2.2.5 „Adressen und Speicher"). Da auf diese beiden Bereiche sowohl lesend als auch schreibend zugegriffen werden muss, ist es sinnvoll diesen Bereich mit RAM (Random Access Memory) zu nutzen.

Die von der CPU genutzten fixen Sprungvektoren liegen im Bereich $FFFA_{16}$ bis $FFFF_{16}$, also am Ende des adressierbaren Speicherbereichs. Hier ist es üblich einen festen ROM-Speicher zu verwenden, damit Daten auch im ausgeschalteten Zustand erhalten bleiben und nach dem Einschalten des Computers durch die CPU in einen definierten Zustand überführt werden kann. Für den MOUSE-Computer wurde daher die Speicheraufteilung wie in Tab. 4.1 gewählt.

Wie an der Tabelle 4.1 ersichtlich, wird nicht der komplette durch die CPU adressierbare Speicher genutzt. Hintergrund dafür ist, dass so die Zahl der Bauteile und damit auch die Komplexität des Systems gering gehalten werden kann.

---

15 Die Abkürzung KiB steht für Kibibyte. Ein Kibibyte entspricht 1024 Bytes. Der Begriff Kilobyte (abgekürzt mit KB) entspricht hingegen der Menge von 1000 Bytes, wird aber häufig fälschlichereise auch für die Menge von 1024 Bytes verwendet (vgl. Band 1, Kap. II.5.2.2-5.

https://doi.org/10.1515/9783110581805-020

0000_{16} - $7FFF_{16}$	32kb RAM
8000_{16} - 8001_{16}	I/O benutzt durch M6850 ACIA
$E000_{16}$ - $FFF9_{16}$	ROM

Tab. 4.1: Speicheraufteilung des MOUSE-Computers

Pin Configurations

Pin Name	Function
A0 - A12	Addresses
$\overline{CE}$	Chip Enable
$\overline{OE}$	Output Enable
$\overline{WE}$	Write Enable
I/O0 - I/O7	Data Inputs/Outputs
RDY/$\overline{BUSY}$	Ready/Busy Output
NC	No Connect
DC	Don't Connect

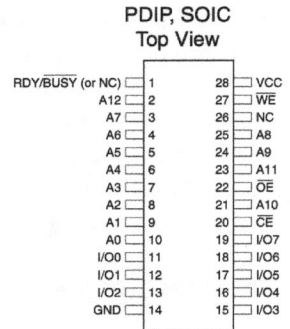

PDIP, SOIC
Top View

```
RDY/BUSY (or NC) [ 1        28 ] VCC
           A12 [ 2        27 ] WE
            A7 [ 3        26 ] NC
            A6 [ 4        25 ] A8
            A5 [ 5        24 ] A9
            A4 [ 6        23 ] A11
            A3 [ 7        22 ] OE
            A2 [ 8        21 ] A10
            A1 [ 9        20 ] CE
            A0 [ 10       19 ] I/O7
          I/O0 [ 11       18 ] I/O6
          I/O1 [ 12       17 ] I/O5
          I/O2 [ 13       16 ] I/O4
           GND [ 14       15 ] I/O3
```

Abb. 4.1: Pinbelegung des Speicherbausteins

4.1.1 ROM für MOUSE

Wie wird nun aber der ROM-Speicher konkret in das System integriert? Dazu muss zunächst entschieden werden, welcher Typ ROM-Speicher verwendet werden soll. Im Fall von MOUSE ist das ein 8 KiB großes 8-Bit-EEPROM. Das bedeutet, dass dieser Speicher 8192 adressierbare Speicherzellen mit je 8 Bit besitzt. Als EEPROM kann dieser Speicher elektrisch (über eine entsprechende Beschaltung, vgl. Band 1, Kap. II.5.2.4) sowohl programmiert als auch gelöscht werden. Andere ROM-Typen sind teilweise nur einmal beschreibbar und nicht löschbar; wiederum andere dagegen können mit UV-Licht gelöscht und wieder neu programmiert werden. In unserem Fall ist ein EE-PROM eine gute Wahl, da das Löschen und Schreiben von Daten hiermit sehr einfach umsetzbar ist.

4.1.2 Aufbau und Funktion des EEPROMs

Abb. 4.1 zeigt die Pinbelegung des verwendeten Speichers.[16] Auch hier werden die Pins entgegen dem Uhrzeigersinn, beginnend links oben, nummeriert. Der EEPROM verfügt über 13 Adressleitungen (2^{13} = 8192 = 8 KiB), welche die einzelnen Speicherzellen des

---

16 http://ww1.microchip.com/downloads/en/devicedoc/doc0001h.pdf (Abruf: 07.02.2022)

EEPROM adressieren. Diese Pins sind reine Input-Pins, da hier von außen das gerade adressierte Byte des Speichers festgelegt wird. Die 8 Daten-Pins (hier als I/O bezeichnet) sind, abhängig davon, ob Daten geschrieben oder gelesen werden, entweder Eingänge oder Ausgänge. Neben den Spannungsversorgungs-Pins (VSS und VCC) gibt es noch drei Steuerleitungen $\overline{\text{WE}}$, $\overline{\text{OE}}$ und $\overline{\text{CE}}$. Der Strich oberhalb der, Bezeichnung bedeutet dass diese Steuerleitungen „active low" sind, also dann angesprochen werden, wenn sie gegen Masse (0 Volt) geschaltet werden.

- $\overline{\text{WE}}$ ist das „write enable"-Pin und wird bei der Programmierung des EEPROMs, also dem Speichern von Daten, verwendet.
- $\overline{\text{OE}}$ (Output enable) und $\overline{\text{CE}}$ (Chip enable) sind Steuerleitungen, die genutzt werden, um mehrere Bauteile, die sich einen gemeinsamen Bus (Adressbus, Datenbus) teilen, zu koordinieren.
  - Ist $\overline{\text{CE}}$ auf HIGH (+5 Volt) geschaltet, so ist der EEPROM inaktiv. Das bedeutet, dass selbst, wenn Daten am Adressbus anliegen, der Chip nicht darauf reagieren wird. Er ist sozusagen „unsichtbar" auf dem Bus.
  - Ist der Eingang gegen Masse (0 Volt) geschaltet, dann wird der EEPROM auf eine am Adressbus anliegende Adresse reagieren und die entsprechend adressierte Speicherzelle ansprechen.
- Ist $\overline{\text{WE}}$ auf HIGH (+5 Volt) geschaltet, so ist das ein lesender Zugriff und das entsprechende Byte wird aus dem Speicher gelesen.
- Ist $\overline{\text{OE}}$ auf LOW (0 Volt), so wird das gelesene Byte auf dem Datenbus (IO0 bis IO7) ausgegeben.
- Ist $\overline{\text{OE}}$ HIGH (+5 Volt), werden die Daten nicht auf die IO-Pins gelegt, auch wenn sie intern vom EEPROM gelesen wurden.
- Ist $\overline{\text{WE}}$ LOW (0 Volt) so werden die Daten die an den IO-Pins anliegen eingelesen und an die entsprechende Stelle (anliegende Adresse an A0-A12) im Speicher des EEPROM geschrieben.

4.1.3 Programmierung des EEPROMs

Werden Daten auf einen EEPROM geschrieben, so wird dieser Vorgang üblicherweise als *Programmieren* bezeichnet. In diesem Fall ist hiermit aber nicht das Erstellen von Programmcode in einer beliebigen Sprache, sondern das Schreiben eines Blocks von Binärdaten in den Speicher des EEPROMS gemeint. Der für MOUSE eingesetzte Typ AT28C64 kann recht einfach über ein Programmiergerät mit Daten beschrieben werden. Ein weit verbreiteter Vertreter dieser Programmiergeräte ist der TL866II (auch als „TL866 MiniPro" zu finden). Wie in Abb. 4.2 zu erkennen ist, verfügt der TL866 über eine sogenannten ZIF-Sockel vgl. Kap. II.3.5), in welchen ein zu programmierender IC eingesetzt werden kann. Die Programmierung erfolgt über eine Software auf einem Computer, welcher per USB-Kabel mit dem Programmierer verbunden ist. Zusätzlich zur originalen, nur für das Windows-Betriebssystem erhältlichen Software gibt es ver-

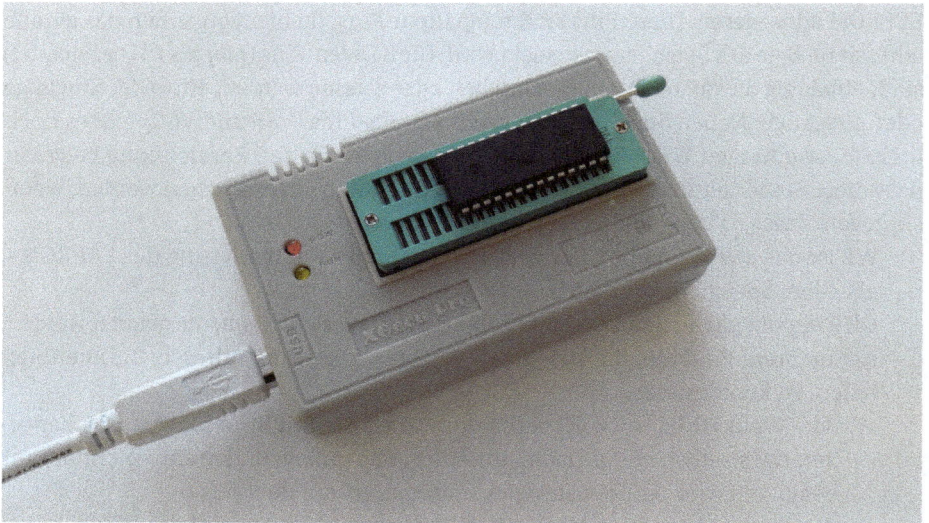

Abb. 4.2: TL866II- bzw. TL866-MiniPro-Programmiergerät

schiedene Open-Source-Programme mit ähnlicher Funktionalität, die auch für Linux, macOS und andere Betriebssysteme verfügbar sind. Der bekannteste Vertreter, den wir auch für den Bau von MOUSE verwenden, ist das Programm „minipro".[17]

Aus dem 6502-Assembler-Code wird mithilfe des Assemblierers (vgl. Band 2, Kap. II.2, S. 136ff.) ein Block von Daten erzeugt. Idealerweise wird der Block so erzeugt, dass er genau 8192 Bytes groß ist und somit den gesamten Speicher des EEPROMs füllt. Dieser Block kann dann mithilfe der Software „minipro" auf den EEPROM geschrieben werden.

4.2 Versuchsaufbau 2 — CPU mit EEPROM

Die Integration des EEPROMs kann im aktuellen Systemaufbau recht einfach umgesetzt werden (vgl. Abb. 4.3), da es zur Zeit noch keine weiteren Bauteile gibt, welche den Adress- und den Datenbus der CPU verwenden, da der angeschlossene Arduino nur rein lesend auf den Bus zugreift und somit passiv ist. Bei der Platzierung auf dem Breadboard ist darauf zu achten, dass der EEPROM leicht zugänglich ist, da er häufiger zum Programmieren entnommen und wieder eingesetzt werden muss.

Zunächst werden die Datenleitungen D0 bis D7 der CPU mit den Datenleitungen des EEPROMs IO0 bis IO7 verbunden. D0 auf IO0, D1 auf IO1 usw. bis D7 auf IO7. Ebenso wird mit den Adressleitungen A0 bis A12 zwischen CPU und EEPROM (A0 auf A0, A1

---

17 https://gitlab.com/DavidGriffith/minipro/ (Abruf: 07.02.2022)

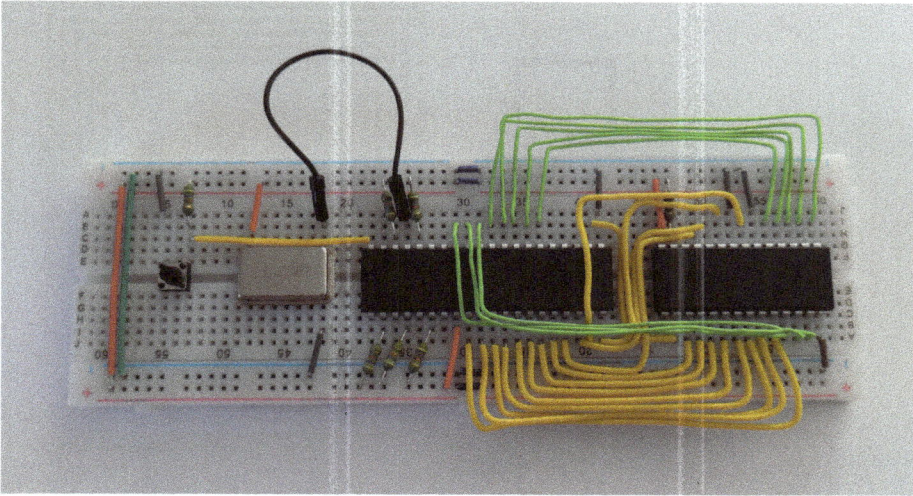

Abb. 4.3: Aufbau des Breadboard mit CPU und EEPROM

auf A1 ...) verfahren. Die Adressleitungen A13 bis A15 der CPU bleiben unverbunden. Das hat den Effekt das sich die 8192 Bytes des EEPROMS acht Mal im Adressbereich der CPU wiederfinden, da die 3 höherwertigen Adressleitungen (A13, A14 und A15) der CPU ungenutzt sind. Wenn die CPU einen hohen Speicherbereich z. B. an Adresse 8001_{16} adressiert, so sind die Adressleitung A15 HIGH und A0 HIGH (binäre Adresse $1000.0000.0000.0001_2$). Da der EEPROM aber nur A0 bis A12 nutzt ist die am EEPROM anliegende Adresse $0.0000.0000.0001_2 = 0001_{16}$, womit das erste Byte des EEPROM-Speichers angesprochen wird. Der 8 Kilobye große Speicherblock wird somit acht Mal im vollen Adressbereich der CPU gespiegelt.

Für den neuen Versuchsaufbau vereinfacht dieses Verhalten die Schaltung, da es ausreicht den EEPROM permanent aktiviert zu lassen ($\overline{CE}$ auf LOW geschaltet). Bei einem Reset liest die CPU zunächst den Reset-Vektor aus den Adressen $FFFC_{16}$ und $FFFD_{16}$, der Adressraum des EEPROM ist jedoch auf die Adressen 0000_{16} bis $1FFF_{16}$ begrenzt. Durch das „Spiegeln" des EEPROM-Speichers im kompletten Adressraum der CPU steht aus Sicht der CPU der Inhalt des EEPROMs ebenso auch im Speicherbereich $E000_{16}$ bis $FFFF_{16}$ zur Verfügung.

Nachdem nun also die Adressleitungen A0 bis A12 und die Datenleitungen D0 bis D7 verbunden sind, werden noch zusätzlich $\overline{CE}$ (Pin 20) und $\overline{OE}$ (Pin 22) auf Masse (0 Volt) geschaltet. Weiterhin werden VCC (Pin 28) mit +5 Volt und GND (Pin 14) mit Masse (0 Volt) verbunden. Um sicherzustellen, dass nur lesend auf den Speicher zugegriffen werden kann, wird mithilfe eines 4,7 kΩ-Widerstands das $\overline{WE}$-Pin auf +5 Volt geschaltet.

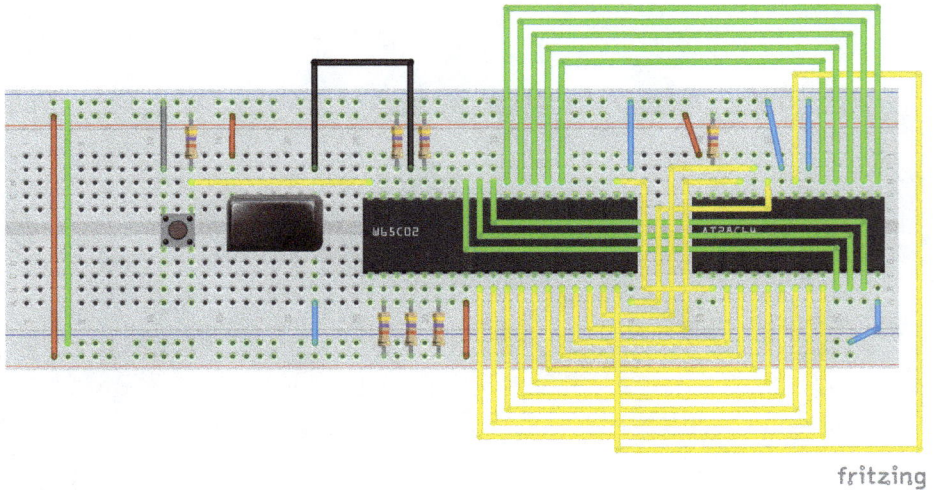

Abb. 4.4: Aufbau mit EEPROM in Fritzing

4.2.1 Systemtakt und Schaltzeiten

Für den aktuellen Versuchsaufbau bietet es sich an den Systemtakt nicht mehr durch den Arduino aus dem Versuchsaufbau 1 zu erzeugen, sondern durch einen Quarzoszillator. Dieses Bauteil erzeugt ein Rechtecksignal, das in einer gegebenen Frequenz zwischen 0 Volt und +5 Volt wechselt und das als Quelle für den Systemtakt der 65C02-CPU verwendet werden kann. Ein Takt von 1 MHz ist ein guter Kompromiss aus der Geschwindigkeit, mit welcher die CPU arbeitet, und der Zeit, die einzelne Komponenten des Systems benötigen, um zwischen den einzelnen Taktzyklen ihre Aufgaben zu erfüllen.

Ein Quarzoszillator verfügt über vier Pins, von denen eines ungenutzt bleibt. Die restlichen drei Pins sind die Spannngsversorgung (+5 Volt und 0 Volt) und der Taktausgang. Abb. 4.4 zeigt den aktuellen Versuchsaufbau mit CPU, EEPROM und dem 1-MHz-Quarzoszillator.

Bei einem Takt von 1 MHz ergibt sich eine Zeit von 500 ns jeweils für die HIGH- und die LOW-Phase bei 1 μs für einen kompletten Taktzyklus (1/1.000.000 Sekunde). Ein neuer Taktzyklus beginnt immer mit einer fallenden Flanke (Übergang von +5 Volt zu 0 Volt) des Systemtaktes. Abb. 4.5 zeigt das Timing-Diagramm der W65C02 aus dem Datenblatt.[18] Das Diagramm bildet einen kompletten Taktzyklus der CPU inklusive der Übergänge vom vorherigen zum nächsten Taktzyklus (PHI2-Kurve) ab. Auf dem Diagramm ist für die Adress- und Steuerleitungen (A0-A15, R/W) zu erkennen, dass die ausgegebene Adresse für Schreib- und Lesezugriffe nur über die zweite (HIGH)

---

[18] https://westerndesigncenter.com/wdc/documentation/w65c02s.pdf (Abruf: 07.02.2022)

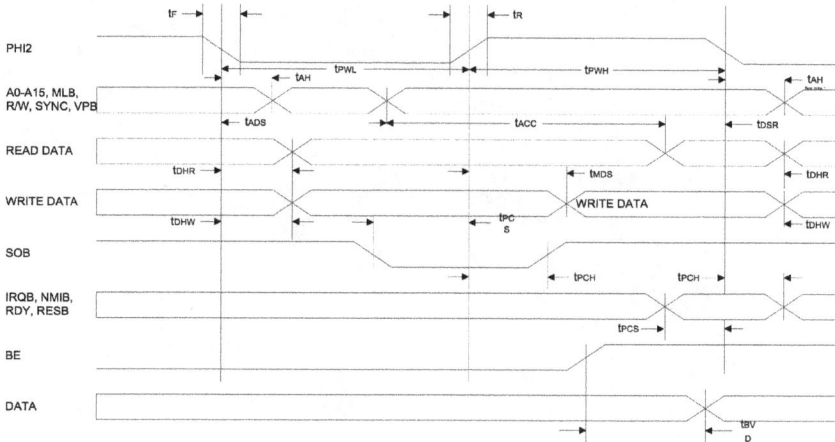

Abb. 4.5: W65C02-Timing-Diagramm

Phase eines Taktzyklus komplett korrekt ist (tACC bis tAH). In der ersten Hälfte des Taktzyklus (PHI2 LOW) werden die einzelnen Adress- und Steuerleitungen von der CPU gesetzt und sind nicht zu jedem Zeitpunkt garantiert valide. Somit werden auch Lese- und Schreibzugriffe durch die CPU nur in der zweiten Hälfte des Taktzyklus ausgeführt. Weiterhin ist im Diagramm zu erkennen, dass die CPU die gesetzte Adresse auf dem Adressbus (inkl. Steuerleitungen) noch in die LOW-Phase den folgenden Taktzyklus gesetzt hält. Bei einem schreibenden Zugriff gilt das auch für Daten auf dem Datenbus.

4.2.2 Testprogramm

Mit der Anbindung des EEPROMs an die 65C02-CPU ist diese nun zum ersten Mal in der Lage ein Programm aus einem adressierbaren Speicher auszuführen. Die Frage ist nun: Wie kann man auf einfache Weise prüfen, ob das ausgeführte Programm korrekt abgearbeitet wird, da es in diesem einfachen System ja noch keinerlei Ein-/Ausgabekomponenten gibt? Das Programm 4.1 bedient sich hierzu eines einfachen Tricks: Der Programmcode besteht aus zwei Segmenten, die an unterschiedlichen Stellen im Speicher stehen. Einmal ab Adresse $E000_{16}$ und einmal ab Adresse $F000_{16}$. Beide Segmente implementieren eine einfache Warteschleife (vgl. Band 2, Kap. II.2.5.1 „Warteschleifen"), welche jeweils 460.547 Taktzyklen benötigt. Nach der Abarbeitung der Warteschleife wird jeweils zum Programmteil im anderen Segment gesprungen. Somit wechselt die Ausführung des Programmcodes alle 460.547 Zyklen von $E000_{16}$ nach $F000_{16}$, was einem Wechsel alle 0,46 Sekunden bei einem Systemtakt von 1

Abb. 4.6: EEPROM Test mit LED-Ansteuerung

MHz entspricht. Schaut man sich die Adressen $E000_{16}$ ($1110.0000.0000.0000_2$) und $F000_{16}$ ($1111.0000.0000.0000_2$) im binären Zahlenformat an, so unterscheiden sie sich genau in Bit 13, welches entweder 0_2 ($E000_{16}$) oder 1_2 ($F000_{16}$) ist. Somit kann der Wechsel zwischen HIGH und LOW am entsprechenden Adress-Pin der CPU (A12) mit einem Oszilloskop, Logikanalysator, Multimeter oder einer einfachen LED gemessen werden (siehe Abb. 4.6).

Listing 4.1: Testprogramm Adresslogik

```
1   .org $E000              ; start at $E000
2   .outfile "romtest.bin"; name the file
3
4   .scope
5         LDX #$00          ; A2 - 2 cycles
6   outer1: LDY #$00        ; A0 - 2 cycles
7   inner1: NOP             ; EA - 2 cycles \
8         INY               ; C8 - 2 cycles 7 cycles
9         BNE inner1        ; D0 - 3 cycles /
10        INX               ; E8 - 2 cycles
11        BNE outer1        ; D0 - 3 cycles
12        JMP $F000         ; 4C - 3 cycles
13  .scend                  ; (256 * 7 cycles + 7) * 256 + 3 = 460547 cycles
14
```

```
15   .advance $F000        ; fill up with $00 to $F000
16
17   .scope
18        LDX #$00          ; set X to 0
19   outer2: LDY #$00       ; set Y to 0
20   inner2: NOP            ; do nothing
21        INY               ; increment Y
22        BNE inner2        ; if Y != 0 branch to inner loop
23        INX               ; if Y == 0 increment X
24        BNE outer2        ; if X != 0 branch to outer loop
25        JMP $E000         ; jump back to first loop
26   .scend
27
28   .advance $FFFC         ; fill up to reset vector
29   .word  $E000           ; set reset to $E000
30   .word  $0000           ; fill last vector to $0000
```

Für die Assemblierung des Programmcodes 4.1 wird das Programm „Ophis"[19] verwendet — ein Open-Source-Assemblierer für die 6502-CPU-Familie, der auch die unterschiedlichen Varianten (z. B. zusätzliche Opcodes der 65C02-CPU) unterstützt. Das Programm ist für alle gängigen Betriebssysteme verfügbar, sehr gut dokumentiert und stellt einige nützliche Funktionen bereit, die das Arbeiten mit größeren Assembler-Projekten erleichtern.

Das Programm 4.1 ist bereits so strukturiert, dass es für den Speicherbereich $E000_{16}$ bis $FFFF_{16}$ und somit genau 8192 Bytes assembliert wird. Der Aufruf

```
ROMTEST$ ophis -v romtest.asm
Loading romtest.asm
Assembly complete: 8192 bytes output (28 code, 4 data,
8160 filler)
ROMTEST$
```

erzeugt eine 8192 Byte große Datei romtest.bin, welche dann mit dem Programm „minipro" auf den EEPROM geschrieben werden kann.

4.2.3 Messen

Setzt man den EEPROM nach dem Programmieren wieder in Schaltung ein und versorgt diese mit Strom, kann nach Drücken des Reset-Tasters der Zustandswechsel der Adressleitung A12 recht einfach gemessen werden. Am leichtesten geht dies mit einem Multimeter, indem die Spannung zwischen Masse und der Adressleitung A12 gemessen

---

19 https://michaelcmartin.github.io/Ophis/ (Abruf: 07.02.2022)

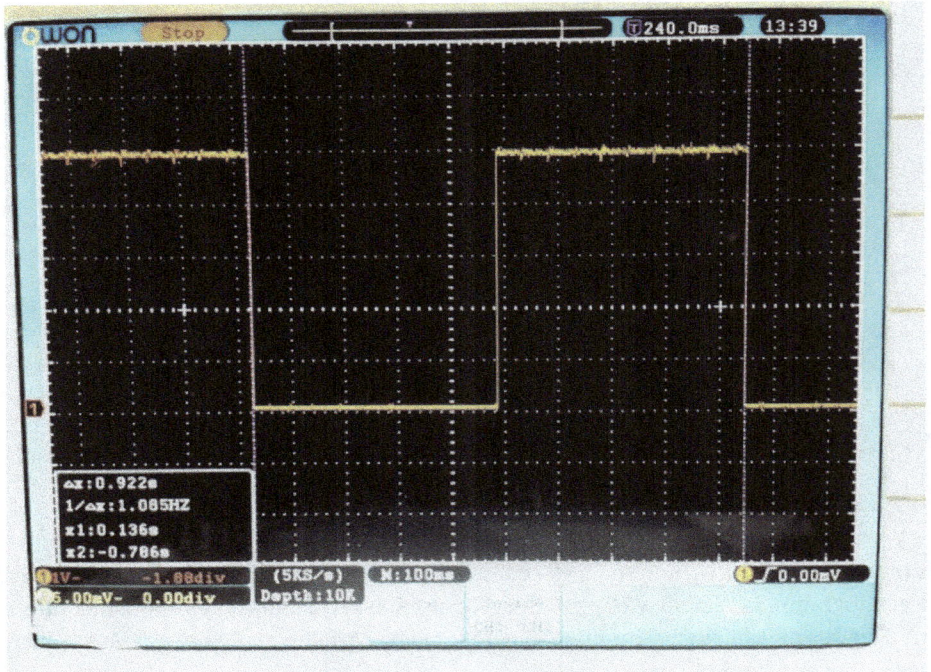

Abb. 4.7: Messung per Oszilloskop

wird. Diese sollte im Takt von ca. einer halben Sekunde zwischen +5 Volt und 0 Volt wechseln.

Mithilfe eines Oszilloskops kann eine deutlich genauere Messung erfolgen (siehe Abb. 4.7). Die gemessene Zeit zwischen einem HIGH-LOW-Wechsel der Adressleitung beträgt 0,922 Sekunden. Das Testprogramm benötigt je Warteschleifenblock 460.547 Taktzyklen, was bei einer Taktfrequenz von 1 MHz genau 0,460547 Sekunden entspricht. Verdoppelt man diesen Wert, da es ja zwei dieser Blöcke gibt, kommt man auch rechnerisch auf den gemessenen Wert von 0,921 Sekunden.

5 Adressdekodierung

Bisher war der Aufbau des Testsystems aus dem vorherigen Kapitel recht einfach. Der Adress- und Datenbus der CPU war 1:1 mit nur einem weiteren Baustein im System verbunden. Ziel ist es aber mehrere Peripheriebausteine in das System einzubinden. Dabei sind die Adress- und die Datenleitungen der einzelnen Komponenten alle parallel mit den entsprechenden Leitungen der CPU verbunden. Damit nun nicht alle Bauteile gleichzeitig lesend und/oder schreibend auf die beiden Busse zugreifen, muss mit einer passenden Logikschaltung dafür gesorgt werden, dass jeweils nur ein Baustein am Bus zu jeder Zeit aktiv ist.

Wie bereits in Band 2 (Kap. II.2.2.6) erwähnt, nutzt die 6502-CPU-Familie sogenanntes „Memory mapped IO". Das bedeutet, dass allen mit der CPU verbundenen Bausteinen eine feste Adresse aus dem Adressraum der CPU zugeordnet wird. Jeder Schreib- oder Lesezugriff auf eine entsprechende Adresse durch die CPU steuert damit jeweils einen spezifischen Baustein an. Für den folgenden Versuchsaufbau sollen zwei Bausteine mit der CPU verbunden werden: zum einen ein 32-kiB-SRAM-Speicherbaustein und zum anderen der im vorherigen Kapitel bereits verwendete 8-KiB-EEPROM. Das Speichermapping soll dabei wie folgt aussehen:

Schaut man sich den Schaltzustand der Adressleitung A15 beim Zugriff auf alle Adressen kleiner 8000_{16} (0000_{16} bis $7FFF_{16}$) und ab 8000_{16} (8000_{16} bis $FFFF_{16}$) an, so fällt auf, dass im ersten Fall A15 immer LOW und im zweiten Fall A15 immer HIGH ist. Somit würde es im einfachsten Fall also ausreichen anhand der Adressleitung A15 zu unterscheiden, ob der SRAM- oder der EEPROM-Baustein angesprochen werden soll. Tabelle 5.1 zeigt diese Aufteilung.

5.1 Chipselect-Logik

Wie im vorherigen Kapitel bereits beschrieben, verfügt der EEPROM über Eingänge für Chip-Enable ($\overline{CE}$) und Output-Enable ($\overline{OE}$). Dies gilt auch für den zusätzlich verwendeten SRAM-Baustein. $\overline{CE}$ und $\overline{OE}$ werden genutzt, um den jeweiligen Chip am Bus zu aktivieren oder zu deaktivieren. Ist $\overline{CE}$ auf +5 Volt (HIGH) geschaltet, dann reagiert der Baustein nicht auf die an seinen Adressleitungen anliegende Adresse. Ist der Eingang auf 0 Volt (LOW) geschaltet, reagiert der Baustein auf die Adresse. Gleiches gilt für den $\overline{OE}$-Eingang. Bei +5 Volt (HIGH) liest oder schreibt der Baustein keine Daten vom/auf den Datenbus. Ist der Eingang 0 Volt (LOW), dann nutzt der Baustein den Datenbus.

$0000_{16} - 8000_{16}$	32 KiB RAM
$E000_{16} - FFFF_{16}$	ROM

Tab. 5.1: Einfache Speicheraufteilung in zwei 32-kiB-Blöcke

https://doi.org/10.1515/9783110581805-021

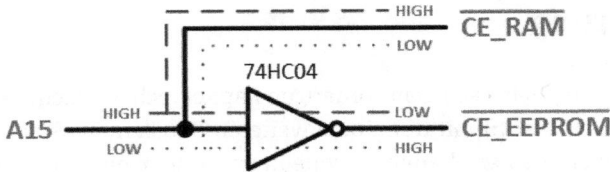

Abb. 5.1: Adresslogik zur Ansteuerung von EEPROM und SRAM

Adresse	A15	A15	$\overline{CE}$SRAM	$\overline{CE}$EEPROM
0000_{16} – $7FFF_{16}$	LOW	HIGH	LOW	HIGH
8000_{16} – $FFFF_{16}$	HIGH	LOW	HIGH	LOW

Tab. 5.2: Adressaufteilung und /CS Erzeugung über Adressleitung A15

Die Adressleitung A15 ist für den Versuchsaufbau ausreichend, um zwischen SRAM und EEPROM zu unterscheiden. Verbinden wir A15 mit dem $\overline{CE}$-Eingang des SRAM-Bausteins, so wird dieser Eingang immer auf 0 Volt (LOW) geschaltet sein, wenn Adressen zwischen 0000_{16} und $7FFF_{16}$ angesprochen werden. Bei allen Adressen ab 8000_{16} jedoch wird der Eingang auf +5 Volt (HIGH) geschaltet. Damit ist der Chip genau bei den Adressen aktiv, für die er laut Tabelle 5.2 „zuständig" ist. Allerdings funktioniert das nicht so direkt bei der Ansteuerung des EEPROMs, denn dieser soll genau dann aktiv sein, wenn A15 auf +5 Volt (HIGH) geschaltet ist, was Adressen ab 8000_{16} entspricht.

Abb. 5.1 zeigt die einfachste Möglichkeit über eine simple Logikschaltung mithilfe der Adressleitung A15 zwischen dem SRAM und dem EEPROM umzuschalten. Hierzu wird der Logikbaustein 7404 (hier im spezifischen der 74HC04) verwendet, ein 6-fach-Inverter. Weiterführende Informationen zu den 74er-Logikbausteinen finden sich im Internet.[20]

Der 74HC04 hat 6 Eingänge und 6 Ausgänge. Jeder Ausgang ist genau einem Eingang zugeordnet und gibt jeweils das invertierte Signal des zugeordneten Eingangs aus. Ist der Eingang +5 Volt (HIGH), so schaltet der Ausgang auf 0 Volt (LOW) und umgekehrt.

5.2 PHI2 und Read/Write-Logik

Nachdem nun je nach am Adressbus anliegender Adresse der korrekte Baustein angesprochen wird, muss noch ein weiteres Problem gelöst werden. Wie bereits in Kapitel 1 „Arbeitsweise der CPU" beschrieben, werden die einzelnen Schritte der CPU bei der Abarbeitung der Opcodes durch den Systemtakt PHI2 gesteuert. Dieser Takt beginnt

---

20 https://de.wikipedia.org/wiki/74xx (Abruf: 07.02.2022)

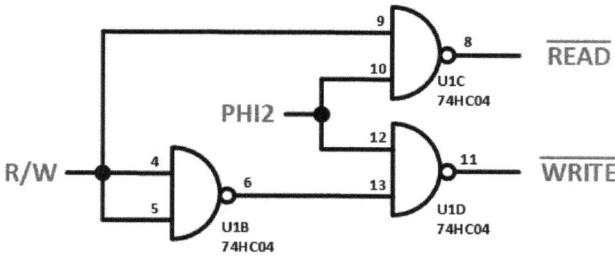

Abb. 5.2: Schreiblogik

mit dem Übergang von HIGH zu LOW (fallende Flanke) und besteht aus zwei Phasen. In der ersten Phase (PHI2 = LOW) werden vorwiegend interne CPU Aufgaben abgearbeitet, während in der zweiten Phase (PHI2 = HIGH) die meisten externen Aufgaben ausgeführt werden. Ein wichtiger Aspekt dabei ist, dass in der ersten Phase nicht garantiert ist, dass der Adressbus bereits auf die für den aktuell ausgeführten Opcode richtige Adresse gesetzt ist. Das ist bei einem lesenden Befehl nicht entscheidend, denn in der zweiten Phase ist die zu lesende Adresse korrekt und somit wird auch ein über den Adressbus angesprochener Baustein die korrekte Adresse verwenden.

Anders verhält es sich jedoch bei einem schreibenden Zugriff. Hier kann es passieren, abhängig von der Geschwindigkeit, mit welcher ein angeschlossener Baustein auf eine Adresse und ein Schreibsignal reagiert, dass der Schreibzugriff bereits erfolgt, wenn die auf dem Adressbus anliegende Adresse noch nicht korrekt ist. Somit würden Daten an eine zufällige andere Adresse im Speicher geschrieben und erst in der zweiten Taktphase an die korrekte Adresse. Das ist ein Fehler, der vermutlich gar nicht so schnell auffallen würde, denn ggf. passiert das nicht bei jedem Schreibzugriff und es würde aufgrund der Zufälligkeit der falschen Schreibzugriffe auch je nach Komplexität des Systems eine Weile dauern, bis irgendwann zufällig Daten in bereits genutzten Speicherbereichen landen und damit für Fehler und unvorhersehbares Verhalten des Systems sorgen.

Das Lesen und Schreiben auf dem Datenbus wird von der CPU durch den R/W-Ausgang gesteuert. Ist dieser Ausgang auf +5 Volt (HIGH) geschaltet, signalisiert die CPU ein Lesen vom Datenbus. Ist der Ausgang auf 0 Volt (LOW) geschaltet, dann signalisiert die CPU einen schreibenden Zugriff. Somit muss mithilfe einer Schaltlogik dafür gesorgt werden, dass ein Baustein des Systems nur in der zweiten Taktphase (PHI2 = HIGH) ein LOW-Signal auf der R/W Leitung erhält. Damit ist sichergestellt, dass keine Schreibzugriffe in der ersten Taktphase (PHI2 = LOW) erfolgen.

Abb. 5.2 zeigt eine solche Logikschaltung. Verwendet wird hier der Logikbaustein 7400, welcher 4 separate NAND-Logikelemente mit je 2 Eingängen zur Verfügung stellt (vgl. Band 1, Kap. I.6.1.2, S. 88f.). Tabelle 5.3 zeigt das Verhalten dieser Schaltung. Wie zu sehen ist, wird das einzelne R/W-Signal der CPU in zwei separate Signale aufgespalten. Es gibt nun eine jeweils eigene READ- und WRITE-Leitung. Die Schaltung

PHI2	R/W	$\overline{\text{READ}}$	$\overline{\text{WRITE}}$
LOW	LOW	HIGH	HIGH
LOW	HIGH	HIGH	HIGH
HIGH	LOW	HIGH	LOW
HIGH	HIGH	LOW	HIGH

Tab. 5.3: Verhalten der Logik-Schaltung

sorgt dafür, dass entweder nur $\overline{\text{READ}}$ oder $\overline{\text{WRITE}}$ auf LOW geschaltet wird und nie beide gleichzeitig LOW sein können und das auch nur, wenn jeweils PHI2 HIGH (zweite Taktphase) ist. Ist PHI2 auf LOW gesetzt (erste Taktphase), so sind sowohl $\overline{\text{READ}}$ als auch $\overline{\text{WRITE}}$ jeweils HIGH, unabhängig vom Zustand des R/W-Signals der CPU.

Wie werden nun aber die separaten READ- und WRITE-Leitungen verwendet? Schauen wir uns noch einmal die Abb. 4.1 an, so findet sich am verwendeten EEPROM AT28C64 am Pin 22 ein Eingang, der mit $\overline{\text{OE}}$ bezeichnet ist. Diese „Output Enable"-Leitung signalisiert dem Chip, dass das Ergebnis eines lesenden Zugriffs auf dem Datenbus ausgegeben werden soll. Während ein $\overline{\text{CS}}$-Signal (Chip Select) einem Baustein signalisiert, dass er auf eine am Adressbus anliegende Adresse reagieren soll, also „aktiviert" wird, sorgt das $\overline{\text{OE}}$-Signal dafür, dass das Ergebnis auch auf dem Datenbus ausgegeben wird. In der Schaltung auf Abb. 4.4 wurde diese Leitung dauerhaft auf GND (0 Volt) geschaltet und somit wird das Ergebnis vom EEPROM immer auf den Datenbus ausgegeben, da dieser Eingang „active low" ist.

Genau dieses Verhalten eines Bausteins, nur bei $\overline{\text{CS}}$ = LOW überhaupt aktiv zu werden und nur bei $\overline{\text{OE}}$ = LOW auch Daten auf den Datenbus zu legen, kann genutzt werden, um gezielt lesende und schreibende Zugriffe zu steuern. Abb. 5.3 zeigt als Schaltschema den prinzipiellen Aufbau. Die beiden Label „ROM" und „RAM" an den EEPROM- und SRAM-Bausteinen entsprechen den Ausgängen der Chip-Select-Schaltung aus Abb. 5.1 (CE_RAM und $\overline{\text{CE\_EEPROM}}$) und werden genutzt, um entweder den SRAM-oder den EEPROM-Baustein am Datenbus zu aktivieren. Wie man sieht, ist der $\overline{\text{READ}}$-Ausgang der Schaltung aus Abb. 5.2 jeweils an den $\overline{\text{OE}}$-Eingängen des EEPROMs und des SRAMs angeschlossen. Der $\overline{\text{WRITE}}$-Ausgang der Schaltung aus Abb. 5.2 geht jedoch nur auf den $\overline{\text{WE}}$-Eingang (Write Enable) des SRAMs, da nur in diesen Baustein auch Daten geschrieben werden. Der $\overline{\text{WE}}$-Eingang des EEPROMs ist dauerhaft auf +5 Volt (HIGH) geschaltet und somit inaktiv.

! EEPROM

Theoretisch könnte man auch auf den EEPROM schreibend zugreifen, allerdings dauert ein Schreibzugriff auf eine Speicherzelle des EEPROMs mehrere Millisekunden und wäre somit nicht innerhalb eines CPU-Taktes abgeschlossen.

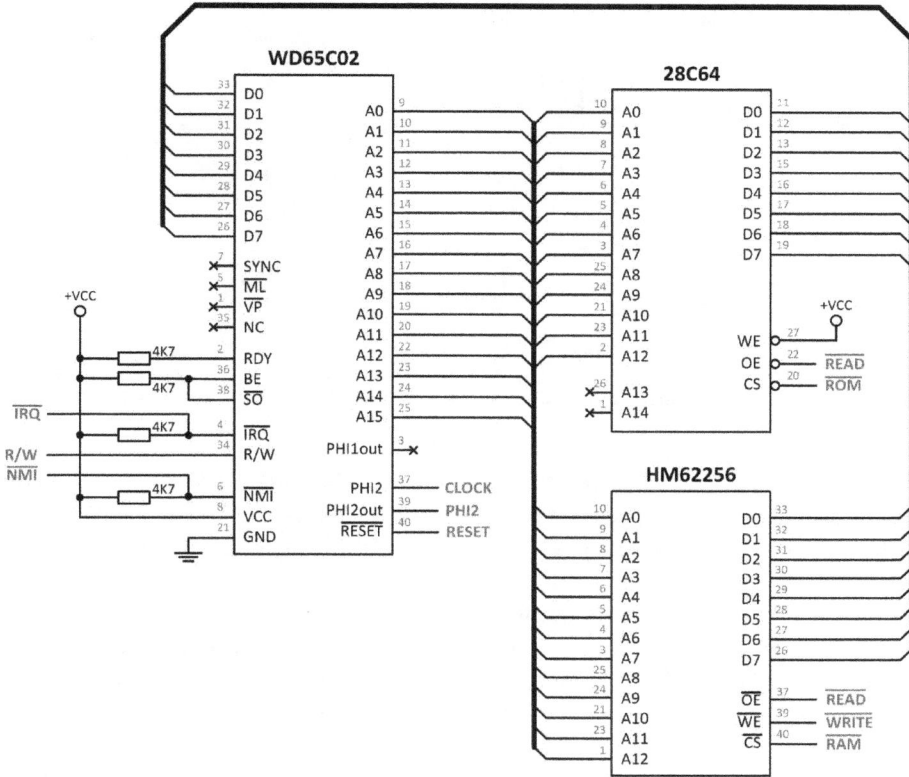

Abb. 5.3: Daten- und Adressbus

A13	A14	A15	Speicherbereich	
x	x	0	$0000_{16} - 7FFF_{16}$	32 KiB SRAM
0	0	1	$8000_{16} - 9FFF_{16}$	I/O 1 (8 KiB)
1	0	1	$A000_{16} - BFFF_{16}$	I/O 2 (8 KiB)
0	1	1	$C000_{16} - DFFF_{16}$	I/O 3 (8 KiB)
1	1	1	$E000_{16} - FFFF_{16}$	ROM (8 KiB)

Tab. 5.4: Chip-Select-Signale für die Speicheraufteilung

5.3 Finale Adresslogik für MOUSE

Nachdem wir uns die einzelnen Teile der Adressdekodierung angeschaut haben, ist es nun sinnvoll eine Schaltung zu entwickeln, die auch alle Eigenschaften hat, welche für die nächsten Projektschritte notwendig sind. Das wären zum einen die Generierung von 4 Chipselect-Signalen in der Speicheraufteilung, die in Tabelle 5.4 beschrieben ist, und zum anderen das Erzeugen der entsprechenden READ- und WRITE-Signale.

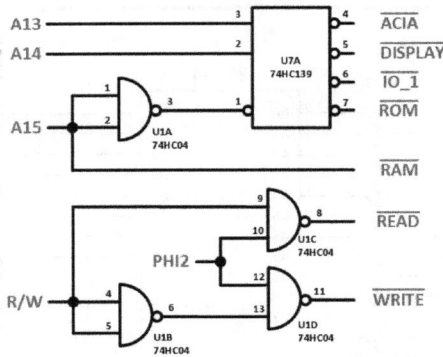

Abb. 5.4: Adresslogik zur Ansteuerung von EEPROM und SRAM

Abb. 5.4 zeigt den schematischen Aufbau der Schaltung. Verwendet werden die beiden Logikbausteine 7400 (hier 74HC00) und 74139 (hier 74HC139). Der 7400 beinhaltet 4 voneinander unabhängige NAND-Elemente auf einem Chip. Somit finden sich 4 einzelnen Elemente U1A bis U1D in der Schaltung (Abb. 5.4), welche die vier Gatter des Chips repräsentieren. Der zweite Baustein ist ein 2-auf-4-Dekoder, welcher zwei Eingänge A0 und A1 und 4 Ausgänge O0 bis O3 besitzt. Tabelle 5.4 zeigt die logische Funktion des 74139. Abhängig vom Wert der beiden Eingänge A0 und A1 (0 bis 3) wird der entsprechende Ausgang O0 bis O3 auf LOW geschaltet, während die übrigen Ausgänge auf HIGH geschaltet sind.

Wie man auf Abb. 5.4 erkennen kann, werden die Adressleitungen A13 bis A15 verwendet, um die einzelnen Speicherbereiche zu unterscheiden. Tabelle 5.4 zeigt, welche Belegung der Adressleitungen den entsprechenden Speicherbereichen entspricht. Da auch der 74139-Baustein einen Enable-Eingang besitzt, kann über diesen mittels der Adressleitung A15 gesteuert werden, ob entweder einer der Ausgänge des 74139 aktiv sein soll, oder ob (Enable = HIGH) der Chip inaktiv sein soll, wenn die unteren 32 KiB des Speicherbereichs angesprochen werden. Dazu muss aber das Signal von A15 invertiert werden, denn, wenn A15 LOW ist, dann soll der 74139 inaktiv sein. Da der Enable-Eingang des 74139 aber „low active" ist, wird eines der NAND-Gatter des 7400 genutzt, um das Signal von A15 zu invertieren. Ist A15 jedoch HIGH, dann wird der Enable-Eingang des 74139 auf LOW geschaltet und die Belegung von A13 und A14 bestimmt, welches Chip-Enable-Signal an O0 bis O3 aktiv (LOW) ist. Die Teilschaltung zum Erzeugen der READ- und WRITE-Signale entspricht der bereits beschriebenen Schaltung aus Abb. 5.2.

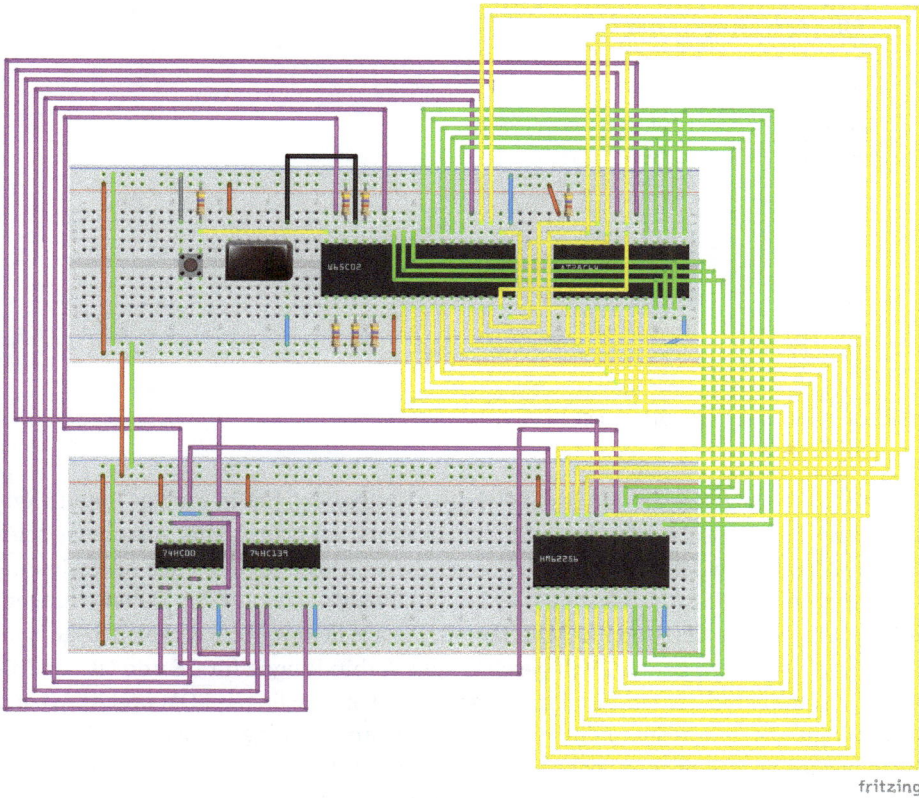

Abb. 5.5: Finale Daten- und Adresslogik des MOUSE-Computer

5.4 Versuchsaufbau

Für den Aufbau der Schaltung erweitern wir den Aufbau des vorherigen Kapitels um den SRAM-Baustein und die Adresslogik. Dabei ist es sinnvoll ein weiteres Breadboard an das schon vorhandene anzubauen. Auf dem neuen Breadboard wird zunächst die Adresslogik aufgebaut. Dazu werden der 74HC00 und der 74HC139 Baustein wie in Abb. 5.5 zu sehen auf dem Breadboard platziert und die Spannungsversorgung (+5 Volt, GND) verkabelt. Zu beachten ist, dass die äußeren Reihen, die der Spannungsversorgung der Breadboards dienen, untereinander verbunden werden wie in der Abbildung zu sehen. Auf das zusätzliche Breadboard wird auch der SRAM-Baustein aufgesteckt und dessen Spannungsversorgung verbunden. Verwendet wird ein "HM62256 CMOS static RAM"mit 32 KiB.

■ **PIN CONFIGURATIONS**

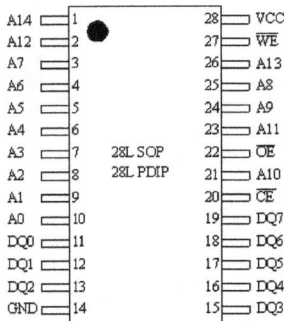

A14	1	28	VCC
A12	2	27	$\overline{WE}$
A7	3	26	A13
A6	4	25	A8
A5	5	24	A9
A4	6	23	A11
A3	7	22	$\overline{OE}$
A2	8	21	A10
A1	9	20	$\overline{CE}$
A0	10	19	DQ7
DQ0	11	18	DQ6
DQ1	12	17	DQ5
DQ2	13	16	DQ4
GND	14	15	DQ3

(28L SOP / 28L PDIP)

Abb. 5.6: Pinout des Speicherbausteins

Abb. 5.6[21] zeigt das Pinout des Speicherbausteins, welches in großen Teilen identisch zum Pinout des verwendeten EEPROMs ist. Daher ist auch der Anschluss sehr ähnlich. Zunächst werden die Adressleitungen A0 bis A14 der CPU mit den Adressleitungen A0 bis A14 des SRAM-Bausteins verbunden. Ebenso wird mit den Datenleitungen D0 bis D7 zwischen CPU und SRAM verfahren. Die aus dem vorherigen Versuchsaufbau noch direkt auf GND bzw. +5 Volt geschalteten Verbindungen für $\overline{CE}$ und $\overline{OE}$ des EEPROMs werden nun getrennt und stattdessen mit den Ausgängen $\overline{ROM}$ und $\overline{READ}$ der Adresslogik auf dem zweiten Breadboard verbunden. Der Eingang $\overline{WE}$ des EEPROMs bleibt weiterhin mit einem Widerstand auf +5 Volt geschaltet, da ein Schreiben auf diesen Baustein nicht vorgesehen ist. Die Anschlüsse $\overline{WE}$, $\overline{OE}$ und $\overline{CS}$ des SRAM-Bausteins werden mit den Ausgängen $\overline{WRITE}$, $\overline{READ}$ und $\overline{RAM}$ der Adresslogik verbunden. Als Letztes muss noch die Verbindung der CPU zur Adresslogik mit den Adressleitungen A13 bis A15 und dem Ausgang PHI2, wie in Abb. 5.4 und Abb 5.5 zu sehen, hergestellt werden. Damit ist der Hardwareaufbau für die Nutzung von ROM und RAM abgeschlossen.

5.5 Testprogramm

Die Frage ist nun, wie man einfach testen kann, ob Daten in den SRAM-Baustein geschrieben und wieder aus ihm gelesen werden können, wenn es im System noch keine Ein- und Ausgabemöglichkeiten gibt. Abhilfe schafft hier die Möglichkeit den JMP-Befehl der CPU mit der *indirekten Adressierung* zu verwenden. Bei einem JMP ($0400) wird nicht an die Adresse 0400_{16} gesprungen, sondern die an dieser Adresse (0400_{16} Low-Byte, 0401_{16} High-Byte) gespeicherten Daten werden als Sprungziel verwendet.

---

21 https://cdn-reichelt.de/documents/datenblatt/A300/62256-80.pdf (Abruf: 07.02.2022)

Ist z.b. $0400_{16} = 00_{16}$ und $0401_{16} = E0_{16}$, so wird ein JPM($0400) die Adresse $E000_{16}$ als Sprungziel verwenden (vgl. Band 2, Kap. II.2.2.7, S. 150).

Adressierungsfehler

In der originalen Version des 6502 gab es einen Fehler, der bei einer Adresse die auf FF_{16} endet (z. B. JMP($04FF)) die Zieladresse nicht aus $04FF_{16}$ und 0500_{16} ermittelt, was korrekt wäre, sondern aus $04FF_{16}$ und 0400_{16}. Dieser Fehler wurde in der CMOS-Variante 65C02 behoben.

Mithilfe des indirekten Sprungs können wir das Testprogramm 4.1 aus dem vorherigen Kapitel recht einfach abändern und die direkten Sprünge, die zwischen den Programmteilen in $E000_{16}$ und $F000_{16}$ hin und her springen, durch indirekte Sprünge ersetzen, welche ihre Sprungziele jeweils aus dem Speicherbereich des SRAMs holen. Das Programmlisting 5.1 zeigt die hierfür erforderlichen Anpassungen. Am Anfang des Programms werden die zu verwendenden Sprungradressen $E015_{16}$ und $F000_{16}$ an die Adressen 0400_{16}, 0401_{16} und 0402_{16}, 0403_{16} geschrieben. Zu beachten ist hier, dass nicht $E000_{16}$ als Einsprung in die erste Schleife, sondern $E015_{16}$ (die Adresse des ersten LDX #$00) verwendet wird, um beim späteren Wechsel zwischen den Programmblöcken die Initialisierung der Sprungadressen zu übergehen, damit beide Blöcke identische Ausführungszeiten haben.

Listing 5.1: Titel für das Listing

```
.org $E000          ; start at $E000
.outfile "romtest.bin" ; name the file

.scope
        LDA #$14    ; $E000
        STA $0400   ; $E002
        LDA #$E0    ; $E005
        STA $0401   ; $E007
        LDA #$00    ; $E00A
        STA $0402   ; $E00C
        LDA #$F0    ; $E010
        STA $0403   ; $E012
        LDX #$00    ; A2 - 2 cycles ($E015)
outer1: LDY #$00    ; A0 - 2 cycles
inner1: NOP         ; EA - 2 cycles \
        INY         ; C8 - 2 cycles 7 cycles
        BNE inner1  ; D0 - 3 cycles /
        INX         ; E8 - 2 cycles
        BNE outer1  ; D0 - 3 cycles
        JMP ($0402) ; 4C - 6 cycles
.scend              ; (256 * 7 cycles + 7) * 256 + 6 = 460550 cycles

.advance $F000      ; fill up with $00 to $F000
```

```
25    .scope
26          LDX #$00        ; set X to 0
27    outer2: LDY #$00      ; set Y to 0
28    inner2: NOP           ; do nothing
29          INY             ; increment Y
30          BNE inner2      ; if Y != 0 branch to inner loop
31          INX             ; if Y == 0 increment X
32          BNE outer2      ; if X != 0 branch to outer loop
33          JMP ($0400)     ; jump indirect back to first loop
34    .scend
35
36    .advance $FFFC        ; fill up to reset vector
37    .word $E000           ; set reset to $E000
38    .word $0000           ; fill last vector to $0000
```

5.6 Messen

Das Messen erfolgt identisch zum vorherigen Kapitel, da sich von außen betrachtet das Programm identisch verhält. Mithilfe eines Oszilloskops oder eines Spannungsmessers ist im Fall der korrekten Abarbeitung des Programms an der Adressleitung ein Wechsel zwischen HIGH (+5 Volt) und LOW (0 Volt) messbar in einem Takt von ca. 0,5 Sekunden.

6 Serielle Kommunikation

Bisher beschränkt sich die Interaktion mit dem gebauten System auf Messung von
Außen, welche auf den Zustand und die Funktion des Computers schließen lassen.
Mit dem letzten zu integrierenden Systembaustein soll das nun geändert werden. Das
System wird hierfür um einen Baustein zur seriellen Kommunikation ergänzt. Mit nur
einem zusätzlichen Bauteil, dem "Motorola MC6850 Asynchronous Communication
Interface Adapter"(ACIA), wird sowohl die Ein- als auch Ausgabe von Daten sehr einfach
möglich.

6.1 Motorola MC6850 ACIA

Es gibt mehrere Bausteine, die für den 6502-Bus ausgelegt sind. Aus der gleichen Serie
wie der verwendete Prozessor stammt z. B. der W65C51 (ursprünglich der 6551[22]. Die
Entscheidung für den MC6850 liegt hier in dem Ziel begründet ein möglichst einfaches
System zu bauen. Der MC6850-ACIA-Baustein ist etwas einfacher aufgebaut und auch
etwas einfacher zu programmieren als der 6551-Baustein und trotzdem Bus-kompatibel.

PIN ASSIGNMENT

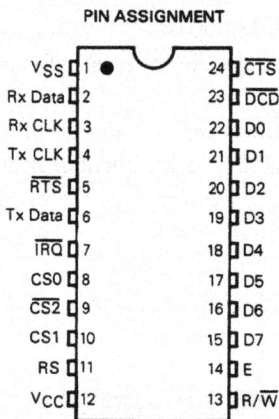

Abb. 6.1: Pinout des ACIA (Asynchronous Communications Interface Adapter)

---

22 https://de.wikipedia.org/wiki/MOS_Technology_6551 (Abruf: 07.02.2022)

https://doi.org/10.1515/9783110581805-022

Abb. 6.1 zeigt die Pinbelegung des Bausteins.[23] Zu erkennen sind die bereits bekannten Ein-/Ausgänge für den Datenbus (D0-D7) und R/W. Es gibt bei diesem Baustein 3 Chipselect-Eingänge, womit sich sehr einfach mehrere Bausteine an einem Bus betreiben lassen, ohne dass die Chipselect-Logik komplexer wird. Eingang E wird für den Systemtakt (PHI2) verwendet und der Eingang RS (Register Select) dient als Adressleitung. Da der MC6850 nur zwei adressierbare Register hat, ein Kontroll- und ein Datenregister, wird nur eine Adressleitung für die Ansteuerug benötigt. Es gibt einen Interrupt-Ausgang ($\overline{\text{IRQ}}$) über den der Baustein der CPU eine Unterbrechung signalisieren kann. Es gibt neben dem Takt-Eingang E noch zwei weitere Takteingänge (Rx CLK und Tx CLK), welche für das Erzeugen des Taktes der seriellen Verbindung zuständig sind. Die restlichen Anschlüsse dienen der seriellen Kommunikation, wobei im Fall des MOUSE-Computers die einfachste Variante des Betriebs genutzt wird. Hierbei werden nur die Leitungen Rx Data (Empfangen) und Tx Data (Senden) verwendet. Die restlichen Steuerleitungen werden auf entsprechend feste Pegel gelegt und spielen bei der seriellen Datenübertragung keine Rolle.

6.2 Takterzeugung und Taktrate

Für den Betrieb einer seriellen Verbindung benötigt der MC6850 einen externen Taktgeber an den Eingängen Rx CLK und Tx CLK. Von der Frequenz dieses Eingangstaktes wird die Übertragungsgeschwindigkeit der seriellen Verbindung abgeleitet. Dieser von Außen anliegende Takt kann durch den MC6850 noch geteilt werden ($\frac{1}{1}$, $\frac{1}{16}$ und $\frac{1}{64}$). Um auf für serielle Übertragungen übliche Taktraten von z. B. 28.800 oder 115.200 Baud[24] zu kommen, kann ein externer Takt von 1,8432 MHz genutzt werden. (1.843.200/64 = 28.800 und 1.843.200/16 = 115.200).

Dieser externe Takt kann auch für den Prozessor genutzt werden, der damit fast doppelt so schnell gegenüber dem bisherigen Takt von 1 MHz läuft. Darüber hinaus kann ein einzelner 1.8432-MHz-Oszillator für das gesamte System genutzt werden, womit die Zahl der verwendeten Bauteile weiter gering gehalten wird.

6.3 Funktionsweise

Der MC6850-ACIA-Baustein hat zwei 8-Bit-Register, die vom Prozessor über die Leitung Register Select (RS) angesprochen werden können. Der RS-Eingang wird mit der Adressleitung A0 verbunden, um die beiden Register ansteuern zu können. Genau

23 Datenblatt: https://datasheetspdf.com/pdf-file/501884/Motorola/MC6850/1 (Abruf: 07.02.2022)
24 Die Bezeichnung Baud geht auf den Nachrichtentechniker Émile Baudot zurück und bezeichnet die Geschwindigkeit der übertragenen Symbole pro Sekunde — im Fall der Digitaltechnik also der Bit pro Sekunde.

genommen sind es eigentlich 4 Register, da aber auf 2 davon nur lesend und auf die anderen beiden nur schreibend zugegriffen werden kann, reicht die A0-Adressleitung in Verbindung mit dem R/W-Signal für die Adressierung aus.

- Das *Transmit Data Register* (TDR) wird genutzt, wenn die Adressleitung auf HIGH (+5 Volt) und der R/W-Eingang auf LOW (0 Volt, Schreibsignal der CPU) gesetzt ist. Dann werden die Daten auf dem Datenbus (D0-D7) in das Register des MC6850 übernommen.

- Das *Receive Data Register* (RDR) wird genutzt, wenn die Adressleitung auf HIGH (+5 Volt) und der R/W-Eingang auf HIGH (+5 Volt, Lesesignal der CPU) gesetzt ist. Hier werden die Daten vom Register auf den Datenbus (D0-D7) übertragen. Für die CPU ist der Zugriff jeweils ein Schreib- bzw. Lesezugriff auf eine Adresse im Adressraum.

- Auf das *Control Register* wird zugegriffen, wenn die Adressleitung auf LOW (0 Volt) und der R/W-Eingang auf LOW (0 Volt, Schreibzugriff der CPU) gesetzt ist. Durch Schreiben von Werten in dieses Register kann das Senden und Empfangen von Daten über die serielle Verbindung gesteuert werden.

- Das *Status Register* wird bei einem LOW-Signal auf der Adressleitung und einem HIGH-Signal (+5 Volt, CPU Lesezugriff) angesprochen. Das gelesene Byte enthält pro Bit Informationen über den Status eines aktuell gesendeten oder empfangenen Bytes sowie mögliche Übertragungsfehler. Die Besonderheit hier ist, dass in das *Control Register* nur Werte geschrieben werden können; ein Auslesen dieser Werte ist nicht möglich, da ein lesender Zugriff das *Status Register* anspricht. Ebenso kann umgekehrt das *Status Register* nicht beschrieben werden, da ein schreibender Zugriff das *Control Register* nutzt. Gleiches gilt auch für das TDR und RDR.

- Der Eingang *Rx Data* des MC6850 ist die Empfangsleitung. Ein serieller Bitstrom wird gemäß dem an *Rx CLK* anliegenden Takt in das *Receive Data Register* eingelesen. Ist ein Datum vollständig gelesen, so wird das Receive-Data-Register Full-Bit (RDRF) (Bit 0) im *Status Register* auf HIGH gesetzt und somit signalisiert, dass ein emfangenes Byte aus dem TDR gelesen werden kann. Ist das Bit auf LOW gesetzt, wurden seit dem letzten Lesen aus dem RDR keine neuen Daten empfangen. Das Lesen eines Wertes aus dem RDR setzt das RDRF automatisch auf LOW.

- Der *Tx-Data*-Ausgang des MC6850 ist die Sendeleitung. Ein im TDR gespeichertes Byte wird als serieller Datenstrom gemäß dem an *Tx CLK* anliegenden Takt übertragen. Wird ein zu übertragendes Byte in das TDR geschrieben, so wird das Transmit-Data-Register-Empty-Bit im Status-Register (Bit 1) auf LOW. Erst wenn das Byte vollständig über die serielle Verbindung übertragen wurde, wird das Bit automatisch auf LOW gesetzt.

Das automatische Setzen und Löschen der Receive- und Transmit-Bits im *Status-Register* beim Schreiben und Lesen von Daten aus dem ~textitTransmit Register und dem*Transmit-Register* ermöglicht eine sehr einfache Steuerung über ein von der CPU ausgeführtes Programm.

Der MC6850-Baustein verfügt zusätzlich auch über einen Interrupt-Ausgang, über den die CPU über bestimmte Ereignisse (Daten empfangen, Daten gesendet, etc.) informiert werden kann. Gesteuert wird das Verhalten über einzelne Bits im Control-Register, welche festlegen, bei welchen Ereignissen ein Interrupt (Leitung wird von HIGH auf LOW geschaltet) ausgelöst werden soll.

6.4 Programmierung des MC8650

Die Nutzung des MC6850 in einem durch die CPU ausgeführten Programm erfolgt durch Setzen der Verbindungsparameter im Control-Register, das Prüfen des aktuellen Sende- und Empfangsstatus im Status Register, Lesen aus dem Receive- und Schreiben in das Transmit-Register.

Der MC6850-Baustein verfügt über keinen eigenen Reset-Eingang und muss daher per Software initialisiert werden. Das erfolgt, indem man die Bits CR0 und CR1 des Control-Registers beide auf 1 setzt (siehe Tabelle 6.1). Diese beiden Bits werden auch verwendet, um festzulegen, welche Übertragungsgeschwindigkeit für die serielle Verbindung aus dem Basistakt generiert werden. Sind beide Bits auf 0 gesetzt, so wird der Basistakt 1:1 übernommen ist das CR0=1 und CR1=0, dann wird der Takt durch 16 geteilt. Das wären bei 1,8432 MHz dann 115.200 Baud. Ist CR1=1 und CR0=0, dann wird der Takt durch 64 geteilt, was bei 1,8432 MHz 28.800 Baud ergibt. Sowohl 115.200 und 28.800 Baud sind gängige Geschwindigkeiten serieller Verbindungen.

Ein über eine serielle Verbindung übertragener Wert besteht nicht nur aus den reinen Nutzdaten. Es werden zusätzliche Informationen in den Datenstrom integriert, um z. B. Fehler zu erkennen oder einfach ein Datum von einem anderen klar abzugrenzen. Dazu muss zwischen den Verbindungspartnern der Übertragung festgelegt werden, wie der Datenstrom aufgebaut sein soll. Hierbei wird festgelegt, aus wie vielen Bits (7 oder 8) ein Datenwort besteht, ob ein Parity-Bit (dient der Fehlererkennung) und wie viele Stop-Bits (1 oder 2) genutzt werden sollen. Diese Einstellung wird über die Bits CR2 bis CR4 vorgenommen (siehe Tabelle 6.3). Die gebräuchliche Kurzform der

Bit	Name	Funktion
0	CR0	Takt-Teiler 1 und Master Reset 1
1	CR1	Takt Teiler 2 und Master Reset 2
2	CR2	Word Select 1
3	CR3	Word Select 2
4	CR4	Word Select 3
5	CR5	Transmit Control 1
6	CR6	Transmit Control 2
7	CR7	Receive Interrupt Enable

Tab. 6.1: Belegung der Bits im Controlregister des MC8650

Bit	Name	Funktion
0	RDRF	Receive Data Register Full = 1
1	TDRE	Transmit Data Register Empty = 1
2	$\overline{DCD}$	Data Carrier Detect
3	$\overline{CTS}$	Clear To Send
4	FE	Framing Error
5	OVRN	Receiver Overrun
6	PE	Parity Error
7	$\overline{IRQ}$	Interrupt Request

Tab. 6.2: Belegung der Bits im Statusregister des MC8650

CR4	CR3	CR2	Funktion	Kurzform
0	0	0	7 Bit, gerade Parität, 2 Stop Bits	(7-E-2)
0	0	1	7 Bit, ungerade Parität, 2 Stop Bits	(7-O-2)
0	1	0	7 Bit, gerade Parität, 1 Stop Bit	(7-E-1)
0	1	1	7 Bit, ungerade Parität, 1 Stop Bit	(7-O-1)
1	0	0	8 Bit, 2 Stop Bits	(8-N-2)
1	0	1	8 Bit, 1 Stop Bit	(8-N-1)
1	1	0	8 Bit, gerade Parität, 1 Stop Bit	(8-E-1)
1	1	1	8 Bit, ungerade Parität, 1 Stop Bit	(8-O-1)

Tab. 6.3: Belegung der Bits CR2 bis CR4 für verschiedene Verbindungsparameter

Beschreibung einer Verbindung setzt sich aus der Zahl der Daten-Bits (7 oder 8), der Parität (E=even, O=odd, N=none) und der Zahl der Stop-Bits (1 oder 2) zusammen. So steht der sehr häufig zu findende Wert 8-N-1 für 8 Daten-Bits, kein Paritätsbit und 1 Stop-Bit.

Die Control-Bits CR5 bis CR7 dienen dazu festzulegen, wann und bei welchen Ereignissen ein Interrupt ausgelöst werden soll. Es gibt grundsätzlich zwei verschiedene Arten den MC6850 ACIA zu nutzen: im so genannten *Polling-Mode* oder im *Interrupt-Mode*.

Beim *Interrupt* ist der IRQ-Ausgang des MC6850 mit dem IRQ- oder NMI-Interrupt-Eingang der 65C02-CPU verbunden. Tritt ein entsprechendes Ereignis ein, so setzt der MC6850-Baustein die IRQ-Leitung auf LOW und die CPU kann auf diese Unterbrechung reagieren (vgl. Band 2, Kap. II.2.5.3 „Interrupt Handling"). Das setzt voraus, dass der IRQ-Ausgang des MC6850 mit einem der Interrupt-Eingänge der CPU verbunden ist.

Beim *Polling* wird durch das ausgeführte Programm immer wieder das Statusregister des MC6850 gelesen und abhängig von den gesetzten Bits (siehe Tabelle 6.2) werden dann Daten in das TDR geschrieben bzw. aus dem RDR gelesen. Hierbei kann man weiterhin unterscheiden zwischen einem blockierenden und nicht-blockierenden Ansatz. Blockierend wäre z. B. ein Unterprogrammteil, das ein Byte über die serielle Verbindung senden soll und wie in Listing 6.1 umgesetzt ist.

Listing 6.1: Unterprogramm zum Senden eines Bytes

```
1   .alias ACIACTRL $8000    ; Adresse des Controlregisters
2   .alias ACIASTAT $8000    ; Adresse des Statusregisters (identisch mit Control-Register)
3   .alias ACIADATA $8001    ; Adresse des Transmit Registers
4   acia_send_b:
5           PHA              ; Datenbyte aus Akkumulator auf dem Stack sichern
6           LDA #$02         ; Bitmuster in Akkumulator laden
7   *       BIT ACIASTAT     ; Status Bit TDRE testen (Bit 2 Status Register)
8           BEQ -            ; zurück zum Bit Test wenn TDRE = 1
9           PLA              ; Datenbyte vom Stack laden
10          STA ACIADATA     ; Datenbyte in Transmitregister schreiben
11          RTS              ; return
```

Diese einfache Sendefunktion bekommt im Akkumulator-Register der CPU das zu sendende Byte übergeben. Dieser Wert wird zunächst auf dem Stack zwischengespeichert, da der Akkumulator erst für das Testen auf Sendebereitschaft benötigt wird. Dazu wird über den BIT-Opcode das Bit 2 (TDRE) getestet durch Vergleichen des Bitmusters mit dem Akkumulator und dem Inhalt des Status-Registers. Ist das Bit 2 im Status-Register nicht gesetzt, so wird durch den BIT-Befehl das Zero-Flag im Prozessor gesetzt und über den Opcode BEQ (Branch if Equal) wieder zurück zum Test gesprungen. Somit wird an dieser Stelle im Programm blockierend gewartet, bis das Byte gesendet werden kann.

Ein nicht-blockierender Ansatz wäre z. B. sinnvoll, wenn auf ein über die serielle Verbindung eingehendes Byte reagiert werden soll. Der Programmablauf soll ggf. nicht angehalten werden bis ein Byte eingetroffen ist, sondern es wird regelmäßig im Programm das RDRF-Bit (Receive Data Register Full) geprüft. Ist das Bit gesetzt, kann in eine Unterroutine verzweigt werden, die das Byte aus dem Receive-Register liest.

6.5 Versuchsaufbau

Mit dem Hinzufügen des MC6850 komplettieren wir das zu bauende System. Damit sind alle notwendigen Bauteile vorhanden, um die im ersten Kapitel definierten Anforderungen an den Computer hardwareseitg zu erfüllen.

Abb. 6.2 zeigt den Aufbau der kompletten Schaltung und Abb. 6.3 das vollständige Schaltschema. Zunächst wird wieder die Spannungsversorgung mit Pin 1 (Vss) an GND (0 Volt) und Pin 12 (Vcc) an +5 Volt hergestellt. Auch Pin 8 und 10 (CS0 und CS1) werden an +5 Volt angeschlossen, da wir nur $\overline{\text{CS2}}$ als Chip-Select-Signal benötigen. $\overline{\text{CS2}}$ (Pin 9) wird mit dem ACIA-Ausgang der Adressdekodierung (Pin 4 des 74HC139) verbunden. Folgende Anschlüsse werden mit Masse (GND) verbunden: $\overline{\text{CTS}}$ (Pin 24) und $\overline{\text{DCD}}$ (Pin 23), da wir deren Funktion nicht benötigen. $\overline{\text{RTS}}$ und $\overline{\text{IRQ}}$ bleiben frei, da auch sie im Versuchsaufbau nicht benötigt werden. Tx und Rx CLK (Pin 3 und 4)

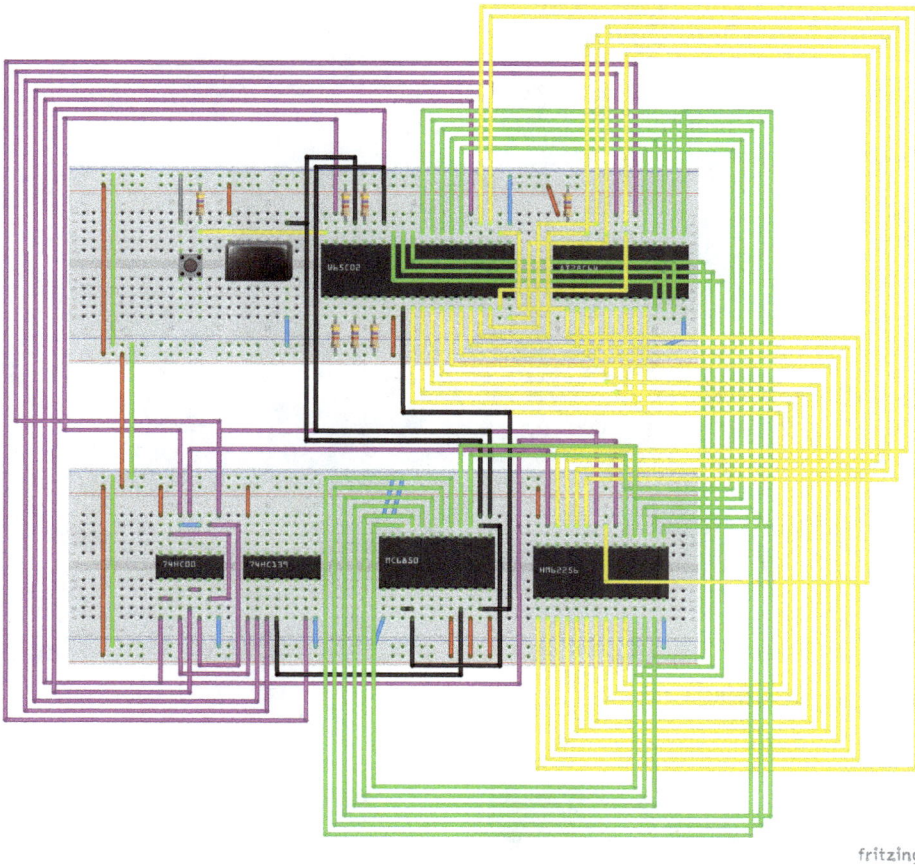

Abb. 6.2: Komplettaufbau als Entwurf in Fritzing

und E (Pin 14) werden mit dem CLOCK-Signal (Pin 8 des Oszillators) verbunden. Der RS-Eingang kommt an die Adressleitung A0 (Pin 10) der CPU und der R/W-Eingang wird mit dem R/W-Ausgang der CPU verbunden. Auch die Datenleitungen D0 bis D7 werden wie bei den anderen Bausteinen 1:1 mit den entsprechenden Anschlüssen der CPU verbunden.

Nun wird noch die serielle Verbindung des MC6850 mit einem externen Computer benötigt. Moderne Computer verfügen heute kaum noch über eine alte serielle Schnittstelle, auch wenn strenggenommen USB (Universal Serial Bus) eine serielle Schnittstelle ist. Daher wird ein Adapter benötigt. Dieser ist weiterhin erforderlich, da der MC6850 das serielle Signal auf dem genutzten +5-Volt-Pegel bereitstellt, die RS232-Spezifikation aber mit Spannungen zwischen -15 Volt und +15 Volt arbeitet. Der einfachste Weg ist ein USB-auf-seriell-Adapter, der mit TTL-Pegel (5 Volt) arbeitet — z. B. ein auf dem PL2303HX-Chip basierender Adapter, der weit verbreitet und leicht zu be-

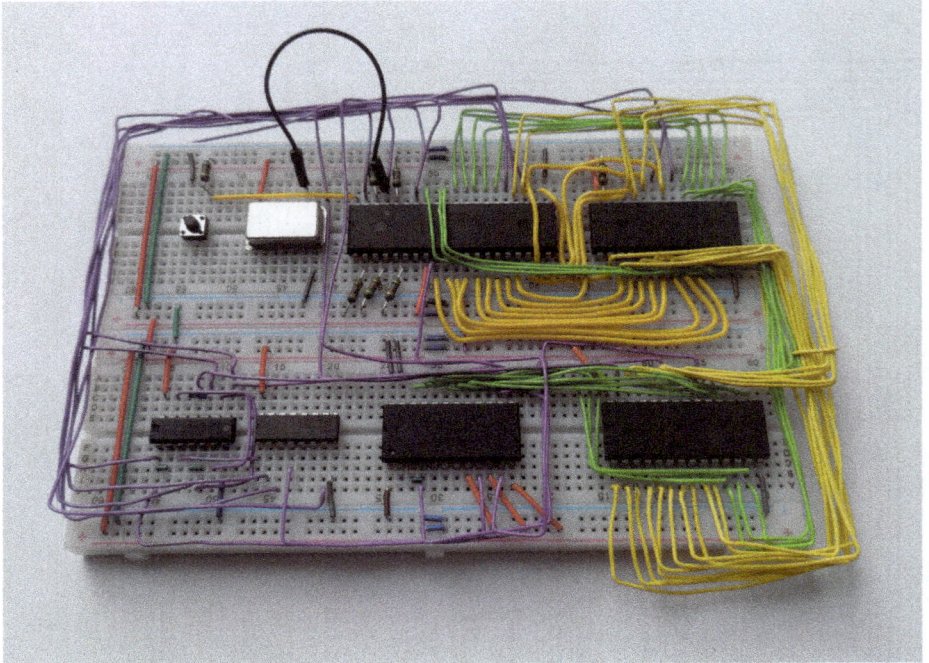

Abb. 6.3: Komplettaufbau auf Breadboard

Abb. 6.4: TTL-USB2Serial-Adapter

schaffen ist. Wie in Abb. 6.4 zu sehen, ist es hilfreich einen Adapter zu verwenden, der bereits Anschlüsse besitzt, die sich leicht mit einem Breadboard oder später einer Pinleiste auf einer Platine nutzen lassen. Da diese Adapter häufig auch einen +5-Volt- und GND-Anschluss besitzen, kann der Adapter gleichzeitig auch als Spannungsversorgung des Systems genutzt werden.

Der Rx-Eingang des Adapters wird an den Tx-Ausgang des MC6850 angeschlossen und der Tx-Ausgang des Adapters an den Rx-Eingang des MC6850. Weiterhin muss der GND-Anschluss des Adapters mit den GND-Pegel (0 Volt) des Versuchsaufbaus verbunden werden.

6.6 Testprogramm

Für einen einfachen ersten Test soll sowohl das Senden als auch das Empfangen von Daten getestet werden. Das ist am einfachsten über ein „Echo"-Programm zu realisieren. Dabei wird auf ein ankommendes Byte auf der seriellen Verbindung gewartet und dies nach dem Empfang direkt wieder gesendet. Programm 6.2 zeigt diesen Ansatz. Zunächst wird im ersten Teil des Programms der 6850-Baustein initialisiert. Zunächst wird im ersten Teil des Programms der 6850-Baustein initialisiert, indem ein Reset ausgelöst wird und die Verbindungsparameter gesetzt werden. Anschließend wird in einer Endlosschleife immer wieder das Statusregister danach abgefragt, ob ein Byte empfangen wurde. Sobald das der Fall ist, wird dieses Byte aus dem Datenregister gelesen und im X-Register zwischengespeichert. Danach wird wieder in einer Endlosschleife getestet, ob ein Byte versendet werden kann. Sobald dies der Fall ist, wird das Byte aus dem X-Register in das Datenregister geschrieben und somit gesendet. Diese beiden Programmteile sind in eine Hauptschleife eingebunden und somit wird jedes empfange Byte wieder zurückgesendet.

Verbindet man ein Terminalprogramm mit den eingestellten Verbindungsparametern mit der seriellen Schnittstelle des MC8650, so wird jedes eingegebene (gesendete) Zeichen wieder als Ausgabe (empfanges Zeichen) ausgegeben. Somit ist sowohl das Senden als auch das Empfangen von Daten getestet.

Listing 6.2: "Echo" Testprogramm für die serielle Schnittstelle

```
1   .org $e000              ; start at $e000
2   .outfile "aciatest.bin" ; name the file
3
4
5   .alias  ACIACTRL $c000
6   .alias  ACIASTAT $c000
7   .alias  ACIADATA $c001
8
9   ; 6850 Initialisieren
```

```
10    lda #$03            ; master reset Bitmuster 11
11    sta ACIACTRL        ; Reset setzen
12    lda #$16            ; clk/64=28800 baud @ 1.8432MHz and 8N1
13    sta ACIACTRL        ; Verbindungsparameter setzen
14
15  loop:
16    lda #$01            ; Bitmuster für Byte empfangen
17  * bit ACIASTAT        ; Testen ob Byte empfangen
18    beq -               ; warten auf Byte empfangen
19    lda ACIADATA        ; empfangenes Byte lesen
20    tax                 ; empfanges Byte in X Register sichern
21
22    lda #$02            ; Bitmuster für Sendebereitschaft
23  * bit ACIASTAT        ; Testen auf Sendebereitschaft
24    beq -               ; Warten auf Sendebereitschaft
25    stx ACIADATA        ; empfangenes Byte wieder Senden
26  jmp loop              ; Sprung zum Startpunkt der Hauptschleife
27
28  .advance $fffc        ; fill up to vectors
29  .word $e000           ; set reset to $e000
30  .word $0000           ; fill last vector to $0000
```

7 Systemsoftware

Nachdem nun alle Hardwarebausteine des geplanten Systems integriert und einzeln getestet sind, ist es nun an der Zeit, sich über die Software Gedanken zu machen, mit der das System betrieben werden soll.

Der einfachste Ansatz wäre, nur die reine Hardware (CPU, RAM, Serielle Schnittstelle) zur Verfügung zu stellen. Der Anschluss für den ROM könnte z. B. als Steckplatz ausgeführt sein, so das man über Steckmodule verschiedene ROMs verwenden kann, auf denen dann die Software zum Betrieb des Systems gespeichert ist. Diesen Ansatz verfolgten viele der frühen Spielkonsolen wie z. B. die Atari 2600. Ein Vorteil dieser Methode ist, dass es keine fest im System integrierte Software gibt, die z. B. bei Fehlern nur schwer ausgetauscht werden kann. Nachteil ist jedoch, dass für jedes Programm alle benötigten Daten, Hilfsroutinen (wie z. B. Ein- und Ausgabe) auf jedem einzelnen ROM vorhanden sein müssen und dass ohne ein zusätzliches ROM-Modul das System nicht verwendbar ist.

Der MOUSE-Computer soll über einen fest verbauten ROM verfügen, um dem Ziel zu genügen, das wir in der Einleitung dieses Kapitels definiert haben: „einfache Inbetriebnahme und Nutzung nach dem Einschalten". Somit müssen wir uns über mehrere Aspekte Gedanken machen.

1. Wie kann man effizient an der Software für das System arbeiten, ohne z. B. ständig Daten auf einem EEPROM speichern zu müssen und diesen regelmäßig in das System einbauen bzw. wieder ausbauen zu müssen?
2. Wie strukturiert und gliedert man den Quellcode in übersichtliche und logische Einheiten, um einen modularen Aufbau der Software zu ermöglichen?
3. Welche grundlegenden Funktionen und Programme soll das System nach dem Einschalten ohne zusätzliches Nachladen von Software ausführen können?
4. Wie abstrahiert man grundlegende Funktionalitäten und direkte Zugriffe auf die Hardware auf einer Betriebssystemebene, damit nachträgliche Änderungen am System keinen Einfluss auf vorhandene Programme haben?

7.1 Entwicklungsumgebung

Eine Entwicklung auf dem MOUSE-System selbst scheidet aus, da aktuell nur die reine Hardware existiert. In Abschnitt 3 wurde für das erste Testprogramm der Assemblierer „Ophis"[25] vorgestellt, der auch weiterhin Verwendung finden soll. Vorteile sind hier die plattformunabhängige Verfügbarkeit des Programms, da es in Python geschrieben ist, die Unterstützung verschiedener 6502-Varianten und die Möglichkeit Macros zu definieren. Macros haben den Vorteil, dass man wiederkehrende Codefragmente zu

---

25 https://michaelcmartin.github.io/Ophis/ (Abruf: 07.02.2022)

https://doi.org/10.1515/9783110581805-023

einem kurzen Macrobefehl zusammenfassen kann, welcher dann an verschiedenen Stellen im Quellcode eines Programms verwendet wird. Somit wird der Quellcode deutlich kürzer, übersichtlicher und auch leichter lesbar.

Für eine Einführung in die Nutzung des Assemblierers sei hier auf das Onlinehandbuch verwiesen. [26] Der Quellcode selbst kann mit einem beliebigen Text-Editor oder auch einer Entwicklungsumgebung bearbeitet werden. Hilfreich ist hier ein Editor, welcher die Darstellung eines Verzeichnisbaums und das Bearbeiten mehrerer Dateien unterstützt.

Nachdem nun klar ist, wie wir den Quellcode für die Software schreiben und assemblieren können, stellt sich die Frage wie man den erzeugte Code möglichst effizient testen kann? In den vorherigen Abschnitten zu einzelnen Hardwarekomponenten haben wir den Code jedes Mal direkt auf ein EEPROM geschrieben, diesen in das System eingebaut und anschließend über verschiedene Methoden geprüft, ob der Code korrekt ausgeführt wird. Das ist allerdings sehr umständlich und zeitraubend. Einfacher wäre es, den Code direkt auf dem System ausführen zu können, auf dem der Code auch entwickelt wird.

Eine Möglichkeit ist der ebenfalls in Python geschriebene und daher auf unterschiedlichen Plattformen (Linux, Windows, macOS) verfügbare 6502-Emulator "py65mon".[27] Für den angedachten Zweck und aufgrund des pragmatischen Entwicklungsansatzes ist das Testen der entwickelten Software auf einem emulierten System vertretbar, zumal das System selbst nicht sehr komplex ist.

! **Unterschiede zwischen Emulator und realer Hardware**

Allerdings darf der Hinweis nicht fehlen, dass ein emuliertes System nur bedingt, bzw. nur in bestimmten Eigenschaften mit dem realen System gleichzusetzen ist. In unserem Fall werden weder Signallaufzeiten auf Hardwareebene (z. B. Länge der Verbindungen auf dem Breadboard oder der späteren Platine), noch das exakte Timing (siehe Abschnitt 3 — Systemtakt und Schaltzeiten — Timing-Diagramm) oder gar die exakten Ausführungszeiten der Opcodes bei einem bestimmten Takt berücksichtigt. Das im Band 2 (Kap. II.2.5.1 „Warteschleifen") beschriebene Programm kann zwar durch den Emulator abgearbeitet werden, aber eine Verifizierung der für die Abarbeitung verbrauchten Zeit ist damit nicht möglich, auch wenn die Zahl der ausgeführten Opcodes und der „verbrauchten" Taktzyklen durchaus ermittelbar ist. Die für die Grundfunktionalitäten erforderlichen Programmbausteine sind aber alle nicht zeitkritisch oder besitzen erkennbare Abhängigkeiten vom realen System und können somit recht gut in einer emulierten Umgebung getestet werden.

Ein Problem, das durch eine Abhängigkeit der realen Hardware ergibt, muss allerdings doch gelöst werden, ehe wir mit der Entwicklung in der emulierten Umgebung beginnen können: die Ein- und Ausgabe über die serielle Schnittstelle. Bei der realen Hardware

---

26 https://michaelcmartin.github.io/Ophis/book/book1.html (Abruf: 07.02.2022)
27 https://github.com/mnaberez/py65, Dokumentation: https://py65.readthedocs.io/en/latest/ (Abruf: 07.02.2022)

ist das System über eine serielle Verbindung mit einem Terminalprogramm verbunden, welches die eingegebenen Zeichen an das MOUSE-System sendet und die empfangen Zeichen in einer Konsole ausgibt. Die "py65monUmgebung funktioniert hier ein wenig anders, ist dem Verhalten einer seriellen Konsole aber sehr ähnlich, da es sich um ein reines Kommandozeilenprogramm handelt.

Es gibt zwei spezifische Adressen im Speicher welche der Emulator überwacht (putc=$F001 und getc=$F004). Liest man aus der Adresse $F004_{16}$, so wird das letzte auf der Kommandozeilenkonsole eingegebene Zeichen geliefert. Schreibt man ein Byte in die Adresse $F001_{16}$, so wird dieses Zeichen auf der Kommandozeile ausgegeben, in welcher der Emulator ausgeführt wird. Somit ist es relativ einfach möglich die Ein- und Ausgabe der seriellen Verbindung der echten Hardware vereinfacht abzubilden. Wie man dafür sorgt, dass der Assemblierer das erzeugte ROM-Abbild für die passende Umgebung erzeugt (echte Hardware oder Emulator), sehen wir uns im nächsten Abschnitt genauer an.

Listing 7.1 zeigt zunächst ein Beispiel, wie wir mithilfe des Assemblierers und des Emulators Code testen können.

Listing 7.1: Testprogramm Ausgabe für py65mon

```
1    .org $E000              ; start at $E000
2    .outfile "output.bin"   ; name the file
3
4    .alias PUTC $F001
5
6    v_reset:
7        LDX #$00
8    next:
9        LDA hello,x         ; load next character
10       BEQ halt            ; finished, start again
11       STA PUTC            ; write chracter to output
12       INX                 ; next character
13       JMP next            ; not good, but should work
14   halt:
15       BRK
16
17   v_nmi:
18       RTI                 ; just return
19
20   v_irq:
21       RTI                 ; just return
22
23   ; DATA
24   hello:
25       .byte "Serial OUTPUT",13,10,"Test Program",13,10,0
26       .advance $FFFA      ; fill up to vectors
27   nmi_vector:
```

```
28      .word v_nmi
29  reset_vector:
30      .word v_reset       ; set reset to $E000
31  irq_vector:
32      .word v_irq         ; fill last vector to $0000
```

Der "ophis"-Assemblierer verwendet verschiedene sogenannte Direktiven[28], um Anweisungen für die Assemblierung zu hinterlegen. Diese Anweisungen fließen nicht direkt in den erzeugten Code ein, haben aber Einfluss darauf, wie dieser Code erzeugt wird.

- .org $E000 z. B. setzt den Startpunkt des Programms auf die Adresse $E000_{16}$. Alle Speicheradressen z. B. von Labeln wie v_reset: oder next: werden so relativ zu dieser Basisadresse definiert.
- .outputfile output.bin legt fest, wie die Datei benannt werden soll, die durch den Assemblierer erzeugt wird.
- .alias definiert eine einfache Ersetzung. Statt im Assemblercode überall die Adresse $F001_{16}$ zu verwenden, kann PUTC verwendet werden. Da dieser Wert nur an einer Stelle definiert ist, kann er sehr einfach global angepasst werden.[29]
- .byte und .word definieren eine Byte-Folge bzw. 16-Bit-Werte z. B. für eine Adresse.[30]
- Die Direktive .adcance $fffa wird genutzt, um von der aktuellen bei der Assemblierung verwendeten Adresse bis zur angegebenen Adresse (hier: $FFFA_{16}$) die Ausgabedatei mit dem Wert $00 zu füllen. Das ist im Fall der 6502-CPU recht praktisch, da wir die verschiedenen Sprungvektoren für NMI, RESET und IRQ auf die Adresse $FFFA_{16}$/$FFFB_{16}$, $FFFC_{16}$/$FFFD_{16}$ und $FFFE_{16}$/$FFFF_{16}$ legen müssen.

Da die Basisadresse auf $E000_{16}$ gesetzt ist, deckt die erzeugte Ausgabe des Assembliers den Bereich $E000_{16}$ bis $FFFF_{16}$ ab und somit genau 8192 Bytes = 8 KiB. Das entspricht genau der Größe des verwendeten 8-KiB-EEPROMs, womit die erzeugte Datei direkt 1:1 auf diesen geschrieben werden kann.

Das Programm 7.1 verwendet verschiedene Label (z. B. v_reset:, next:, halt: usw.). Diese werden am Anfang einer Zeile definiert und sind immer mit einem „:" terminiert. Innerhalb des Quellcodes können diese Label genutzt werden, um entweder direkt die Adresse des Labels zu referenzieren (JMP next) oder das Offset einer relativen Adressierung zu bestimmen (BEQ halt) (vgl. Band 2, Kap. II.2.2.7 „Adressierungsarten"). Durch die Verwendung von Labels werden spezifische Adressen erst

---

28 Verschiedentlich werden solche Direktiven auch als Pseudo-Opcodes bezeichnet.
29 Solche Aliase können im Programm wie Variablen verwendet werden (unter der Berücksichtigung, dass es sich dabei um Adressangaben als natürliche Zahlen im Hexadezimal-Format handelt).
30 Hiermit lassen sich auch Datenlisten im Programmcode hinterlegen.

$E000_{16}$	v_reset	prg6-2.asm:6
$E008_{16}$	next	prg6-2.asm:13
$E014_{16}$	halt	prg6-2.asm:19
$E015_{16}$	v_nmi	prg6-2.asm:22
$E016_{16}$	v_irq	prg6-2.asm:25
$E017_{16}$	hello	prg6-2.asm:29
$F001_{16}$	aciadata	prg6-2.asm:4
$FFFA_{16}$	nmi_vector	prg6-2.asm:32
$FFFC_{16}$	reset_vector	prg6-2.asm:34
$FFFE_{16}$	irq_vector	prg6-2.asm:36

Tab. 7.1: Labelliste aus label.txt

zur Assemblierungszeit festgelegt und der Assemblercode wird somit deutlich portabler und leichter zu erweitern, da beim Einfügen von zusätzlichem Code nicht alle nachfolgenden Adressen angepasst werden müssen.

Mit dem Aufruf `ophis -c -v -m label.txt -l source.txt prg6-1.asm` kann das Programm assembliert werden. Dabei werden drei Dateien erzeugt. `output.bin` enthält die 8 KiB Binärcode des erzeugten Speicherabbilds. `label.txt` enthält eine Liste aller Adressen die für die einzelnen Label generiert wurden (vgl. Tab. 7.1).

Die Datei `source.txt` (vgl. Listing 7.2 enthält den durch den Assemblierer erzeugten reinen Quellcode, bei dem alle Label durch direkte oder relative Adressen ersetzt wurden. Weiterhin sind Daten als hexadezimale 8-Bit-Zahlen und ASCII-Text dargestellt. Gerade bei größeren und komplexen Programmen, die aus mehreren Dateien bestehen, hilft diese Datei, den zusammengesetzten und final in Byte-Code übersetzten Assemblercode prüfen zu können.

Listing 7.2: Inhalt von source.txt

```
 1   E000 78          SEI
 2   E001 D8          CLD
 3   E002 A2 FF       LDX  #$FF
 4   E004 9A          TXS
 5   E005 58          CLI
 6   E006 A2 00       LDX  #$00
 7   E008 BD 17 E0    LDA  $E017,X
 8   E00B F0 07       BEQ  $E014
 9   E00D 8D 01 F0    STA  $F001
10   E010 E8          INX
11   E011 4C 08 E0    JMP  $E008
12   E014 00          BRK
13   E015 40          RTI
14   E016 40          RTI
15   E017 4D 4F 55 53 45 20 30 2E 31 20 2D 20 53 65 72 69  |MOUSE 0.1 - Seri|
16   E027 61 6C 20 4F 55 54 50 55 54 0D 0A 54 65 73 74 20  |al OUTPUT..Test |
```

```
17   E037 50 72 6F 67 72 61 6D 0D 0A 00 00 00 00 00 00 00 |Program........|
18   E047 00 00 00 00 00 00 00 00 00 00 00 00 00 00 00 00 |................|
19   E057 00 00 00 00 00 00 00 00 00 00 00 00 00 00 00 00 |................|
```

Listing 7.3: Konsolenausgabe: Start Assemblierer mit Beispielprogramm

```
1   ----------------------------------
2   $ ophis -c -v -m label.txt -l source.txt prg6-2.asm
3   Loading prg6-2.asm
4   Assembly complete: 8192 bytes output (23 code, 48 data, 8121 filler)
5   $
6   ----------------------------------
```

Die Ausgabe 7.4 auf der Kommandozeile zeigt den Start des Emulators. Der Parameter -m 65c02 legt fest, welche 6502-CPU emuliert werden soll und -r output.bin liest das erzeugte ROM-Abbild an das obere Ende des Adressraums von $E000_{16}$ bis $FFFF_{16}$ ein.

Listing 7.4: Konsolenausgabe: Start Emulator mit Ausgabedatei des Assemblierers

```
1   ----------------------------------
2   $ py65mon -m 65c02 -r output.bin
3   Wrote +8192 bytes from $E000 to $FFFF
4   MOUSE 0.1 - Serial OUTPUT
5   Test Program
6
7   Py65 Monitor
8
9          PC  AC XR YR SP NV-BDIZC
10  65C02: E014 00 29 00 FF 00110010
11  .add_breakpoint E006
12  Breakpoint 0 added at $E006
13
14         PC  AC XR YR SP NV-BDIZC
15  65C02: E014 00 29 00 FF 00110010
16  .goto E000
17  Breakpoint 0 reached.
18
19         PC  AC XR YR SP NV-BDIZC
20  65C02: E006 00 FF 00 FF 10110000
21  .step
22  $E008 BD 17 E0 LDA $E017,X
23
24         PC  AC XR YR SP NV-BDIZC
25  65C02: E008 00 00 00 FF 00110010
```

```
26  .step
27  $E00B F0 07    BEQ $E014
28
29          PC  AC XR YR SP NV-BDIZC
30  65C02: E00B 4D 00 00 FF 00110000
31  .
32  ----------------------------------
```

Nach dem Laden des ROM-Abbildes wird ein Reset der CPU durchgeführt und aufgrund des auf $E000_{16}$ gesetzten RESET-Vectors wird nach dem Reset das Programm ab Adresse $E000_{16}$ abgearbeitet. Der Emulator verzeigt in den Kommandomodus, wenn ein BRK-Opcode ausgeführt wird, was am Ende des Programms an Adresse $E014_{16}$ geschieht.

Danach wird zu Demonstrationszwecken ein sogenannter Breakpoint gesetzt. Über diesen wird dem Emulator mitgeteilt, an welcher Stelle (Adresse) der Programmablauf unterbrochen werden soll, nachdem mittels goto $e000 die Ausführung des Programms erneut gestartet wird. Mithilfe des Kommandos step kann das Programm nun Schritt für Schritt abgearbeitet werden. Nach jeden Schritt werden jeweils die Inhalte der einzelnen Register, der aktuelle Stand des Programm Counters, die einzelnen Bits des Statusregisters und der zuletzt abgearbeitete Opcode angezeigt. Damit kann in Einzelschritten (SSingle-Step-Modus") die Korrektheit des abgearbeiteten Programms geprüft werden.

7.2 Das Treiberkonzept

Im vorherigen Abschnitt haben wir ein Beispielprgramm verwendet, welches mit dem „Py65mon"-Emulator funktioniert. Allerdings kann dieses Programm nicht direkt auf der eigentlichen Hardware von MOUSE ausgeführt werden. Schaut man sich das Beispielprogramm 6.2 aus dem Kapitel „Serielle Kommunikation" an, so ist zu sehen, das der MC6850-ACIA-Chip zunächst initialisiert werden muss, ehe Daten über die serielle Verbindung ausgegeben werden können.

Es wäre sicher einfach diesen Teil aus dem Programm 6.2 auf das Programm 7.1 zu übertragen und für dieses einfache Beispiel würde das auch sicherlich funktionieren. Aber was wäre, wenn ein anderer Baustein für die serielle Kommunikation genutzt werden würde oder die Adresse, an welcher der Baustein in das System eingebunden ist, eine andere wäre? Dann müssten alle Programme für unterschiedliche Varianten des MOUSE-Computers jeweils in einer eigenen Version vorliegen und genau auf die entsprechende Hardware (z. B. die Basisadresse des ACIA-Chips) angepasst sein. Jede Änderung (z. B. die Korrektur eines Fehlers) an einem Programm müsste dann auch in jeder dieser unterschiedlichen Versionen des Programms durchgeführt werden.

acia_init:	Initialisieren der Verbindung
acia_send_b:	sendet ein Byte (blockierend = wartet auf Abschluss des Sendens)
acia_send:	sendet ein Byte (nicht-blockierend = wartet nicht auf das Senden)
acia_ready2send:	prüft ob gesendet werden kann
acia_received:	prüft ob ein Byte empfangen wurden
acia_receive_b:	empfängt ein Byte (blockierend = wartet bis ein Byte verfügbar ist)
acia_receive:	empfängt ein Byte (nicht-blockierend = kehrt zurück, auch wenn kein Byte gelesen wurde)

Tab. 7.2: Notwendige Routinen zum Abstrahieren des seriellen Bausteins

Um das zu vermeiden, können wir bestimmte, sehr systemnahe Funktionen, wie das Initialisieren des ACIA-Bausteins, abstrahieren. Dazu definieren wir eine Menge einzelner Routinen, mit denen wir alle notwendigen Funktionen abdecken. Im Falle des seriellen Bausteins wären das die in Tabelle 7.2 aufgeführten Routinen.

Schaut man sich den Quellcode[31] an, so findet man all diese Funktionen als Label wieder. Eine zweite Datei[32] definiert ebenso die gleichen Label, lediglich der Quellcode unterscheidet sich an einigen Stellen.

Somit gibt es zwei unterschiedlichen Implementierungen (MC6850-ACIA-Baustein und der „py65mon"-Emulator) für das gleiche Interface. Die Unterscheidung, ob ein Programm die tatsächliche MC8650-Hardware oder den Py65mon-Emulator nutzt, wird dadurch festgelegt, welchen Treiber das Programm per include-Direktive einbindet. Der eigentliche Programmcode verwendet die im Interface definierten Funktionen.

Der „ophis"-Assemblierer verfügt über die beiden Direktiven .include und .require, mit denen Quellcode aus einer anderen Datei eingebunden werden kann. Beide Quellcode-Dateien definieren die gleichen Label und können somit identisch verwendet werden.

Listing 7.5: Serielle Ausgabe mittels Treiberfunktionen

```
1   .org $E000              ; start at $E000
2   .outfile "output.bin"   ; name the file
3
4   .alias ACIA_START $f001
5
6   v_reset:
7       JSR acia_init        ; initialise serial connection
8       LDX #$00             ; set index to 0
9   next:
```

---

31 https://github.com/mkeller0815/MOUSE/blob/master/Source/DRIVER/driver_ACIA6850.asm (Abruf: 07.02.2022)

32 https://github.com/mkeller0815/MOUSE/blob/master/Source/DRIVER/driver_ACIApy65mon.asm (Abruf: 07.02.2022)

```
10      LDA hello,x             ; load next character
11      BEQ halt                ; finished, start again
12      JSR acia_send           ; write chracter to output
13      INX                     ; next character
14      JMP next                ; not good, but should work
15  halt:
16      BRK
17
18  .include "driver_ACIApy65mon.asm"
19
20  v_nmi:
21      RTI                     ; just return
22  v_irq:
23      RTI                     ; just return
24
25  ; DATA
26  hello:
27      .byte "Serial OUTPUT",13,10,"Test Program 3",13,10,0
28      .advance $FFFA          ; fill up to vectors
29  nmi_vector:
30      .word v_nmi
31  reset_vector:
32      .word v_reset           ; set reset to $E000
33  irq_vector:
34      .word v_irq             ; fill last vector to $0000
```

Programm 7.5 zeigt die Verwendung der Treiberdatei. Die Direktive `.include`
`driver_ACIApy65mon.asm` bindet den Quellcode nach dem BRK-Opcode ein. Die Unterroutinen Aufrufe `JSR acia_init` und `JSR acia_send` nutzen dann die entsprechenden
Funktionen, die über den Treiberquellcode eingebunden werden. Eine Umstellung
des Programms von der Verwendung mit dem Emulator auf die Verwendung mit der
realen Hardware erfolgt nun einfach durch Austausch der geladenen Treiberdatei in
`.include driver_ACIA6850.asm`.

7.3 Quellcode Organisation

Im vorherigen Abschnitt wurde gezeigt, dass der Assemblerquellcode eines Projektes /
Programms nicht in einer einzigen Datei vorhanden sein muss, da der Assemblierer
Daten aus anderen Dateien während des Assemblierens nachladen kann. So können
größere und komplexere Projekte in übersichtliche Einheiten gelgiedert werden. Somit
ist es Zeit einige Überlegungen anzustellen, welche Funktionen das Betriebssystem des
MOUSE-Computers zur Verfügung stellen soll und wie diese Funktionalitäten möglichst
modular über den Quellcode abgebildet werden können.

Erstens ist eine möglichst große Abstraktion der Hardware gegenüber den Anwendungsprogrammen wünschenswert. Dazu sollen Funktionen z. B. zum Ausgeben einer Zeichenkette, einer Zahl als Hexdezimalwert (8 Bit und 16 Bit), die Eingabe von Zeichen usw. definiert werden, die allen Anwendungsprogrammen zur Verfügung stehen. Dieser Teil des Systems soll die Bezeichnung MIOS (Minimal Input Output System) bekommen.

Zweitens soll es eine interaktive Bedienung des MOUSE-Computers ermöglicht werden — eine Konsolenanwendung, über die in die verschiedenen Anwendungsprogramme verzweigt werden kann und die direkt nach dem Einschalten bzw. nach einem Reset zur Verfügung steht.

Drittens sollten einige Anwenderprogramme zur Verfügung stehen. Dabei können wir unterscheiden, welche Programme fest im EEPROM gespeichert und welche Programme nachgeladen werden sollen. Für den EEPROM stehen maximal 8 KiB Speicher zur Verfügung, in die sowohl der Code des MIOS, des Monitorprogramms und der Anwendungsprogramme passen müssen. Wichtig wären hier:

- ein Assemblierer
- ein Disassemblierer
- eine weitere einfache Programmiersprache
- ein Spiel

Letzteres Programm ist optional, würde aber ein komplexeres und interaktives Anwendungsprogramm hinzufügen.

Nachdem die logische Struktur definiert ist, stellt sich die Frage wie man den Quellcode möglichst übersichtlich und modular gestalten kann, damit spätere Änderungen am System oder den verwendeten Programmen für den MOUSE-Computer einfach umgesetzt werden können.

Zunächst hilft es ein Schema wie in Abb. 7.1 für die Dateinamen und Unterordner der einzelnen Quellcodedateien festzulegen. Alle Treiber werden in einem Unterverzeichnis DRIVER gespeichert und beginnen mit dem Präfix driver_ im Dateinamen. Im Unterornder M-OS werden alle Teile des Betriebssystems abgelegt. Dabei werden Dateien, die zum MIOS gehören, mit dem Präfix MIOS_ und alle M-OS-Dateien mit dem Präfix MOS_ versehen. Ein weiterer Unterordner PROGRAMMS beherbergt alle Dateien für zusätzliche Programme.

Das gesamte Projekt wird über die Datei MOS_main.asm gebaut. Listing 7.6 zeigt diese Datei. Wie man sieht, stehen keinerlei 6502-Assembler-Opcodes in dieser Datei. Es werden lediglich .alias- und .require-Direktiven verwendet, um die verschiedenen Teile des Quellcodes einzubinden. Mit Hilfe von ophis -c -l listfile.txt -m labelmap.txt -o MOUSE_ROM.bin MOS_main.asm wird dann das 8-KiB-ROM-Abbild für das System erzeugt.

```
├── DRIVER
│   ├── driver_ACIA6850.asm
│   └── driver_ACIApy65mon.asm
├── M-OS
│   ├── MIOS_defines.asm
│   ├── MIOS_kernel.asm
│   ├── MIOS_kernel_jmptable.asm
│   ├── MIOS_macros.asm
│   ├── MOS_main.asm
│   └── MOS_monitor.asm
└── PROGRAMMS
    ├── SW_chess.asm
    ├── SW_disassembler.asm
    └── SW_vtl2a.asm
```

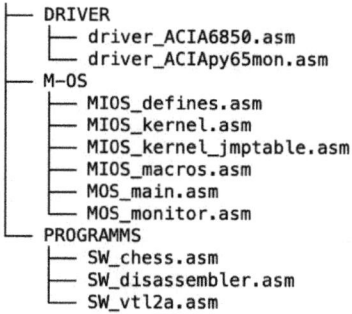

Abb. 7.1: Schema der MOUSE-Software

Listing 7.6: MOS_main.asm-Datei

```
1   ; M-OS
2   ; Mouse-OS main file
3   ; the ROM image is always built from this main file
4
5   ; first define the macros used in the code
6   .require "MIOS_macros.asm"
7
8   ; load the defines for memory locations
9   .require "MIOS_defines.asm"
10
11  ; define the start-address of the tool that should be startet by the
12  ; kernel after reset und k_START
13  .alias MOUSESTART m_start    ; define the monitor programm as start entry
14
15  ; set the assembler to the start-address of the ROM image
16  .org ROM_START
17
18  ; the jumptable should always be the first part after ROM start
19  .require "MIOS_kernel_jmptable.asm"
20
21  ; include all other parts of the system
22  .require "MOS_monitor.asm"
23  .require "../PROGRAMMS/SW_vtl2a.asm"
24  .require "../PROGRAMMS/SW_chess.asm"
25  .require "../PROGRAMMS/SW_disassembler.asm"
26
27  ; the kernel is the last part, because it defines the RESET and IRQ
28  ; vectors at the end of the file.
29  .require "MIOS_kernel.asm"
```

k_wstr:	Ausgabe Zeichenkette
k_wchr:	Ausgabe Zeichen
k_rchr:	Eingabe Zeichen
k_a2b:	Umwandlung Hex-Zahl zu Byte
k_bin8out:	Ausgabe Byte als Binär-Wert
k_hex8out:	Ausgabe Byte als Hex Wert
k_hex4out:	Ausgabe 4 Bit als Hex-Ziffer (0-F_{16})
k_chr2nibble:	Umwandlung Hex-Ziffer (0-F_{16}) zu 4 Bit Wert

Tab. 7.3: Label der Ein- und Ausgabe-Funktionen im MIOS

7.4 MIOS — Minimal Input / Output System

Über die Treiber für die serielle Kommunikation wurden bereits Abhängigkeiten zu konkreter Hardware (serieller Baustein / Emulator) abstrahiert. Über das MIOS sollen bestimmte Funktionen noch weiter abstrahiert werden. Somit wäre es dann für eine Anwendungsprogramm egal, ob die Ein-/Ausgabe über eine serielle Schnittstelle oder z. B. eine Tastatur und einen Videomonitor erfolgt. Weiterhin soll es Funktionen geben, um z. B. Zahlen oder Zeichenketten ausgeben oder einlesen zu können.

Es wird also eine Bibliothek an Grundfunktionen für die Ein- und Ausgabe definiert, die fest im System eingebunden ist und die dann von anderen Programmen genutzt werden kann. Tabelle 7.3 zeigt die dafür definierten Label.

Jedes dieser Label hat nach dem Assemblieren eine spezifische Adresse, die als Einsprungpunkt zum Aufrufen dieser Funktion von einem Anwendungsprogramm genutzt werden kann (siehe Datei `labelmap.txt` nach dem Assemblieren von `MOS_main.asm`). Daraus ergibt sich aber das Problem, dass sich ein Anwendungsprogramm immer darauf verlassen können muss, dass diese Einsprungpunkte stets an der selben Adresse liegen. Anderenfalls würde das Programm nicht mehr richtig funktionieren bzw. müssten bei jeder Änderung an den Einsprungadressen auch immer sämtliche Anwendungsprogramme angepasst werden.

7.4.1 Das Jump-Table-Konzept

Um das Problem der sich ändernden Einsprungadressen der unterschiedlichen MIOS-Funktionen zu lösen, bedienen wir uns des einfachen Tricks einer *Sprungtabelle* (Jump Table). Die Tabelle 7.4 zeigt diese in der Datei `MIOS_kernel_jmptable.asm` definierte Liste und das Listing 7.7 zeigt den Abschnitt von `MIOS_kernel.asm`, wo diese Tabelle eingebunden wird.

Jeder Eintrag in dieser Tabelle ist 3 Bytes lang — jeweils 1 Byte für den Opcode JMP und die 2 Byte für die Zieladresse der eigentlichen Funktion.

```
j_wstr:         JMP k_wstr
j_wchr:         JMP k_wchr
j_rchr:         JMP k_rchr
j_a2b:          JMP k_ascii2byte
j_bin8out:      JMP u_bin8out
j_hex8out:      JMP u_hex8out
j_hex4out:      JMP u_hex4out
j_chr2nibble:   JMP u_chr2nibble
```

Tab. 7.4: Jump-Table der MIOS-Funktionen

Listing 7.7: Auszug aus MOS_main.asm - Sprungtabelle

```
 1   ...
 2   ; set the assembler to the start-address of the ROM image
 3   .org ROM_START
 4
 5   ; the jumptable should always be the first part after ROM start
 6   .require "MIOS_kernel_jmptable.asm"
 7
 8   ; include all other parts of the system
 9   .require "MOS_monitor.asm"
10   ...
```

Wie im Listing 7.7 zu sehen ist, wird die Sprungtabelle direkt nach der .org ROM_START-Direktive eingebunden (im Fall von MOUSE ist das $E000_{16}$). Somit steht diese Tabelle immer als erstes im ROM und hat damit fest definierte Adressen, die sich nicht ändern. Die Tabelle kann nachträglich auch erweitert werden, ohne dass sich die bereits definierten Adressen ändern.

Wie läuft nun aber ein Aufruf einer MIOS-Funktion aus einem Anwendungsprogramm ab? Nehmen wir als Beispiel die einfache Ausgabe eines Zeichens. Bisher haben wir in den Beispielprogrammen jeweils direkt die Funktion acia_send_b genutzt mit dem auszugebenden Zeichen im Akkumulator (JSR aica_send_b). Nun verwenden wir stattdessen JSR k_wchr in einem Programm. Das Label k_wchr wird beim Assemblieren auf die entsprechende Adresse des Lables gesetzt, da es in der Datei MIOS_kernel_jmptable.asm definiert ist.

Bei einem Programm, das unabhängig vom MIOS-System assembliert wird, muss z. B. ein Alias erstellt werden .alias j_wchr $e003 oder die Funktion direkt per JSR $e003 angesprungen werden. Der Befehl JSR initiiert eine Verzweigung in einen Unterprogramm. Dabei wird die aktuelle Adresse des ausgeführten Programms (PC-Register) auf den Stack geschrieben und der Zähler im Stackpointer um 2 verringert (SP-Register) und somit „merkt" sich die CPU, an welcher Stelle der Ablauf unterbrochen wurde. Danach wird ein Sprung an die im JSR-Befehl angegeben Adresse (in unserem

Fall E003$_{16}$) ausgeführt. Dort wird dann ein weiterer Sprung JMP k_wchr an die Adresse der eigentlichen Funktion, die durch das Label k_wchr definiert ist, ausgeführt.

Listing 7.8 zeigt diese Funktion. Auch hier erfolgt im wesentlichen nur eine Verzweigung zum bereits bekannten acia_send_b für die Ausgabe des Zeichens. Zusätzlich wird aber vorher der Inhalt des Akkumulators auf den Stack gesichert (PHA) und danach wieder vom Stack gelesen (PLA). Somit steht nach dem Aufruf von j_wchr der gleiche Wert im Akkumulator wie vor dem Aufruf, unabhängig davon, was nach dem Aufruf von acia_send_b im Akkumulator stehen würde. Der Opcode RTS verursacht den Rücksprung zu dem Programmteil, von dem das Unterprogramm aufgerufen wurde. Hierbei wird die vorher auf den Stack geschriebene Adresse wieder vom Stack in den Programm-Counter (PC-Register) geschrieben und der Programmablauf an der aufrufenden Adresse fortgesetzt.

Listing 7.8: MIOS-Funktion zur Zeichenausgabe

```
 1  ; k_wchr
 2  ; write one character to output
 3  ;
 4  ; @param A - character to write
 5  ;
 6  ; @return -
 7  .scope
 8  k_wchr:
 9      PHA                     ; save A to stack
10      JSR acia_send_b         ; send charachter to ACIA and wait until it was sent
11      PLA                     ; restore A
12      RTS                     ; return
13  .scend
```

Einige der Funktionen des MIOS müssen Daten im RAM zwischenspeichern oder benötigen als Eingabe zusätzliche Daten, die nicht in einem Register übergeben werden können. Es werden daher Speicherbereiche in der Zero-Page genutzt, die von Anwendungsprogrammen nicht überschrieben werden sollten, um unvorhergesehenes Verhalten zu vermeiden. Die Datei MIOS-defines.asm definiert die in Listing 7.9 dargestellten Aliase, die dann genutzt werden, um die entsprechenden Speicherzellen zu adressieren. Zum Einlesen von Zeichenketten wird der Bereich von 000F$_{16}$ bis 002F$_{16}$ definiert, in dem eingegebene Zeichen zwischengespeichert werden.

Hier zeigt sich ein Nachteil des sehr einfachen Systems. Jedes Anwendungsprogramm kann ebenfalls diese Speicherbereiche nutzen und es existiert keine Möglichkeit, um dies zu verhindern. Komplexere Systeme verwenden eine MMU (Memory Management Unit), die als zusätzlicher Baustein den Zugriff auf den Arbeitsspeicher verwaltet und somit den Zugriff auf bestimmte Bereiche blockieren kann.

Listing 7.9: MIOS-Sprungtabelle

```
 1  .alias K_STRING_L    $00    ; ZP highbyte of string output address
 2  .alias K_STRING_H    $01    ; ZP lowbyte of string outpu address
 3  .alias K_VAR1_L      $02    ; ZP common variable (16 bit)
 4  .alias K_VAR1_H      $03
 5  .alias K_VAR2_L      $04    ; ZP common variable (16 bit)
 6  .alias K_VAR2_H      $05
 7  .alias K_VAR3_L      $06    ; ZP common variable (16 bit)
 8  .alias K_VAR3_H      $07
 9  .alias K_VAR4_L      $08    ; ZP common variable (16 bit)
10  .alias K_VAR4_H      $09
11  .alias K_TMP1        $0A    ; ZP temp variable (8bit)
12  .alias K_TMP2        $0B    ; ZP temp variable (8bit)
13  .alias K_TMP3        $0C    ; ZP temp variable (8bit)
14  .alias K_TMP4        $0D    ; ZP temp variable (8bit)
15  .alias K_TMP5        $0E    ; ZP temp variable (8bit)
16
17  ; kernel input buffer / reserved from $0F to $2F
18  .alias K_BUF_P       $0F    ; ZP variable holding pointer to end of buffer
19  .alias K_BUFFER      $10    ; ZP start of 32 bytes kernel input buffer
20  .alias K_BUF_LEN     $20    ; max length of input buffer (this is not an address)
```

7.5 Das Monitorprogramm M-OS

Damit der MOUSE-Computer interaktiv bedienbar ist, wird ein Programm benötigt, welches auf die Eingabe einer Anweisung wartet, die gewählte Aktion ausführt und anschließend wieder auf eine Eingabe wartet. Die Liste in Tabelle 7.5 zeigt die Aktionen, die durch das Monitorprogramm M-OS ausgeführt werden sollen.

ASCII Dump	Ausgabe von Speicherinhalten als ASCII-Zeichen
fill	Speicherbereich mit einem bestimmten Wert füllen
go	Ausführen eines Programms ab einer bestimmten Adresse
help	Ausgabe eines Hilfetextes
memdump	Ausgabe eines Speicherbereichs als Hex-Werte
output	Ausgabe eines Speicherbereichs für späteres Einlesen
input	Einlesen eines Speicherbereichs von der Konsole
reset	Sprung in die Reset-Routine des Systems

Tab. 7.5: Aktionen des Monitorprogramms

Darüber hinaus soll es noch eingebettete Programme geben, die aus dem Monitor-programm heraus gestartet werden können. In der Datei MOS_monitor.asm findet sich der Quellcode des Monitorprogramms.

Das M-OS-Programm nutzt dabei die vom MIOS bereitgestellten Funktionen zum Einlesen und Ausgeben von Daten. Die einzelnen Funktionen werden als Unterpro-grammroutinen umgesetzt, in die mittels JSR <ALIAS> verzweigt werden kann. Im Listing 7.10 sieht man die Hauptschleife des Monitorprogramms. Es wird jeweils auf die Eingabe eines Zeichens gewartet. Wurde ein Zeichen eingegeben, wird es in den Einga-bepuffer (0010_{16} bis $002F_{16}$) geschrieben. Wird ein Linefeed- oder Carriage-Return-Zeichen erkannt (Drücken von ENTER), wird der Inhalt der Eingabepuffers ausgewertet (Unterroutine m_parse) und in die entsprechende Funktion oder Unterprogramme verzweigt. Dafür wird auch wieder eine Sprungtabelle (Alias m_cmd_jumptable) ge-nutzt. Nachdem die Unterroutine abgearbeitet ist, wird wieder in die Warteschleife gesprungen.

Listing 7.10: Hauptschleife des Monitor-Programms von M-OS

```
 1  _wait:
 2      JSR j_rchr        ; read character
 3      BCS _wait         ; wait for character
 4      CMP #AsciiCR      ; check if carriage return
 5      BEQ m_parse       ; parse buffer
 6      CMP #AsciiLF      ; check if line feed
 7      BEQ m_parse       ; parse buffer
 8      JSR j_wchr        ; local echo character
 9      LDX K_BUF_P       ; load current bufferpointer
10      STA K_BUFFER,x    ; put character to buffer
11      INX               ; increment bufferpointer
12      STX K_BUF_P       ; save buffer pointer
13      CPX #K_BUF_LEN    ; check for end of buffer
14      BEQ m_parse       ; if end of buffer -> parse
15      BRA m_main        ; next character
```

Die Implementierung der einzelnen Funktionen zu beschreiben sprengt leider den Rahmen dieses Kapitels und muss daher dem Selbststudium des Lesers überlassen werden.

7.6 Programme

Teil der im ROM bereitgestellten Programme sind nicht nur die Funktionen des Moni-torprogramms M-OS, sondern auch Programme für die 6502-CPU, die auf den MOUSE-Computer adaptiert wurden.

7.6.1 Assemblierer / Disassemblierer

Ein vom Entwickler Jeff Tranter unter einer Open-Source-Lizenz zur Verfügung gestellter Assemblierer[33] und Deassemblierer[34] wurden auf das System des MOUSE-Computers angepasst. Erleichternd ist hier der Umstand, dass die Programme ursprünglich für einen Apple I bzw. ein Apple I Replika geschrieben wurden. Diese Rechner arbeiten mit einer Bildschirmausgabe, welche einem seriellen Terminal sehr ähnlich ist. (Die Nutzung des Assemblierers und Deassemblierers wurden bereits im Band 2, Kap. II.2.5 sowie Kap. II.2.6. beschrieben.)

7.6.2 VTL-2 — Very tiny language

Eine ursprünglich 1976 für den Altair-680-Computer entwickelte Progammiersprache ist VTL-2 (Very Tiny Language, Version 2[35]. Die Sprache ist vergleichbar mit BASIC, wenngleich der Aufbau noch weiter vereinfacht wurde.

Variablen haben keinen Typen und haben nur ein einzelnes Zeichen als Variablenname. Sprünge zu unterschiedlichen Programmteilen sind über die Manipulation einer speziellen Variable „#" möglich, welche die Nummer der aktuell ausgeführten Programmzeile enthält. Das Listing 7.11 zeigt ein einfaches Programm, welches den Text „Hello World" 5 mal auf dem Bildschirm ausgibt.

Listing 7.11: Beispielprogramm in VTL

```
10 A=1
20 ?="Hello World"
30 A=A+1
40 #=A<6*20
```

Die für den MOUSE-Computer verwendete Umsetzung dieser Sprache für den 6502-Prozessor wurde von Mike Barry programmiert und allgemein zur Verfügung gestellt.[36] Der Quellcode der 6502-Variante wurde vom Autor für die Verwendung um MOUSE-System angepasst.

---

33 https://github.com/jefftranter/6502/blob/master/asm/jmon/miniasm.s (Abruf: 07.02.2022)

34 https://github.com/jefftranter/6502/blob/master/asm/jmon/disasm.s (Abruf: 07.02.2022)

35 https://usermanual.wiki/Document/VTL2Manual.3623314150/view (Abruf: 07.02.2022)

36 http://6502.org/source/interpreters/vtl02.htm sowie http://forum.6502.org/viewtopic.php?f=2&t=2612 (Abruf: 07.02.2022)

7.6.3 Schachprogramm

Nachdem mit VTL-2 und dem Assemblierer zwei Programmierumgebungen für die direkte Nutzung zur Verfügung stehen, wurde als drittes Programm das Schachspiel „Micro Chess" von Programmierer Peter Jennings auf den MOUSE-Computer adaptiert. „Micro Chess" wurde ursprünglich 1976 für dem KIM-1, einem 6502-basiertem Einplatinencomputer entwickelt mit dem Ziel ein vollständiges Schachprogramm in maximal 1 KiB Speicher unterzubringen.[37]

Dank der freundlichen Genehmigung von Peter Jennings war es dem Autor nicht nur möglich den Quellcode des Programms an das System des MOUSE-Computers anzupassen, sondern ihn auch zusammen mit dem System zur Verfügung stellen zu dürfen. Das Handbuch zum Spiel findet sich im Internet.[38]

7.7 Adaptieren von Fremdsoftware

Mit einem Ausblick auf das Adaptieren von Fremdsoftware schließen wir das Kapitel Systemsoftware und Softwareentwicklung ab. Das Anpassen des Quellcodes eines Programms auf die Gegebenheiten des MOUSE-Computers erfordert detailliertes Wissen über die Hardware und den Aufbau, die Funktion der Betriebssoftware des Rechners, sowie Erfahrung im Lesen und Schreiben von Assemblercode. Da eine ausführliche Beschreibung den Rahmen dieses Textes sprengen würde, beschränken wir uns auf die wichtigsten Anpassungsschritte.

Zur Vereinfachung setzen wir voraus, dass die orignale Software bereits in 6502-Assembler geschrieben wurde, dass der Quellcode vorliegt und dass alle Ein- und Ausgabeoperationen seriell erfolgen. Das Anpassen eines Programms, welches z. B. Daten in einen dedizierten Bildschirmspeicher schreibt, um die Bildschirmanzeige zu manipulieren, ist zwar möglich, aber deutlich komplexer.

Zunächst wird Quellcode an die Gegebenheiten des verwendeten Assembliers (z. B. „Ophis") angepasst. Das sind z. B. die Syntax für die Definition von Macros, Aliasse oder andere Direktiven. Danach sollte sich der Quellcode ohne Fehler assemblieren lassen. Weiterhin darf das Programm keine absoluten Adressen verwenden. Alle Sprungmarken oder andere festen Adressen dürfen erst beim Assemblieren festgelegt werden. So ist sichergestellt, dass ein Programm an einer beliebigen Stelle im Speicher platziert werden kann. Das kann erreicht werden, indem für alle festen Adressen jeweils ein Alias oder Label definiert wird.

Anschließend werden im Quellcode alle Programmteile identifiziert, die Daten über ein Terminal einlesen oder ausgeben. Diese Teile werden so angepasst, dass sie

---

37 http://www.benlo.com/microchess/index.html (Abruf: 07.02.2022)
38 http://www.benlo.com/microchess/Kim-1Microchess.html (Abruf: 07.02.2022)

die MIOS-Funktionen wie z. B. k_wchr bzw. k_wstr verwenden. Bei der Ausgaben von Zeichnketten ist dabei darauf zu achten, dass diese mit einem 0-Byte terminiert sind.

Danach muss geprüft werden, ob das Programm von Speicherbereichen Gebrauch macht, die vom MIOS-System genutzt werden. Das kann recht häufig im Adressbereich der Zero-Page auftreten (0000_{16} bis $00FF_{16}$), da die Verwendung dieses Bereiches als Zwischenspeicher das Schreiben von schnellem und kurzem Code ermöglicht. Speicher von 0000_{16} bis $002F_{16}$ wird vom System verwendet und sollte in einem Programm nicht genutzt werden. Alles von 0030_{16} bis $00FF_{16}$ ist ohne Einschränkung nutzbar.

Wie in Abschnitt „Quellcode Organisation" zu sehen werden alle Programmteile in der Datei MOS_main.asm mittels der .require-Direktive eingebunden. Hier muss darauf geachter werden, dass der erzeugte Binärcode des ROM-Abbildes nicht größer wird als 8 KiB und dass die letzten 6 Bytes von $FFFA_{16}$ bis $FFFF_{16}$ nicht genutzt werden, da dort die Sprungvektoren für die Interrupts und Reset hinterlegt sind.

Soll der „py65mon"-Emulator genutzt werden, so ist dabei zu beachten, dass die Adressen $F001_{16}$ und $F004_{16}$ zum Schreiben und Lesen der Terminalverbindung genutzt werden. Diese Adressen können daher nicht genutzt werden.

Sollte ein Programm so groß sein, dass diese Adressen genutzt werden, so müssen die Basisadressen in der Datei DRIVER/driver_ACIApy65mon.asm angepasst werden, z. B. auf die Basisadresse, die der reale ACIA-6850-Chip nutzt, und der Parameter -i und -o beim Aufruf des Emulators auf die geänderten Adressen gesetzt werden.

8 Entwurf einer Platine für MOUSE

Der MOUSE-Computer wurde nicht extra für die Buchreihe *Medientechnisches Wissen* entwickelt, sondern ist ein unabhängiges und privates Open-Source-Projekt.[39] Das Projekt dient als Abschluss dieses Kapitels und als Beispiel einer praxisnahen Anwendung, die viele der durch die Buchreihe abgedeckten Bereiche vereint.

Im Rahmen der Umsetzung des MOUSE-Computers wurde auch eine Leiterplatte erstellt, die gegenüber dem Aufbau auf einem Breadboard deutlich mehr Stabilität und weniger Fehleranfälligkeit bietet. Auch wenn eine detaillierte Beschreibung des Entwurfsprozesses eine gute Ergänzung für den Inhalt dieses Buches bieten würde, so würde der Umfang bei weitem den Rahmen sprengen. Daher finden sich zusätzlich zur eher allgemeinen Beschreibung hier im Literaturverzeichnis weiterführende Werke, die einen tieferen Einstieg in das Thema ermöglichen.

8.1 EDA-Software

Für den Entwurf von elektronischen Schaltungen und Leiterplatten werden spezielle Programme eingesetzt, um den Prozess, der früher von Hand ausgeführt wurde, zu erleichtern. Diese EAD-Systeme (Electronic Design Automation) ermögliche nicht nur das Erstellen von Schaltplänen und Platinen, sie bieten, abhängig vom Funktionsumfang der jeweiligen Software, noch zusätzliche Tools z. B. zur Analyse von Schaltungen, um Fehler zu finden, das automatischen Verlegen von Leiterbahnen auf der Platine oder das Prüfen auf die Einhaltung von Produktionsregeln (Abstände und Dicken von Leiterbahnen, Randabstände etc.)

Die Auswahl an solchen Systemen ist recht groß; daher beschränken wir uns beispielhaft auf zwei Vertreter, welche frei verfüg- und nutzbar sind.

8.1.1 Fritzing

Für den Einstieg in die Thematik eignet sich das Projekt „Fritzing" (fritzing.org). Mit Hilfe dieser Software, die für alle gängigen Betriebssysteme kostenfrei zur Verfügung steht, können Schaltungen über ein Steckbrett aufgebaut werden. Abb. 8.1 zeigt den Aufbau einer einfachen Schaltung, die eine LED über einen Taster schaltet. Aus dem Aufbau des Steckbretts kann über die Software die Schaltung in Abb. 8.2 und daraus dann das Layout einer Platine abgeleitet werden (Abb. 8.3).

Aus der Software heraus kann diese Platine sogar direkt von einem Hersteller bestellt werden. Die Software verfügt bereits über einige Eigenschaften und Hilfsfunk-

---

39 https://github.com/mkeller0815/MOUSE/ (Abruf: 07.02.2022)

https://doi.org/10.1515/9783110581805-024

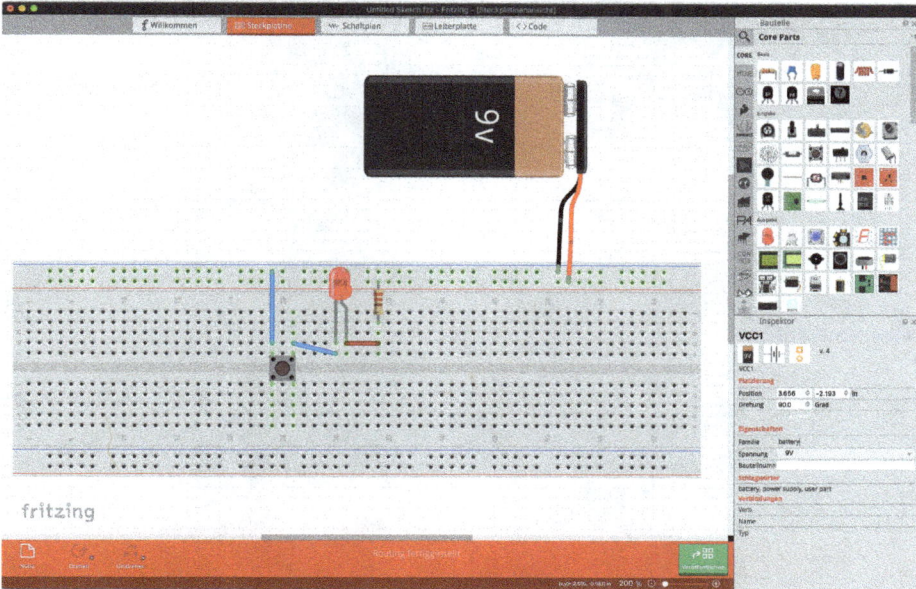

Abb. 8.1: Breadboard-Aufbau mit LED und Taster als Entwurf in Fritzing

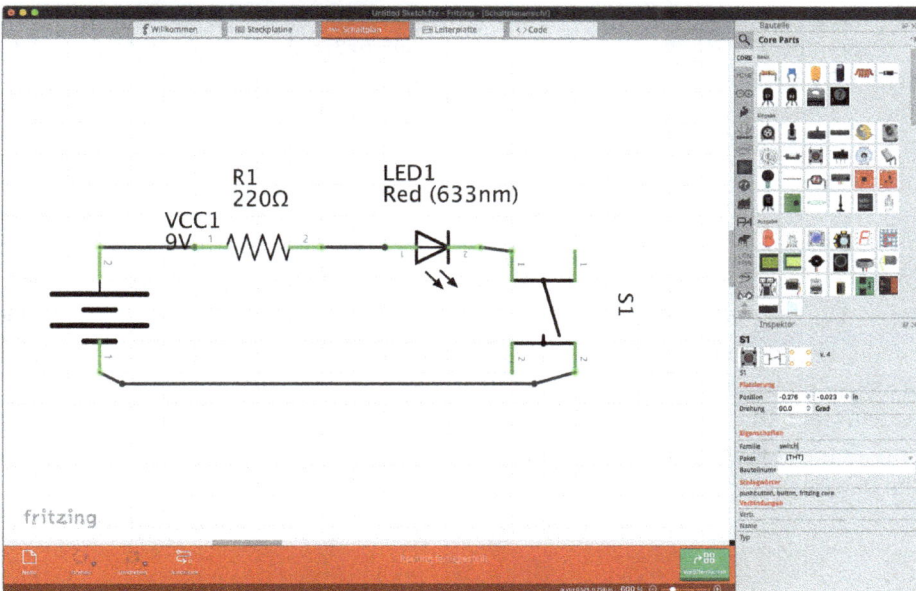

Abb. 8.2: Schaltungsentwurf in Fritzing

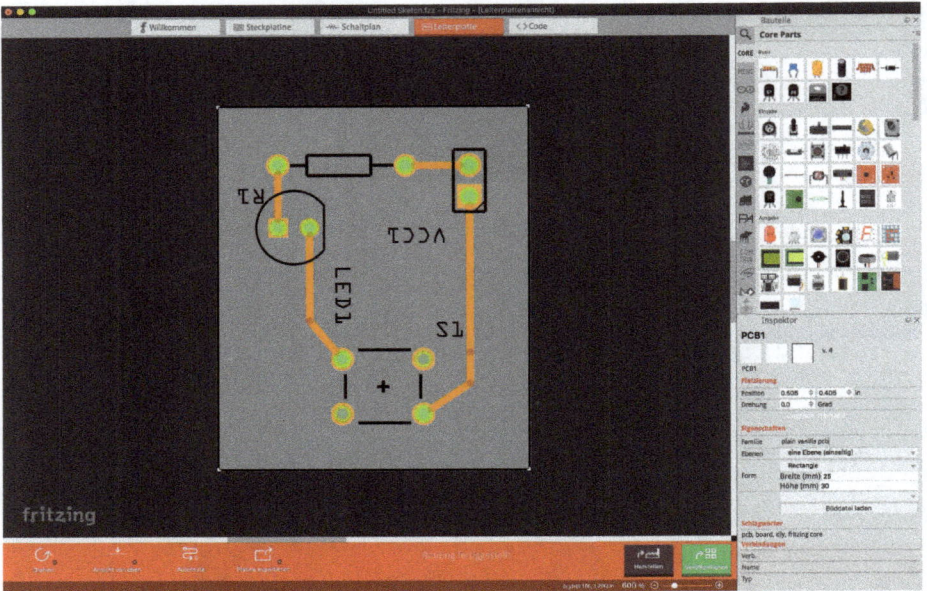

Abb. 8.3: Entwurfsansicht einer Platine in Fritzing

tionen, die wir im weiteren Verlauf bei der für den MOUSE-Computer eingesetzen Software näher betrachten werden. Allerdings stößt man mit „Fritzing" bei größeren und komplexeren Schaltungen schnell an Grenzen, bzw. wird der Aufwand beim Zeichnen und Korrigieren sehr groß. Um die grundlegenden Zusammenhänge zwischen physischen Aufbau (Steckbrett), Schaltung und Leiterplatte zu Verdeutlichen, ist diese Software aber gut geeignet.

8.1.2 KiCad

Einen deutlich profesionelleren Ansatz verfolgt das Open-Source-Projekt „KiCad".[40] Es handelt sich hierbei um eine vollständige EDA-Software (Electronic Design Automation), die sowohl für den Schaltungsentwurf inkl. ERC (Electric Rule Check), den Platinenentwurf inkl. DRC (Design Rule Check) sowie programmatischer Skript-Unterstützung und einer 3D-Vorschau der erzeugten Platine inkl. Bauteilen genutzt werden kann. Die Daten eines Projektes können in verschiedenen Formaten exportiert werden und ermöglichen so z. B. Teilelisten (Bill of Materials), Produktionsdaten (Gerber Export) und anderes.

---

40 https://www.kicad.org/ (Abruf: 07.02.2022)

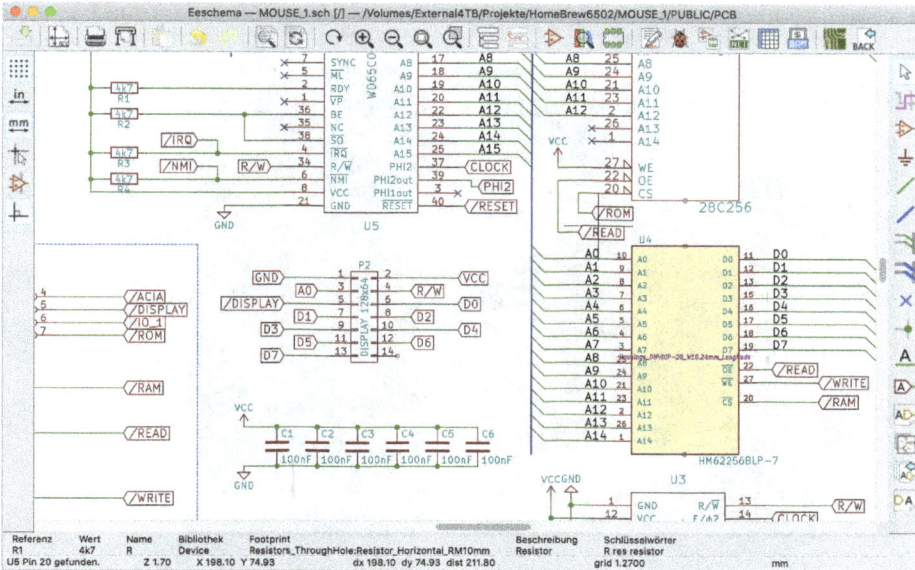

Abb. 8.4: Schaltungsentwurf in KiCad

Auch die Platine für den MOUSE-Computer wurde mithilfe von „KiCad" erstellt. Die vollständigen Daten, die für die Produktion einer Platine benötigt werden, sind über das git-Repository[41] frei verfügbar. Somit kann jeder Interessierte den Rechner nachbauen.

„KiCad" besteht aus mehreren Programmteilen. Mittels *Eeschema* werden Schaltpläne erfasst und bearbeitet. Dabei werden Schaltsymbole (z. B. Widerstände, Schaltkreise, Anschluss-Pins etc.) aus Bibliotheken ausgewählt und auf der Arbeitsfläche verteilt. Ist ein Schaltsymbol nicht vorhanden, so kann es über einen Symbol-Editor erzeugt, mit Eigenschaften versehen und in einer Bibliothek gespeichert werden. Die Anschlüsse einzelner Schaltsymbole werden dann miteinander verbunden. Dies kann explizit durch eine Verbindungslinie oder implizit durch identische Benamung erfolgen. Alles, was identisch bezeichnet ist (Label, Leitungen, Anschlüsse), gilt als elektrisch verbunden. So können Zeichnungen übersichtlich gestaltet werden.

Jedem Schaltsymbol muss im weiteren Verlauf ein sogenannter *Footprint*, also die physische Repräsentation eines Bauteils auf einer Platine, zugeordnet werden. Ein Schaltsymbol z. B. ein Widerstand kann auf unterschiedliche Arten verbaut werden — z. B. als SMD oder mit Bohrung für eine THT-Montage (vgl. hierzu Kap. II.2.3.4). Auch können Widerstände unterschiedliche Größen haben oder stehend bzw. liegend montiert werden. Das alles beeinflusst, wie die entsprechenden Anschlüsse für das Bauteil

---

41 https://github.com/mkeller0815/MOUSE/tree/master/PCB (Abruf: 07.02.2022)

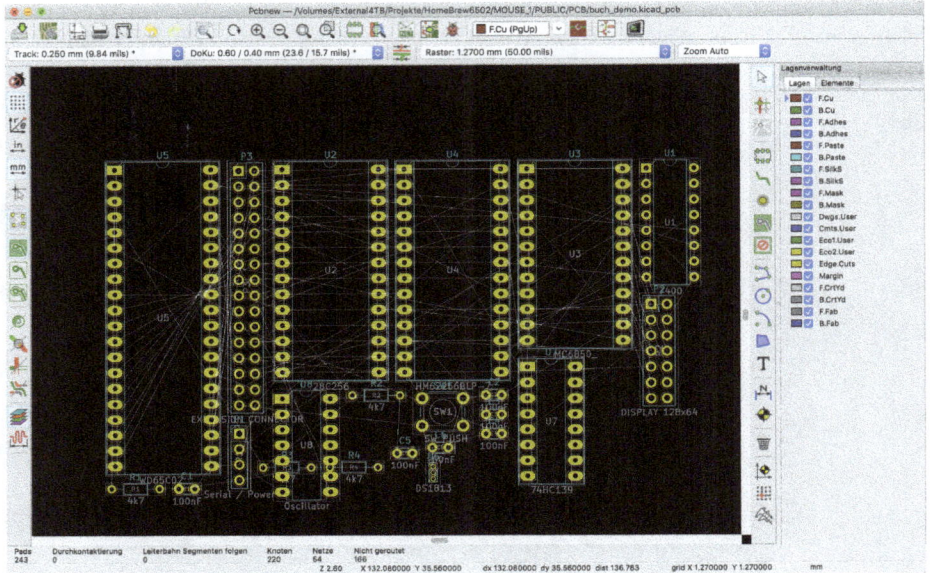

Abb. 8.5: Footprints aller Bauteile vor dem Platzieren in KiCad

auf der Platine aussehen müssen. Durch die Trennung von Schaltsymbol und Footprint können somit unterschiedliche Platinenversionen der gleichen Schaltung erzeugt werden. Eine Schaltung kann mittels ERC (Eletronic Rule Check) auf Fehler geprüft werden. Das können z. B. Anschlüsse von Bauteilen sein, die keine Verbindung haben, oder Ausgänge, die mit einem anderen als Ausgang bezeichneten Anschluss verbunden sind statt mit einem Eingang. Diese quasi syntaktische Prüfung gibt allerdings keinen Aufschluss über die Funktion einer Schaltung, also die Semantik.

Aus der fertigen Schaltung und der Zuordnung zu den Footprints wird dann eine sogenannte *Netzliste* erzeugt. Diese enthält alle Bauteile, Footprints und Verbindungen der Bauteile untereinander. Analoge Schaltungen (vgl. Kap. I.4) können eingeschränkt sogar aus diesen Netzlisten in einen Simulator übergeben, getestet und ausgemessen werden. Für digitale Schaltungen ist dies allerdings nicht möglich.

Der „KiCad"-Programmteil *Pcbnew* dient dann zum Erstellen einer Leiterplatte. Dazu können verschiedne Parameter wie Größe, Abstände zwischen den Leiterbahnen, Dicke von Leiterbahnen etc. definiert werden. Die Vorgabe hierfür wird mithilfe der Netzliste geladen, die im Programmteil *Eeschema* erzeugt wird. Dabei werden alle Footprints zunächst kompakt nebeneinader platziert und alle Verbindungen der einzelnen Pins untereinander durch schmale Linien dargestellt — das sogenannte „ratsnest". Siehe Abb. 8.5. Durch Rotieren und Verschieben können die Footprints der Bauteile nun platziert werden. Ziel ist es dabei möglicht wenige Überschneidungen der Verbin-

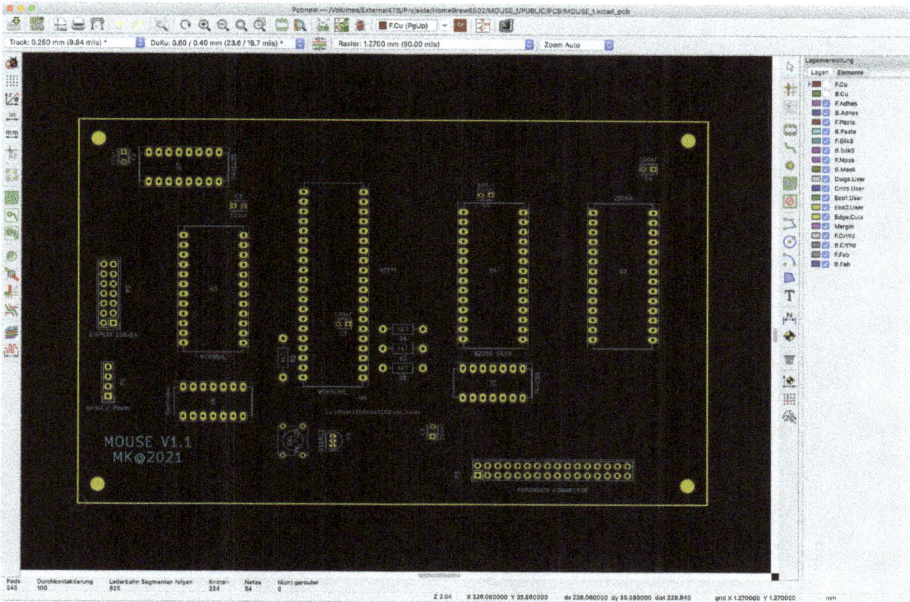

Abb. 8.6: Footprints nach dem Platzieren auf einer Europlatine in KiCad

dungslinien zu erreichen. Das ist in der Regel ein iterativer Prozess. Für die Platine des MOUSE-Computers hat sich am Ende die Platzierung in Abb. 8.6 als sinnvoll erwiesen.

Anschließend können die einzelnen Anschlusspins entsprechend den Verbindungen durch Leiterbahnen miteinander verbunden werden. Platinen können verschiedene Ebenen besitzen. Das sind dann voneinander getrennte und elektrisch isolierte Schichten der Basisplatine, in denen jeweils Leiterbahnen verlegt werden können. Durch sogenannte Durchkontaktierungen können Leiterbahnen unterschiedlicher Schichten miteinander verbunden werden. Vergleichbar mit Wegen in einem Parkhaus mit verschiedenen Ebenen, die mittels Rampen verbunden sind. Somit lassen sich beliebig komplexe Schaltungen in eine Platine überführen. Der Vorteil hiervon ist, dass sich Leitungen auf einer Ebene nicht kreuzen können oder eine elektrische Verbindung hergestellt wird, die nicht gewollt ist.

Für den MOUSE-Computer genügen zwei Ebenen, die Ober- und die Unterseite der Platine. Abb. 8.7 zeigt die Verbindungen auf der Oberseite der Platine. Abb. 8.8 zeigt die Leiterbahnen der Unterseite. Hier zeigt sich (von einigen inkonsequent umgesetzten Leiterbahnen abgesehen) ein typisches Muster für zweiseitige Platinen. Die Leiterbahnen auf der Oberseite verlaufen vorwiegend waagerecht und die auf der Unterseite senkrecht. Somit kommt es zu keinen Überschneidungen und Verbindungen können einfach an den Kreuzungspunkten mittels Durchkontaktierungen gesetzt werden, wie in Abb. 8.9 zu sehen ist.

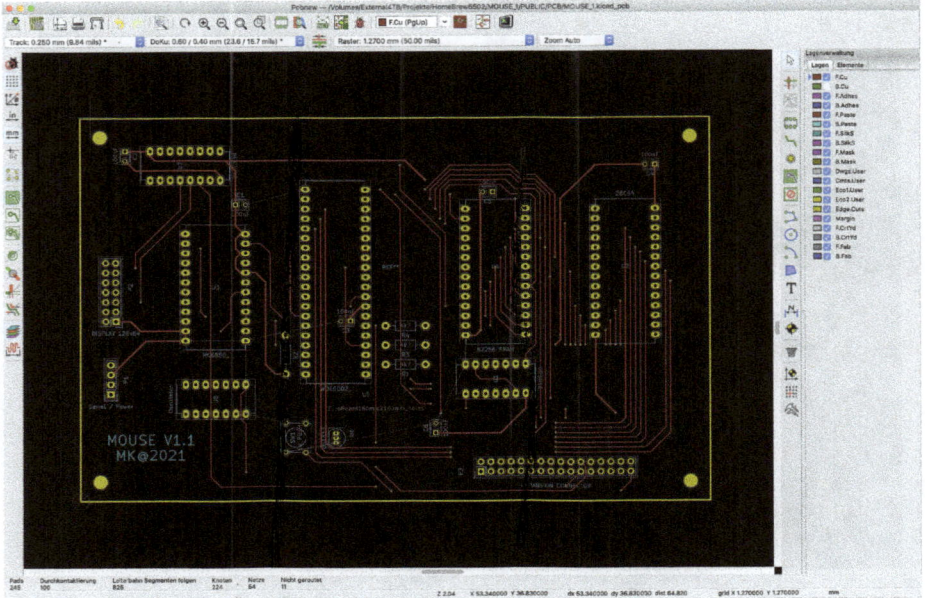

Abb. 8.7: Verlegen von Leiterbahnen in KiCad — Platinenoberseite

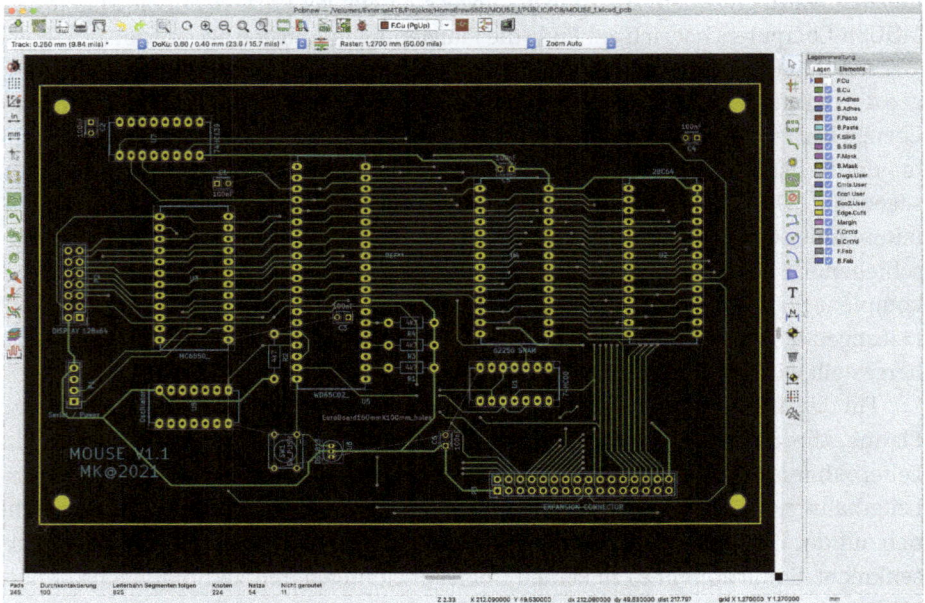

Abb. 8.8: Verlegen von Leiterbahnen in KiCad — Platinenunterseite

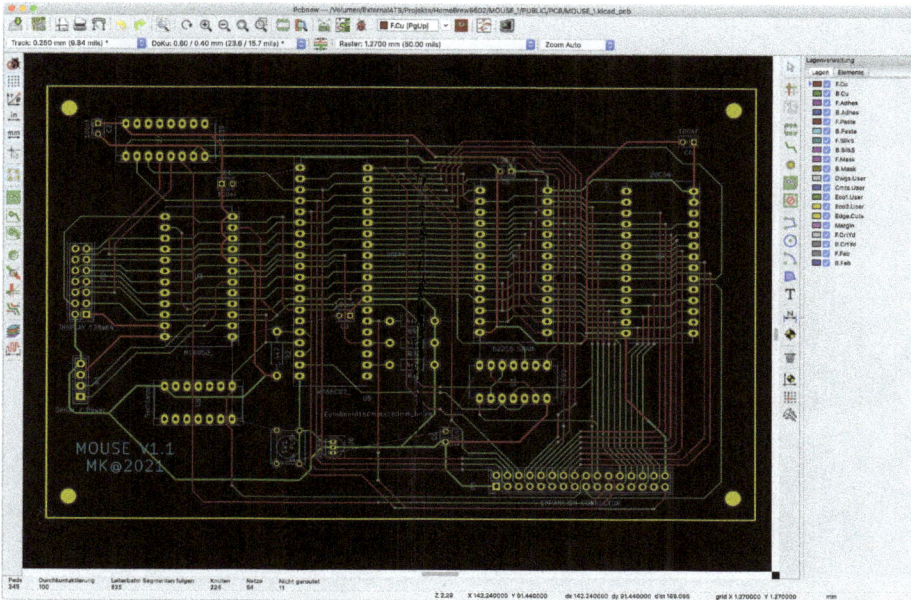

Abb. 8.9: Alle Leiterbahnen der MOUSE Platine in KiCad

Sind alle Anschlüsse der Footprints durch Leiterbahnen verbunden, dann kann über einen DRC (Desgin Rule Check) das Layout der Platine geprüft werden. Hierbei wird anhand der Board-Vorgaben geprüft, ob z. B. die Abstände der Leiterbahnen zueinander oder auch zum Rand der Platinen eingehalten wurden, ob sich platzierte Bauteile überschneiden oder ob Verbindungen fehlen.

Es besteht auch die Möglichkeit die Platine als 3D-Modell darzustellen (siehe Abb. 8.10) — bei entsprechender Zuordnung der Bauteilmodelle auch inkl. der Bauteile auf Platine.

Ist die Platine fehlerfrei, so können die Daten im sogenannten Gerber-Format[42] exportiert werden. Das sind mehrere Textdateien, die alle notwendigen Informationen enthalten, welche für die unterschiedlichen Produktionsschritte der Platine benötigt werden, z. B. wo Bohrungen in welchem Durchmesser benötigt werden, wo Leiterbahnen verlaufen und wo Durchkontaktierungen zu erzeugen sind. Weiterhin sind die Daten für Beschriftungen der Oberfläche und Flächen für den Schutzlack auf der Platine gespeichert.

---

42 https://de.wikipedia.org/wiki/Gerber-Format (Abruf: 07.02.2022)

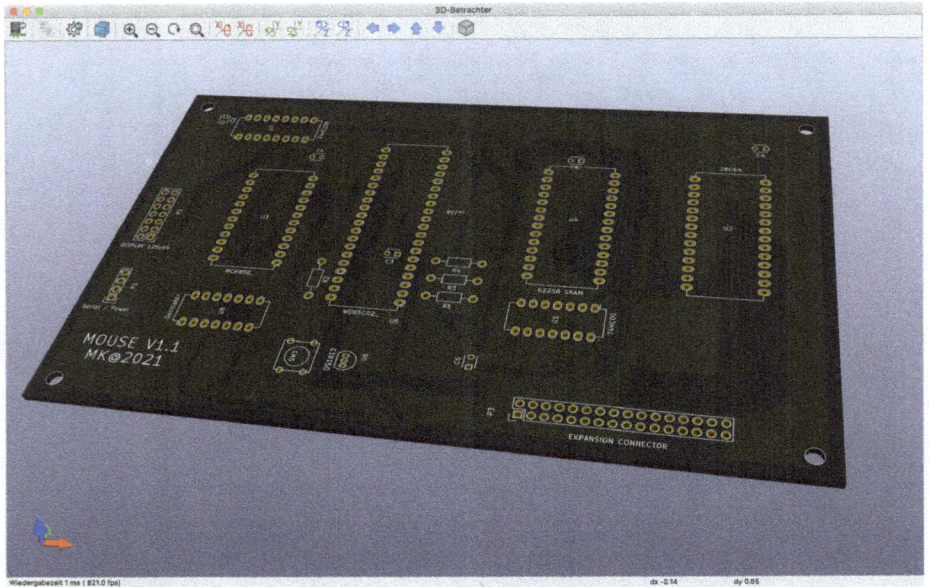

Abb. 8.10: 3D-Modell der Leiterplatte in KiCad

8.2 Herstellung der Platine

Auf der finalen Platine sind alle freien Flächen mit entsprechenden Abständen zu den vorhandenen Strukturen aufgefüllt worden, siehe Abb. 8.11. Die Flächen sind mit dem 0-Volt-Potential (GND) verbunden (Ground Shield). Außerdem gestaltet sich so die Herstellung effizienter. Das Ausgangsmaterial für eine Platine ist eine nicht leitende Grundplatte die auf beiden Seiten mit Kupfer beschichtet ist (vgl. Band 3, Kap. III.4.5.2). Bei der fotochemischen Fertigung[43] wird nach dem Aufbringen des Layouts auf der Ober- und Unterseite das überschüssige Kupfer weggeätzt. Lässt man große Flächen als Kupferflächen auf der Platine, so wird bei der Herstellung weniger Säure für den Ätzvorgang benötigt (vgl. Band 3, Kap. III.7.7).

Platinen kann man selbst herstellen, die notwendigen Materialien sind im Handel erhältlich. Allerdings ist der Prozess recht aufwendig und zeitintensiv, erfordert sehr genaues Arbeiten (vor allem bei zweiseitigen Platinen) und einiges an Vorsicht, da mit giftigen und ätzenden Materialien hantiert wird.

Einfacher ist es eine Platine bei einem darauf spezialisierten Unternehmen fertigen zu lassen.[44] Einige Anbieter unterstützen „KiCad"-Daten auch direkt, ohne Export auf

---

43 https://de.wikipedia.org/wiki/Leiterplatte#Photochemisches_Verfahren (Abruf: 07.02.2022)
44 Aus Gründen der Neutralität können hier keine konkreten Empfehlungen ausgesprochen werden; es empfiehlt sich im Internet nach „Platinenherstellung" zu suchen.

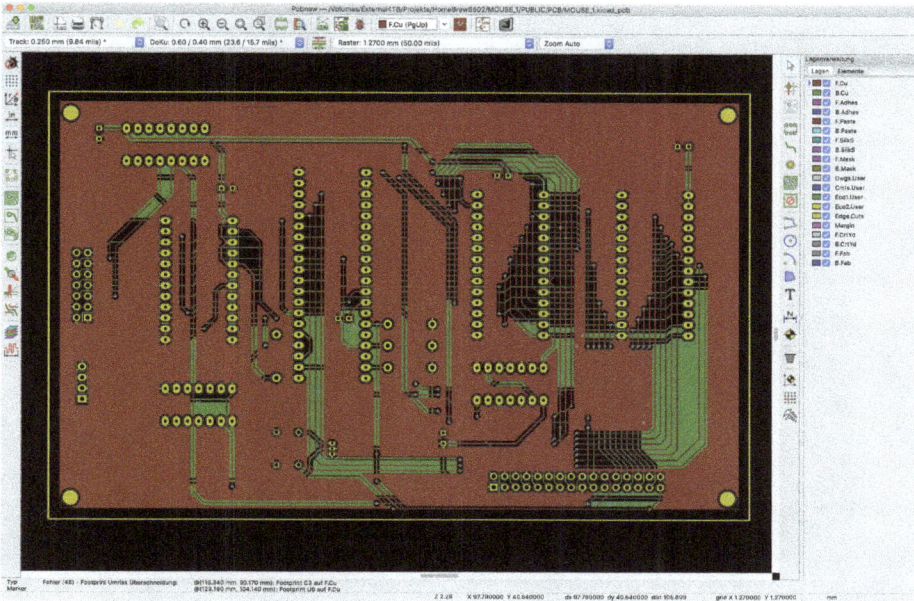

Abb. 8.11: Leiterplatte mit aufgefüllten Flächen in KiCad

das Gerber-Format. Es empfiehlt sich aber auf jeden Fall beim Anbieter zu schauen, ob es Vorgaben bzgl. Produktionsparametern wie Bohrlochgrößen oder Abstände gibt. Diese kann man in den DRC in „KiCad" übernehmen und prüfen, ob die Platine den Anforderungen genügt. Einzelne Platinen sind in der Regel teurer, eine größere An- zahl der gleichen Platine senkt den Einzelpreis. Auch über längere Fertigungszeiten kann teilweise ein günstigerer Preis erzielt werden, da der Hersteller einzelne Aufträge einfacher disponieren kann.

Viele Anbieter prüfen entweder automatisiert und/oder mithilfe von Mitarbeitern die Daten vor der Produktion auf Plausibilität und stellen ggf. Rückfragen oder geben Hinweise auf mögliche Korrekturen.

Abb. 8.12 zeigt das Endergebnis einer so bestellten Platine. Bei der Bestellung wurde ein weißer Schutzlack und eine schwarze Beschriftung angegeben. Das sind keine Informationen, die in den Gerber-Daten enthalten sind, sondern die während der Bestellung beim Hersteller gewählt wurden. Hier kann es je nach Firma auch Unterschiede geben, welche Optionen zur Verfügung stehen. Auf dem Bild sind die einzelnen Leiterbahnen unter dem Schutzlack erkennbar.

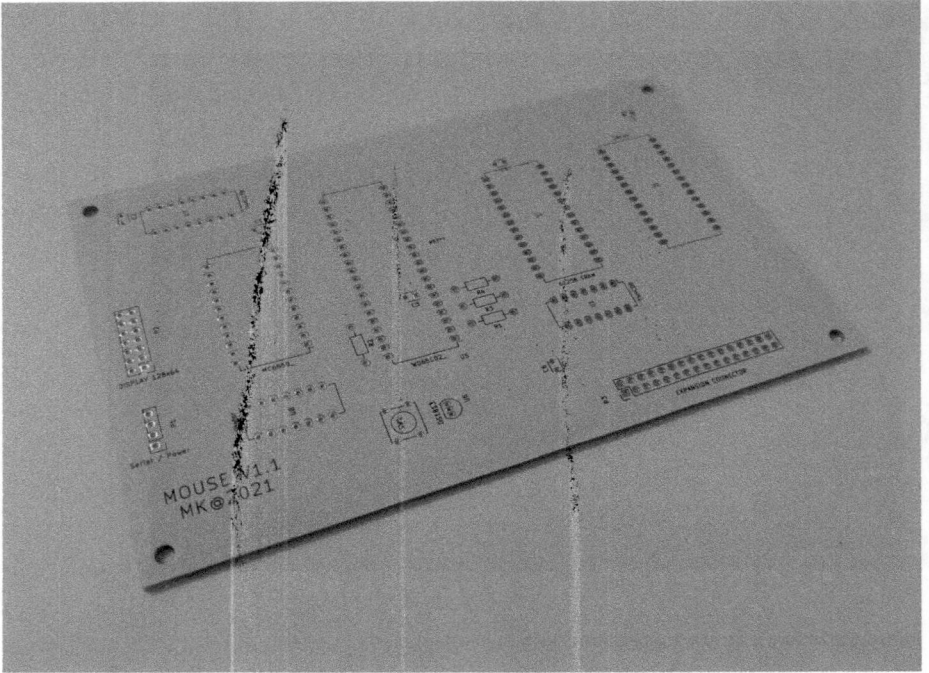

Abb. 8.12: Unbestückte Platine des MOUSE-Computers

9 Der praktische Aufbau des MOUSE-Computers

9.1 Einleitung

Das folgende Kapitel widmet sich einem detaillierteren Nachbau des MOUSE-Computers und dessen einzelner Entwicklungsstände. Besonders Einsteigern soll hier eine Hilfestellung gegeben werden, sich der Hardware und Software des MOUSE-Computers zu nähern und mögliche Fehlerquellen sollen im Vorfeld aufgezeigt bzw. vermieden werden. Doch auch Personen mit ersten Erfahrungen im Auf- bzw. Nachbau elektronischer Schaltungen kann diese Anleitung von Nutzen sein. Aufgrund des begrenzten Platzes für die Abbildungen von Schaltplänen werden an dieser Stelle die Verbindungen auch in tabellarischer Form dargestellt und unterstützen die „Fritzing"-Zeichnungen, die bisher verwendet wurden.

Die Einzelschaltungen des MOUSE-Computer werden auf Breadboards (Steckplatinen) entwickelt und aufgebaut (vgl. Kap. II.3.2). Breadboards bieten hier die Möglichkeit einfache Änderungen in der Schaltung vorzunehmen und diese schrittweise zu erweitern. Bei fest verlöteten Leiterbahnen auf einer Platine sind Korrekturen wesentlich aufwändiger und nur durch einen unwiderbringlichen Eingriff in das Material möglich. Der Aufbau auf Breadboards hat jedoch auch einige Nachteile. Die Schaltungen werden, abhängig der Bauteil- und Kabelanzahl, schnell unübersichtlich, es können Kontaktprobleme auftreten und Störsignale können zu Problemen in der elektronischen Schaltung führen. Besonders dieaw Kontaktprobleme und Störsignale erzeugen nicht selten sporadisch auftretende Fehler, die nur schwer zu finden sind. Deshalb werden viele Breadboard-Schaltungen nur zu Testzwecken aufgebaut und, wie beim MOUSE-Computer, danach auf eine Platine übertragen.

Beim Nachbau des MOUSE-Computers empfiehlt es sich, die Schaltung von Anfang an so übersichtlich wie möglich aufzubauen und die einzelnen Kabelverbindungen sorgfältig zu verlegen. Der hier vorgeschlagene Aufbau kann dabei immer auf die eigenen Bedürfnisse angepasst, Bauteile anders Positioniert oder auf zusätzlichen Breadboards ausgelagert werden. Hier hat man immer einen gewissen Spielraum, um die Schaltung anders zu gestalten, solange die Verknüpfungen des Schaltplans grundsätzlich nicht verändert werden. Abb. 9.1 zeigt noch einmal den finalen MOUSE-Breadboard-Aufbau, der im nachfolgenden sukzessiv aufgebaut und das Vorgehen beschrieben wird. Bevor jedoch mit diesen Aufbau begonnen wird, müssen einige Rahmenbedingungen erfüllt werden.

Für den Nachbau des MOUSE-Computer werden neben den Bauelementen für die Schaltung auch Messgeräte und Software benötigt. Eine Übersicht der benötigten Materialien befindet sich in der Tabelle 13.3 (im Anhang dieses Kapitels). Vor allem für die verbauten ICs (integrated circuits) ist es ratsam die dazugehörigen Datenblätter in digitaler oder gedruckter Form griffbereit zu haben, da es nicht selten notwendig ist, dass die Pinbelegung geprüft werden muss. Beispielsweise gibt es mehrere Versionen

https://doi.org/10.1515/9783110581805-025

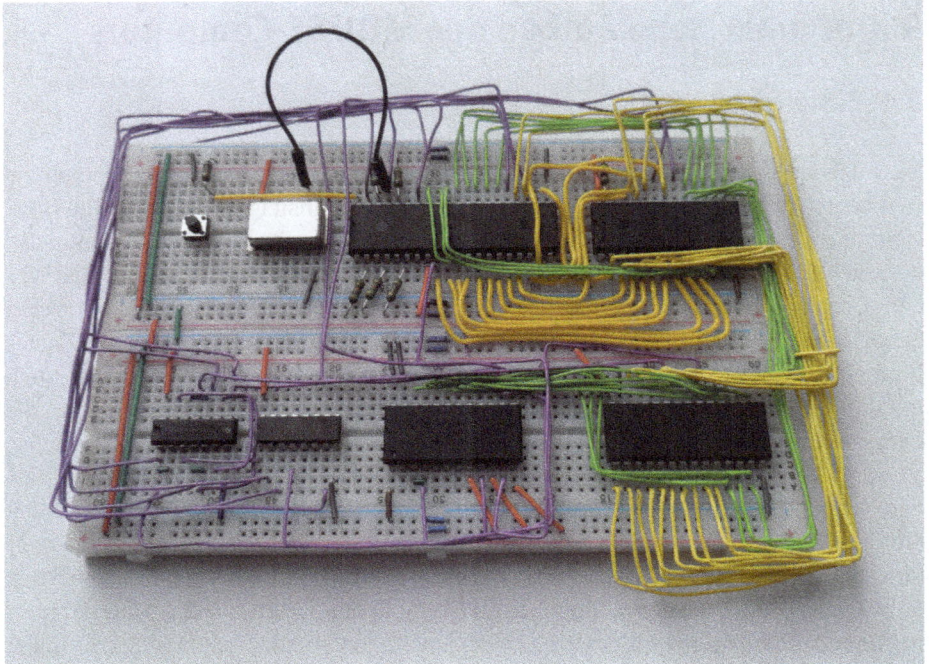

Abb. 9.1: Finaler Aufbau der Breadboard-Schaltung

des AT28c64-Bauteins, bei denen es notwendig sein könnte, dass der Pin 1 (RDY) über einen Pull-up-Widerstand auf HIGH gelegt werden muss. Die Schaltungen werden mit einem Digitalmultimeter getestet. Es wird jedoch empfohlen auch ein Oszilloskop oder einen Logik-Analysator zu verwenden, da diese in der Lage sind, zeitveränderliche Signalverläufe darzustellen. Eine zusätzliche Spannungsversorgung, in Form eines Labornetzteils, ist hier nicht notwendig. Das Breadboard kann mit der Versorgungs-spannung eines Arduino MEGA2560, der für die erste Freerun-Schaltung benötigt wird, versorgt werden.

9.2 Freerun

Die erste Schaltung beim Aufbau des MOUSE-Computers ist die Freerun-Schaltung. Zu Beginn des Aufbaus müssen die Bauelemente auf dem Breadboard platziert wer-den und die Leisten für die Versorgungsspannung miteinander verbunden werden. Anschließend wird die 6502-CPU an die Versorgungsspannung angeschlossen, die Pullup-Widerstände aufgesteckt und der Reset-Taster verkabelt (Abb. 9.2). Beim An-schluss des Reset-Tasters muss ggf. ermittelt werden, welcher der Anschlüsse für den Schließerkontakt verwendet werden muss. Hierfür bietet sich der Durchgangsprüfer

Abb. 9.2: Platzierung Breadboard

eines Digitalmultimeters an. Nachdem die grundlegende Verkabelung abgeschlossen ist, können die Datenleitungen (in der Abb. grün) angeschlossen werden. Da hier ein fester Wert verkabelt werden soll, werden die Leitungen entweder mit Masse oder +5 Volt verbunden.

Sind die Datenleitungen angeschlossen, kann der Arduino MEGA2560 integriert werden. Hierfür werden die Adressleitungen A0 bis A15 der 6502-CPU mit dem neuen Board verbunden. Hier ist besonders darauf zu achten, dass die Leitungen korrekt angeschlossen sind, damit die Schaltung beim Test richtig funktioniert. Wie in der „Fritzing"-Zeichnung (Abb. 9.3) zu sehen ist, werden für die Daten- und Adressleitungen unterschiedlich farbige Leitungen verwendet. Auch im späteren Verlauf wird diese Farbcodierung – Datenleitungen in grün, Adressleitungen in gelb – beibehalten, um die Schaltung übersichtlicher zu gestalten. Zusätzlich zu den Datenleitungen muss der Pin 37 (PHI2 in) der 6502-CPU mit dem Pin 31 des Arduino MEGA2560 verbunden werden. Damit ist der Aufbau dieser Schaltung abgeschlossen und sie kann erstmals getestet werden.

Der Arduino MEGA2560 !

Der Arduino MEGA2560 benötigt für den Test der Freerun-Schaltung die entsprechende Software. Diese wird über die Arduino-IDE, eine grafische Entwicklungsumgebung, in den Arduino geladen. Die Arduino-IDE ist für alle Betriebssysteme verfügbar und kann auf der Adruino-Homepage heruntergeladen und installiert werden.[45] Nach der Installation muss unter dem Reiter *Werkzeuge* das MEGA2560-Board ausgewählt werden. Die für das Board notwendigen Programm-Bibliotheken sind standardmäßig in der Arduino-IDE integriert. Sollten diese nicht nach der Installation vorhanden sein, können diese unter *Werkzeuge/Board/Boardverwalter* heruntergeladen und installiert werden. [46] Sind alle erforderlichen Einstellungen vorgenommen worden, kann der Arduino mithilfe eines USB-Kabel mit dem Computer verbunden werden. Eine gute Möglichkeit, die Verbindung und vorgenommenen Einstellungen zu testen, ist das Aufspielen des Programms „Blink". Es han-

---

45 https://www.arduino.cc/ (Abruf: 07.02.2022)
46 Weiteres zur Installation auf http://aduino.cc (Abruf: 07.02.2022)

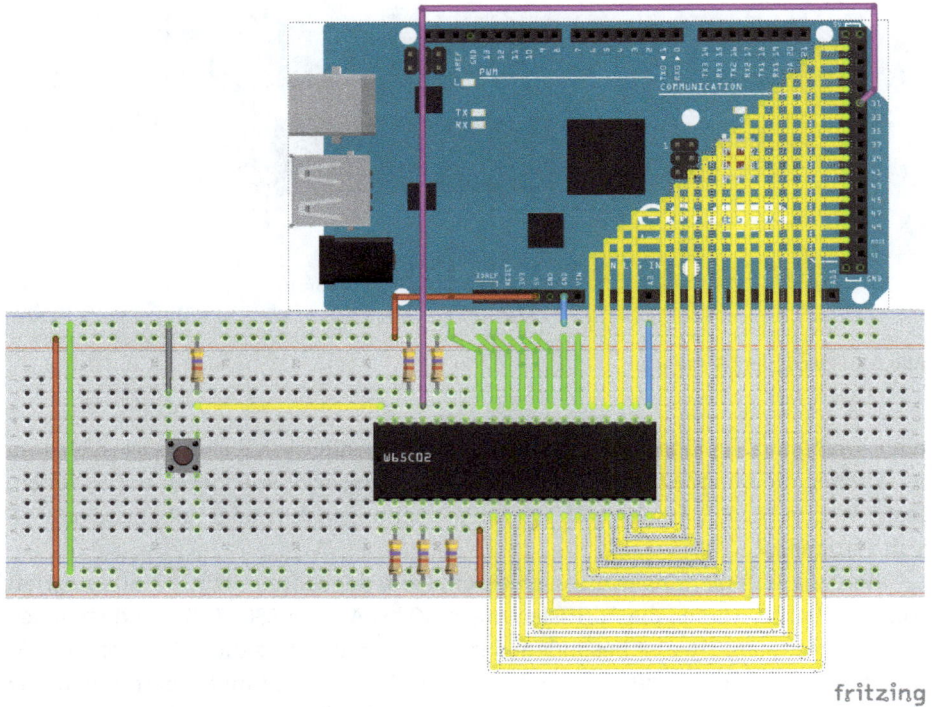

Abb. 9.3: Freerun-Fritzing-Aufbau

> delt sich dabei um ein Beispielprogramm, das bei korrekter Einstellung immer übertragen und
> funktionsfähig sein muss. Der Programmcode hierfür kann unter *Datei/Beispiele/01.Basics/Blink*
> aufgerufen und wird mithilfe des Pfeil-Button in der linken oberen Bildschirmhälfte übertragen wer-
> den. Wurde das Programm korrekt übertragen, sollte eine LED auf dem Arduino-Board gleichmäßig
> blinken.

Ist das Beispielprogramm erfolgreich in den Arduino geladen, kann der Programmcode für den Freerun in einem neuen Arduino-Sketch angelegt werden (vgl. Abb. 9.4).
Der Programmcode kann nach dem Abtippen in die Entwicklungsumgebung durch
den Button *Überprüfen* vor dem Übertragen getestet werden. Sind keine Fehler im
Programmcode, kann dieser auf den Arduino übertragen werden. Damit nun die Ausgabe (wie in Abschnitt 2 „Die 6502-CPU" beschrieben) angezeigt werden kann, muss in
der Arduino-IDE der „Serielle Monitor" aufgerufen werden. Diesen findet man unter
Werkzeuge/Serieller Monitor. Es öffnet sich ein zusätzliches Fenster. in welches sofort
nach dem Übertragen der Freerun-Software Zeichen geschrieben werden. Es handelt
sich dabei bereits um Informationen von der 6502-CPU. Diese Datenausgabe ist jedoch
für unsere Zwecke noch nicht richtig konfiguriert. Zunächst muss die Baudrate richtig
eingestellt werden. Die Baudrate ist im Programmcode mit dem Wert 57.600 angegeben

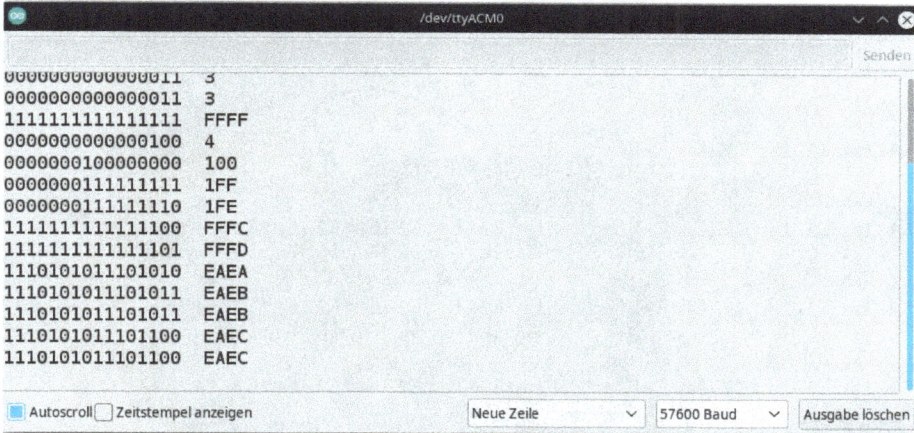

Abb. 9.4: Serieller Monitor mit umgestellter Baudrate

und muss im seriellen Monitor ebenfalls konfiguriert werden. Sobald die Baudrate umgestellt ist, verändert sich die Ausgabe.

Nun werden die Werte in binärer und hexadezimaler Schreibweise angegeben und untereinander aufgelistet. Durch drücken des Reset-Tasters auf dem Breadboard muss nun die Ausgabe der Werte, wie in Abschnitt 2 beschrieben, auf dem seriellen Monitor ausgegeben werden. Durch erneutes Drücken des Reset-Tasters muss diese Ausgabe beliebig oft wiederholt werden können. Es kann an dieser Stelle vorkommen, dass die Werte $EAEA_{16}$ oder $EAEB_{16}$ doppelt ausgegeben werden. Dies ist vollkommen normal und kann sich nach jedem Auslösen des CPU-Resets anders verhalten. Wichtig ist hier nur, dass diese Werte ausgegeben werden. Sollte nach dem Auslösen des Resets nicht die beschriebenen Werte erscheinen, liegt höchstwahrscheinlich ein Fehler in der Verkabelung vor und diese muss erneut geprüft werden. Hier sind vor allem die Daten- und Adressleitungen zu prüfen, da diese die Schaltung sehr unübersichtlich machen und hier am ehesten ein Fehler auftreten kann. Ist die Ausgabe, bis auf die vier Zufallswerte identisch, funktioniert die Schaltung und kann nun um neue Bauelemente erweitert werden.

9.3 EEPROM und Taktgenerator

Die Schaltung wird nun um den Taktgenerator (1 MHz) und das EEPROM (AT28C64) erweitert. Dafür müssen zunächst die Verbindungen zwischen MOUSE und dem Arduino-Board entfernt werden. Nun werden die neuen Bauelemente auf dem Breadboard platziert und angeschlossen. Der EEPROM benötigt an Pin 27 ($\overline{WE}$) einen Pullup-Widerstand. Pin 20 (CE) und Pin 22 (OE) werden anschließend direkt mit der Masse auf der Versor-

Abb. 9.5: Freerun-Breadboard-Aufbau

Abb. 9.6: EEPROM mit Versorgungsspannung

gungsleiste verbunden. Der Taktgenerator benötigt ebenfalls eine Versorgungsspannung von +5 Volt und einen Masseanschluss. Der Taktausgang wird anschließend mit Pin 37 der 6502-CPU verbunden (vgl. Abb. 9.6).

Ist die grundlegende Verkabelung der neuen Bauelemente erfolgt, können die Daten- und Adressleitungen verlegt werden. Bei diesem Arbeitsschritt werden nun

Adressleitung	6502-CPU	AT28C64
A0	Pin 9	Pin 10
A1	Pin 10	Pin 9
A2	Pin 11	Pin 8
A3	Pin 12	Pin 7
A4	Pin 13	Pin 6
A5	Pin 14	Pin 5
A6	Pin 15	Pin 4
A7	Pin 16	Pin 3
A8	Pin 17	Pin 25
A9	Pin 18	Pin 24
A10	Pin 19	Pin 21
A11	Pin 20	Pin 23
A12	Pin 22	Pin 2

Tab. 9.1: Anschluss der Adressleitungen

Datenleitung	6502-CPU	AT28C64
D0	Pin 33	Pin 11
D1	Pin 32	Pin 12
D2	Pin 31	Pin 13
D3	Pin 30	Pin 15
D4	Pin 29	Pin 16
D5	Pin 28	Pin 15
D6	Pin 27	Pin 18
D7	Pin 26	Pin 19

Tab. 9.2: Anschluss der Datenleitungen

keine flexiblen Leitungen mehr verwendet, da diese die Schaltung sehr unübersichtlich machen würden. Werden flexible Leitungen beim Nachbau der Schaltung gewählt, sollten immer etwas längere Leitungen verwendet werden, damit diese noch halbwegs strukturiert verlegt werden können und eine Fehlersuche nicht erschweren. Beim Verlegen der Leitungen ist darauf zu achten, dass der EEPROM später wieder leicht zu entfernen ist! Es wird nötig sein den EEPROM mehrmals vom Breadboard zu entfernen und mit einer anderen Software zu beschreiben.

Als erstes können die Adressleitungen A0 bis A12 angeschlossen werden. Es werden nicht alle Adressleitungen bei diesem Arbeitsschritt benötigt, weshalb die Anschlüsse von A12 bis A15 frei bleiben. Zur besseren Übersicht kann neben der „Fritzing"-Zeichnung auch die Verbindungsübersicht (Tab. 9.1) verwendet werden:

Sind die Adressleitungen verdrahtet, werden die Datenleitungen D0 bis D7 zwischen 6502-CPU und ROM miteinander verbunden (Tab. 9.2).

Ist die Verkabelung abgeschlossen, muss der EEPROM mit der entsprechenden Software beschrieben werden. Eine Erläuterung, wie der EEPROM des MOUSE beschrieben

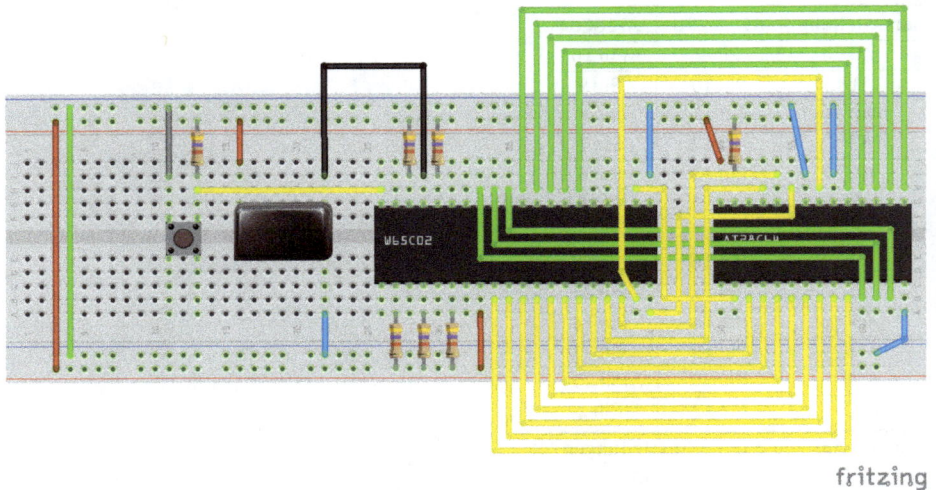

Abb. 9.7: EPROM Adress- und Datenleitungen

wird, findet sich bereits in Abschnitt 3. An dieser Stelle soll jedoch das Vorgehen genauer beschrieben werden, da nicht jeder mit der Bedienung der notwendigen Programmier- und Assemblier-Software vertraut ist. Vor allem beim Assemblieren wird es notwendig sein, auf einer Terminalkonsole zu arbeiten. Die folgende Beschreibung erfolgt deshalb für einen Windows-Computer, da davon auszugehen ist, dass Linux-Anwender bereits mit Terminalkonsolen vertraut sind.[47] Um ein bin-File zu generieren und auf den EEPROM zu schreiben, sind mehrere Arbeitsschritte notwendig. Zunächst benötigt man einen Texteditor wie beispielsweise „Notepad++".[48] Mithilfe dieses Texteditors ist es möglich, den Programmcode als asm-Datei (Assembly Language Source File) zu speichern. Es ist zwingend erforderlich, dass der Programmcode in diesem Dateiformat gespeichert wird, da sonst beim Assemblieren Fehler auftreten können. In unserem Beispiel wurde die Datei EEPROM.asm auf dem Desktop gespeichert.

Nun muss der Assemblierer installiert werden. Für die Installation auf Windows steht bereits eine fertige Installationsdatei zur Verfügung, die lediglich ausgeführt werden muss.[49] Alternativ kann das Programmverzeichnis des Github heruntergeladen und die Installationsdatei selbst erzeugt werden. Dies ist jedoch mit einem erheblichen Mehraufwand, wie der Installation von Python 2, verbunden. Ist die "Ophis"-Software installiert, empfiehlt es sich für das Programm eine PATH-Variable zu erzeugen. Für das Anlegen einer PATH-Variable stehen viele Tutorials zur Verfügung, weshalb hier nicht

---

[47] Eine Beschreibung für macOS-Systeme findet sich hier: https://michaelcmartin.github.io/Ophis/ (Abruf: 07.02.2022)

[48] https://notepad-plus-plus.org/ (Abruf: 07.02.2022)

[49] https://michaelcmartin.github.io/Ophis/ (Abruf: 07.02.2022)

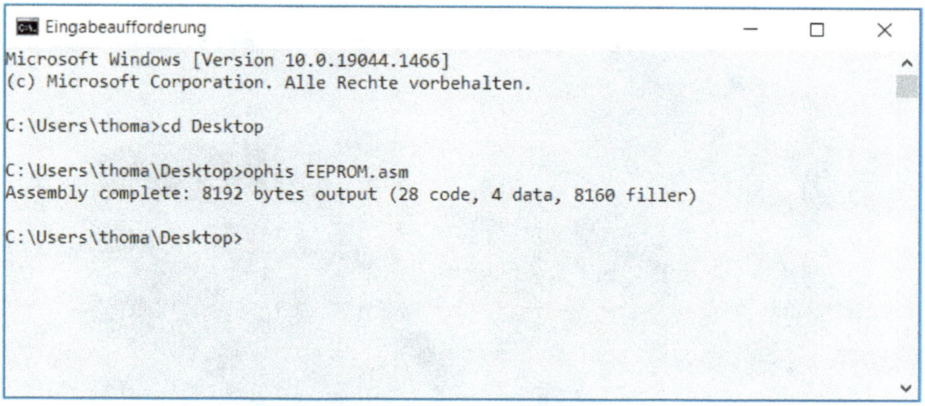

```
Eingabeaufforderung                                    —    □    ×

Microsoft Windows [Version 10.0.19044.1466]
(c) Microsoft Corporation. Alle Rechte vorbehalten.

C:\Users\thoma>cd Desktop

C:\Users\thoma\Desktop>ophis EEPROM.asm
Assembly complete: 8192 bytes output (28 code, 4 data, 8160 filler)

C:\Users\thoma\Desktop>
```

Abb. 9.8: EPROM Adress- und Datenleitungen

auf die einzelnen Schritte eingegangen wird. Ziel der PATH-Variable ist eine erleichterte Eingabe in der Eingabeaufforderung von Windows. Ist dieser Schritt erfolgt, muss die Eingabeaufforderung (cmd) von Windows aufgerufen werden. Durch den Befehl cd muss in den Ordner, in dem die asm-Datei gespeichert wurde, gewechselt werden. In diesem Fall liegt die Datei auf dem Desktop (vgl. Abb. 9.7. Durch den Befehl ophis EEPROM.asm wird nun der vorher erstellte Programmcode in eine bin-Datei übersetzt, die auf den EEPROM geschrieben werden kann. Ist die Assemblierung erfolgreich gewesen, erfolgt die Meldung „Assembly complete" und die bin-Datei wurde im selben Verzeichnis, wie die asm-Datei erzeugt.

Nun kann die bin-Datei in den EEPROM geladen werden. Je nach Programmiergerät kann hier mit verschiedenen Softwarelösungen gearbeitet werden. Da in diesem Fall das Programmiergerät „Xgecu Pro TL866 Plus" (Abb. 9.8) verwendet wird, wird zum Beschreiben des EEPROMs die dazugehörige „Xgpro"-Software verwendet. In der Software muss dazu nur der AT28C64B-Speicherbaustein ausgewählt, die bin-Datei geöffnet und „programmiert" werden. Ist der Schreibvorgang abgeschlossen, kann der EEPROM für den nachfolgenden Test wieder auf das Breadboard gesteckt werden.

Um die Schaltung zu Testen, genügt ein einfaches (Digital-)Multimeter, das an die Spannung an Pin 22 (A12) angeschlossen wird. Wechselt die Spannung an diesem Pin zwischen HIGH und LOW, funktioniert die Schaltung und es kann mit der nächsten Erweiterung begonnen werden. Sollten an dieser Stelle Probleme auftreten bzw. der Zustandswechsel an Pin 25 nicht auftreten, müssen die Kabelverbindungen nochmals geprüft werden. Auch empfiehlt es sich mit einem Oszilloskop das Taktsignal und die Versorgungsspannungen der neuen Bauteile zu prüfen.

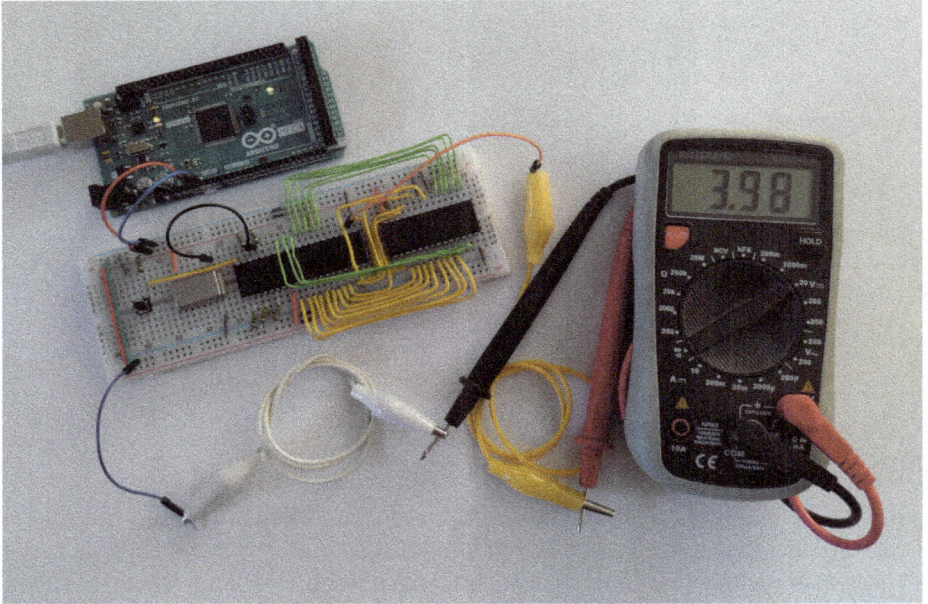

Abb. 9.9: Testaufbau der EPROM-Schaltung

9.4 SRAM, Adresslogik

Nachdem der EEPROM erfolgreich auf dem Breadboard in Betrieb genommen ist, erfolgt die Erweiterung um die Adresslogik (74HC00, 74HC139) und den SRAM. Für die
zusätzlichen Bauelemente ist ein zweites Breadboad notwendig. Breadboards lassen
sich üblicherweise zusammenstecken, damit die Steckfläche vergrößert wird und auch
aufwändigere Schaltungen möglich sind. Zunächst werden die Bauelemente auf dem
neuen Breadboard platziert, die Versorgungsspannung wird auf die Versorgungsleisten
gebrückt und an den ICs angeschlossen.

Die Verkabelung beginnt mit der Adresslogik nach Abb. 5.4. Um die Übersichtlichkeit der Schaltung zu verbessern, wird die Adresslogik mit violetten Anschlussleitungen
realisiert. Zur besseren Übersicht kann die Verkabelung der Adresslogik auch in einer
Tabelle dargestellt werden (Tab. 9.3).

Ist die Adresslogik verkabelt, werden die Datenleitungen D0 bis D7 und die Adressleitungen A0 bis A14 ebenfalls mit dem SRAM verbunden. Hier ist wieder darauf zu
achten, dass der EEPROM später wieder vom Breadboard entfernt werden kann, um die
neue Software darauf zu schreiben. Da die beiden Bausteine nahezu „pinkompatibel"
sind müssen die entsprechenden Leitungen nur untereinander verbunden werden.

Nachdem alle Leitungen für die Einbindung des SRAMs angebracht sind, kann
die Schaltung in Betrieb genommen werden. Das Testprogramm (Abschnitt 4) muss,

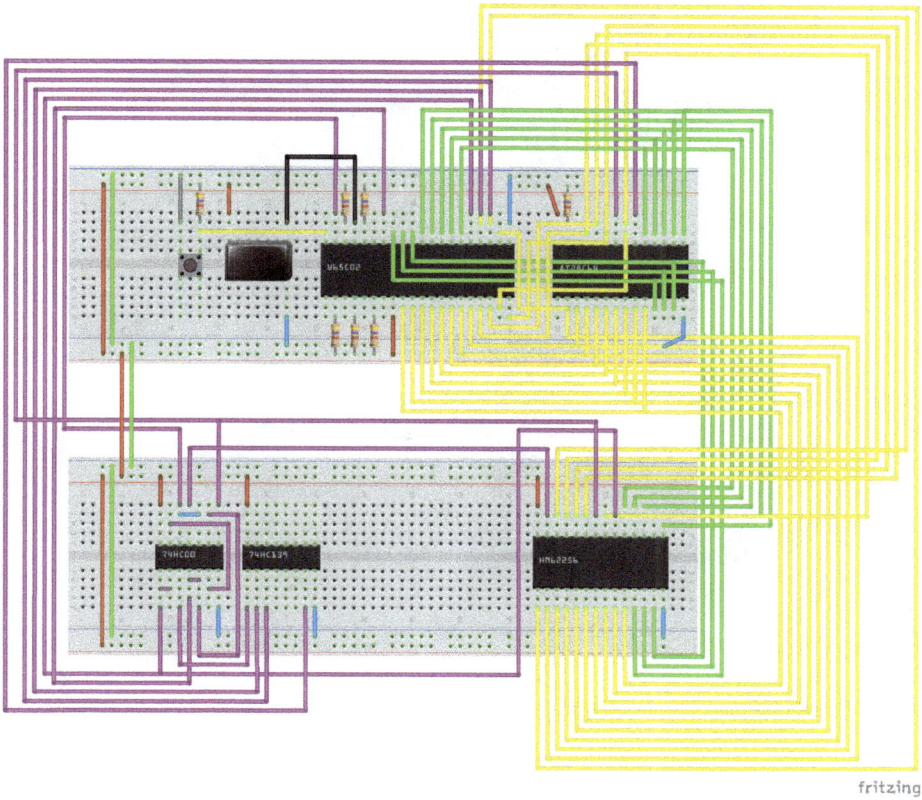

Abb. 9.10: Adresslogik und des SRAM

6502-CPU	74HC00	75HC139	SRAM	ROM
Pin 25	Pin 1, Pin 2		Pin 20	
Pin 34	Pin 4, Pin 5, Pin 9			
Pin 39	Pin 10, Pin 12			
Pin 23		Pin 3		
Pin 23		Pin 4		
	Pin 3	Pin 1		
	Pin 6 → Pin 13			
	Pin 8		Pin 22	Pin 22
	Pin 11		Pin 27	
	Pin 7			Pin 20

Tab. 9.3: Anschluss der Adresslogik

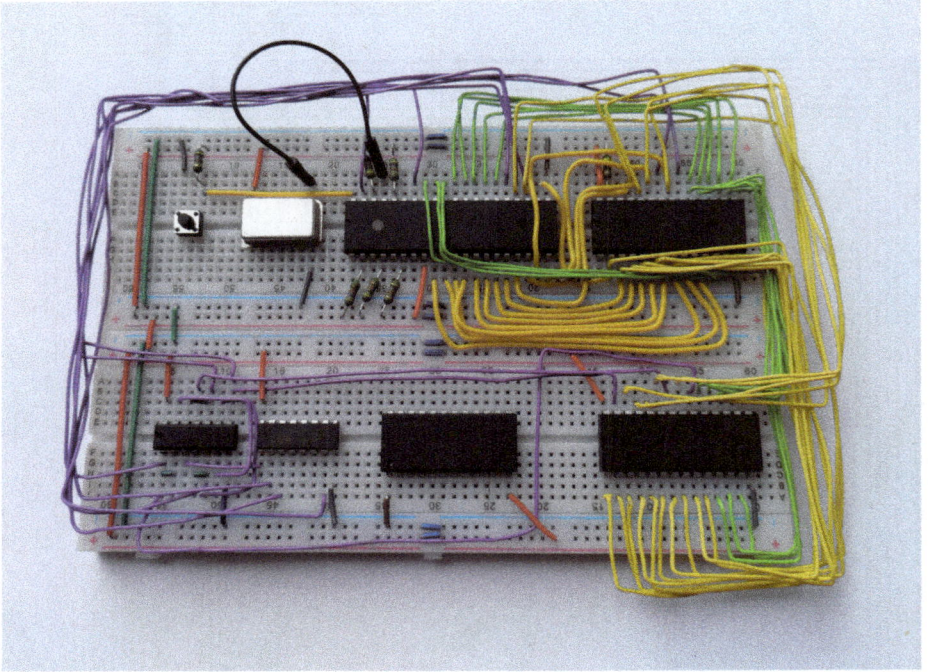

Abb. 9.11: RAM-Aufbau

wie bereits bei der ROM-Schaltung, in den EPROM geladen werden und wird erneut getestet. Die Messung erfolgt, wie bereits bei der EEPROM-Schaltung an Pin 22 (A12) der 6502-CPU. Ist alles richtig angeschlossen und das neue Programm eingespielt, muss ein regelmäßiger Wechsel zwischen HIGH und LOW an diesem Adressausgang zu messen sein. Sollte es hier zu Problemen kommen, muss die Verkabelung geprüft und Fehler beseitigt werden. Da die Schaltung nun wesentlich unübersichtlicher geworden ist, empfiehlt sich der Einsatz eines Durchgangsprüfers um den Fehler besser aufspüren zu können.

9.5 Serielles Interface

Der letzte Aufbauschritt, der auf dem Breadboard erfolgt, ist das Hinzufügen des seriellen Interfaces Motorola MC6850 ACIA. Wurde dieser Baustein noch nicht auf das Breadboard in (Abschnitt 2.3) aufgesteckt, muss dies nun nachgeholt werden. Ebenso muss die Versorgungsspannung für dieses Bauelement (Pin 12 an +5 Volt, Pin 1 an GND) angeschlossen werden. Bei diesem Baustein ist es zusätzlich notwendig, bestimmte Anschlusspins mit Masse oder +5 Volt zu verbinden. Pin 1, Pin 23 und Pin 24 müssen mit

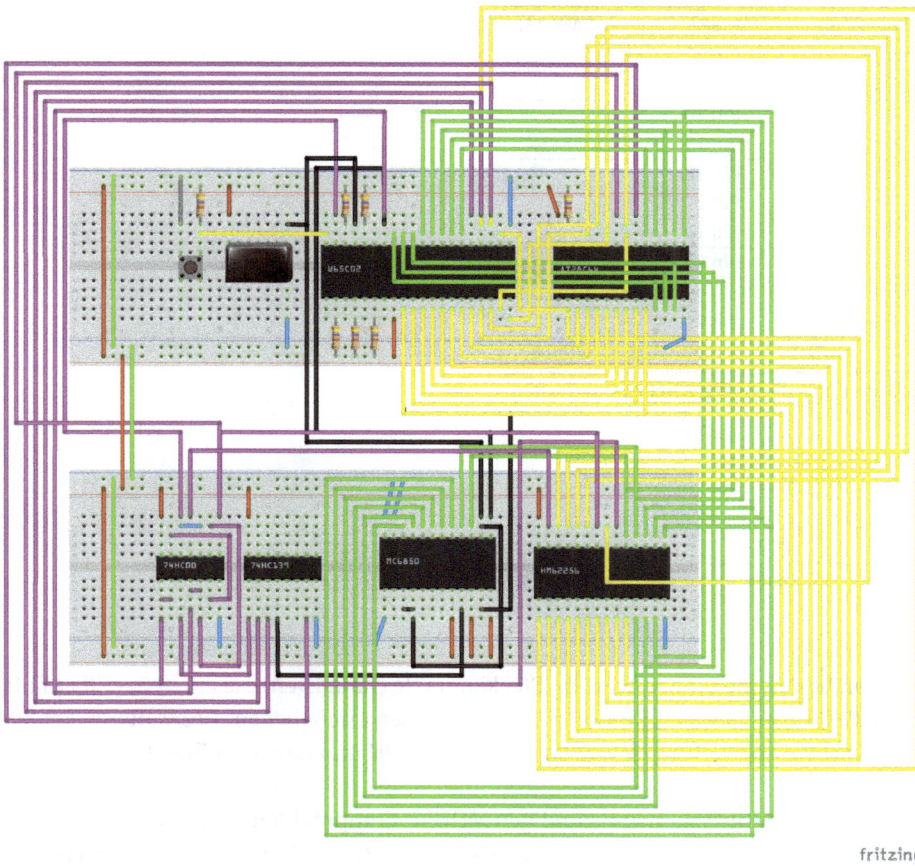

Abb. 9.12: Serielles interface im fertigen Aufbau mit Fritzing

Masse (GND) verbunden werden. Pin 8, Pin 10 und Pin 12 benötigen einen HIGH-Pegel und müssen mit +5 Volt verbunden werden. Danach kann die Verdrahtung des MC6850, wie in Tabelle 9.4 und auf Abb. 9.12 dargestellt, erfolgen.

Sind diese Verbindungen hergestellt, kann die Schaltung mit dem Testprogramm (Abschnitt 5) in Betrieb genommen werden.

9.6 Breadboard vs. Platine

Was nun auf dem Breadboard aufgebaut ist, ist ein (fast) vollständiger MOUSE-Computer (Abb. 9.1). Die beiden Versionen, Breadboard und Platine, unterscheiden sich nur noch in wenigen Punkten. Die MOUSE-Platine enthält zur Erzeugung des RESET-Signals einen zusätzlichen Schaltungsteil mit einem DS1813-Bauelement. Au-

6502-CPU	MC6850	74HC139
Pin 33	Pin 22	
Pin 32	Pin 21	
Pin 31	Pin 20	
Pin 20	Pin 19	
Pin 29	Pin 18	
Pin 28	Pin 17	
Pin 27	Pin 16	
Pin 26	Pin 15	
Pin 37	Pin 3, Pin 4, Pin 14	
Pin 9	Pin 11	
	Pin 9	Pin 4

Tab. 9.4: Anschluss des seriellen Interface

6502-CPU	MC6850
Pin 4	Pin 7
Pin 9	Pin 11

Tab. 9.5: Offene Verbindungen zwischen CPU und Interface

ßerdem besitzt die Platinenversion Steckkontakte (Pinleisten) die einen Zugriff auf die Signalleitungen des MOUSE-Computers von außen ermöglichen. Des weiteren Fehlen zwei Verbindungsleitungen zwischen der 6502-CPU und dem seriellem Interface (Tab. 9.5).

Die Erweiterung zum vollständigen MOUSE-Computer kann auch auf dem Breadboard realisiert werden. Hierzu müssten die fehlenden Verbindungen und Anschlüsse auf dem Breadboard ergänzt werden. Damit eine Erweiterung erfolgen kann, befindet sich in Abb. 9.13 der Schaltplan des Breadboard-MOUSE, mitsamt den fehlenden Verbindungen zwischen CPU und Interface. Sind die fehlenden Teile hinzugefügt, kann mit dem Breadboard-MOUSE gearbeitet werden.

Um mit dem Breadboard-MOUSE oder auch der Platinenversion kommunizieren zu können, muss der 1-MHz-Taktgenerator gegen den 1,8432-MHz-Taktgenerator ausgetauscht werden. Ebenso muss die finale Software auf den EEPROM geladen werden. Auf dem Github-Repository des MOUSE-Computers[50] kann die finale MOUSE_ROM.bin-Datei heruntergeladen und auf den EEPROM geladen werden. Ist die Software vorhanden, kann der MOUSE-Computer über eine serielle Schnittstelle angesprochen werden. Der Computer kann nun mithilfe eines USBtoSerial-Adapters (Abb. 6.4) mit dem Computer verbunden werden. Beim Breadboard-MOUSE muss die Versorgungsspannung angeschlossen und die Datenleitungen Rx und Tx mit dem seriellen Interface ver-

---

50 https://github.com/mkeller0815/MOUSE/tree/master/Source/M-OS (Abruf: 07.02.2022)

WD65C02

33 D0	
32 D1	A0 9
31 D2	A1 10
30 D3	A2 11
29 D4	A3 12
28 D5	A4 13
27 D6	A5 14
26 D7	A6 15
7 SYNC	A7 16
5 ML	A8 17
1 VP	A9 18
35 NC	A10 19
2 RDY	A11 20
36 BE	A12 22
38 SO	A13 23
4 IRQ	A14 24
34 R/W	A15 25
	PHI1out 3
6 NMI	PHI2 37 CLOCK
8 VCC	PHI2out 39 PHI2
21 GND	RESET 40 RESET

28C64

A0 10	D0 11
A1 9	D1 12
A2 8	D2 13
A3 7	D3 15
A4 6	D4 16
A5 5	D5 17
A6 4	D6 18
A7 3	D7 19
A8 25	
A9 24	
A10 21	
A11 23	
A12 2	WE 27
A13 26	OE 22 READ
A14 1	CS 20 ROM

+VCC

4K7 RDY
4K7 BE
IRQ
4K7 IRQ
R/W
NMI
4K7 NMI

HM62256

A0 10	D0 33
A1 9	D1 32
A2 8	D2 31
A3 7	D3 30
A4 6	D4 29
A5 5	D5 28
A6 4	D6 27
A7 3	D7 26
A8 25	
A9 24	
A10 21	OE 22 READ
A11 23	WE 27 WRITE
A12 1	CS 20 RAM

Reset Circuit

+VCC

4K7

RESET

System Clock

+VCC

Oscillator

CLOCK

MC6850

8 CS0	D0 22
10 CS1	D1 21
12 Vcc	D2 20
1 Vss	D3 19
23 DCD	D4 18
24 CTS	D5 17
	D6 16
ACIA 9 CS2	D7 15
CLOCK 3 Rx CLK	
4 Tx CLK	R/W 13 R/W
RTS 5	E 14 CLOCK
Serial 2 Rx Data	RS 11 A0
Input/ 6 Tx Data	IRQ 7 IRQ
Output	

+VCC

Adress decoding

A13 1 ACIA
A14 2 DISPLAY U7A 74HC139
IO_1
A15 U1A 74HCD4 ROM
RAM

U1C 74HCD4 READ
PHI2
R/W U1B 74HCD4 U1D 74HCD4 WRITE

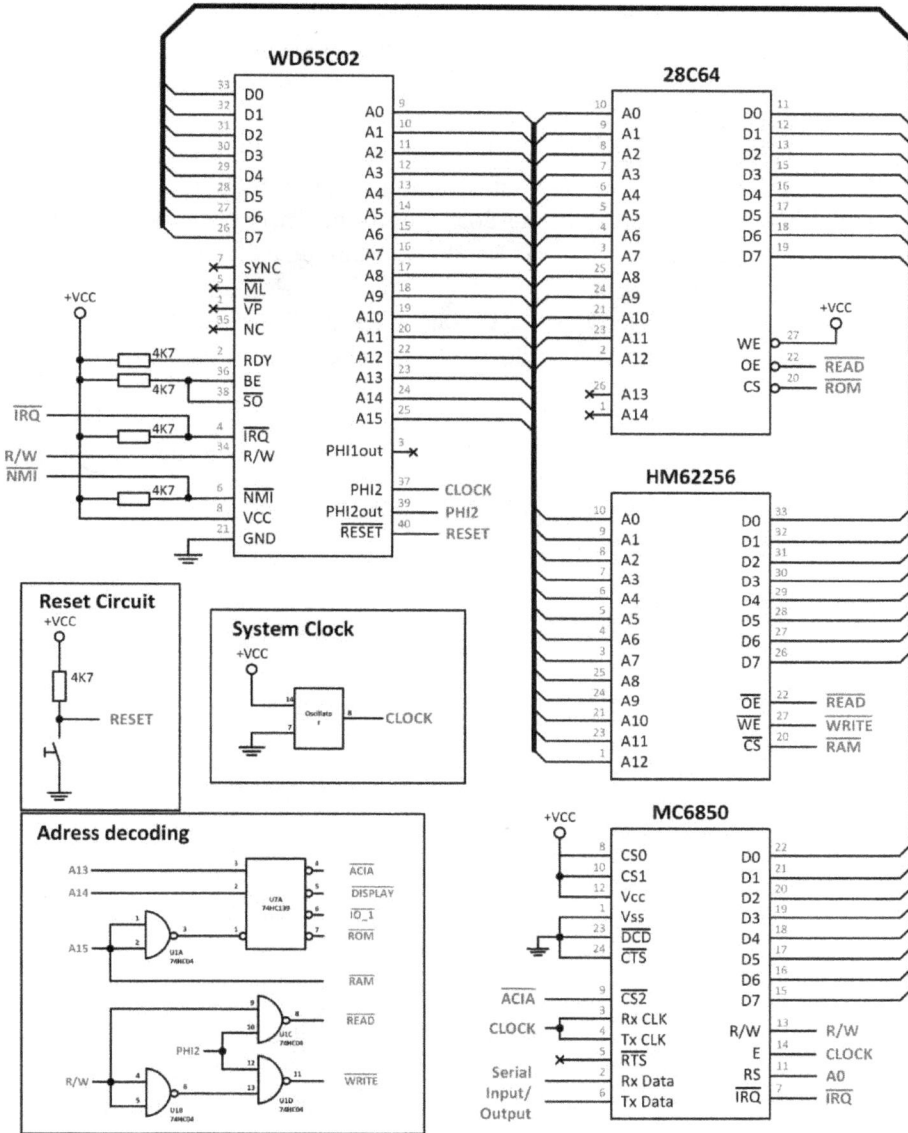

Abb. 9.13: Schaltplan Breadboard-MOUSE

bunden werden. Die Anschlüsse befinden sich an Pin 2 (Rx Data) und Pin 6 (Tx Data) des MC6850-Bausteins (Abb. 9.13). Ein Terminal-Programm, wie beispielsweise „Cool-Term"[51], ermöglicht eine Verbindung mit dem MOUSE-Comptuer. Bei der Konfiguration der Verbindung muss dabei auf die richtige Baudrate (115.200) geachtet werden.

Der Breadboard-Aufbau eignet sich jedoch nicht unbedingt für den „täglichen Gebrauch", da es immer wieder zu Kontaktproblemen in der Schaltung kommen kann. Um mit dem MOUSE und mit/an dessen Software zu arbeiten, empfiehlt sich der Aufbau einer Platine (Abschnitt 7; Kap. II.3.5). Der Breadboard-Aufbau kann jedoch verwendet werden, um die bestehende Schaltung um neue Hardwareelemente zu erweitern. Eine mögliche Anregung hierfür wäre der Einsatz eines neuen Schnittstellen-Interfaces MC6850, da dieses Bauelement nur noch schwer zu beschaffen ist.

---

51 https://freeware.the-meiers.org/ (Abruf: 07.02.2022)

10 Schluss

Mit der Inbetriebnahme des MOUSE-Computers endet das Buchkapitel „Computerbau". Die Leser erhielten einen umfangreichen Einblick in den Entwicklungsprozess des MOUSE-Computers und wurden sukzessiv an die Funktionsweise des Computers und seiner einzelnen Bauelemente herangeführt. Dazu gehörte auch die messtechnische Überprüfung der jeweiligen Entwicklungsstände, anhand derer sich die Funktionsweise der jeweiligen Bau- und Schaltungselemente, beispielsweise der Logikschaltung, zusätzlich verdeutlicht. Die Möglichkeit einen Computer und dessen Hardwareelemente messtechnisch nachvollziehen zu können, ist aufgrund der zunehmenden Miniaturisierung und Komplexität bei modernen Einplatinencomputern wie z. B. dem Raspberry Pi nicht mehr möglich. Die Hardware ist auf ein Minimum beschränkt, was die Programmierung deutlich vereinfacht. Komplexe Systeme benötigen meist ein erweitertes Wissen über das Zusammenspiel der zusätzlichen Komponenten und erschweren somit den Einstieg in die Programmierung eines Systems deutlich. Der MOUSE-Computer kann daher als gute Programmierplattform für die Programmierung in 6502-Assembler dienen, um Programmiererfahrungen zu sammeln und diese zu einem späteren Zeitpunkt auf ein komplexeres System zu übertragen.

Dieser Buchbeitrag richtet sich vor allem an Studierende der Medienwissenschaft. Der MOUSE-Computer eignet sich zunächst als Lern- bzw. Programmierplattform, um sich mit der hardwarenahen Programmierung auseinanderzusetzen. Nicht nur ein symbolischer Zugang zum Computer und seinen Hardwarekomponenten wird durch ihn ermöglicht, sondern seine Funktionen können zusätzlich auf der Signalebene betrachtet werden. Der MOUSE-Computer vereinfacht deshalb den Zugang zu den meist versteckten Prozessen und soll als Werkzeug dienen, um medienwissenschaftlichen Fragestellungen direkt am Gerät nachgehen bzw. diese entwickeln zu können.

Der Computerbau endet jedoch nicht mit dem Nachbau und der Inbetriebnahme des Computers, sondern besitzt vielmehr ein Open End. Der MOUSE-Computer soll primär zur Programmierung neuer Software animieren. Gleichzeitig bietet sich dieses System in hohem Maße zur hardwaretechnischen Erweiterung an. Nicht nur der Breadboard-MOUSE, bei dem die Signalleitungen einfach aufgetrennt und neu verkabelt werden können, lässt eine Erweiterung zu. Auch bei der Platinenversion bleiben über die Stiftleiste die wichtigsten Daten-, Steuer- und Adresssignale des Computers zugänglich. Die Erweiterungsmöglichkeiten sind dabei sehr vielfältig: Der MOUSE-Computer könnte durch eine grafischen Bildschirmausgabe, die Möglichkeit einer direkten Eingabe mithilfe einer Tastatur oder einem Soundchip erweitert werden. Hierbei ist auch die Erweiterung durch modernere Mikrocontrollersysteme möglich, die als Schnittstelle eingesetzt werden können, um beispielsweise eine USB-Tastatur zu betreiben oder die Ausgabe auf einem VGA-Monitor ermöglichen.

Zu beachten ist, dass der MOUSE-Computer nicht im Rahmen des Buches entstanden ist, sondern ein eigenständiges Projekt eines der Autoren ist, mit dem exemplarisch

https://doi.org/10.1515/9783110581805-026

die schrittweise Entwicklung eines einfachen 8-Bit-Computers und dessen Programmierung nachvollzogen werden kann. Eine Überarbeitung der Hardware ist sogar unabdingbar, um zukünftig MOUSE-Computer bauen und nutzen zu können. Bei vielen Computersystemen der 8-Bit-Ära ist man mit dem Problem einer abnehmenden Bauteilverfügbarkeit konfrontiert, da bestimmte Bauelemente nicht mehr produziert werden. Beim MOUSE-Computer betrifft dies den MC6850-Baustein, der als serielle Schnittstelle die Kommunikation mit einem Computer ermöglicht. Dieser Baustein ist lediglich als „new old stock" erhältlich und wird auf absehbare Zeit nicht mehr verfügbar sein. Mit dem MOUSE-Computer lassen sich deshalb auch Probleme historischer Computertechnik aufzeigen und lösen — beispielsweise durch die Entwicklung einer neuen Schnittstelle, die auf andere Computersysteme übertragen werden kann.

Mit diesen Ausblicken und Erweiterungsvorschlägen endet das Kapitel zum Computerbau. Um mit der Programmierung oder auch der Erweiterung des MOUSE-Computers fortzufahren, folgt eine Literaturempfehlung, die vor allem Informationen zur Programmierung der 6502-CPU und zu den Grundlagen der Compterhardware bereitstellt.

Die Autoren heißen Sie herzlich willkommen in der Welt der hardwarenahen Programmcodes und zugänglichen Signale! Es bietet sich eine interessante Gelegenheit, sich mit Computerhardware auf symbolischer und signaltechnischer Ebene auseinanderzusetzen. Will man den inneren Prozessen eines Computers auf den signaltechnischen Grund gehen, braucht es keine Nanotechnologie. Dazu genügt bereits eine 6502-CPU!

11 Literaturverzeichnis

Zickert, G. (2018): Leiterplatten: Stromlaufplan, Layout und Fertigung. Ein Lehrbuch für Einsteiger. 2.,
aktualisierte Edition. München: Hanser.

Dalmaris, P. (2019): KiCad Like a Pro. Limbricht: Elektor International Media.

Turing, A. (1987): Über berechenbare Zahlen mit einer Anwendung auf das Entscheidungsproblem.
In: Ders.: Intelligence Service. Schriften. Hg. v. Bernhard Dotzler und Friedrich Kittler. Berlin:
Brinkmann & Bose, S. 17-60.

Copeland, B. J. (2006): Colossus: The secrets of Bletchley Park's code-breaking computers. Oxford:
Oxford Scholarship Online, DOI:10.1093/oso/ 9780192840554.001.0001.

https://doi.org/10.1515/9783110581805-027

12 Lektüreempfehlungen

Coy, Wolfgang: Aufbau und Arbeitsweise von Rechenanlagen. Braunschweig/Wiesbaden: Vieweg 1992. In diesem Lehrbuch werden alle wesentlichen Grundlagen vermittelt, die für den Computerbau notwendig bzw. hilfreich sind. Das Buch beinhaltet eine Einführung in die digitale Schaltungslogik, die Rechnerarchitektur und behandelt sogar die Grundlagen von Betriebssystemen. Außerdem bieten die Kapitel viele Übungsaufgaben, um das theoretische Wissen, das vermittelt wurde, zu wiederholen.

Altenburg, Jens: Embedded Systems Engineering. Grundlagen – Technik – Anwendung. München: Carl Hanser Verlag 2021.
Dieses Buch dient als Begleitliteratur zu Kursen des Studiengangs Elektrotechnik an der TU Bingen. Zusätzlich zu einer ausführlichen Einführung in die Elektrotechnik und Digitaltechnik bietet es umfangreiche Informationen zu modernen Mikrocontrollern und deren Programmierung. Trotz der Aktualität der Themen werden immer wieder Verweise auf ältere CPUs und deren Funktion geboten und ausführlich beschrieben. Im Buch befinden sich viele Simulationsbeispiele, Programmcodes und Schaltpläne, die zum Download verfügbar sind und die theoretischen Inhalte sehr gut nachvollziehbar machen.

Höltgen, Stefan & Johannes Maibaum. „Programmieren für Medienwissenschaftler", in: Medientechnisches Wissen Band 2. Informatik, Programmieren, Kybernetik. Berlin: Walter de Gruyter 2019, S. 133-273.
Im zweiten Teil der Buchreihe Medientechnisches Wissen wird eine Einführung in die Programmierung von unterschiedlichen Programmiersprachen gegeben. Für den MOUSE-Computer ist hier vor allem das Kapitel zur Assembler-Programmierung interessant und ist vor allem für Einsteiger ein guter Ausgangspunkt. Außerdem enthält es eine Einführung in die Programmiersprache C und zum Arduino, der auch beim freerun-Aufbau unseres Kapitels eingesetzt wird.

Rodnay, Zaks. Programmierung des 6502. Düsseldorf: Sybex 1986 (9. Auflage).
Das Programmierhandbuch von Rodnay Zaks ist in deutscher Sprache verfügbar. Dieses Buch widmet sich der Architektur und der Programmierung der 6502-CPU und eignet sich für Einsteiger und Fortgeschrittene. Anfängern werden hilfreiche Vorschläge für die strukturierte Entwicklung eigener Programme gemacht. So wird beispielsweise auch auf den Einsatz und Nutzen von Programmablaufplänen eingegangen. Zaks Buch enthält eine vollständige und kommentierte deutschsprachige Befehlsreferenz der 6502- und in der 9. Auflage auch des 6510-CPU und ist daher auch bestens als Nachschlagewerk nutzbar.

6502.org the 6502 microprocessor resource: http://www.6502.org/
Auf der Internetseite 6502.org ist eine umfangreiche Sammlung englischsprachiger
Literatur zur 6502-CPU abrufbar. Zusätzlich können viele Hardwareprojekte, Tutorials
und Programmcodes eingesehen werden, die auch für die eigenen Projekte sehr hilfreich sind. Unter der Rubrik „Discussion Groups" sind die wichtigsten Internetseiten
verlinkt, um Probleme bei der Programmierung der 6502-CPU mit anderen Nutzern zu
diskutieren.

Zimmers.net. http://www.zimmers.net/
Auf der Internetseite sind vor allem Unterlagen zu historischen Commodore-Rechnern
mit 6502- und kompatiblen CPUs verfügbar. Am wichtigsten sind hierbei die hochauflö-
senden Digitalisate von Schaltplänen und ROM-Abbilder der jeweiligen Systeme. Vor
allem für die Erweiterungen eigener Systeme können die Schaltpläne bereits bestehen-
der Geräte wichtige Informationen liefern. Beispielsweise zur Adresscodierung.

Mass:Werk. https://www.masswerk.at/products.php
Auf der Internetseite finden sich unter "Products" einige hilfreiche Tools für 6502-
Programmierer: ein 6502-Simulator, der im Internetbrowser programmiert werden
kann, ein Assemblierer und ein Disassembler sowie eine übersichtlich gegliederte
Aufstellung des Befehlssatzes. Das frei zugängliche Angebot wird stetig erweitert.

KiCad. https://www.kicad.org/
Bei KiCad handelt es sich um eine Freeware für das Design von Leiterplatten. Auf
der Internetseite kann nicht nur die Software heruntergeladen werden, sondern es
stehen auch Tutorial und ein Nutzerforum zur Verfügung. KiCad besitzt eine Standard-
Bauteilbibliothek, die häufig durch neue Bauteile erweitert werden muss. Häufig findet
man die Bauelemente bereits zum Download auf der KiCad-Homepage.

*Hädschke, Jürgen. Leiterplattendesign. Ein Handbuch nicht nur für Praktiker. Bad
Saulgau: Eugen G. Leuze Verlag 2006*
Das Buch von Jürgen Hädschke ist ein Lehrbuch zur Herstellung von Leiterplatten
(PCBs). Dieses Buch ist sehr umfangreich und beinhaltet neben dem eigentlichen
Design von Leiterplatten auch Informationen zu unterschiedlichen Materialien, Ferti-
gungsprozessen, Elektromagnetischer Verträglichkeit, usw. Die meisten Inhalte sind
auf die industrielle Fertigung ausgelegt. Jedoch eignet sich das Buch auch für den Hobbybereich als Lern- und Nachschlagewerk für die Herstellung eigener Platinenlayouts
und die Fertigung durch einen Platinenhersteller.

13 Anhang

Nachfolgend listen wir die Hilfsmittel, Werkzeuge und Bauteile auf, die Sie für die im Kapitel beschriebenen Experimente benötigen. Sollten Sie den MOUSE-Computer auf einer fertig konfektionierten Platine aufbauen wollen, so müssen Sie diese von einem Dienstleister für Galvanotechnik herstellen lassen. (Hier empfiehlt es sich gleich mehrere Platinen in Auftrag zu geben, damit sich der Stückpreis senkt.)

Anzahl	Beschreibung	Bezeichnung
1	Quarzoszillator	1,8432 MHz
1	CPU	W65C02
1	ACIA-Schnittstelle	MC6850P
1	EEPROM	AT28C64
1	SRAM	HM62256
1	NAND-Gatter	74LS00
1	Decoder/Demultiplexer	74HC139
1	Taster	6 × 6 × 6
4	Widerstände	4,7 kΩ
5	Kondensatoren	100 nF
1	Resetbaustein	DS1813
1	Stiftleiste (2,54 mm)	1 × 4
1	Stiftleiste (2,54 mm)	2 × 17
1	Stiftleiste (2,54 mm)	2 × 16
1	Zif-Sockel	28-polig
1	IC-Sockel	40-polig
2	IC-Sockel	28-polig*
1	IC-Sockel	24-polig
1	IC-Sockel	16-polig
2	IC-Sockel	14-polig

Tab. 13.1: Hardware-Bauteile für den MOUSE-Computer
* Einer dieser Sockel kann als Alternative für den Zif-Sockel verwendet werden.

Anzahl	Bezeichnung
1	Programmiergerät „TL866II Plus"
1	USB-auf-RS232-Seriell-Adapter
1	Arduino MEGA 2560
2-3	Breadboards mit Verbindungsleitungen
1	Digitalmultimeter oder Oszilloskop

Tab. 13.2: Entwicklungshardware

https://doi.org/10.1515/9783110581805-028

Anzahl	Art	Bauteilbezeichnung
1	Arduino-Board	Arduino MEGA2560
2	Breadboard	Optiona mehr als zwei
7	Widerstand	4,7 kΩ
1	Tastschalter	
1	Taktgenerator	1 MHz
1	Taktgenerator	1,8432 MHz
1	6502-CPU	W65C02
1	EEPROM	AT28C64
1	SRAM	HM6850
1	Serielles Interface	MC6850
1	4-fach NAND	74HC00
1	Decoder	74HC139
1	Verbindungsleitungen	rot, grün, blau, gelb, violett
1	Programmiergerät	z.B. TL866-2 Plus
1	Digitalmultimeter	z.B. Voltcraft VC130-1

Tab. 13.3: Materialien für den Breadboard-Aufbau

Schlagwortverzeichnis

Namen und Firmen

Apparate

https://doi.org/10.1515/9783110581805-029

Begriffe

www.ingramcontent.com/pod-product-compliance
Lightning Source LLC
Chambersburg PA
CBHW081046220326
41598CB00038B/7007